U0227480

"十四五"国家重点出版物出版规划项目·重大出版工程

—— 中国学科及前沿领域2035发展战略丛书

学术引领系列

国家科学思想库

中国定位、导航与定时 2035发展战略

"中国学科及前沿领域发展战略研究(2021—2035)"项目组

科学出版社

北 京

内 容 简 介

2020年，我国建成了具有自主知识产权的北斗全球卫星导航系统，标志着我国拥有了服务全球的空间定位、导航与定时基础设施，整体技术实力得到有力提升。《中国定位、导航与定时2035发展战略》在分析定位、导航与定时发展重大需求的基础上，回顾其技术发展历程，总结学科发展规律和特点，结合国际定位、导航与定时科学发展的整体趋势，阐述学科的科学意义与战略价值、技术体系形成、国内外发展现状、发展规律与启示、关键科学技术问题与发展方向，重点对不同导航技术进行深入分析，提出我国定位、导航与定时学科技术展望及相应的政策建议。

本书为相关领域战略与管理专家、科技工作者、企业研发人员及高校师生提供了研究指引，为科研管理部门提供了决策参考，也是社会公众了解定位、导航与定时发展现状及趋势的重要读本。

图书在版编目（CIP）数据

中国定位、导航与定时2035发展战略 / “中国学科及前沿领域发展战略研究（2021—2035）”项目组编．—北京：科学出版社，2023.5
（中国学科及前沿领域2035发展战略丛书）
ISBN 978-7-03-075565-0

Ⅰ. ①中…　Ⅱ. ①中…　Ⅲ. ①全球定位系统－发展战略－研究－中国
Ⅳ. ① P228.4

中国国家版本馆CIP数据核字（2023）第087478号

丛书策划：侯俊琳　朱萍萍
责任编辑：杨婵娟　李　娜 / 责任校对：韩杨
责任印制：李　彤 / 封面设计：有道文化

科学出版社 出版
北京东黄城根北街16号
邮政编码：100717
http://www.sciencep.com

北京虎彩文化传播有限公司 印刷
科学出版社发行　各地新华书店经销
*
2023年5月第　一　版　开本：720×1000　1/16
2023年8月第二次印刷　印张：25
字数：422 000

定价：198.00元

“中国学科及前沿领域发展战略研究（2021—2035）”

联合领导小组

组　长　常　进　李静海

副组长　包信和　韩　宇

成　员　高鸿钧　张　涛　裴　钢　朱日祥　郭　雷
杨　卫　王笃金　杨永峰　王　岩　姚玉鹏
董国轩　杨俊林　徐岩英　于　晟　王岐东
刘　克　刘作仪　孙瑞娟　陈拥军

联合工作组

组　长　杨永峰　姚玉鹏

成　员　范英杰　孙　粒　刘益宏　王佳佳　马　强
马新勇　王　勇　缪　航　彭晴晴

《中国定位、导航与定时 2035 发展战略》

项 目 组

组 长 杨元喜

副组长 贾小林 毛 悦

成 员（以姓氏拼音为序）

冯来平 蒋庆仙 蔺玉亭 卢晓春 马越原

欧阳明达 秦显平 任红飞 宋小勇 孙碧娇

乌 萌 徐天河 杨秀策 张慧君 宗文鹏

秘 书（以姓氏拼音为序）

任 夏 赵 润 邹德财

总　序

党的二十大胜利召开，吹响了以中国式现代化全面推进中华民族伟大复兴的前进号角。习近平总书记强调“教育、科技、人才是全面建设社会主义现代化国家的基础性、战略性支撑”①，明确要求到2035年要建成教育强国、科技强国、人才强国。新时代新征程对科技界提出了更高的要求。当前，世界科学技术发展日新月异，不断开辟新的认知疆域，并成为带动经济社会发展的核心变量，新一轮科技革命和产业变革正处于蓄势跃迁、快速迭代的关键阶段。开展面向2035年的中国学科及前沿领域发展战略研究，紧扣国家战略需求，研判科技发展大势，擘画战略、锚定方向，找准学科发展路径与方向，找准科技创新的主攻方向和突破口，对于实现全面建成社会主义现代化“两步走”战略目标具有重要意义。

当前，应对全球性重大挑战和转变科学研究范式是当代科学的时代特征之一。为此，各国政府不断调整和完善科技创新战略与政策，强化战略科技力量部署，支持科技前沿态势研判，加强重点领域研发投入，并积极培育战略新兴产业，从而保证国际竞争实力。

擘画战略、锚定方向是抢抓科技革命先机的必然之策。当前，新一轮科技革命蓬勃兴起，科学发展呈现相互渗透和重新会聚的趋

① 习近平. 高举中国特色社会主义伟大旗帜 为全面建设社会主义现代化国家而团结奋斗——在中国共产党第二十次全国代表大会上的报告. 北京：人民出版社，2022：33.

势，在科学逐渐分化与系统持续整合的反复过程中，新的学科增长点不断产生，并且衍生出一系列新兴交叉学科和前沿领域。随着知识生产的不断积累和新兴交叉学科的相继涌现，学科体系和布局也在动态调整，构建符合知识体系逻辑结构并促进知识与应用融通的协调可持续发展的学科体系尤为重要。

擘画战略、锚定方向是我国科技事业不断取得历史性成就的成功经验。科技创新一直是党和国家治国理政的核心内容。特别是党的十八大以来，以习近平同志为核心的党中央明确了我国建成世界科技强国的“三步走”路线图，实施了《国家创新驱动发展战略纲要》，持续加强原始创新，并将着力点放在解决关键核心技术背后的科学问题上。习近平总书记深刻指出：“基础研究是整个科学体系的源头。要瞄准世界科技前沿，抓住大趋势，下好‘先手棋’，打好基础、储备长远，甘于坐冷板凳，勇于做栽树人、挖井人，实现前瞻性基础研究、引领性原创成果重大突破，夯实世界科技强国建设的根基。”①

作为国家在科学技术方面最高咨询机构的中国科学院（简称中科院）和国家支持基础研究主渠道的国家自然科学基金委员会（简称自然科学基金委），在夯实学科基础、加强学科建设、引领科学研究发展方面担负着重要的责任。早在新中国成立初期，中科院学部即组织全国有关专家研究编制了《1956—1967年科学技术发展远景规划》。该规划的实施，实现了“两弹一星”研制等一系列重大突破，为新中国逐步形成科学技术研究体系奠定了基础。自然科学基金委自成立以来，通过学科发展战略研究，服务于科学基金的资助与管理，不断夯实国家知识基础，增进基础研究面向国家需求的能力。2009年，自然科学基金委和中科院联合启动了“2011—2020年中国学科发展

---

① 习近平．努力成为世界主要科学中心和创新高地 [EB/OL]．(2021-03-15)．http://www.qstheory.cn/dukan/qs/2021-03/15/c_1127209130.htm[2022-03-22].

战略研究”。2012年，双方形成联合开展学科发展战略研究的常态化机制，持续研判科技发展态势，为我国科技创新领域的方向选择提供科学思想、路径选择和跨越的蓝图。

联合开展“中国学科及前沿领域发展战略研究（2021—2035）”，是中科院和自然科学基金委落实新时代“两步走”战略的具体实践。我们面向2035年国家发展目标，结合科技发展新特征，进行了系统设计，从三个方面组织研究工作：一是总论研究，对面向2035年的中国学科及前沿领域发展进行了概括和论述，内容包括学科的历史演进及其发展的驱动力、前沿领域的发展特征及其与社会的关联、学科与前沿领域的区别和联系、世界科学发展的整体态势，并汇总了各个学科及前沿领域的发展趋势、关键科学问题和重点方向；二是自然科学基础学科研究，主要针对科学基金资助体系中的重点学科开展战略研究，内容包括学科的科学意义与战略价值、发展规律与研究特点、发展现状与发展态势、发展思路与发展方向、资助机制与政策建议等；三是前沿领域研究，针对尚未形成学科规模、不具备明确学科属性的前沿交叉、新兴和关键核心技术领域开展战略研究，内容包括相关领域的战略价值、关键科学问题与核心技术问题、我国在相关领域的研究基础与条件、我国在相关领域的发展思路与政策建议等。

三年多来，400多位院士、3000多位专家，围绕总论、数学等18个学科和量子物质与应用等19个前沿领域问题，坚持突出前瞻布局、补齐发展短板、坚定创新自信、统筹分工协作的原则，开展了深入全面的战略研究工作，取得了一批重要成果，也形成了共识性结论。一是国家战略需求和技术要素成为当前学科及前沿领域发展的主要驱动力之一。有组织的科学研究及源于技术的广泛带动效应，实质化地推动了学科前沿的演进，夯实了科技发展的基础，促进了人才的培养，并衍生出更多新的学科生长点。二是学科及前沿领域的发展促进深层次交叉融通。学科及前沿领域的发展越来越呈现出多学科相互渗透的发展态势。某一类学科领域采用的研究策略和技术体系所产生的基础理论与方法论成果，可以作为共同的知识基础适用于不同学科领域的多个研究方向。三是科研范式正在经历深刻变革。解决系统性复杂问题成为当前科学发展的主要目标，导致相应的研究内容、方法和范畴等的改变，形成科学研究的多层次、多尺度、动态化的基本特征。数据驱动的科研模式有力地推动了新时代科研范式的变革。四是科学与社会的互动更加密切。发展学科及前沿领域愈加重要，与此同时，"互联网 +"正在改变科学交流生态，并且重塑了科学的边界，开放获取、开放科学、公众科学等都使得越来越多的非专业人士有机会参与到科学活动中来。

"中国学科及前沿领域发展战略研究（2021—2035）"系列成果以"中国学科及前沿领域2035发展战略丛书"的形式出版，纳入"国家科学思想库－学术引领系列"陆续出版。希望本丛书的出版，能够为科技界、产业界的专家学者和技术人员提供研究指引，为科研管理部门提供决策参考，为科学基金深化改革、"十四五"发展规划实施、国家科学政策制定提供有力支撑。

在本丛书即将付梓之际，我们衷心感谢为学科及前沿领域发展战略研究付出心血的院士专家，感谢在咨询、审读和管理支撑服务方面付出辛劳的同志，感谢参与项目组织和管理工作的中科院学部的丁仲礼、秦大河、王恩哥、朱道本、陈宜瑜、傅伯杰、李树深、李婷、苏荣辉、石兵、李鹏飞、钱莹洁、薛淮、冯霞，自然科学基金委的王长锐、韩智勇、邹立尧、冯雪莲、黎明、张兆田、杨列勋、高阵雨。学科及前沿领域发展战略研究是一项长期、系统的工作，对学科及前沿领域发展趋势的研判，对关键科学问题的凝练，对发展思路及方向的把握，对战略布局的谋划等，都需要一个不断深化、积累、完善的过程。我们由衷地希望更多院士专家参与到未来的学科及前沿领域发展战略研究中来，汇聚专家智慧，不断提升凝练科学问题的能力，为推动科研范式变革，促进基础研究高质量发展，把科技的命脉牢牢掌握在自己手中，服务支撑我国高水平科技自立自强和建设世界科技强国夯实根基做出更大贡献。

“中国学科及前沿领域发展战略研究（2021—2035）”
联合领导小组
2023年3月

前　言

定位、导航与定时（positioning, navigation and timing，PNT）是关系国家安全和维持社会各行各业有序运转的重要基础，是推动国家信息产业发展、国民经济建设、国防现代化的重要驱动力。2018年，中国科学院与国家自然科学基金委员会联合设立了“定位、导航和授时发展战略研究（2021—2035）”项目。2018～2021年，项目组通过召开专家咨询会、开展调研和学术交流等方式，完成了“定位、导航和授时发展战略研究（2021—2035）”学科发展战略研究报告的编写。2021～2022年，项目组对我国“十三五”期间“导航时频新技术”研究成果进行了系统梳理，总结了PNT技术的发展历程与发展规律，提出了2021～2035年我国PNT学科及技术发展方向。2022年3月，研究报告通过了中国科学院地学部第十七届常委会第5次会议审定以及国家自然科学基金委员会的结题审核，交科学出版社出版。

本书从定位、导航技术和时间频率技术两个方面，总结了PNT技术的科学意义、战略价值与技术发展历程；根据物理原理，分类梳理了目前主要应用的PNT技术，并对各种PNT技术的原理、特点及涉及的关键科学技术问题进行了分析和梳理；结合PNT学科及技术发展现状，绘制了国家PNT体系架构，对未来特别是“十四五”时期我国PNT体系发展方向、技术路线进行了深入的研究，并提出相关政策建议。

本书的部分内容已为国家综合PNT体系建设论证提供了理论支撑；部分研究成果和建议被科学技术部“地球观测与导航”重点专项管理办公室采纳，为重点研发计划项目“国家PNT体系弹性化架构设计与关键技术示范验证”提供支持；部分成果为国防领域微型PNT终端研制提供了支撑。

感谢中国科学院学部学科发展战略研究项目（编号：XK2019DXC004）以及国家自然科学基金专项项目（编号：L1924033）的支持。在本书的撰写过程中，贾小林作为主笔撰写了国家综合PNT体系设计相关内容和卫星导航相关章节；毛悦、宋小勇、秦显平、冯来平、任红飞参与撰写了天文导航、无线电导航和其他导航技术相关章节；蒋庆仙参与撰写了惯性导航技术相关章节；乌萌、杨秀策、宗文鹏、马越原、欧阳明达参与撰写了匹配导航技术相关章节；蔺玉亭、张慧君参与撰写了时间频率技术章节；孙碧娇、徐天河、卢晓春参与了国内外PNT相关政策的技术素材准备，任夏、赵润、邹德才对本书文稿进行了校对。

感谢所有为本书编制付出智慧及劳动的同事和朋友。

杨元喜

《中国定位、导航与定时2035发展战略》项目组组长

2022年11月

摘　要

1. 定位、导航与定时重大需求

PNT 信息是人类活动的基础支撑信息之一。从早期依靠测日观星的经验定时定位，到借助钟摆、经纬仪等机械仪器定时定位，到使用石英钟、全站仪等电子仪器定时定位，到如今依靠卫星系统定时定位，PNT 信息早已渗透科技、经济、民生、国防的各个方面，是国家建设、大众生活以及社会进步不可或缺的基础信息。

PNT 信息是国防安全的信息基石。武器精确打击、联合作战指挥、部队机动部署都离不开 PNT 信息的支持；高速武器、无人平台的运行控制都必须基于高精度、统一的时间和位置信息。

PNT 信息是国家“新基建”的重要基础。电力安全、并网发电需要高精度时间同步；高速公路建设、高速铁路建设与道路检测等需要高精度且基准统一的位置、导航和时间信息支持；通信、互联网等需要时间与位置信息；金融需要高精度的时间信息；“一带一路”建设中无论是实体航路建设还是网络空间的信息高速公路建设都需要精确的位置和时间基准。

PNT 信息是社会稳定运行的重要支撑。城市管理、河道管理、交通管理、安全出行、安全管控、抢险救灾等所有与人们生活密切相关的社会活动都需要时间和位置信息；环境监测、灾害监测与预警等都需要高精度和高分辨率的位置变化信息和时间信息的支持。

PNT信息是产业及经济模式创新的重要支撑。PNT信息和技术融入农业，可以促进精密农业甚至智慧农业的发展；PNT信息和技术融入渔业，可以支撑数字渔业的发展；PNT信息和技术与物联网和大数据等技术结合，可以促进数字经济的发展。

PNT信息是社会智能化的基础。智慧城市、智慧海洋、智能驾驶、智能终端等的安全稳定运行无一不需要PNT信息的支持；所有无人操控的平台或动态载体的安全运行都需要PNT信息的支持。同时PNT信息还是深空、深地、深海和地球系统——“三深一系统”科学研究的重要支撑。

可以说，PNT基础设施是国家其他重要基础设施的基础，为国家经济建设、国防建设、大众生活和科学研究提供了基础服务信息。

2. PNT技术发展历程

完整的PNT信息包括时间信息和空间信息两部分，其理论与技术经历了朴素的时空观到现代时空观的发展。

时间是人类最早认识的物理概念，远古时期人类基于天体现象(如观测太阳和月亮的视位置)划分年、月、日，后来人类发明了日晷、圭表、漏壶等工具细化一日内的时间。然而，传统天文定时手段受天气等观测条件和地球自转不均匀性的影响，测量精度不高。17世纪，以钟摆为代表的机械计时工具和石英晶体振荡器的出现，使计时技术在精度、稳定性和便捷性方面实现了跨越式发展。20世纪，量子物理的发展进一步改变了计时科学与技术，利用原子在不同能级之间跃迁所发射或吸收的电磁波频率作为标准频率建立的量子频标的准确度已达10^{-16}数量级。近年来，随着科学技术的不断发展，新的物理技术和光学技术的进步，尤其是激光冷却囚禁原子技术、激光半导体技术和超稳激光技术的发展，极大地促进了原子钟技术的进步，形成了以冷原子喷泉钟、光钟等为代表的新型原子钟。相较于传统的原子钟，新型原子钟在准确性、稳定性等方面也有了极大的提升。

空间位置信息与定位和导航相关，定位与导航技术既古老又年轻，两者密不可分。可以说，定位是导航的基础，有多少种定位手段，就有多少种导航手段。

古代，人类依靠地形、日月位置和自然标记物等确定空间位置并进行导航，并未形成明确的空间位置和导航概念，处于经验导航时期。进入文明社会后，人类开始借助天文、地磁等物理现象确定自己的空间位置，并发明了六分仪、指南针等辅助工具，形成了具有科学意义的定位与导航理论和技术。第一次世界大战前后，地基无线电导航技术诞生，并在第二次世界大战中得到了迅猛发展。至20世纪50年代，地基无线电导航已基本实现全球覆盖。同一时期，人造地球卫星的成功发射为星基无线电技术的发展奠定了基础，首个卫星导航系统——子午仪系统应运而生。20世纪70年代，美国国防部开始研制由美国空军控制的全球定位系统（global positioning system，GPS）。GPS具有全球覆盖、全天时、全天候、高精度PNT服务的优势，结合其在海湾战争中表现出的巨大军事潜能，在全球迅速得到推广和应用。然而，俄罗斯、中国和欧洲联盟（Europäische Union，EU）等重要经济体逐渐意识到，在国防建设及经济稳定运行方面仅依靠GPS是不安全的，于是开始建设自主可控的全球卫星导航系统，日本、印度则建设了区域卫星导航系统。

惯性导航是一种得到广泛应用的自主导航技术。惯性导航利用其惯性元件测量载体本身的加速度，经过积分计算得到载体的速度和位置差，进而实现对载体进行导航定位的目的。惯性导航既不依赖任何外部信息，也不向外部辐射能量，因此具有隐蔽、连续、稳定、自主等优势，在航空、航海等多个领域得到应用。

为了适应多行业需要，视觉、重力、磁力、地形等匹配导航技术也得到了快速发展。匹配导航属于非接触、低成本、便捷化的导航手段，在无人平台以及武器制导方面得到应用。此外，量子、5G等新空间感知手段逐渐走入导航定位领域，成为新的可用PNT信息源。

基于不同原理的PNT信息源为用户提供了丰富、冗余的PNT信息，多技术优势互补、多源传感器深度优化集成、多源信息交叉融合成为PNT领域发展的重要方面。

3. PNT学科发展规律与特点

伴随理论学科的发展，人类对时空概念的认识也在发生变化。时间和空间两个概念隶属于物理学范畴，在物理学发展的不同阶段呈现出不同的关系。在伽利略和牛顿构建的物理学框架下，空间和时间是相互独立的；爱因斯坦创立的相对论更新了牛顿力学时空观，时间、空间成为相互依存的物理量。在无线电测量技术出现后，度量空间关系的距离测量转化为精密时间测量，时间、空间之间的关系变得更加紧密。

PNT领域呈现出多学科交叉融合的趋势。早期的PNT技术大多涉及单一学科。在时间测量技术方面，观星测日定时属于大地天文学，电子时间测量属于电磁学，原子钟技术涉及量子力学等。在空间测量技术方面，传统空间测量技术主要包括距离、弧度等几何测量学内容，以及光学天文测量、激光测月和测卫等大地天文学内容；重磁匹配导航涉及地磁测量、重力测量等物理大地测量学内容；惯性导航涉及力学和控制学内容。随着时空测量手段复杂度的提升，PNT技术逐渐呈现出多学科融合的趋势，尤其是卫星导航这一巨型复杂系统的出现，使得PNT领域学科交叉的特色更为显著。

卫星导航学科是几何学、电磁学、力学、大地测量学等交叉形成的学科。导航学科本来属于空间大地测量学科范畴，但是卫星轨道测定与预报属于天体力学，导航信号涉及麦克斯韦电磁学，定位系统误差又涉及爱因斯坦相对论等。此外，随着应用领域的推广和重要性的提升，卫星导航已逐渐成长为一门独立的学科。未来，基于新物理原理的感知手段的出现，将催生出新的学科。

4. PNT 技术发展现状及趋势

所有导航定位系统都有其自身的脆弱性。卫星导航系统无法覆盖深空、深海、室内、地下，并且信号本身存在落地信号弱、易被干扰和欺骗的弱点；惯性导航存在误差累积，无法满足长航时导航定位需求；地基无线电导航仅能覆盖部分区域，同样存在易被干扰和遮蔽的问题；重磁匹配导航精度有限，分辨率较低，技术尚不成熟。于是，依靠任意一种 PNT 技术都不能满足任意场景下任意用户的 PNT 需求，必须建设全域覆盖、多物理原理信息源的 PNT 基础设施网络，形成多源数据融合、多技术优势互补的 PNT 应用和服务体系，这不仅是国际 PNT 体系发展的必然趋势，也是推广 PNT 应用、提升 PNT 服务性能的必由之路。

从国际 PNT 体系发展现状来看，美国是 PNT 基础设施最完善、技术最先进的国家，对新原理感知手段的探索也常常处于领先地位，但缺乏对 PNT 体系的整体统筹规划。随着 GPS 脆弱性问题的暴露，美国总统先后签发了《美国国家天基定位、导航与定时政策》(2004)、《2018 年国家定时安全与弹性法案》(2018)、《通过负责任地使用定位、导航与定时服务来增强国家弹性》(2020)、《7 号太空政策指令(SPD-7)》(2021) 等政策指令，在继续依靠 GPS 的同时，通过建设 GPS 备份系统来增强 PNT 系统弹性，确保 GPS 服务异常时军民用户仍可获得安全可靠的、抗干扰能力强的 PNT 服务。此外，美国国防部、运输部、国土安全部等也多次出台相关的指令、政策、规划等，梳理出特定领域的 PNT 能力建设和应用发展需求，并提供有针对性的指导和建议。

与美国类似，俄罗斯、欧盟的 PNT 体系也以卫星导航系统为主，并分别将地基无线电导航系统恰卡 (Chayka) 和罗兰 C 作为

GLONASS和Galileo系统的备份与补充，以构建多手段融合的PNT服务体系。

我国在PNT技术方面的进步令人瞩目，但仍存在PNT体系发展不均衡的问题。北斗卫星导航系统建设取得了重大突破，服务性能达到国际先进水平，但惯性导航研究和应用存在很大差距，重力导航、磁力导航等地球物理场匹配导航技术离工程化、实用化还有一定差距，深空PNT技术和水下PNT技术亟待突破。此外，部分PNT核心传感器制造技术尚未突破，高端重、磁、震、声等装备大多依赖进口，存在“卡脖子”风险。国产PNT装备多属于中低端产品，与国际先进水平的差距是5～10年。

目前，我国已开展PNT体系论证工作，旨在建强北斗卫星导航系统（BeiDou Navigation Satellite System，BDS）的同时，依托地基无线电导航、惯性导航和匹配导航等多种技术手段形成对北斗的冗余备份，同时开展脉冲星导航技术和水下导航技术的探索研究，填补深空、深海PNT服务空白。笔者认为，我国2021～2035年PNT体系规划应当从PNT信息源、PNT终端、PNT信息融合理论和PNT应用服务等方面做好顶层设计，构建以北斗卫星导航系统为核心的国家综合PNT体系基础设施，建设以微PNT终端和弹性PNT应用为基本架构的PNT应用终端型谱，推进以智能PNT服务为目标的国家PNT体系架构。

国家综合PNT体系是指，基于多物理原理构建的从深空到深海、全域无缝覆盖的PNT信息源基础设施。在深空，可依托脉冲星构建深空基准，为深空航天器提供自主PNT服务；在地月系拉格朗日点上可构建导航星座，既可接收脉冲星信号，又可播发与全球卫星导航系统（global navigation satellite system，GNSS）同频的信号，形成深空导航与近地导航的中转；在近地空间以GNSS为主，依托低轨通信、遥感星座，形成对中高轨北斗导航星座的增强；在城市和室内等应用场景，地基无线电、5G、Wi-Fi和各类匹配导航技术可辅助卫星导航；水下可以布设类似于GNSS的声呐信标，实现水下潜器的安全导航。此外，基于量子测距、量子感知等新物理原理的导航技术手段也应同步开展关键技术攻关，构建从深空到深海、从室外到室内、从暴露空间到非暴露空间的泛在PNT信息源基础设施。

综合PNT解决的是PNT信息源问题，弹性PNT解决的是PNT信息源最优组合问题，微PNT解决的是PNT终端微型化和低功耗问题。但是对于广大的PNT用户，尤其是非PNT专业用户，有了PNT基础设施和弹性融合准则还不够，还必须解决智能化应用问题。未来PNT服务应该是智能化的，即提取大多数PNT专家的思想，形成共性化知识，再将该知识逻辑化、模型化形成专家系统，通过计算机分析、挖掘知识间的规律和联系，进一步将其转化为机器可识别的知识图谱，最后针对特定用户、特定场景和特定需求实现PNT智能保障和智能服务。

5. PNT领域发展的相关政策建议

国家PNT相关政策法规决定了国家PNT体系建设规划、PNT应用规则和PNT应用标准，直接影响PNT整个学科的发展。目前，美国、欧盟等都在强调PNT体系的弹性化建设，主动拥抱大数据、人工智能等先进技术，研究多技术手段融合发展模式，并积极探索基于新物理原理的PNT感知技术。2020年8月，白宫科技政策办公室（Office of Science and Technology Policy）通过“联邦公报”网站发布《关于定位、导航与定时弹性信息》的征询书，向民众征集弹性PNT项目，欧盟也准备开展PNT弹性化研究。尽管我国北斗卫星导航系统建设取得了重要的阶段性成果，但是仍然面临复杂的PNT应用环境和复杂的市场竞争。为了在PNT体系研究、终端研制和应用环节都能适应复杂的国际竞争，必须加强PNT学科发展及创新性探索研究，加大PNT感知和应用新原理研究的支持力度，加大PNT各类智能终端和重点仪器研发的支持强度。在项目的支持方面，可以采取“项目群”支持模式，以国家PNT体系建设重大项目为主线，带动一批围绕PNT关键技术攻关和典型示范应用的小项目群，充分发挥举国体制优势，短时间集智攻关，取得一些有影响的PNT理论创新成果和应用模式创新成果。

针对PNT技术学科交叉的特点，在遴选项目评审专家时，采用交叉学科评审机制，拓展评审专家研究领域至物理学、电子信息、空间物理、大地测量学、天文学、海洋学、环境科学、精密仪器制造、航空航天等学科，使得重大项目群的每个领域都有专家参评，保证评选工作的全面性与公平性。

国家PNT体系涉及的学科领域多、技术复杂，需要交叉融合理论知识体系，因此在人才培养和资助方面，可对交叉学科背景申请人设立单独指标，进行选拔。

在国际合作方面，应在卫星轨道和信号频率资源协调、深空探测和南北极导航、退役卫星处理、空间安全等多方面开展国际合作。在开展国际合作时，应优先加强与友好国家在系统兼容与互操作、系统安全、系统增强、监测评估及联合建设参考站等方面的合作。

Abstract

Positioning, navigation and timing (PNT) information provides essential support to human activities. From the solar/stellar observation in the early period to mechanical instruments represented by the pendulum and theodolite, electrical instruments like the quartz clock and total station, and the satellite system at present, technologies for acquiring PNT information have undergone tremendous development. PNT information has already penetrated into all aspects of science and technology, economy, people's livelihood and national defense, and become indispensable for national construction, public life and social progress.

Oriented to the requirements of national PNT strategy, this book discusses the history of PNT technology, discipline development rules and characteristics, technology development status and trends, related policies and recommendations. The scientific significance, strategic value, development status, key scientific and technological issues, development directions and related policies of different branches of the PNT technology are discussed as well, such as astronomical navigation, radio navigation, inertial navigation, matching navigation, bionic navigation, acoustic navigation, quantum navigation and time-frequency technology.

At present, China has launched the construction of PNT system, aiming to strengthen the BeiDou Navigation Satellite System and establish the backup redundancy for the BDS by means of a variety of technologies such as ground-based radio navigation, inertial navigation and matching navigation. Meanwhile, explorations and researches on pulsar navigation and underwater navigation technologies are carried out to fill the gaps of PNT services in deep space and deep sea. The PNT system plan from 2021 to 2035 should create a top-level design from the aspects of PNT information source, PNT terminal, PNT information fusion theory and PNT application service. It is suggested that China should construct the national comprehensive PNT system infrastructure with the BDS as its core, develop a variety of PNT application terminals based on the micro-PNT and resilient PNT frame, and promote the development of the national PNT architecture aiming at providing intelligent PNT services.

The national comprehensive PNT system refers to the seamless coverage of PNT information source infrastructure from deep space to deep sea based on different physical principles. In the deep space, pulsars can be used to construct the deep space datum and provide autonomous PNT services for deep space spacecraft; a navigation constellation similar to the GNSS can be constructed at the Lagrange points of the Earth-Moon system, which will not only receive the pulsar signals, but also broadcast signals with the same frequency as the GNSS; in the near Earth space, the GNSS will be enhanced by the LEO communication and remote sensing constellations; in cities and indoors, the GNSS can be complemented by the ground-based radio, 5G, Wi-Fi and various matching navigation technologies; under the water, sonar beacons similar to the GNSS can be deployed to realize the safe navigation for underwater vehicles. In addition, researches on navigation technology based on new physical principles such as quantum ranging, quantum perception should be carried out simultaneously, and a ubiquitous PNT information source infrastructure from deep space to deep sea, from outdoor to indoor, and from exposed space to unexposed space should be built.

Comprehensive PNT enriches the source of PNT information, resilient PNT realizes the optimal combination of PNT information sources, and micro-PNT achieves the miniaturization and low power consumption of PNT terminals. However, for mass PNT users, especially nonprofessional subscribers, it is not enough to just provide PNT infrastructure or resilient integration criteria, and the intelligent application must be realized. In the future, PNT services should be intelligent. Expert systems should be developed by processing and modelling the collection of common knowledge of PNT experts, and the internal links between the knowledge should be autonomously analyzed and mined, which will then be processed to knowledge maps that can be recognized by machine. Finally, intelligent PNT support and services oriented to specific users in specific scenarios and for specific requirements can be realized.

In order to adapt to the international competition in PNT system research, terminal development and application, it is necessary to strengthen the PNT discipline development and innovative exploration and research, provide more support for researches on new principles of PNT perception and application, and increase the investment in various PNT intelligent terminals and key instruments. Considering the interdisciplinary characteristics of the PNT technology, the selection of project review experts should adopt the interdisciplinary review mechanism, and experts from different fields should be invited to participate in reviewing major projects to ensure the comprehensiveness and fairness. In terms of talent funding, the autonomy in talent training and selection should be strengthened, and separate indicators can be set for applicants with interdisciplinary backgrounds if necessary. In terms of international cooperation, it is proposed that the coordination of satellite orbit and signal frequency resources, deep space exploration and North-South polar navigation, retired satellite processing and space security should be emphasized, and priorities should be given to cooperation with friendly countries in system compatibility and interoperability, system security, system enhancement, monitoring and evaluation and joint construction of reference stations.

Yang Yuanxi, professor at Xi'an Research Institute of Surveying and Mapping, is an academician of Chinese Academy of Sciences and the deputy chief engineer of the Chinese BeiDou Navigation Satellite System. He has been elected as the IAG Fellow in 2007 and the ION Fellow in 2018, and won the Ho Leung Ho Lee Award in 2011. He serves as the chief editors of *Satellite Navigation* (since 2020) and *Acta Geodaetica et Cartographica Sinica* (since 2014).

Prof. Yang has been dedicated to the research of geodesy and satellite navigation technology. As the creator of the theories of robust estimation for correlated observations and the adaptively robust navigation, he has built the bifactor equivalent weights model, and developed the robust covariance estimation algorithm and the adaptively robust estimation algorithm. As the deputy chief engineer of the BDS, he has made a lot of breakthroughs in key technologies such as the model of BDS contribution on global PNT users, the optimal combination model for BDS triple-frequency signals, and the adaptively autonomous orbit determination algorithm. Besides, he initiated the research on comprehensive PNT and resilient PNT supporting the construction of the national PNT system.

Prof. Yang has published more than 400 peer-reviewed papers, including 60 plus SCI papers, and many of them are highly cited, with the total citations of more than 14 000. He is among the world's top 2% scientists list named by Stanford University in 2021 and 2022 .

目　录

总序 / i

前言 / vii

摘要 / ix

Abstract / xvii

第一章　定位、导航与定时体系发展总论 / 1

第一节　科学意义与战略价值 / 1

一、PNT 体系是国家“新基建”的基础 / 2

二、国家 PNT 体系是国防安全的基石 / 3

三、国家 PNT 体系是产业及经济模式创新的重要支撑 / 3

四、国家 PNT 体系是智能社会发展的基础 / 4

第二节　技术发展历程 / 4

一、时间频率技术发展 / 5

二、导航定位技术发展 / 7

第三节　学科发展规律 / 9

一、需求是 PNT 技术发展的原动力 / 10

二、基础理论突破是 PNT 技术发展的推动力 / 10

三、学科交叉融合是PNT技术发展的加速器 / 11

第四节 国内外发展现状 / 12

一、导航定位技术发展现状 / 12

二、时间频率技术发展现状 / 31

三、国内外PNT体系发展现状 / 40

四、PNT政策规划 / 43

五、国内外现状对比 / 53

第五节 关键科学技术问题 / 55

一、相对论框架下时空基准统一 / 55

二、多源传感器深度优化集成 / 56

三、弹性PNT体系构建 / 56

四、量子物理感知技术 / 56

第六节 发展方向 / 57

一、体系设计 / 57

二、发展思路 / 62

三、发展目标 / 63

四、发展路线 / 63

第七节 相关政策建议 / 67

一、PNT项目资助策略建议 / 67

二、PNT发展重大项目评审策略建议 / 68

三、PNT人才资助策略建议 / 68

四、国际合作建议 / 69

本章参考文献 / 70

第二章 天文导航技术 / 76

第一节 星光导航技术 / 77

一、科学意义与战略价值 / 77
二、现状及其形成 / 77
三、关键科学技术问题 / 85
四、发展方向 / 86
第二节　脉冲星导航技术 / 86
一、科学意义与战略价值 / 86
二、现状及其形成 / 88
三、关键科学技术问题 / 93
四、发展方向 / 95
本章参考文献 / 95

第三章　无线电导航技术 / 98

第一节　远程地基无线电导航技术 / 98
一、科学意义与战略价值 / 98
二、现状及其形成 / 99
三、关键科学技术问题 / 105
四、发展方向 / 107
第二节　蜂窝无线电定位技术 / 107
一、科学意义与战略价值 / 107
二、现状及其形成 / 109
三、关键科学技术问题 / 116
四、发展方向 / 117
第三节　卫星导航定位技术 / 118
一、科学意义与战略价值 / 118
二、现状及其形成 / 118
三、关键科学技术问题 / 126

四、发展方向 / 128

第四节 导航星座自主导航技术 / 129

一、科学意义与战略价值 / 129

二、现状及其形成 / 130

三、关键科学技术问题 / 135

四、发展方向 / 137

第五节 低轨卫星增强导航技术 / 138

一、科学意义与战略价值 / 138

二、现状及其形成 / 140

三、关键科学技术问题 / 143

四、发展方向 / 145

第六节 拉格朗日点无线电导航技术 / 148

一、科学意义与战略价值 / 148

二、现状及其形成 / 148

三、关键科学技术问题 / 152

四、发展方向 / 154

本章参考文献 / 154

第四章 惯性导航技术 / 161

第一节 科学意义与战略价值 / 161

第二节 现状及其形成 / 162

一、陀螺仪的发展现状 / 165

二、加速度计的发展现状 / 176

第三节 关键科学技术问题 / 179

一、惯性器件及配套元器件技术 / 179

二、惯性系统技术 / 180

三、深空惯性导航理论和技术 / 180
第四节　发展方向 / 180
本章参考文献 / 182

第五章　匹配导航技术 / 185

第一节　视觉导航技术 / 186
一、科学意义与战略价值 / 186
二、现状及其形成 / 186
三、关键科学技术问题 / 198
四、发展方向 / 201
第二节　图像匹配导航技术 / 203
一、科学意义与战略价值 / 203
二、现状及其形成 / 204
三、关键科学技术问题 / 208
四、发展方向 / 209
第三节　重力场匹配导航技术 / 210
一、科学意义与战略价值 / 210
二、现状及其形成 / 211
三、关键科学技术问题 / 218
四、发展方向 / 219
第四节　地磁场匹配导航技术 / 220
一、科学意义与战略价值 / 220
二、现状及其形成 / 220
三、关键科学技术问题 / 227
四、发展方向 / 228

第五节 激光雷达匹配导航技术 / 229
一、科学意义与战略价值 / 229
二、现状及其形成 / 229
三、关键科学技术问题 / 236
四、发展方向 / 238
本章参考文献 / 239

第六章 其他导航技术 / 249

第一节 仿生导航技术 / 249
一、科学意义与战略价值 / 249
二、现状及其形成 / 250
三、关键科学技术问题 / 260
四、发展方向 / 261
第二节 声学导航技术 / 262
一、科学意义与战略价值 / 262
二、现状及其形成 / 263
三、关键科学技术问题 / 268
四、发展方向 / 269
第三节 量子导航技术 / 270
一、量子测距导航技术 / 270
二、量子惯性导航技术 / 277
本章参考文献 / 286

第七章 时间频率技术 / 290

第一节 守时技术 / 290
一、科学意义与战略价值 / 290

二、现状及其形成 / 291

三、关键科学技术问题 / 311

四、发展方向 / 312

第二节　授时技术 / 313

一、科学意义与战略价值 / 313

二、现状及其形成 / 314

三、关键科学技术问题 / 326

四、发展方向 / 327

第三节　定时技术 / 327

一、科学意义与战略价值 / 327

二、现状及其形成 / 328

三、关键科学技术问题 / 329

四、发展方向 / 330

本章参考文献 / 331

第八章　PNT技术展望 / 333

第一节　综合PNT / 333

一、科学意义与战略价值 / 333

二、现状及其形成 / 334

三、综合PNT信息源 / 336

四、关键科学技术问题 / 337

五、发展方向 / 339

第二节　微PNT / 339

一、科学意义与战略价值 / 339

二、现状及其形成 / 340

三、关键科学技术问题 / 343

四、发展方向 / 344

第三节　弹性PNT / 345

一、科学意义与战略价值 / 345

二、现状及其形成 / 345

三、关键科学技术问题 / 346

第四节　智能PNT / 351

一、科学意义与战略价值 / 351

二、现状及其形成 / 352

三、关键科学技术问题 / 355

本章参考文献 / 358

关键词索引 / 361

第一章

定位、导航与定时体系发展总论

第一节　科学意义与战略价值

定位、导航与定时是关系国家安全的战略性领域，是国家信息产业和国防科技工业的重要组成部分，是推动国民经济建设、军队现代化建设和武器装备升级换代的重要驱动力。

PNT 系统的主要任务是为用户提供精确、连续、可靠的实时位置、速度、时间和姿态等信息。在军用方面，PNT 信息已成为精确打击、联合作战指挥、协同作战、机动部署等军事任务中的重要基础信息，是一体化联合作战体系的核心信息之一，是陆、海、空、天各种作战单元协同的基础。在民用方面，PNT 在交通运输、测绘地理、地震监测、气象水文、国土资源调查、精细农业等方面得到了广泛应用。目前，以卫星导航为代表的天基导航系统在民用方面占据着主导地位。然而，单一的 GNSS 的信号非常脆弱，极易受到干扰和欺骗，从而影响到国防、电力、金融等领域的核心用户群。同时，GNSS 的 PNT 服务不能惠及地下、水下和室内，在高楼林立的大城市和森林密集的特殊地区，也无法保证 PNT 服务的可用性、连续性和可靠性。建立满足国家安全、经济发展、国家基础设施高效稳定运行和民众日常生活需求的国家PNT体系成为当前必须面对的重大课题。

国家PNT体系是指在国家层面统一组织协调下，服务于国防和经济社会，承担国家时空基准建立与维持、时空信息播发与获取、PNT服务与应用等任务的国家信息基础设施建设与应用管理，包括建设以卫星导航系统为主、多个协同工作的PNT系统以及各类PNT设备，构建支撑体系运行、服务的其他信息系统，建立组织管理体制和技术创新体系等。

一、PNT体系是国家“新基建”的基础

2020年7月31日，我国北斗全球卫星导航系统正式宣布建成，北斗卫星导航系统无论是在功能方面，还是在PNT服务精度方面都处于全球卫星导航系统的较高水平（Yang et al.，2021，2020，2019，2018）。北斗卫星导航系统及其关联产业已经具备“新基建”的特征要素。为了满足科学发展和智能生活的新需求，统一的时空基准建设和智能化PNT应用将拉动我国电子产业的新发展，推动智能社会、智能交通等的发展，于是PNT体系将是新需求下“新基建”的重要引擎，将强有力地促进国家经济的发展。

首先，国家经济发展不仅需要公路、铁路、航路、水路，而且需要时空基准统一的信息高速公路。但是无论是什么“路”，都属于基础设施。目前，国家利益已经超出传统的领土、领海、领空的范畴，不断向远洋、两极、太空、电磁空间以及虚拟网络延伸（谭述森等，2018）。国家利益到哪里，时空基准保障和PNT保障就必须到哪里。国家经济发展既是时空信息基础设施建设引擎，也是时空基础设施的重要应用。

其次，国家重要基础设施（如电力、交通、互联网、移动通信等）安全稳定运行，不仅需要高精度时空基准作为保障，而且需要安全可信的PNT支持。进一步，要实现这些基础设施的弹性化时空信息维持与应用，需要建设重大基础设施的弹性时空服务体系，这属于“新基建”范畴。

二、国家 PNT 体系是国防安全的基石

随着现代战争的发展，PNT 信息已成为精确打击、联合作战指挥、协同作战、机动部署等军事任务中重要的基础信息。军队信息化中 80% 以上的信息量与 PNT 信息相关。

PNT 信息是指挥平台的基础信息。统一的时空信息是各兵种联合作战的基础，指挥的有效性必须基于：精确已知各战斗单元、武器平台的位置、运动方向、轨迹；必须确保各战斗单元时间同步；必须精确确定敌方的空间布局。随着时间变化，任何针对指挥平台的时空信息干扰、欺骗或阻断，都会造成指挥失灵或决策失误，要想在指挥决策中占优势，必须从系统体制上全方位提高 PNT 的稳健性和对抗能力。

PNT 信息是武器平台的引导信息。武器平台的精确打击必须有时间和空间信息的引导，远程武器、空天武器需要精度更高的的时间和空间信息，必须基于精准时间、距离和弹头运行速度反算精准发射时间；近远程、集中火力同步打击是不同方向、不同地点、不同距离、不同运行速度的武器对同一重要目标实施的高度协同和密集的、立体式的精确打击，要求各战斗单元、各武器平台发射的弹头同时击中规划目标，同时具备突破敌方防卫与导弹拦截功能。

PNT 信息是高动态载体运行的控制信息。高动态载体的运行与控制，以及所有无人作战平台的控制运行，都必须基于高精度、统一的时间和位置信息；高速武器拦截更需要精准的时间同步和精确的目标运行轨道测定。精确的时间测量和时间同步是现代导航、轨道测控和目标定位的前提。

三、国家 PNT 体系是产业及经济模式创新的重要支撑

北斗全球卫星导航系统的建成，以及向全球提供行业应用和大众消费应用，将对人们的生产和生活方式产生巨大且深远的影响。PNT 信息与技术融入农业，可以促进精密农业甚至智慧农业的发展；PNT 信息与技术融入渔业，可以支撑数字渔业的发展。此外，北斗与移动通信、移动互联网、物联网、大数据等技术的加速融合创新，将促进以电子商务、互联网和位置服务为代

表的电子产业的发展，形成“北斗+”的基础创新和“+北斗”的应用创新态势，进而带动电子产业新业态的发展，促进经济社会的发展。

四、国家PNT体系是智能社会发展的基础

随着智能社会发展需求的增长，智慧城市、智慧海洋、移动智能终端、智能网联汽车、智能驾驶、智能交通管理、智能无人飞机、智能无人舰艇、智能水下航行器等无一不需要时间信息和位置信息的支持。可以说，没有PNT信息，城市不会有智慧，海洋不会有智慧，地球不会有智慧，更不会成为适宜人类生存的美好家园。智能社会发展和智能生活，不仅需要GNSS提供的PNT，而且需要在室内、地下、水下、井下等GNSS信号拒止情况下连续可靠的PNT服务。

时空是一切自然和人类活动的载体，时间信息和位置信息也是一切表征事物属性的物理空间状态和演化过程的标识（刘经南等，2019）。PNT技术无论是在平板仪、经纬仪、水准仪时期，还是在电子经纬仪、全站仪阶段，还是在当今卫星导航、全源导航时代，都是国家发展、经济建设、军事应用不可或缺的基础信息，是带动各产业发展的不竭动力。在科学研究领域，PNT是测绘工作、地壳应力变化监测等的主要手段；在交通运输领域，PNT是建设智能运输系统、监控系统的核心；在救灾减灾领域，PNT是构建紧急救援、报警系统的基础。特别是随着卫星导航技术的飞速发展，PNT领域早已成为信息产业具有强劲发展势头的领域之一。

第二节　技术发展历程

人类活动总是在一定的时间和空间范围内进行，人类对事物变化特性的认识也是以时间和空间作为基本参考维度实现的。现代物理学源于伽利略和牛顿构建的基本物理学框架，该框架以时间和空间作为切入点，建立了精确

描述低速运动的严密理论体系。爱因斯坦创立的相对论更新了牛顿力学时空观，建立了描述宇宙大尺度和高速运动物体的严密理论，推动了自然科学的深度发展。可以说，时间和空间基本理论的突破与精确度量水平的提高，给社会生产力的发展带来了质的飞跃。

在牛顿力学框架下，空间和时间是相互独立的两个物理量，两者采用的测量方法和经历的技术发展阶段有较大差异。空间位置的测量通常采用距离测量和方位测量方式实现，而时间的测量则采用物体周期性变化的延续性表征。在相对论框架下，时间和空间变成相互依存的物理量，两者不可分离。在无线电测量技术出现之前，时间测量和空间测量在理论上交集不多。无线电测量技术的出现将度量空间关系的距离测量转化为精密时间测量，使得两者的联系更加密切。

人类对 PNT 技术的认识伴随着人类社会发展的全过程，经历了从粗略到精细、从被动发现到主动利用、从小范围应用到大尺度遥测等阶段。考虑到现阶段绝大多数物理现象可以用牛顿力学时空观进行描述，时间和空间测量技术在人类社会发展的绝大多数时期独立演进，因此本书对时间测量技术和空间测量技术的发展历程分别进行梳理。

一、时间频率技术发展

时间是人类最早认识的物理概念。远古时代，人类在日常生活和生产活动中，为了适应昼夜更替和季节变化，形成了以基本天文观测尤其是日月观测为基础的时间概念。公元前 3000 年，在中国、古埃及、古巴比伦、古印度等文明古国已经有了太阳、月球、行星等天象的记录，并基于肉眼观测形成了早期的天文年历。在《尚书·尧典》中，古人已经提出了依据天文现象进行授时的方法：“乃命羲和，钦若昊天，历象日月星辰，敬授民时。”丁緜孙先生所著《中国古代天文历法基础知识》对这段话进行了解读（丁緜孙，1987）：“历法是计量日、月、年的时间长度和它们之间的关系，制定时间序列的法则；主要是根据日月星辰的运行规律，制定年、月、日、时的法则，以预测天象的回复，节候的来临，使人类社会活动，如狩猎、渔牧、耕种、航行等民生的作息，都可纳入一定周期之中，凡事都可按计划进行，有所准备，世界历法的本意，莫不如此，而中国历法对此更为典范。”可以说，在人类历史上，天文计时一直是主要的测时手段之一。公元前4世纪，中国天文学家石申编制了星表《石氏星经》，其中载有121颗恒星的位置，为利用星象确定时间提供了依据。为了更加准确地描述一天内的时间，中国古人发明了日冕、圭表、漏壶等测时手段，能够利用日影变化准确测量白天时刻，利用漏刻、星象观测确定夜晚时刻。

然而，天文定时手段需要考虑天气、场地和观测等因素的影响，地球自转的不均匀性也制约着天文测时的精度，人们开始探索利用机械运动的周期性进行时间测量。其中，主要的计时工具包括漏刻、五轮沙漏、水运仪象台以及钟摆。以钟摆为代表的机械结构计时工具的出现，使时间计量技术取得了突破性的进展，计时的精度、稳定性和便捷性均得到了很大的发展。航海时代，荷兰科学家惠更斯于1656年发明了钟摆钟。钟摆钟的出现给钟族带来了前所未有的繁荣，但钟的精度仍然不高。

1927年，新一代的石英钟在美国贝尔实验室问世。石英钟的出现，消除了过于复杂的齿轮系统给钟摆钟带来的磨损和阻尼，其精度很快就超过了钟摆钟。石英钟的振动周期为几万秒甚至几千万秒，可以测量很小的时间间隔。1932年，科学家利用石英钟研究了地球自转，发现地球自转周期有非常小的短期变化。然而石英钟的精度仍然不高，即使是最好的石英钟，误差也有千年一秒。同时，石英钟的精度会随着石英晶体的老化而下降，使用时间越长，误差越大。20世纪，量子物理的发展进一步改变了计时科学与技术，利用原子在不同能级之间跃迁所发射或吸收的电磁波频率作为标准频率建立的量子频标准确度已达到10^{-16}数量级（王义遒，2012；韩春好，2017）。原子钟依赖微观世界中的周期现象计时，不损耗，不老化，振动周期比石英晶体短，因此原子钟的精度远高于以往任何一种钟，而且可以测量更精细的时间间隔。当前，传统的原子钟，如氢原子钟、铯原子钟、铷原子钟广泛应用于军事和经济社会的多个领域，但其品种不全，高端产品匮乏，成为时间频率系统建设的“卡脖子”难题。

近年来，新的物理技术和光学技术不断进步，其中激光冷却囚禁原子技术、激光半导体技术和超稳激光技术的发展极大地促进了原子钟技术的进步，形成了以冷原子喷泉钟、光钟等为代表的新型原子钟。相较于传统原子钟，新型原子钟在频率稳定度、频率不确定度等方面有了极大的提升。新型原子钟主要包括新型微波钟和光钟，其中，新型微波钟包括喷泉钟、冷原子钟、激光抽运钟等。此外，随着深空探测技术的发展，基于脉冲星高稳定度自转频率构建的时间尺度，称为脉冲星时，部分毫秒脉冲星的长期稳定性能可与原子钟媲美或者更优（Kaspi et al.，1994）。时间频率测量技术的发展如图 1-1 所示。

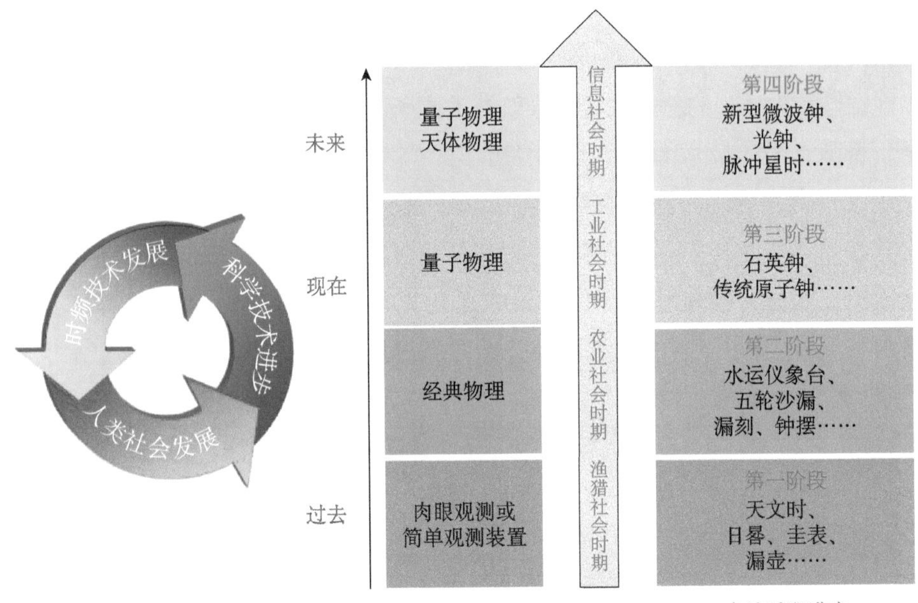

图 1-1　时间频率测量技术的发展

二、导航定位技术发展

导航就是确定当前位置和目标位置，并参照地理信息和环境信息修正航线、方向、速度，最终抵达目的地的手段。描述位置变化的前提是位置信息的获取，依照感知位置信息技术的不同，可区分出不同的导航技术。可以说，有多少种位置感知手段，就有多少种导航手段。

导航是一项既古老又年轻的技术。随着社会的发展，人类的活动空间得到扩展，导航技术也随之发展。早在远古时期，出于生存需要，人类为了发现狩猎场或采摘地，练就了一种依靠地形和日月位置信息的引导发现目标的能力。鸟类为了适应大范围迁徙，也进化出利用地磁场或其他信息的引导迁徙的能力。早期的沿海导航，是利用山顶和树木等地面上的自然标记来确认船的位置，即沿岸导航方法。随着海上航行范围的不断扩大，人类产生了把陆地上的鸟带去航海的想法，根据鸟类觅食和栖息时直线朝陆地飞的特点，进行“飞鸟导航”。总体来说，早期的导航方式主要依靠经验和直觉，未能形成明确的空间位置和导航概念。进入文明社会后，随着对空间位置概念的明确，人类能够借助与空间点位坐标相关的多种物理现象和规律来确定自己的空间位置，现代意义的导航概念才真正出现。同时，随着计算机技术和人工智能技术的发展，以视觉导航为代表的新一代智能导航技术逐渐进入高速发展时期。

目前，导航技术的发展已经经历了四个阶段，如图 1-2 所示。第一阶段，在远古人类迁徙、狩猎、农耕时期，人们通过肉眼观测或简单观测装置来进行导航，导航手段是采用司南（指南针）人工标记等的第一代导航手段。西汉时期，我国《淮南子·齐俗训》中提到“夫乘舟而惑者，不知东西，见斗极则寤矣”，说明当时的航海已经开始依靠日月星辰来判明方位，牵星术也成

	人类活动	技术发展	手段进步
未来	深空、深海、地面、地下	量子、脉冲星等新机制	第五阶段 量子导航、脉冲星导航、综合PNT、弹性PNT等
现在	全球地表、近地空间活动	航天、计算机、微机电系统	第四阶段 卫星导航、组合导航等
	远程陆路、海路、航空运输	无线电、电子、机电、精密仪器	第三阶段 陆基长波无线电导航、天文导航、惯性导航、匹配导航等
过去	远洋航海、殖民地开发	复杂机械装置时空测量	第二阶段 罗盘、六分仪、航海钟等
	远古人类迁徙、狩猎、农耕	肉眼观测或简单观测装置	第一阶段 司南（指南针）、人工标记等

图 1-2　导航技术的发展

为该时期的代表性导航工具。三国时期，中国发明了利用地磁特性辨别方向的指南针，并在众多方面得到应用，由此衍生出了指南车、指南鱼等。第二阶段，在远洋航海、殖民地开发时期，人们通过机械仪表观测自然现象进行导航，导航手段是采用较为复杂的机械装置进行时空信息测量的第二代导航手段，如罗盘、六分仪、航海钟等。第三阶段，在远程陆路、海路、航空运输时期，人们通过无线电、电子进行导航，导航手段是采用无线电技术、电子技术、机电技术、精密仪器技术，面向各自特定服务对象开展的导航手段，如无线电指向信标、陆基长波无线电导航（罗兰 / 长河）、多普勒导航雷达、测速仪 / 测高仪 / 测探仪、电罗经、惯性导航、天文导航、匹配导航、石英钟 / 原子钟等。第四阶段，在全球地表、近地空间活动时期，人们通过卫星导航系统进行导航，导航手段是建立在航天技术、信号处理技术、计算机技术、微电子 / 微机电技术基础上的卫星导航手段。目前，导航手段正在从第四阶段的卫星导航向第五阶段的 PNT 体系过渡，其主要特征是：从第四阶段中卫星导航一家独大，向第五阶段以卫星导航为基础，多手段互补融合，体系化的模式发展；服务的覆盖范围明显扩大，从地表和近地空间向水下、地下、深空以及电磁干扰环境、物理遮蔽环境发展；脉冲星导航、量子导航等新的物理机制导航手段得到发展；导航的便捷性、连续性、可靠性、精确性指标得到明显改善。

第三节　学科发展规律

自从人类有了最原始的时间延续和空间相对关系的概念，对空间、时间精确测量伴随着人类社会发展的全过程，影响了人类生活的各个方面。人类对物体空间变化特性的认识需求推动了 PNT 技术的不断进步，基础理论的突破使得 PNT 技术经历了多次飞跃发展，学科交叉融合推动着 PNT 技术以前所未有的深度和广度融入人类生活。

一、需求是PNT技术发展的原动力

人类基本生存需求，催生了空间和时间测量技术。早期，人类为了实现居住点与狩猎场（采集场）移动，需要通过简单的地物观测、天文方向观测到达目的地，后期指南针的发明也是为了解决方位问题；为了适应四季变化和度量昼夜，人类需要简单的时间概念，为此发明了日冕、漏壶等误差在小时量级的时间测量设备。伴随人类活动范围的扩大，远距离航海需要更加精确的空间确定技术，为此发明了六分仪、天文钟和高精度星表。进入工业化社会后，机械化交通运输工具对运动速度的度量提出了更高要求，为此，人类发明了机械钟、历程计及更高精度的天文导航方法；进入20世纪，飞机的出现使得更高速度、更大范围的导航需求更加迫切，石英钟、无线电导航技术开始进入人们的生活。全球化时代需要导航定位范围覆盖全球，由此催生了卫星导航技术。卫星导航技术的出现使得导航定位技术以前所未有的普及程度渗透到人们生活的各个方面，衍生出更深层次的需求。总体来看，需求永远是促进PNT技术发展的原动力。

二、基础理论突破是PNT技术发展的推动力

与许多人类重大发明类似，PNT基础理论的发展永远是技术发展的先导。天文导航技术是以人们对太阳、月球和其他星体基本运动规律的认识为依据的，天体测量学是其理论基础。惠更斯依据傅科摆的原理发明了摆钟，使得时间度量技术提高到秒量级以下。传统距离测量设备的精度在毫米量级，很难实现远距离无接触测量，电磁学基础理论的建立为无线电测距技术的发展奠定了基础，利用无线电测距技术可以实现大范围高精度无接触星际测量。激光测距技术是理论先导的最典型样例。早在1916年，爱因斯坦就通过理论分析预言了原子受激辐射的可能性，基于该理论，1958年美国科学家肖洛和汤斯提出了激光原理，并于1960年由梅曼成功实现。1969年，人们利用激光建立地月测量系统，使得地月间测距精度可达米量级。陀螺仪的发明也来源于基础理论的突破。牛顿力学和欧拉刚体运动理论的建立，为刚体绕定点运动规律的描述奠定了牢固基础，正是基于该理论，傅科设计了陀螺仪雏形。

至于现代原子陀螺、量子陀螺等技术无不出自原始理论的创新。卫星导航技术的思路也是源于理论的突破，卫星多普勒测距理论启发了卫星测距思想，伪码测距理论和卫星轨道动力学理论使得卫星导航技术的工程实现成为可能。基础理论突破是先进 PNT 技术研究的不竭动力。

三、学科交叉融合是 PNT 技术发展的加速器

物体在时空中的位置、时间信息是人类认识物体运动规律的基础，也是从不同维度描述物体特征的共有信息，即物体许多性态变化与位置、时间相关；反过来，我们可利用这些性态度量位置、时间。这也是位置、时间技术能成为学科交叉融合基点的原因。

学科交叉融合极大地促进了新型 PNT 技术的发展，卫星导航技术的发展是明显的样例。卫星导航技术涉及卫星精密定轨、星地无线电精密测距、星载高精度原子钟等多项技术，涉及天体力学、无线电测距通信和时间频率等多个学科，这些学科的技术突破解决了卫星导航技术瓶颈问题，催生了卫星导航系统。微型化芯片技术和智能手机的普遍应用，使得卫星导航技术能够最大限度地惠及每个人，拓展了卫星导航应用范围；重力辅助导航是学科交叉融合的典型案例。重力本是表征地球物理特性的物理量，重力测量技术属于地球物理研究范畴，利用重力场空间分布特性实现导航则需要精密测量、地球物理、数学建模等学科交叉融合；视觉导航技术是学科交叉融合的又一个范例。人类和许多动物均具有利用视觉定位的生物本能，计算机技术、微型化光学精密测量技术和智能化建模技术的发展，使得视觉导航工程精密化、模型化应用成为可能，再将视觉定位与人工智能相结合，使得视觉导航的应用前景更加广阔。

PNT 技术的发展经历了从本能到自觉、从粗略到精细、从小范围到大尺度的过程，用户群体从专业人士拓展到全球公众。PNT 已成为支撑信息化社会的基本技术，同时 PNT 学科发展依附测绘科学、信息科学、自动控制等，可以分解成惯性导航、天文导航、匹配导航、无线电导航、卫星导航等。PNT 学科发展如图 1-3 所示。

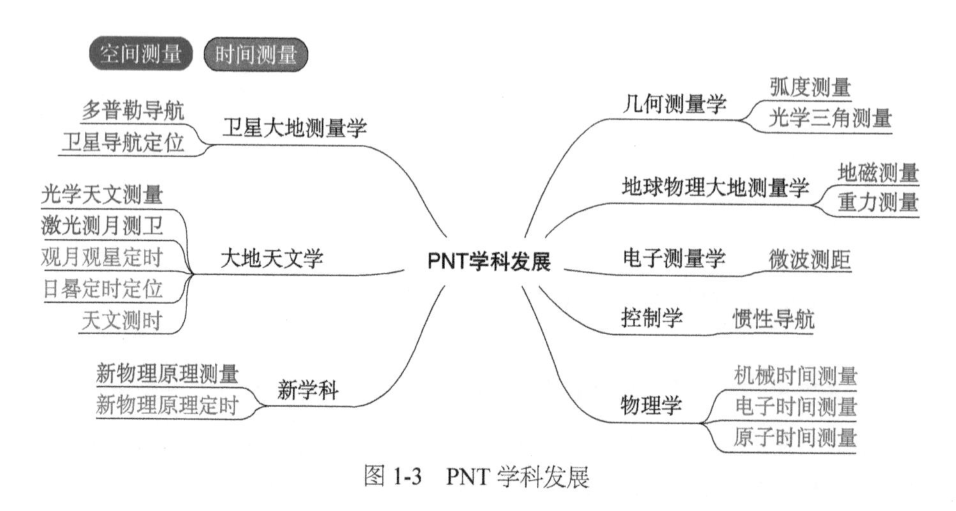

图 1-3 PNT 学科发展

空间测量方面，主要涉及几何测量学（弧度测量、光学三角测量）、大地天文学（光学天文测量、激光测月测卫）、地球物理大地测量学（地磁测量、重力测量）、卫星大地测量学（多普勒导航、卫星导航定位）。所涉及的基础理论属于物理学，包括牛顿经典力学（卫星轨道、发射弹道设计与预报）、麦克斯韦电磁学（信号发射、传播、接收）、爱因斯坦相对论（时空弯曲修正、固体潮改正）、波尔量子力学（原子钟、光压、微波辐射压模型建立）等。空间测量基准包括电子测量学（微波测距）、控制学（惯性导航）等，同时，新物理原理测量技术也已经成为新的研究热点。

时间测量方面，主要涉及大地天文学（观月观星定时、日晷定时定位、天文测时）、物理学（机械时间测量、电子时间测量、原子时间测量）、卫星大地测量学（卫星定时），还涉及新学科（如新物理原理定时等）。

第四节　国内外发展现状

一、导航定位技术发展现状

（一）卫星导航

1957 年 10 月，苏联成功发射了世界上首颗人造地球卫星，标志着人类在空间科学技术领域进入了新纪元。1958 年底，美国海军委托约翰斯·霍普金斯大学应用物理实验室开始研制一种新的卫星导航系统，由于该系统的卫星通过地极，即沿地球的子午圈轨道运行，所以该系统又称为子午仪（Transit）卫星定位系统。该系统采用多普勒定位原理，于 1964 年建成并正式投入使用。1968 年，苏联建立了类似于子午仪的奇卡达（Tsikada）卫星导航系统。20 世纪 60 年代初，美国国防部、国家航空航天局和运输部认为子午仪系统无法满足军用和民用连续实施三维导航的迫切需求，更无法满足高动态用户的精密导航要求。他们希望能有这样一个卫星导航系统——可以实现全球覆盖、全天候工作，可以为高动态用户提供服务，并且拥有较高的精度。

1973 年底，美国国防部决定将陆海空三军种的卫星导航研制工作统一起来，研制“全球定位系统”（global positioning system），即 GPS。这个项目历经二十余年的研制，花费达百亿美元。美国于 1993 年底实现 GPS 初始运行，1995 年初 GPS 全面投入正常运行。GPS 全球、全天候、高精度的特点不仅为其赢得了广泛的民用市场，其在军事应用上发挥的优势也促使欧盟、俄罗斯等开始建设自己的卫星导航系统。

格洛纳斯卫星导航系统（global navigation satellite system，GLONASS）最早始于 1982 年苏联时期，由于苏联解体曾一度被停止，俄罗斯重启了该系统，并于 2011 年 10 月正式运行；我国于 2003 年 5 月完成北斗一号卫星导航系统（BDS-1）的有源定位系统，2012 年 12 月 27 日建成北斗二号（BDS-2）区域无源定位系统，2020 年 7 月建成北斗三号全球卫星导航系统（BDS-3）；欧盟的伽利略卫星导航系统（Galileo navigation satellite system，Galileo 系统）经过四个阶段的发展，于 2016 年底正式开始投入运营；日本于 2018 年 11 月 1 日宣布准天顶卫星系统（quasi-zenith satellite system，QZSS）投入初始运行，印度的印度星座导航（navigation with Indian constellation，NavIC）也于 2018 年投入应用（姜卫平，2017）。

（二）卫星导航星基增强

星基增强主要是在卫星导航系统基本服务的基础上，通过地球静止轨道卫星搭载的增强信号转发器，向用户播发卫星轨道、钟差、电离层延迟等模型化误差改正信息，实现定位精度增强，满足分米量级、厘米量级甚至毫米量级高精度用户需求。

目前，已建成的星基增强系统（satellite-based augmentation system，SBAS）包括美国广域增强系统、欧洲地球静止卫星重叠导航服务（European geostationary navigation overlay service，EGNOS）系统、差分校正和监测系统（system of differential correction and monitoring，SDCM）、日本星基增强系统（multi-functional transport satellite-based augmentation system，MSAS），印度星基增强系统（GPS and GEO augmented navigation system，GAGAN），以及我国北斗星基增强系统（BeiDou Satellite-based Augmentation System，BDSBAS）和 BDS PPP-B2b 增强系统等，均将 GEO 卫星作为增强信息播发平台。现有及开发中的星基增强系统如图 1-4 所示。

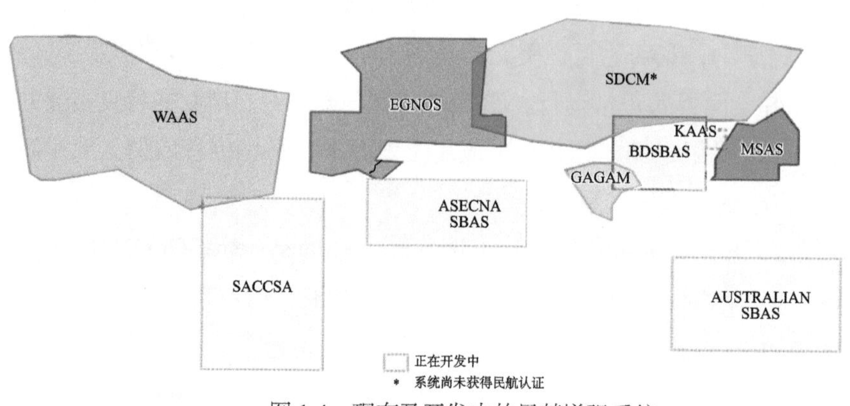

图 1-4　现有及开发中的星基增强系统

1. 国外卫星导航增强系统

WAAS 是根据美国联邦航空局（Federal Aviation Administration，FAA）导航需求而建设的 GPS 性能增强系统，由 3 个主站（兼参考站）、38 个参考站、1 个上行注入站和 3 颗地球同步静止卫星组成，覆盖北美洲（含墨西哥）周边地区。WAAS 采用单频伪距差分模型，利用 GEO 卫星播发修正数据，下行信号与 GPS L1 频段重合，方便用户终端接收使用，频点为 1575.42 MHz，定位精度为 1～2 m。WAAS 广播的数据内容包括卫星轨道修正数据、钟差修正数据和电离层格网延迟，基本数据传输速率为 250 bit/s，采用标准的 RTCADO-229 格式进行传播。此外，WAAS 在 L5 频段信号上播发差分修正信息和完好性信息，用来支持双频接收机用户。

SDCM是由俄罗斯自主研发的星基增强系统，可同时为GPS和GLONASS两个导航系统进行信号增强。SDCM由数据传输链路、参考站（reference station，RS）网络和位于莫斯科的控制中心组成，其中数据传输链路包括3颗GEO中继卫星和Sisnet服务器。SDCM测定包含GLONASS和GPS完整性、广域和局域校正数据的修正信息，之后向用户实时传输。SDCM数据分发系统可以通过卫星信道或者地面信道两种方式实现数据分发。卫星信道播发方式为SDCM中央处理设施生成的修正信息，通过地面上行注入站传送至中继卫星，中继卫星向其信号覆盖区域内的用户播发修正信息，也可通过地面信道播发修正信息，经由Sisnet服务器或Ntrip服务器，通过互联网或者GSM网络传输给用户。SDCM水平分量定位精度为1～1.5 m，高程分量定位精度达到2～13 m。

EGNOS系统由欧洲空间局（European Space Agency，ESA）、欧洲航空安全局（European Aviation Safety Agency，EASA）联合设计建设。1998年11月EGNOS系统实施建设，自2002年5月开始相应的研发与验证。EGNOS系统由空间部分、地面部分、用户部分及支持系统四部分共同组成。其中，空间部分为3颗地球同步静止卫星，负责在L1频段播发修正信息与完好性信息，一般至少有2颗GEO卫星同时播发信息。地面部分包括4个主控中心（main control centre，MCC）、41个测距与完好性监视站（ranging and integrity monitoring station，RIMS）、7个导航地面站（navigation land earth station，NLES）及EGNOS广域网（EGNOS wide area network，EWAN）。地面部分主要负责向欧洲及周边地区的用户发送GPS和GLONASS的广域差分改正数据和完好性信息。对于用户部分，接收机除可接收GPS信号外，还可接收GLONASS及EGNOS信号。支持系统则综合包括了工程详细技术设计、开发验收平台、系统性能评价及问题发现等系统。当前EGNOS系统可提供三类服务：测距、广域差分（wide area differential，WAD）校正及GPS完好性。这三类信息通过GEO卫星播发给用户，以使用户获得的导航精度、完好性、连续性及可用性得到改善。

MSAS是日本按照国际民航组织标准和推荐做法建设的星基增强系统。MSAS包括2个主控站（main control station，MCS）、4个地面监测站（ground monitor station，GMS）、2颗GEO卫星MTSAT-1R/MTSAT-2、2个测距监测站（ranging monitoring station，RMS）。MSAS 两颗定点静止轨道卫星的位置分别在 140° E 和 145° E。卫星利用 Ku 频段进行通信和气象数据播报，利用 L 频段进行定位导航服务；地面主体包括位于神户和常陆太田的 2 个主控站，位于福冈、东京、札幌和那霸的 4 个监控站，以及位于堪培拉和夏威夷的标定站；系统在地面监测站监测 GPS 信号，计算三维星历误差、每颗卫星的钟差和电离层广域差分改正信息组成的误差校正矢量，并通过卫星播发。MSAS 提供的导航服务可覆盖整个日本空域的所有航空器。2007 年 9 月 27 日，MSAS 正式投入运营，大部分亚太地区都可被 MSAS 信号覆盖。在此区域内，空中航行可以实现无缝增强衔接，且更安全、更可靠。当前，我国几乎所有地区都可接收到 MSAS 信号。

GAGAN 是印度开发的 GPS 辅助型对地静止轨道增强导航系统。GAGAN 是可在印度区域提供无缝导航的系统，与其他星基增强系统互通互用。虽然 GAGAN 主要用于民航，但也为其他导航定位用户带来了好处。

2. 北斗星基增强系统

2020 年 8 月 3日，北斗办公室发布了北斗星基增强服务信号 BDSBAS-B1C（1.0 版），标志着 BDS-3 星基增强系统正式开始运行，通过 GEO 卫星向中国及周边地区用户提供符合国际民航组织（International Civil Aviation Organization，ICAO）标准的单频和多频双星座服务，实现对原有卫星导航系统定位精度的提升。表 1-1 给出了北斗星基增强系统 GEO 卫星信息。

表 1-1　北斗星基增强系统 GEO 卫星信息

系统	卫星名字	BDS-PRN	位置	SBAS-PRN	增强信号类型
BDSBAS	BDS-3 GEO-1	59	140° E	130	B1C/B2a
	BDS-3 GEO-2	60	80° E	143	B1C/B2a
	BDS-3 GEO-3	61	110.5° E	144	B1C/B2a

（1）BDSBAS 单频增强服务。北斗单频单系统增强服务 BDSBAS 由 BDS-3 GEO 卫星上的 BDSBAS-B1C 信号播发，信号采用二进制相移键控（binary phase-shift keying，BPSK）方式进行调制，中心频率为 1575.42 MHz，主要对 GPS L1 C/A 信号进行增强。

BDSBAS 电文按照 ICAO 国际公约附件十的要求进行设计，电文传输速率为 250 bit/s。

（2）BDSBAS 双频多星座星基增强服务。北斗双频多星座星基增强服务（dual-frequency multi-constellation satellite-based augmentation service，DFMC SBAS），由 BDS-3 GEO 卫星的 BDSBAS-B2a 信号播发，中心频率为 1176.45 MHz，主要用于改正 GNSS L1（1575.42 MHz）和 L5（1176.45 MHz）频率上的信号，在计算卫星位置时，应使用 BDS B-CNAV2 导航电文计算卫星位置，目前 DFMC SBAS 只提供 GPS 卫星和 BDS-3 卫星（GEO 卫星除外）的改正信息。

DFMC SBAS 电文格式按照 ICAO 的 SBAS L5 DFMC 接口控制文件定义，电文长度为 250 bits，每则电文包含 4 bits 的前导码，6 bits 的信息类型标识，216 bits 的数据块及 24 bits 的循环冗余校验（cyclic redundancy check，CRC）位，电文主要内容如表 1-2 所示。

表 1-2　DFMC SBAS 电文主要内容

电文类型	电文内容
31	掩码信息
32	卫星星历和钟差改正信息及协方差阵
34/35/36	完好性信息
39/40	SBAS 卫星星历和协方差阵
37	降效参数
42	SBAS 网络时间［协调世界时（coordinated universal time，UTC））］
47	SBAS 卫星历书

（3）BDS PPP-B2b 增强。BDS-3 在 BDS-2 的基础上增加了精密单点定位（precise point positioning，PPP）增强服务。PPP 增强服务采用空间信号 PPP-B2b 信号 I 支路作为数据播发通道，通过 BDS-3 GEO 卫星播发 BDS-3 和其他 GNSS 的高精度轨道与钟差等改正信息，为我国及周边地区的用户提供服务。目前，北斗 PPP 增强服务仅对 BDS 和 GPS 增强，未来将播发其他 GNSS 改正信息对其进行增强。

北斗 PPP-B2b 信号主要是指 BDS-3 GEO 卫星的 B2b 信号 I 支路，中心频率为 1207.14 MHz，带宽为 20.46 MHz，采用 BPSK 方式进行调制。在计算卫星位置时，应使用 BDS B-CNAV1 导航电文计算卫星位置。PPP-B2b 信号 I 支路增强电文数据帧由 468 bits 构成。其中，最高 6 bits 表示信息类型（MesTypeID），最低 24 bits 为循环冗余校验位，其余 456 bits 为数据域，电文主要内容如表 1-3 所示。

表 1-3 北斗 PPP-B2b 增强电文主要内容

电文类型	电文内容
1	卫星掩码信息
2	卫星轨道改正数和用户测距精度指数
3	码间偏差改正数
4	卫星钟差改正数
5	用户测距精度指数
6	钟差改正数与轨道改正数-组合 1
7	钟差改正数与轨道改正数-组合 2
8～62	预留
63	空信息

（三）地基无线电导航

地基无线电导航系统包括无线电罗盘与信标导航系统、伏尔（very high frequency omnidirectional range，VOR）系统、塔康（tactical air navigation, TACAN）系统、罗兰（long range navigation, Loran）系统、多普勒雷达导航系统、仪表着陆系统（instrument landing system, ILS）和微波着陆系统（microwave landing system, MLS）等。

1. 无线电罗盘与信标导航系统

无线电罗盘装备于飞机（或舰船）上，能够连续自动地对准地面导航台（通常称为无方向性信标），对飞机进行导航。另外，它还可以配合仪表或微波着陆系统引导飞机着陆。世界各国，无论是军用飞机还是民用飞机都装有无线电罗盘。美国有上千个信标台在工作，飞机用户数量达十几万。我国目前有近千个无线电信标台，大部分用于机场方位台，供飞机归航用。信标台的信号覆盖了我国大部分领空和领海，所有飞机都装有无线电罗盘，作为基本导航手段，用户数量很大。由于科学技术的不断发展和新导航系统的出现，无线电罗盘与信标系统可能会退出历史舞台。国内的海事信标正在改为 GNSS 差分台，部分已经升级为 BDS-3 系统。

2. 伏尔系统

伏尔是甚高频全向信标的简称，甚高频全向信标导航系统工作于甚高频（112～118 MHz），抗干扰能力强，测向精度一般为 ±1°，机载设备简单、轻便，其缺点是发射电波受视线限制，测向精度受场地影响较大（张国良等，

2008）。现在，伏尔系统已经是空中交通管制程序不可分割的一部分，是陆上无线电近程导航和非精密进近的国际标准设备。我国有一百多个伏尔地面台。GPS 能够提供高可靠性、高精度和高完好性的全球覆盖，精度和性价比高，使得现有的伏尔系统逐渐被取代，所以今后伏尔信标台不会显著增多。

3. 塔康系统

塔康系统是一种近程极坐标式无线电导航系统。它采用了多瓣技术，在系统中有精测通道，故其测向精度比伏尔系统高。该系统的地面设备天线体积小，便于机动和安装，在覆盖区半径 350 km 范围内能为飞机提供方位信息和距离信息，很适合航空母舰上飞机的安全导航。塔康系统不仅在各国得到普遍推广，有上千个塔康地面导航台在陆地、航空母舰上工作，而且机载设备用户更多。

4. 罗兰系统

罗兰系统是采用脉冲体制的双曲线无线电导航系统。经过天波同步罗兰、低频罗兰、西克兰（Cyclan）和西塔克（Cytac）等发展阶段，最终形成了罗兰 C 系统。罗兰 C 系统由地面的 1 个主台与 2～4 个副台合成的台链和运载体上的接收设备组成。近几年，从维护国家安全和利益的角度考虑，美国多次提出继续发展和部署增强罗兰系统，作为 GPS 的主要备用系统。增强罗兰系统是罗兰 C 系统的升级版本，其核心系统由现代化的发射台、控制中心以及监测站三部分组成，能够以完全独立于 GNSS 的方式播发导航授时信号。由于采用了更高性能的发射系统，发射台可以更高的时间频率精度连续播发信号；控制中心具备高等级安全防护能力，可快速响应系统故障，并将影响降至最低；监测站可实时监测增强罗兰系统信号，并实时提供给控制中心，同时还可以作为差分站提供差分信息，进一步提高用户定位精度（胡安平等，2016）。此外，增强罗兰系统增加了数据通道，发射台可以向用户接收机传送专门的导航信息修正量、告警和信号完好性信息；数据通道还可以播发授时电文信息，满足高精密时间和频率基准用户的需要（徐兵，2019）。目前，增强罗兰系统在国外受到了越来越多的重视，包括新型发射机技术、交叉干扰减少技术、播发修正技术、差分高精度定位技术等增强罗兰系统的核心技术仍在不断发展中，相关国家标准持续完善并在全球范围内推行。据报道，美国部署增强罗兰系统的成本约为4亿美元，低于开发、建造和部署一颗GPS卫星的成本。该系统运行后可提供受保护的低频段无线电信号，信号强度比GPS高300万倍，可穿透建筑物、隧道和地下设施，可靠性高达99.999%，受到干扰或破坏的概率大大降低，定位精度可达 ±8 m（Coggins，2020）。英国、韩国等也在开展相关的建站、测试等工作，预计到2023年实现系统的初始运行（Cozzens，2020）。同时，俄罗斯一直保留并持续升级与罗兰C系统类似的恰卡系统。

我国1965年建设完成了长河一号系统，其由10个台站组成，1997年该系统关闭。1979年，长河二号系统建设完成，系统包含6个台站、3个台链，覆盖范围包括我国中东部区域和东南部海域，经过升级改造，目前仍在持续提供服务。

5. 多普勒雷达导航系统

典型的专用多普勒导航仪主要由天线、发射机、接收机和频率跟踪器四部分组成。20世纪90年代以后，多普勒雷达导航系统才发展成为组合导航系统。1995年，美国陆军成功地对多普勒/GPS导航装置进行了飞行测试，并于1996年投入生产。多普勒雷达的优点是不需要地面设备配合工作，不受地区和气候条件的限制，载体速度和偏流角的测量精度高；缺点是当载体姿态超过限度时，多普勒雷达因收不到回波而不能工作，定位误差随时间的推移而增大，多普勒雷达的工作与反射面状况有关。我国的多普勒雷达导航系统主要用在各种类型的军用飞机上，用于导航、空中盘旋、救援等。

随着欧米伽系统投入运行和航空惯性导航的发展，多普勒雷达导航系统的应用逐渐减少，在GPS投入运行后，多普勒雷达导航系统的应用进一步受到GPS/惯性导航组合系统的挤压。然而，多普勒雷达导航系统的应用并未停止，尤其是在直升飞机上的应用（吴德伟等，2015）。

6. 仪表着陆系统和微波着陆系统

仪表着陆系统和微波着陆系统是国际标准着陆系统，主要用于大、中型机场引导飞机着陆，分布在世界各地的台站有1500多套，用户超过10万，其中美国约有5万。微波着陆系统是一种空中导航数据系统，适用于小型机场，如直升机场和航空母舰等。美国的微波着陆系统已作为标准着陆系统投入运行。

我国研制的仪表着陆系统的地面信标发射机最大覆盖范围可达 46 km。

综上所述，随着卫星导航系统的出现，某些地基无线电装备显得落后，但是，由于卫星导航系统的信号弱，易被干扰，不能满足航空系统高安全性要求（如连续性、完好性和可靠性等），所以地基无线电装备仍持续作为基本导航备用系统使用，或者与 GNSS 组合使用。

（四）惯性导航

惯性导航系统（inertial navigation system，INS）通过惯性测量单元（inertial measurement unit，IMU）测量载体相对惯性空间的角速度和加速度信息，利用牛顿运动定律自动推算载体的瞬时速度和位置信息。目前，捷联式惯性导航系统已经成为惯性导航系统的主要发展方向。全固态惯性导航器件的蓬勃发展，促使惯性导航系统正在向微型 / 小型化、智能化方向发展。

美国国防部修改制定的《关键和新兴技术清单》（Critical and Emerging Technologies，ETs）中，提到了一些新型的惯性传感器，如纳机电线加速度计、超流体量子陀螺仪、原子干涉惯性传感器等（谭鹏辉，2016）。其中，原子干涉惯性传感器由于其优异的特性，受到各国的重视。美国惯性导航技术领域整体处于领先地位，尤其是在高精度惯性系统和传感器方面，法国、以色列、英国、中国和俄罗斯正在迅速缩小与美国之间的差距。俄罗斯和中国已生产出常规惯性产品，并在激光陀螺和光纤陀螺上拥有初步生产能力。

惯性导航系统的优点是工作自主性强、抗干扰能力强，缺点是导航精度随时间的积累而降低。为了提高远程飞行的精度，需要提高陀螺仪、加速度计的制造精度，然而由于制造工艺的限制，要持续提高惯性导航的精度很困难，或者说，要提高微小的惯性仪表精度，需要付出相当高的代价。因此，各国都在大力发展惯性导航与其他导航技术的组合导航系统，其中 GNSS/INS 组合导航系统是最具应用前景的组合导航系统。GNSS 定位精度高，但抗干扰能力差，同时，当运载体发生剧烈运动或 GNSS 信噪比较低时，导航精度显著降低。因此，GNSS/INS 组合导航系统不仅能改善惯性导航的位置和速度感知精度，而且能估计出陀螺漂移和惯性平台姿态误差等，从而提高惯性导航系统的性能。同时，利用惯性导航提供的速度等信息还能提高 GNSS 跟踪回路截获和锁定信号的能力。

GNSS/INS 组合导航系统可以为作战指挥各单元提供实时精确的位置、速度和时间（position velocity and time，PVT）信息，这些信息将为战时各级指挥单元的高度协同作战提供有利保证，已成为 C4ISR（command control communication computer intelligence surveillance reconnaissance）系统的重要组成部分。美军已将 GPS/INS 组合系统应用于飞机、舰船、战车等各种军事装备中，如战斗机、轰炸机、预警机、远程防区外地面攻击导弹、战斧巡航导弹、联合直接攻击导弹、联合防区外武器、精确滑翔炸弹等武器或武器平台，用以提高作战系统的指挥、控制和协调能力，以及导弹的制导、导航与控制精度和投放距离。

我国惯性技术从无到有，从弱到强，取得了巨大进步，产品广泛应用于海基、陆基、空基、天基的导航、制导与稳定系统中。因受材料、电子器件、精密加工工艺等基础工业水平的制约，在精度、可靠性、环境适应性、产品成品率等方面与国际先进水平还有一定差距。我国激光陀螺仪的核心性能指标和制造能力与美国、法国和俄罗斯等国家已处于同一水平，但在寿命、长期稳定性、高精度动态应用性能等方面还存在一定差距。干涉式光纤陀螺仪的精度与美国、法国和俄罗斯的产品无明显差别。光纤陀螺仪和光纤陀螺惯性导航系统在工程化和成熟度，同等精度情况下的体积、功耗、重量和成本等指标，以及长期稳定性方面与国外产品存在差距（冯文帅，2018）。我国对光子晶体光纤陀螺仪、原子陀螺仪、微加速度计等新型惯性仪表进行了原理探索和实验研究，研制了原理样机。

我国在惯性导航与 GNSS 组合导航技术方面，无论是硬件、软件技术还是应用水平上都与世界先进水平还有一定差距。微型固态惯性传感器及其捷联式惯性导航技术，以及 GNSS/INS 紧组合技术是亟待发展的关键技术。

（五）地球物理场导航

1. 重力辅助导航

重力辅助导航的研究始于 20 世纪 70 年代美国海军的一项军事计划，其目的是提高三叉戟弹道导弹潜艇的性能。重力辅助导航系统的研究基本上可分为三个阶段：20 世纪 80 年代中期以前，研究工作主要集中在运动基座重力梯度仪、重力辅助导航原理、匹配理论的研究；90 年代前期，研究工作主要集中在以重力梯度为匹配对象的无源导航系统；90 年代后期，以重力异常和重力梯度为匹配对象的高精度无源重力辅助导航和海底地形匹配导航组合引起了学者的重视，洛克希德·马丁公司成功研制出通用重力模块。该系统提供重力无源导航和地形估计，不仅成本低，而且可直接应用于现有导航系统中，大大增强了现在和将来舰载导弹和潜艇的巡航能力。美国海军在 1998 年和 1999 年分别在水面舰船和潜艇上对通用重力模块进行了演示验证。1998 年，美国贝尔宇航公司研制的重力仪 / 重力梯度惯性导航系统可满足战略核潜艇、攻击核潜艇和水下无人载体航行的导航要求。

国内，20 世纪 90 年代开始重力辅助惯性导航技术的研究。目前，该领域的研究处于理论研究和实验阶段，在信息处理算法上有一定的发展创新，但在工程应用上与发达国家仍存在较大差距（郑伟等，2020）。21 世纪以来，中国地震局、中国航天科技集团公司第九研究院第十三研究所、中国科学院测量与地球物理研究所、中国船舶集团有限公司 707 研究所等单位研制的重力仪均经过了海洋测量实验（韩雨蓉，2017）。2019 年，北京理工大学研制的重力匹配导航系统开展了海上实验验证。

2. 地磁导航

早在 1992 年美国就为水下无人运载体研制了一种磁定位系统；1994 年发明了一项水下运动载体磁标定位系统，用于水下定位和导航。美国在军用飞机和民用飞机上安装了地磁测量装置，其海洋调查船也都装备了磁传感器，并且不断地对全球陆地磁场和海洋磁场进行测量和修正。近年来，美国对外严格封锁磁导航技术和与之密切相关的微磁基础传感器技术。俄罗斯研究地磁制导技术的时间较长，并且成立了专业研究所，曾以地磁强度为特征量，采用磁通门传感器以地磁场等高线匹配制导方式进行了大量实验。法国正在研究一种全新的以地磁场为基础的炮弹制导系统，目的是测试炮弹在飞行过程中的自我纠错校准能力。

国内开展了地磁场匹配、地磁滤波等多种算法的研究，构建了地磁导航仿真验证系统，研制了惯性 / 地磁场匹配组合导航系统样机，并开展了试验验证工作（胡小平，2013）。高精度区域地磁场模型为地磁导航的应用奠定了良好基础，中国地震局每 5 年修订绘制我国的地磁图。2021 年，“张衡一号”卫星全球地磁场模型发布，该模型是首个基于我国卫星观测数据和模型构建技术建立的全球地磁场模型[①]。

（六）天文导航

天文导航采用恒星、行星、月球作为导航信标，利用光学仪器或光电仪器测得天体的位置参数（如方位角和高度角）。它不需要设立陆基台站和向空间发射轨道运行体，完全是一种被动式自主测量，具有隐蔽性好、可靠性高、生命力强等特点，当卫星导航和无线电导航受到干扰破坏时，天文导航对于保证己方的打击力量和优势，无疑具有深远的意义。同时，天文导航设备简单可靠，不受地域、空域限制，定位定向误差既不随时间的增加而增大，也不会因航行距离的增加而积累。此外，天文导航还是现代组合导航系统中一种主要的定位定向基准。天文导航的这些突出优点，使得天文导航在现代航海和航空航天的导航与制导中占有极其重要的地位。但是，天文导航定位仍需要解决以下问题：① 提高定位精度；② 全球自动测星导航；③ 全天候导航。

天文导航常与惯性导航组合，可以形成一种组合导航系统，这种组合导航系统具有很高的导航精度，适用于大型高空远程飞机和战略导弹的导航。把星体跟踪器固定在惯性平台上，组成天文 / 惯性导航系统，可为惯性导航系统的状态提供最优估计，并可对惯性导航定位和定姿误差进行补偿，从而使得一个中等精度和低成本的惯性导航系统能够输出高精度的导航参数。

目前，国外天文导航在小视场测星定位系统的基础上又形成了大视场测星定位和射电测星定位两种系统，并正从传统的可见光测星定位向可见光测星定位和射电测星定位相结合的方向发展，从传统的小视场测星定位向小视场测星定位和大视场测星定位相结合的方向发展，以提高天文导航系统的精度和数据输出率，实现天文导航系统的高精度、自主、全天候和多功能化，满足多种作战平台的需要。

美国、苏联、英国、法国等在20世纪80年代前一直把天文导航系统的研制和发展放在重要位置，形成了舰艇、潜艇、飞机、导弹、卫星等多平台应用的系列装备。这些天文导航设备或与其他导航设备组合使用，或作为独立的导航系统使用。

---

① http://www.most.gov.cn/gnwkjdt/202102/t20210218_172849.html。

1. 海基平台应用情况

天文导航技术已在潜艇和水面舰船上得到了普遍应用，精度达到了较高水平。除俄罗斯的“德尔塔”、法国的“凯旋”和德国的 212 型潜艇上装备了具有天文导航功能的潜望镜外，美国和俄罗斯的远洋测量船和航空母舰上也装备了天文导航系统。美国罗克韦尔柯林斯公司已研制了多种型号的射电天文导航设备，其中 AN/SAN-1 型号的精度为 3'，工作波段为 1.8～3.2 cm，可观测太阳和月球。俄罗斯研制的射电天文导航设备大致有3种型号：“鳕鱼眼”型射电六分仪 A 型、“鲤鱼眼”型射电六分仪 B 型和“沙果”型射电六分仪。俄罗斯的“台风”级弹道导弹核潜艇、DⅠ级弹道导弹核潜艇、DⅢ级弹道导弹核潜艇、“奥斯卡”级巡航导弹核潜艇、“麦克”级潜艇以及“基辅”号航空母舰等都装备有上述 3 种射电天文导航设备中的一种或几种。

2. 陆基平台应用情况

国外的陆基航天测控雷达均采用天文导航原理，对雷达机械与电气系统的误差进行了综合标校，综合标校精度优于 5"。奥地利利用天文导航原理测量陆基平台的垂线偏差，其精度达到 0.4"。德国在 2002 年研制出基于天文导航原理的天顶仪，使垂线偏差的测量精度达到 0.1"～0.2"。

3. 机载平台应用情况

美国和苏联在发展卫星导航技术的同时，仍非常重视天文导航的发展，并将其应用在大型远程飞机中，如美军的 B-52、FB-111、B-1B、B-2A 中远程轰炸机，C-141A 大型运输机，SR-71 高空侦察机以及苏联时期的 Tu-16、Tu-95、Tu-160 轰炸机等，均使用了天文导航设备。

4. 弹载平台应用情况

由于天文导航系统受地面大气的影响较大，所以其应用平台更适用于包括导弹在内的各种高空、远程飞行器。国外早在 20 世纪 50 年代就采用天文/惯性组合导航系统，利用天文导航设备得到的精确位置和航向数据可以校正惯性导航系统或进行初始对准，尤其适用于修正机动发射的远程导弹（吴德伟等，2015）。

5. 天基平台应用情况

天基平台是天文导航技术的最佳应用环境，国外从 20 世纪 80 年代开始研制，以美国、德国、英国、丹麦等较为突出，至今已有多种产品在卫星、飞船、空间站上得到应用。

我国天文导航技术的发展一直紧跟世界前沿，关键技术自主可控。我国先后发展了陆基、空基、天基全系列天文导航装备，广泛应用于飞机、导弹、舰艇和卫星上；研制了不同系列星敏感器，满足了不同类型卫星应用需求。总体而言，我国天文导航技术已形成完整的产学研体系。

（七）前沿技术

1. 量子导航技术

量子定位概念是美国麻省理工学院（Massachusetts Institute of Technology，MIT）的三位学者首先提出的。2001 年，美国麻省理工学院的 Giovannetti 博士带领的研究小组在他们合作发表在《自然》（*Nature*）杂志上的一篇论文中首次提出了基于量子关联的定位新概念（杨春燕等，2009）。量子关联定位的一个显著特点是具有极高的定位精度，另一个显著特点是具有很高的安全性，能够检测出入侵者的存在。基于上述优势，量子关联定位技术具有极高的研究价值和巨大的应用潜力，目前该领域也受到了世界主要军事强国的普遍关注。

2004 年，美国陆军研究实验室（Army Research Laboratory）的 Bahde 博士基于传统卫星定位系统的思想，提出了星基量子定位系统的总体设计方案。该方案基于地球近地轨道卫星构成的基线对，每两颗空间位置已知的卫星（参考点）定义了一条独立的基线，它们位于一个双曲面的焦点上。待测目标的位置是两个双曲面的交点。完整的量子定位系统包括四对双光子纠缠源和四个 HOM（Hong-Ou-Mandel）干涉仪，其中两对纠缠光子用来确定待测目标的空间位置，另一对用来同步待测目标的时钟信息。英国国防部科学技术实验室（Defence Science and Technology Laboratory）利用这些研究成果，研制了一台仅有 1 m 长的小型装置进行量子干涉定位实验。如果未来再进行微型化设计和制造，就有望把它打造成能安装在智能手机中的装置。另外，如果这种技术用于水下定位，则不易被发现或攻击。

量子导航的另一种形式是辅助感知与读出（QuASAR）导航，即以当前相关技术为基础，研发新一代磁场、力学和时间量子传感器，主要设备包括：纳米级分辨率的高灵敏度电磁传感器；带宽大于 10 kHz、接近量子极限灵敏度的加速度计和测力计；稳定度接近 1×10^{-16}/d 的便携式时钟等（刘春保，2016）。

2. 全源定位导航技术

美国国防高级研究计划局（Defense Advanced Research Projects Agency，DARPA）针对未来作战需求，于 2010 年 11 月提出了面向 GPS 拒止环境提供高精度 PNT 技术全源导航研究计划，即“ASPN”计划，旨在开发一种廉价的导航传感器融合技术，可以与激光测距仪、相机和磁力计等各种传感器组合实现即插即用，使用包含 GNSS 多种信号源进行定位，从而提供高可靠性的导航定位服务。

基于多源传感器集成和数据融合原理发展的全源定位导航（all source positioning and navigation，ASPN）技术，可以充分利用融合滤波算法从多源传感器信息中获取所需要的位置和时间信息，从而实现精确导航。全源定位导航技术能以实时和即插即用方式快速增加传感器和获取测量数据，全源定位导航系统还必须留有接口，以便在系统中添加现有或未来新出现的传感器。全源定位导航技术不完全依赖 GNSS，可用于任何作战平台和作战环境，可在徒步士兵、无人机、潜水器、轮式车、履带车、飞机、小型机器人等平台上使用，也可在水下、地下、丛林、郊区、城市建筑物下、建筑物内部、开阔地带等多种战场环境下使用。

ASPN 项目分三个阶段实施。第一阶段的主要工作目标是开发导航算法和数据处理方法，以及即插即用软件体系架构和算法，支持 10 种以上类型的传感器。第二阶段是开发小体积原型硬件系统并配置实时算法软件，对于任意传感器组合，都能获得定位结果，且当应用场景切换导致传感器组合发生变化时，能保证定位结果的连续性。第三阶段的主要工作是演示和验证，提出单兵便携型以及车载和机载型导航系统的解决方案。

3. 伪卫星导航技术

伪卫星导航技术通过在地面部署类似于天基导航卫星的节点设备并组网，利用伪卫星发射的导航定位信号实现 PNT 功能。伪卫星导航技术能够增强卫星导航系统的可靠性、完整性和精确性，可广泛应用于飞机着陆、都市环境下的交通导航、建筑物变形监测等领域。

一种典型的基于伪卫星的地基导航系统是澳大利亚专家开发的Locata系统。Locata技术的核心有两部分：伪卫星LocataLite和Locata接收机。LocataLite是一种能够生成类似GPS信号的收发器，每个LocataLite有1个接收天线和2个发射天线，接收天线主要用于时间同步和组网观测，发射天线用于为用户发射定位信号。伪卫星中的一个LocataLite为主伪卫星，所有其他伪卫星探测来自主伪卫星的信号，并利用TimeLoc技术实现同步。2个发射天线使得LocataLite可以从相同时钟发射2个PRN码，从而降低多径影响。当4颗或更多LocataLite同时部署时，形成的定位网络称为LocataNet，LocataNet通过TimeLoc技术实现同步，使得独立的Locata接收机可以在无任何外部信息或校正数据的情况下计算自身位置。

4. 微PNT技术

微PNT（micro-PNT）技术以微机电、微电子技术为基础，发展轻重量、小体积、低功耗、低成本、高精度、自校准的惯性导航和芯片级原子钟等PNT核心组件。其主要研究内容包括芯片级原子钟（chip-scale atomic clock，CSAC）、集成微型主原子钟技术（integrated micro primary atomic clock technology，IMPACT）、导航级集成微陀螺仪（navigation-grade integrated micro gyroscopes，NGIMG）、微惯性导航技术（micro inertial navigation technology，MINT）、信息链微自动旋式平台(information tethered micro automated rotary stages，IT-MARS)和芯片级组合式原子导航（chip-scale combinatorial atomic navigation，C-SCAN）等（边少锋等，2016）。首先，利用微机电系统（micro-electro-mechanical system，MEMS）技术和芯片级原子钟技术，通过对定时、惯性导航装置和其他非惯性传感器的微小型化与集成，实现芯片级的自主导航。该技术利用芯片级的惯性测量单元取代传统的PNT手段，可降低系统尺寸、重量和功耗，可用于多种武器平台和复杂环境的定位与导航，在降低对GNSS依赖的同时，还能提高复杂环境下定位导航和定时的连续性和可靠性（杨元喜等，2017）。

5. 自适应导航系统

自适应导航系统（adaptable navigation system，ANS）的重点是研发新的算法和体系架构，实现多平台PNT传感器的即插即用。该项目以DARPA微PNT计划、冷原子惯性技术和全源导航项目为基础，目标是在不能使用GPS

服务的环境下，开发能提供高精度、高可靠 PNT 服务的应用级产品。其主要技术包括：对外部数据需求较少、精度更高的惯性测量单元；利用非 GPS 信号源的 PNT 传感器；依据任务与环境变化，利用不同传感器、支持即插即用的新算法和体系架构。

6. 随机信号导航技术

随机信号导航（navigation via signal of opportunity，NAVSOP）技术，主要利用充斥在用户周围的成百上千种不同的信号（如 Wi-Fi 信号、无线电台信号、蜂窝基站信号等）估算自己的位置。NAVSOP 技术可以抵抗敌方的干扰和欺骗，还能够通过获取起初未能识别的信号来建立越来越精确和可靠的定位结果。在某些情况下，它甚至可以利用 GPS 干扰机所发射的信号来进行辅助导航。2012 年 6 月，英国 BAE 公司设计开发了 NAVSOP 系统，系统工作所需要的基础设施都是现成的，同时所需要的硬件都已经是商业上可获得的，不需要为其建立费用高昂的发射机网络。NAVSOP 系统另外一个优点是，可以被集成到现有的各种定位设备中，从而提供比 GPS 更为优越的性能。系统可以在建筑物密集的城区和建筑物内部或地下等 GPS 信号不可达的地方发挥作用，也可以通过捕获各种信号（包括低轨卫星的和其他民用设备的）在北极等偏远的地区发挥作用。NAVSOP 技术在军事方面有巨大的应用潜力。它可以用来帮助士兵在边远地区和建筑物密集的城区行动，也可以用来提高无人机的安全性。英国 BAE 公司认为，该技术改变了导航对抗领域的“游戏规则”。

7. 脉冲星导航技术

X 射线脉冲星导航技术是新型的天文自主导航技术（郑伟等，2015；帅平等，2009），除具备传统天文导航的优点外，还具有良好的时间特性。1967 年，Hewish 博士发现首颗脉冲星不久，科学家便意识到脉冲星在导航时间频率方面的潜在应用价值（Downs，1974）。X 射线脉冲星属于高速旋转且自转频率极其稳定的中子星，其位置坐标可精确测定，可构建如恒星星表一样的高精度惯性参考系；同时，其辐射的脉冲信号具有高稳态轮廓特性和高稳定周期，部分毫秒脉冲星自转频率长期稳定度优于地面原子钟（盛立志，2013；毛悦，2009），能够为飞行器深空自主导航提供良好的时间基准和空间参考基准。遥远的毫秒脉冲星可构建类似导航卫星的星座，也可构建一种服务范围更广的时空基准服务信息系统（郑伟等，2015）。脉冲星信号不受人为干扰，安全性高，是空间探测器极好的天然导航信标。X射线脉冲星空间观测的主要用途在于以下几种。

（1）增强、补充或后备卫星导航系统，在危机时（如战时）甚至可备份卫星导航系统，以增强空间导航系统的安全性和生存能力。

（2）增强航天装备的战技性能，提升大范围长航时的自主导航能力和在轨自主运行能力，提高控制空间的能力。

（3）为深空探测提供高精度自主导航手段，能增强驶离地球很远距离的航天器自主导航和定时能力（周庆勇等，2018）。

X射线脉冲星导航作为一种新兴的导航技术，可以实现近地卫星、深空飞行器的自主导航，具有自主、全空域、高精度、高安全性等特点，将在未来的深空探测和深空导航中发挥重要作用（帅平等，2009）。

美国极其重视脉冲星导航系统的建设及应用。21世纪初，美国国防部先进研究计划局提出了"基于X射线源的自主导航定位验证"计划（房建成等，2006），其目标是能够为飞行器在太阳系内任意位置提供独立于GPS的自主导航能力。2015年6月，NASA将脉冲星自主导航与X射线通信作为"革命性概念"列入其空间发展规划（2015—2035年），并计划将X射线脉冲星导航技术用于2027年和2033年的火星探测计划。与此同时，NASA利用中子星内部组成探测器（neutron star interior composition explorer，NICER）项目计划，同步在国际空间站上开展了"X射线计时和导航技术的空间站在轨验证试验"（station explorer for X-ray timing and navigation technology，SEXTANT），并于2018年1月宣布，利用四颗毫秒脉冲星计时数据将空间站位置误差收敛到16 km范围，最好可达5 km（周庆勇等，2018），现正积极地开展优于1 km的导航实验。鉴于SEXTANT项目的极大成功，美国已将"基于X射线源的自主导航定位验证"（XNAV）作为已成功验证的技术，并计划在其轻小型月球航天器CubeX上使用，CubeX将于2023年发射。

我国学者也开展了大量脉冲星导航的研究工作，利用国内外X射线脉冲星空间观测数据开展了导航性能分析，利用国际脉冲星计时阵（international pulsar timing array，IPTA）的毫秒脉冲星观测数据开展脉冲星时稳定性估计。2016年，我国发射了脉冲星导航实验（XPNAV-1）卫星，帅平研究员提出了基于法平面几何约束的脉冲星自主导航算法，利用XPNAV-1卫星观测数据实现定轨精度达 38.4 km（帅平，2020）。Zheng 等提出了一种利用脉冲星轮廓显著性实现航天器定轨的方法，先后利用“天宫二号”上的伽马暴偏振探测仪和硬 X 射线调制望远镜 (hard X-ray modulation telescope，HXMT) 卫星 Crab 脉冲星观测数据，分别实现航天器优于 30 km 和 10 km 的精度（Zheng et al.，2019），此外我国学者还在导航误差补偿、计时模型抗差估计等方面开展了很多原创性工作（王奕迪，2016）。

8. STOIC 技术

2014 年 6 月，DARPA 发布了题为“对抗性环境中的空间、时间和方位信息”（spatial, temporal, and orientation information in contested environments，STOIC）的招标书，拟开发不依赖 GPS、无处不在的抗干扰 PNT 系统，可在对抗环境下使用。要求地基信号覆盖半径不小于 10 000 km，且无须在对抗环境内部及附近部署和维护基础设施，系统定位精度为 10 m，授时精度为 30 ns（李耐和等，2015）。STOIC 技术旨在以通信能力、高稳定战术时钟、用户间提供 PNT 信息的能力为支撑，以通信与 PNT 的深度融合为途径，利用自主、随机信号等 PNT 源，实现对抗环境下的高精度 PNT 能力。

以上新技术作为卫星导航的补充，在不同的需求背景和应用场景下独具优势，从长远来看，具有较好的发展前景，但其技术特点和应用场合都有较大的局限性，任何单一手段尚不足以替代卫星导航在 PNT 领域的主体地位。新兴技术的不断涌现、应用场景的日趋多样以及导航战的威胁，决定了 PNT 不能只依靠单一技术手段，必须向体系化的方向发展，以提高 PNT 体系抗干扰及生存能力。

二、时间频率技术发展现状①

（一）美国时间系统建设现状与趋势

美国军民共建、共用时间频率体系，由国家 PNT 执行委员会进行跨部门、跨系统协调，从国家层面进行统筹规划和管理。国家 PNT 执行委员会由国防部副部长和运输部副部长共同担任主席，其他参加执行委员会（NASA、国土

① 本小节各国守时系统钟组数据来源于 BIPM 发布的 *BIPM Annual Report on Time Activities 2020*，参见 https://www.bipm.org/en/time-annual-report。

安全部等）代表也有相应的行政级别。1985年颁布的5000.2命令阐明了美国国防部标准时间的建立、保持、政策协调、使用要求及相关责任，明确规定美国海军天文台实现的标准时间为美国国防部时间标准，实现了美军全球化战略时间标准的高度统一。

1. 美国海军天文台

美国国防部标准时间是美国海军天文台（United States Naval Observatory，USNO）103台原子钟保持的UTC（USNO），其中，62台HP5071铯钟、35台氢钟和6台喷泉钟，守时钟组钟房温度变化控制在0.1℃以内，相对湿度变化控制在1%以内，分别安放在19个钟房内，便于补偿系统误差。UTC（USNO）的频率准确度达到1×10^{-15}，频率稳定度达到2×10^{-16}/m。根据国际计量局（Bureau International des Poids et Measures，BIPM）公布的数据（图1-5），2015年1月～2021年4月UTC（USNO）与UTC偏差保持在6 ns以内。

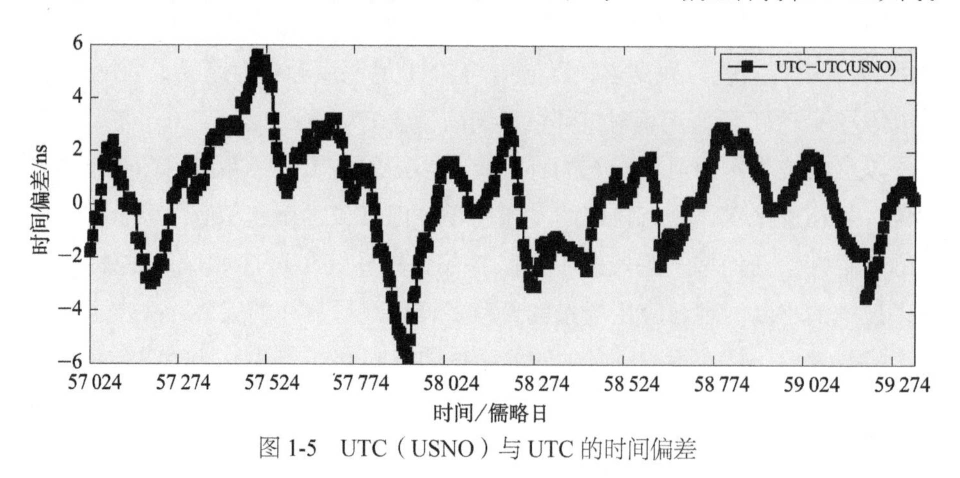

图1-5　UTC（USNO）与UTC的时间偏差

2. NIST守时实验室

美国国家标准与技术研究院（National Institute of Standards and Technology，NIST）也建立了守时系统，守时钟组由28台原子钟（13台铯钟，13台氢钟和2台喷泉钟）构成，根据BIPM公布的数据进行分析，2015年1月～2021年4月UTC（NIST）与UTC的时间偏差保持在20 ns以内（图1-6）。美国守时实验室还有美国海军研究实验室（United States Naval Research Laboratory，NRL）（9台原子钟，其中包括1台铯钟、8台氢钟）以及美国应用物理实验室

（Applied Physics Laboratory，APL）（7 台原子钟，其中包括 4 台铯钟、3 台氢钟）等。2015 年，BIPM 年报中提到作为秒定义复现装置——铯频率基准 NIST-F1 和 NIST-F2 连续运行 20 d，其 B 类不确定度可达 1.5×10^{-16}~3.1×10^{-16}。在原子钟研制方面，美国正在研制的冷原子钟精度已经达到 1×10^{-16}/ d，长期可能达到 1×10^{-17}/ d。

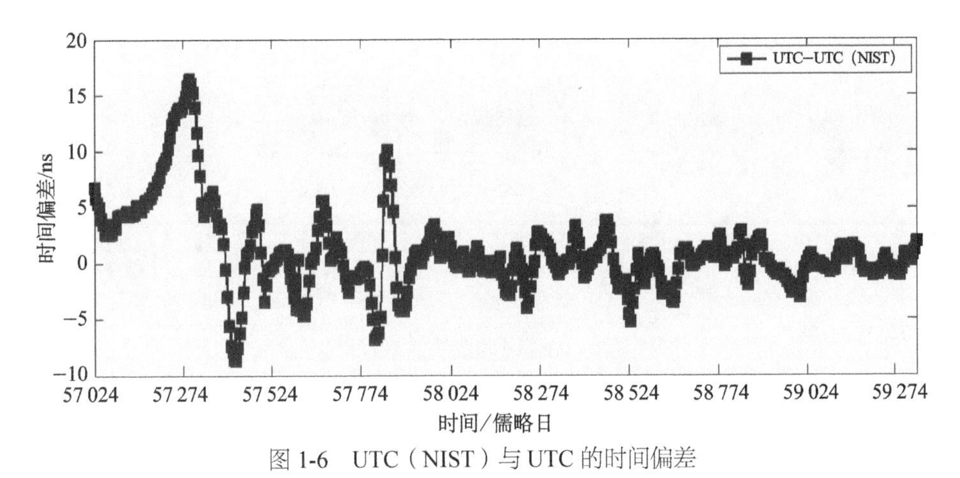

图 1-6　UTC（NIST）与 UTC 的时间偏差

美国在科罗拉多斯里佛空军基地（邻近 GPS 主控站）建立了备份主钟（alternative master clock，AMC），包括 3 台氢钟和 12 台铯钟。其作为美国国防部时间频率保障的重要组成部分，通过卫星双向时间频率传递 (two way satellite time and frequency transfer, TWSTFT) 保持 AMC 与系统主钟（master clock，MC）时间同步精度优于 1 ns。

3. GPS 时间

GPS 时间（GPS time，GPST）由 GPS 地面主控站、监测站的原子钟组以及 30 多个卫星的星载原子钟共同建立和维持。GPS 时间系统的基本框架如图 1-7 所示。

GPS 地面主控站中的一台高精度原子钟作为主钟，通过主控站内部的时间比对系统和远程时间比对系统得到系统内各原子钟与主钟的时间差，由监测站时钟和卫星时钟通过卡尔曼滤波和加权平均算法综合处理后得到一个纸面时间尺度。GPST 以美国海军天文台的 UTC（USNO）作为基准。GPST 与 TAI 的时间偏差如图 1-8 所示，图中 TAI 为国际原子时（International Atomic Time）。

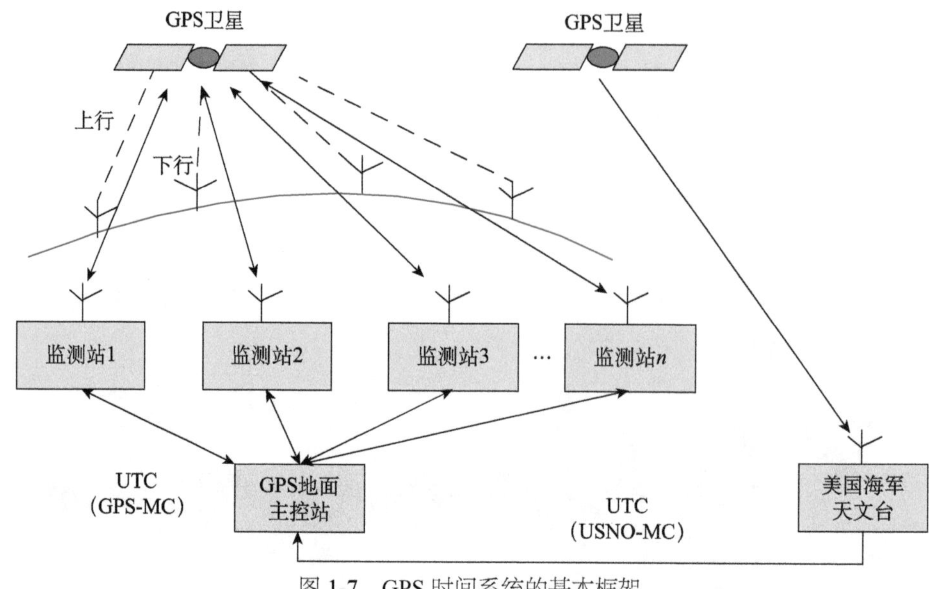

图 1-7 GPS 时间系统的基本框架

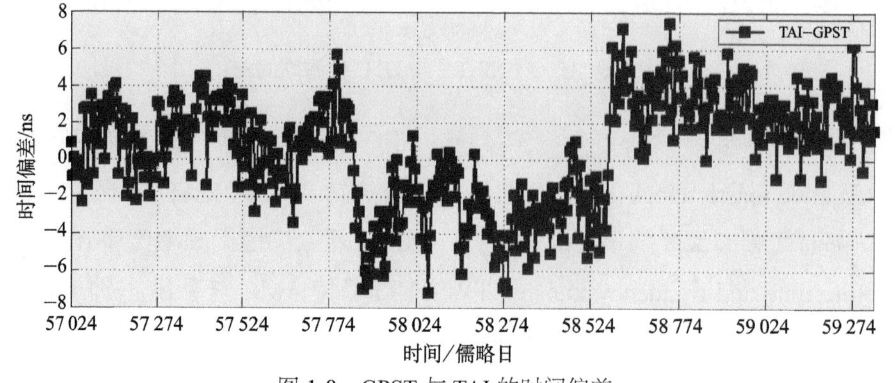

图 1-8 GPST 与 TAI 的时间偏差

（二）俄罗斯时间系统建设现状与趋势

俄罗斯国家时间频率的最高协调机构是由联邦国防部、教育与科学部、科学院等部门联合组成的部际委员会，实现军民共建、共用。

俄罗斯时间与空间计量研究院保持国家标准时间 UTC（SU），钟组包括 1 台铯喷泉钟、4 台铷喷泉钟和 16 台氢钟，TAI（SU）长期运行稳定度优于 4×10^{-15}/d。根据 BIPM 公布的数据，2015 年 1 月～2021 年 2 月 UTC（SU）与 UTC 的时间偏差保持在 10 ns 以内（图 1-9）。BIPM 2015 年年报公布了秒定义复现装置——铯频率基准 SU-CsFO2 连续运行 25 d 以上，其 B 类不确定

度为 2.5×10^{-16}。在原子钟研制方面，2016 年底完成 2 台铷喷泉钟的测试，不确定度达到 $1\times10^{-16}\sim2\times10^{-16}$。此外，俄罗斯研发的锶原子光晶格钟第一次自评定的不确定度为 1×10^{-16}，其目标为 $1\times10^{-17}\sim1\times10^{-18}$。

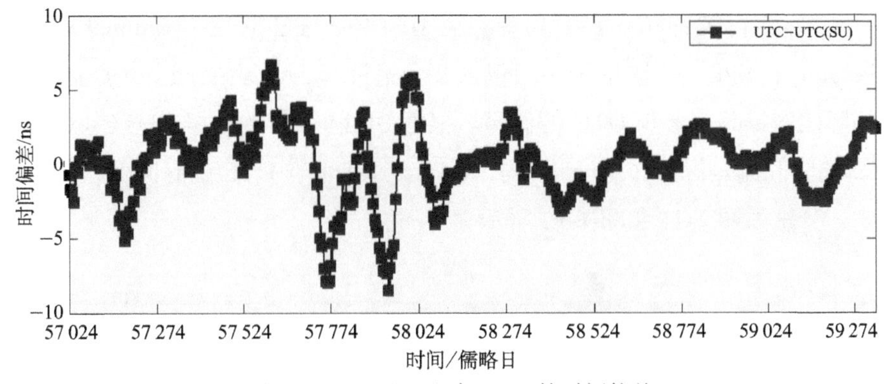

图 1-9　UTC（SU）与 UTC 的时间偏差

俄罗斯国家时间标准分为 4 级：国家标准时间（一级时间）、备份时间、二级时间和用户时间。备份时间系统结构规模略小，时间精度较国家标准时间稍差；二级时间由均匀分布在俄罗斯东南边境的 Novosibirsk、Irkutsk、Khabarovsk 和 Petropavlovsk 四地保持，二级时间保持单位除铯基准装置外，其余与国家标准时间的设备一样，只是数量略少一些。国家标准时间、备份时间、二级时间都放置在温湿度控制机房，以提高对原子钟环境的控制能力。

俄罗斯的 GLONASS 保持自己相对独立的 GLONASS 时间（GLONASS time，GLONASST）系统，GLONASST 与 TAI 差为百纳秒量级（图 1-10，数据来源于 BIPM）。GLONASST 每天 2 次溯源到 UTC（SU），以保持 GLONASST 与 UTC（SU）的一致性。

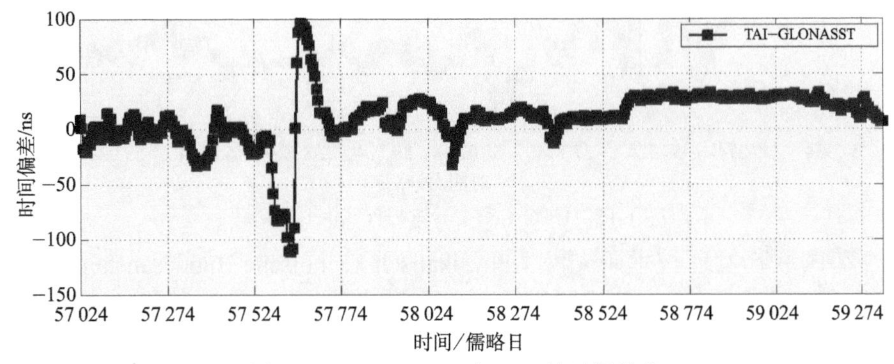

图 1-10　GLONASST 与 TAI 的时间偏差

（三）其他发达国家建设现状与趋势

意大利伽利略时间中心守时原子钟组包括4台铯钟、4台氢钟和2台喷泉钟，法国巴黎天文台（Observatoire de Paris，OP）守时原子钟组包括3台铯钟、5台氢钟和6台喷泉钟，英国国家物理实验室（National Physical Laboratory，NPL）守时原子钟组包括2台铯钟和5台氢钟。这些实验室建立了国际比对链路，参与UTC的计算。根据BPIM公布的数据，UTC（OP）与UTC的时间偏差保持在10 ns以内，UTC（NPL）与UTC的时间偏差在60 ns以内，分别如图1-11和图1-12所示。

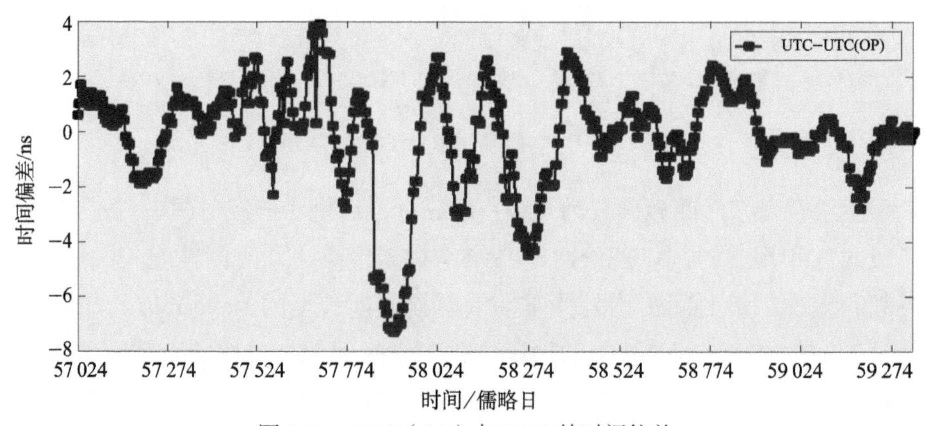

图1-11　UTC（OP）与UTC的时间偏差

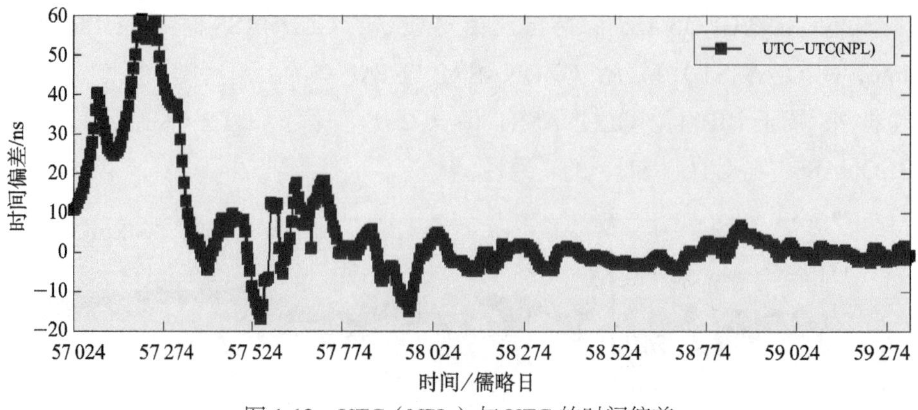

图1-12　UTC（NPL）与UTC的时间偏差

德国联邦物理技术研究院（Physikalisch-Technische Bundesanstalt，PTB）守时原子钟组包括3台铯钟、6台氢钟和4台喷泉钟，根据BIPM公布的数据，2015年1月～2021年4月UTC（PTB）与UTC的时间偏差保持在10 ns以内

（图 1-13）。PTB 保存着世界上最精确的频率基准，并采用卫星双向时间传递系统参与 UTC 守时实验室的时间比对，欧洲一些国家建立的时间频率系统直接向德国 PTB 溯源。

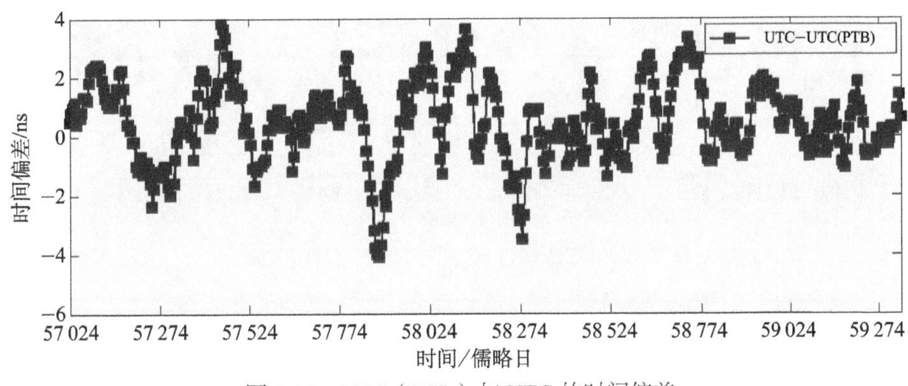

图 1-13　UTC（PTB）与 UTC 的时间偏差

欧洲时间播发系统主要包括欧盟 Galileo 卫星导航系统、英国 MSF 低频时码授时系统、德国 DCF 低频时码授时系统及其他电话、网络授时系统，同时，欧盟正在联合建立远程时间频率传递系统。

（四）国内时间频率技术

近年来，我国的时间频率技术发展迅速。铷原子钟、氢原子钟、星载铷原子钟和星载氢原子钟已具备基本生产能力、光抽运铯原子钟和磁选态铯原子钟具备初步生产能力，铯喷泉频率基准已经向 BIPM 报数并参与 TAI 守时，空间冷原子频标和光频标的研究也取得了很大进展。与此同时，北斗卫星导航系统的成功建设和运行，为国防和国民经济建设提供了高精度的时间频率服务手段。目前，我国星载原子钟技术已经进入世界先进行列，但我国的地面守时原子钟在稳定度和可靠性方面与美国、俄罗斯相比仍然有较大差距。

我国具备守时能力的单位有中国科学院国家授时中心、中国计量科学研究院、北京无线电计量测试研究所和北京卫星导航中心等。

1. 中国科学院国家授时中心

中国科学院国家授时中心（National Time Service Center，NTSC）守时系统钟组规模为 8 台氢钟和 24 台铯钟，参与 TAI 的计算。根据 BIPM 公布的数据，2015 年至今 UTC（NTSC）与 UTC 的时间偏差保持在 10 ns 以内（图 1-14）。

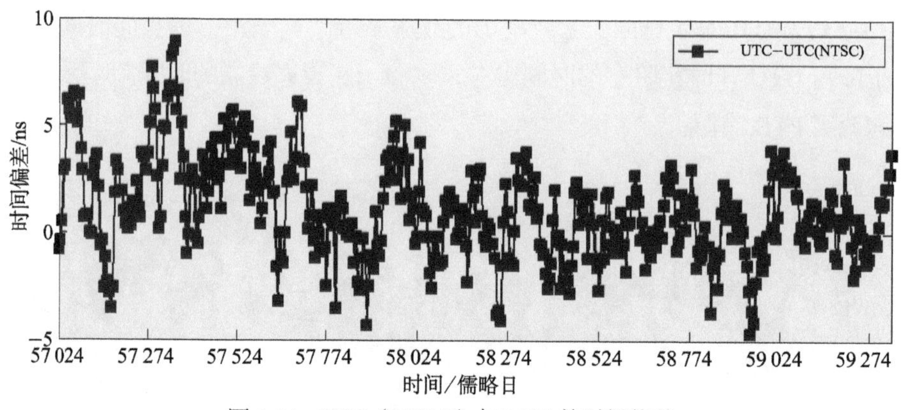

图 1-14 UTC（NTSC）与 UTC 的时间偏差

NTSC 与 PTB 等守时实验室建立了 GPS 共视、卫星双向、精密单点定位、光纤等时间比对链路。同时，NTSC 先后建立了亚太、欧洲和国内 3 条远距离卫星双向时间频率传递比对链路，分别开展与亚洲国家和地区守时实验室、国际计量局和国内其他守时实验室的精密时间比对（董绍武等，2016），如表 1-4 所示。

表 1-4 中国科学院国家授时中心建立的时间比对链路

序号	时间比对链路	时间比对方式	比对结果
1	UTC（NTSC）与国际标准时 UTC 比对	卫星双向时间频率传递	A 类不确定度为 0.5 ns
2	UTC（NTSC）与亚欧时间比对	GPS 精密单点定位技术	A 类不确定度为 0.3 ns
3	UTC（NTSC）与北京卫星导航中心 UTC 比对	C 频段卫星双向比对	A类不确定度为 0.4 ns
		北斗和 GPS 共视（BDS/GPS CV）	综合不确定度为 5 ns

2. 中国计量科学研究院

中国计量科学研究院（National Institute of Metrology，NIM）承担着国家秒长基准的保持任务，并参加国际原子时的计算，产生独立的中国计量科学研究院协调世界时标 UTC（NIM），其不确定度优于 5×10^{-15}，UTC（NIM）与 UTC 的时间偏差保持在 15 ns（图 1-15，数据来源于 BIPM）。从 2014 年起利用 UTC 和 NIM5 铯喷泉钟共同驾驭时标，使得中国计量科学研究院协调世界时标成为一个真正准确的独立时标。中国计量科学研究院自主研制的 NIM5 铯喷泉钟步入世界先进水平，连续运行 15 d 以上，其频率不确定度（B 类）优于 1.4×10^{-15}。

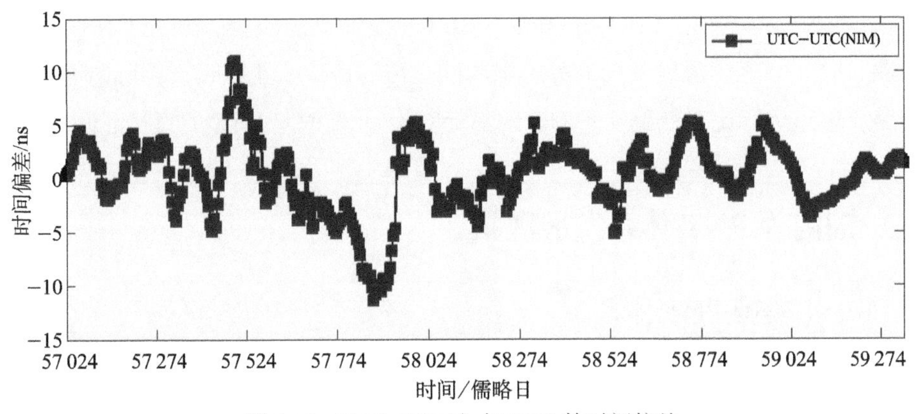

图 1-15　UTC（NIM）与 UTC 的时间偏差

3. 北京无线电计量测试研究所

北京无线电计量测试研究所（Beijing Institute of Radio Metrology and Measurement，BIRM）守时系统保持着时间尺度 UTC（BIRM），承担各类时间频率参数的计量检测，参与了国际原子时的计算。其保持的 UTC（BIRM）水平不断提高，2016 年 9 月以来 UTC（BIRM）与 UTC 的时间偏差保持在 20 ns 以内（图 1-16，数据来源于 BIPM）。其 TAI（BIRM）频率准确度优于 2×10^{-14}，频率稳定度优于 3×10^{-15}/d。目前，BIRM 通过 GNSS 共视参与国际比对和向中国计量科学研究院溯源的方式保证量值传递合规性。

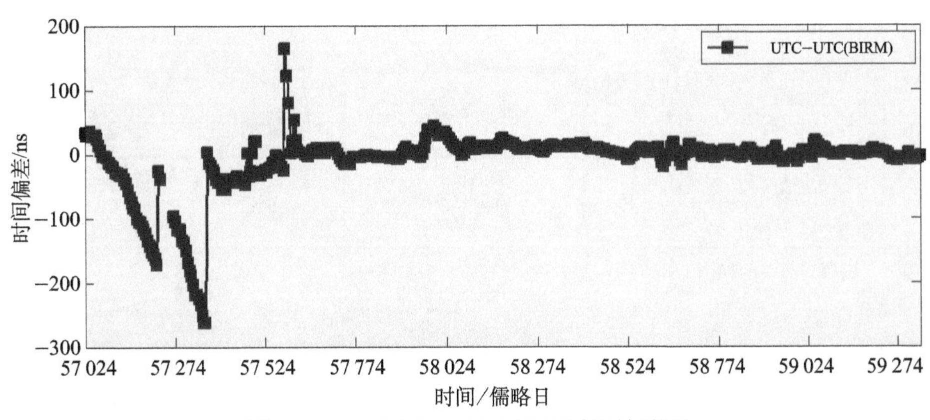

图 1-16　UTC（BIRM）与 UTC 的时间偏差

4. 北京卫星导航中心

北京卫星导航中心（Beijing Satellite Navigation Center，BSNC）守时系统保持着标准时间 UTC（BSNC），UTC（BSNC）通过北斗卫星导航系统对外播发。该中心为北斗时（BeiDou time，BDT）提供溯源服务，并为 GNSS 时差监测、时间频率设备检测校准等提供时间基准。该中心正在建设国际时间比对链路，通过国际比对链路实现 UTC（BSNC）、北斗时与 UTC 的直接时间比对。

三、国内外 PNT 体系发展现状

（一）美国 PNT 体系

美国为降低对 GPS 过度依赖所带来的风险，保持其在全球的霸主地位，早在 21 世纪初就提出要建立国家层面的综合 PNT 体系。美国国家 PNT 的目标是：建立并维护美国在全球 PNT 领域的领先地位，巩固与维持美国在全球 PNT 领域的主导地位与不对称优势。美国的国家 PNT 体系研究确立了由自主能力、服务范围、导航源位置组成的三维研究空间；建立了以互操作性、一致性、适应性、稳健性和可维持性为核心的评价体系，以评估、判定 PNT 体系的完备性。为此，美国首先开展了典型 PNT 体系的研究与评估，并以此为基础进行了组合 PNT 体系的研究与评估工作，最终给出了目标体系建议方案（刘春保，2016），如图 1-17 所示。

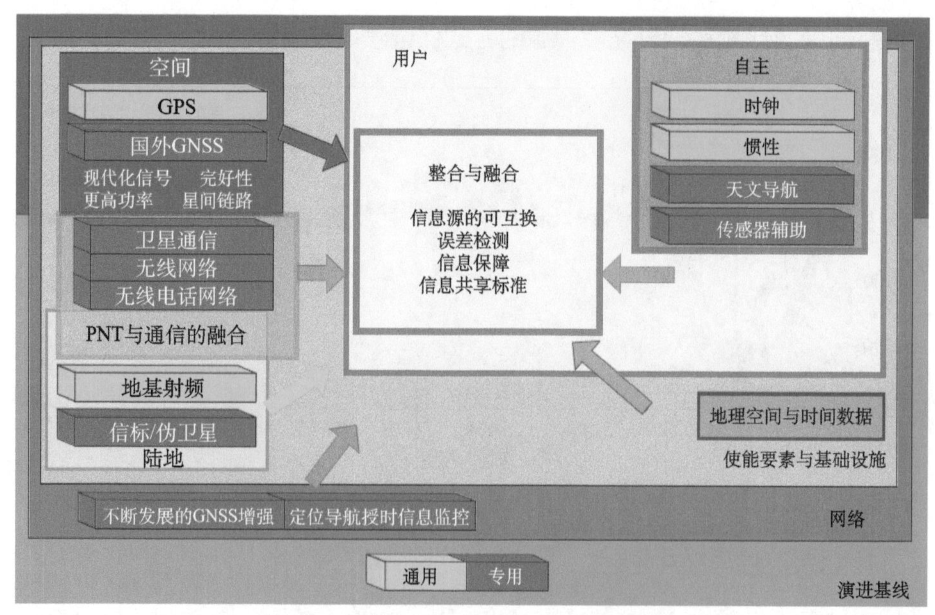

图 1-17　美国 PNT 体系建议方案示意图

从历史来看，美国是 PNT 基础设施最完善、技术最先进的国家。除已经建成并正在实施现代化改造的 GPS 外，还具备多种定位、导航和授时系统，能够通过多种手段提供位置、速度和时间信息服务。但是，美国各种 PNT 系统的发展以及互用技术的研究一直缺乏统筹规划。为了摆脱对 GPS 的过度依赖以及统筹各种 PNT 技术的发展，美国开始意识到对 PNT 系统进行一体化规划与建设的必要性。美国国家 PNT 体系的建设发展大致经历了概念提出、顶层规划、推进实施三个阶段。

2002 年，美国国家安全太空办公室（National Security Space Office，NSSO）主持的一项国家安全航天计划评估项目，就曾提出“需要建立一种国家 PNT 体系结构”。其中的一项重要提议是“开发一种全面的 PNT 体系结构以解决定位和时间标准、GPS 系统依赖性等核心问题，并将关注重点放在 PNT 科技和研发上”（谢军等，2018）。2004 年，国家天基 PNT 执行委员会成立，强化 GPS 的管理。同时，该文件明确提出天基 PNT 的范畴中除了 GPS，还包括利用天基技术提供更好 PNT 服务的所有系统，如由美国运输部维护的各种增强系统；并从国家 PNT 战略的高度，赋予 GPS 国家战略使命，将 GPS 的重要性提升到了国家基础设施的高度，并提出要为 GPS 提供地基的备用系统。2006 年，美国首次提出了 PNT 体系的概念，发起了美国国家 PNT 体系的研究，旨在制定国家层面的 PNT 体系结构，构建能够满足空间、空中、地面、地下和水下等所有用户的全方位 PNT 服务，从而使美国成为具备更强的可用性和稳健性 PNT 服务能力的国家，使其在未来的竞争与对抗中占据优势地位。之后，美国各部门设立了多个研究小组，开展需求调研和分析、系统能力评估，通过大量的资料收集和分析，采用模型方法，对 PNT 体系进行了较为全面的研究，包括美国空军委托兰德公司对未来军用 PNT 系统开展的研究，目的是确定美国空军如何建设满足国家安全需要的 PNT 系统；美国国防部负责网络和信息集成的助理部长办公室委托“决策支持中心”开展了 GPS 抗干扰对策分析研究；美国运输部副部长（负责政策）委托独立评估小组对增强罗兰系统进行审查和评估等。

同时，美国空间办公室着手构建国家 PNT 体系。2007 年 3 月完成了体系结构概要分析和设计，2008 年 9 月完成第一阶段研究报告《国家定位、导航和定时体系结构研究（终稿）》。该报告阐述了 PNT 体系的需求、目标、发展路线和政策法规等内容。从准确性、可用性、完好性、及时性、覆盖度、连续性、精确性、安全性等方面对 PNT 服务提出了定量要求。

2010 年 4 月，美国国防部与运输部联合发布了《国家定位、导航和定时体系结构实施计划》，明确了各有关部门在执行国家 PNT 体系结构建议时需要采取的活动，提出了美国国家 PNT 体系发展的演进路线图。2014 年，美国国防部高级研究计划局发布了全源导航定位技术、伪卫星导航技术、微 PNT 技术、随机信号导航技术、脉冲星导航技术等一系列 PNT 新技术研究计划，大力推进了 PNT 领域前沿技术研究。

（二）俄罗斯 PNT 体系

俄罗斯 PNT 体系规划以 GLONASS 为主，2002 年开始实施 GLONASS 现代化计划，发射 27 颗 GLONASS-K 卫星，并使系统服务精度达到 5 m，同时积极推进 SDCM 差分系统建设，进一步提升其导航服务精度。

近几年，俄罗斯在发展 GLONASS 的同时，积极对恰卡系统进行升级和应用扩展，从而提高恰卡系统的性能，将恰卡系统的时间溯源到国家时间系统上，通过恰卡系统播发授时信号、卫星差分信息和完好性信息，开发 GLONASS、GPS 和恰卡系统组合的用户设备。同时，俄罗斯目前也积极推动通信系统与 GLONASS 的融合，实现全球飞机、舰船航迹追踪。

（三）欧洲 PNT 体系

欧洲 PNT 体系规划以 Galileo 系统为主，构建多手段融合的 PNT 体系。近年来，挪威、法国、英国等积极推动罗兰 C 系统的发展。英国在 2008 年建设了本国第一个罗兰 C 发射台，并且接管了德国的一个罗兰 C 发射台，在增强罗兰 C 方面做了进一步的研究和实验，推动罗兰 C 成为卫星系统的备份手段。

（四）我国 PNT 体系

北斗卫星导航系统作为国家重要基础设施，为我国各领域提供了重要的 PNT 保障，但是北斗卫星导航系统与其他卫星导航系统一样存在固有的局限性，主要包括落地信号电平低、抗干扰能力不强；信号穿透能力弱，在室内、城区等复杂环境服务性能差；覆盖范围有限，在地下、水下及深空存在能力空白。因此，单纯依靠北斗卫星导航系统尚无法全面满足无缝覆盖、安全可靠的 PNT 需求。

为此，我国先后开展了 PNT 体系战略发展研究，定义了 PNT 体系的概念内涵，设计并规划了国家综合 PNT 体系的体系架构、系统组成、建设目标和发展思路，初步形成《我国综合 PNT 体系研究报告》。通过论证，作者认为我国 2021～2035 年 PNT 体系规划应当从 PNT 信息源、PNT 终端、PNT 信息融合理论和 PNT 应用服务等方面做好顶层设计，构建以北斗卫星导航系统为核心的国家综合 PNT 体系基础设施，建设以微 PNT 终端和弹性 PNT 应用为基本架构的 PNT 应用终端型谱，推进以智能 PNT 服务为目标的国家 PNT 体系架构。

（五）小结

目前，美国、俄罗斯、欧洲及中国都认识到 PNT 体系发展的必要性，但只有美国和中国对 PNT 体系开展了全面的一体化规划与建设，形成了 PNT 体系结构框架并启动建设。随着《国家 PNT 体系执行计划》的不断推进，美国已经初步完成了对现有系统能力和未来需求的评估工作，并转入国家 PNT 体系建设的实质性阶段。美国军方已经理清、确定了军事 PNT 能力发展的脉络与途径，全面启动了未来军事 PNT 能力关键技术的研发，确定了建设网络化 PNT 能力的发展目标。

四、PNT 政策规划

（一）国外主要 PNT 政策及规划

PNT 政策及规划主要是指由国家元首、政府部门、区域性组织决策机构等签署发布，可集中体现其战略意图与目标的 PNT 发展政策、规划、计划、政令等，一般会明确阐述发布背景、PNT 技术能力需求，以及发展建设目标、重点、方向等重要内容，可作为 PNT 体系及能力建设的根本指导原则。

1. 美国

美国始终从国家战略高度认识 PNT 技术发展和能力建设问题，多次在相关政策和文件中强调 PNT 服务对于维护国家安全和国家利益的重要意义，要求通过提升现有系统性能、建设增强系统、建设备份系统、研发部署不同技术体制的PNT系统等方式，确保提供安全、稳定、可靠的PNT服务，维持美国在PNT技术领域（特别是天基PNT领域）的优势和地位。

1996年3月，美国总统克林顿签署了第一个GPS国家政策——《总统决策令：美国GPS政策》（The White House Washington，1996），首次提出管理和使用GPS的战略构想，将增强经济竞争力与维护国家安全、外交利益作为政策目标，明确了美国国防部、运输部、国务院等相关部门的职责，通过国家政策的指导和约束，实现GPS管理、运行的正规化，为最大限度地发挥系统效用奠定政策基础。该政策鼓励商业资本积极投资并利用GPS技术和服务，支持开展国际合作，推动GPS在全球范围内的和平利用。同时，该政策也明确要求国防部制定相应措施，防止敌方使用GPS及其增强系统。

2004年12月，GPS已在全球范围内得到广泛应用，在作用与重要性与日俱增的背景下，布什总统正式签发《美国国家天基定位、导航和定时政策》（NOAA，2004），取代1996年出台的GPS国家政策，为国家天基PNT系统发展提供指导方针。该政策指出，GPS提供的PNT信息对于遂行军事任务和维护国家安全至关重要，是国家关键基础设施的重要组成部分。在继续依靠GPS提供PNT服务的同时，也应重视因高度依赖GPS而导致的脆弱性问题，要求通过不断维持并增强天基PNT服务、系统增强、备份以及可拒绝提供服务的能力，巩固美国在天基PNT服务相关应用领域的技术领先地位，以有效应对可能存在的风险与挑战，满足国家安全、军用、民用及商业需求。政策中对天基PNT管理框架与机制进行调整，建立国家天基PNT执行委员会，统筹考虑国家安全、国土安全和民用需求，协调各部门之间的多元化利益诉求与资源分配，形成相关战略决策。执行委员会下设国家天基PNT协调办公室，负责召集会议、跟踪项目进度、协调处理跨部门文件、评估发展规划进展与执行情况等。此外，政策中对相关部门的作用、职责进行了界定和说明，明确国外使用美国PNT能力需遵守的条件和规范。

2010年6月，奥巴马总统签署颁布2010年版《美国国家航天政策》（The White House Washington，2010）。该政策与奥巴马政府的国家安全战略保持一致，公开表明愿意支持并加强国际合作。在天基PNT能力建设方面，该政策明确将维护和加强PNT系统建设，强调持续保持美国在全球卫星导航系统建设、服务与应用方面的全球领导地位。为实现这一目标，政府将继续向全球提供免费的民用服务，鼓励与国外 GNSS 供应商合作，提高不同系统间的兼容与互操作，并可以考虑使用国外 PNT 服务作为 GPS 的增强系统，以提高 GPS 弹性。政府将在加大国内投资的同时为相关国际合作提供支持，以提高 GPS 的干扰探测、抗干扰和系统恢复能力，并采取必要和适当的冗余备份措施。

2015～2018 年，针对美国对 GPS 的依赖性越来越强，但 GPS 依然存在无法克服的脆弱性问题，美国先后多次发布 PNT 弹性与安全相关法案和政策（US Senate，2018；Cruz and Tel，2017；Hunter and Duncan，2017，2016；Hunter and Garamend，2016；Garamend et al.，2015），核心内容都是要求建立陆基 PNT 备份系统，作为 GPS 的必要补充，确保在 GPS 信号衰减、受到干扰或者服务无法正常使用、可靠性无法保障的情况下，军民用户仍然可以获得安全可用的 PNT 信息和服务，维护国家安全和利益。2018 年 12 月，特朗普总统签署《2018 年国家定时弹性与安全法案》（US Senate，2018），再次强调定时安全与弹性的重要性，要求美国运输部在两年内建设备用授时系统，具体要求包括：可提供无线信号；建设陆基系统；提供广域覆盖能力；与UTC同步；具备弹性和抗毁性；性能稳定，不易衰退；可穿透地下和建筑物内部；能够在偏远地区部署；可与其他 PNT 系统协同工作（包括增强罗兰系统和国家差分 GPS）；可满足联邦与非联邦机构的公共事务应用需求，且联邦政府在系统正式运行后的10年内无须支付额外的费用；功能可拓展，可提供定位与导航服务等。根据该法案，美国需要结合具体的应用场景和需求，建设不同技术原理、工作频率的授时系统，作为 GPS 的有效补充，确保为涉及国家安全的基础设施和应用提供具备弹性的、安全可靠的、抗干扰能力强的授时服务。

2020 年 2 月，特朗普总统签署第 13905 号行政命令《通过负责任地使用定位、导航与定时服务来增强国家弹性》（The White House Washington，2020），指出关键基础设施的安全、可靠、高效运行是维护国家安全与国民经济正常运转的重要基础，如果关键基础设施高度依赖的 PNT 服务被迫中断或被敌方控制，则必然会构成严重威胁，造成难以弥补的损失。为有效防范可能出现的风险，该行政命令要求美国商务部、国防部、运输部、国土安全部等政府部门切实承担相应的指导、管理、监督、测试、评估等职责，与参与运营、维护、使用 PNT 系统和服务的公共机构、私营机构加强联系，规范 PNT 系统使用行为，构建弹性 PNT 能力，保障国家关键基础设施正常稳定运行，增强美国 PNT 体系的安全性与可靠性，巩固维持美国在该领域的优势地位。该命令的发布表明，美国已经在最高战略层面将安全、强健、连续、可用的 PNT 服务能力视为国家安全的重要基础。

2021 年 1 月 15 日，特朗普总统签发《7 号太空政策指令（SPD-7）》（The White House Washington，2021），为国家天基 PNT 相关工作提供指导，这是 2004 年以来美国首次更新国家天基 PNT 政策。与以往的 PNT 政策相同，SPD-7 继续强调 GPS 在国家安全、军事应用、经济发展等领域不可替代的作用，重申美国必须维持在全球卫星导航系统领域的优势和领导地位。在 PNT 能力建设与服务安全方面，SPD-7 与 2020 年 2 月特朗普签发的第 13905 号行政命令一脉相承，再次强调必须重视过度依赖 GPS 带来的安全隐患，鼓励积极发展其他 PNT 技术与能力，作为 GPS 的有效补充和备份，确保为关键基础设施提供安全、稳定、可靠的 PNT 服务。为了实现这些目标，SPD-7 提出如下条款。

（1）继续向全球用户提供免费的 GPS 民用服务（包括星基增强服务），并免费提供开发相关设备所需的信息。

（2）根据美国法律运营和维护 GPS，满足民用、国土安全和国家安全需求，并确保系统的性能标准和接口规格与已公布的信息保持一致。

（3）提高导航战能力，阻止恶意使用天基 PNT 服务，同时避免对正常的民用、商用 PNT 服务产生过度干扰。

（4）提高美国天基 PNT 服务的性能，包括开发更强大的信号，加强抗干扰与防操纵能力。

（5）提高 GPS 及其增强系统的网络安全性，并通过系统升级提供相关接口规范和指南，推动私营部门使用网络安全设备。

（6）保护 GPS 及其增强系统目前使用的频谱环境，并与工业界合作，研究寻找其他可用的无线电频谱，增强 GPS 与 PNT 系统的弹性。

（7）对国内 PNT 能力进行投资，支持国际 PNT 活动，以检测和减少 GPS 受到有害干扰或操纵的情况，并提高应对能力。酌情为关键基础设施、关键资源和任务基本功能，确定和实施替代的点目标来源。

（8）维护 GPS 及其增强系统，以供美国关键基础设施使用，符合 2020 年第 21 号总统令《关键基础设施安全和弹性》提出的相关要求。

（9）与全球 GNSS 供应商合作，确保 GPS 与其他 GNSS 的兼容性，鼓励实现与盟国 GNSS 的互操作，进一步提升行政管理透明度，鼓励国外开发基于 GPS 的 PNT 服务和系统，并将 GPS 作为集成多个 PNT 服务的基础，确保国外 GNSS 不会对 GPS 军事信号和民用信号产生干扰，防止敌方恶意使用美国天基 PNT 服务。

（10）按照第 13905 号行政命令的相关要求，推动各级政府部门和机构安全使用天基 PNT 服务与应用。

（11）维持美国在天基 PNT 服务提供与安全、弹性终端用户设备研发等领域的领先地位。

值得注意的是，新政策指出 GPS 的使用正在扩展到空间服务领域，延伸到地球同步轨道，为卫星提供导航、姿态控制、空间态势感知等 PNT 服务，未来还将延伸到地月空间和月球轨道的 PNT 服务，因此要求相关机构及时根据新的需求做好协调和准备工作。此外，新政策对 GPS 及 PNT 的安全性，特别是"导航战"问题给予了高度关注和重视，要求美国国防部部长积极发展导航战能力，开展 GPS 拒止环境下的训练与评估，确保现代化的导航战作战能力尽早投入使用，同时制定有效措施，打击敌方拒绝、破坏或操纵 PNT 服务的行为。

除上述由总统签发的政策、行政命令外，美国国防部、运输部、国土安全部等部门也多次出台相关的指令、政策、规划等，明确特定领域的 PNT 能力建设和应用发展需求，并提供针对性的指导和建议。

2. 欧盟

在建设 Galileo 系统的过程中，欧盟最高决策机构欧洲理事会（The European Council，EC）颁发了一系列条例，通过发布管理规划的形式，明晰管理体系与架构，明确系统建设及产业发展规划。

2002 年 5 月，EC 发布第 876 号条例（EC，2002），这也是欧盟指导欧洲卫星导航建设发展的第一部条例，明确 Galileo 系统是欧盟优先发展的空间工程，作为项目的总负责，欧盟委员会计划在七年间投入 70 亿欧元建设 Galileo

系统，并在确保欧洲战略自主权的前提下，通过多边合作推进系统建设。该条例中要求成立 Galileo 联合执行体（Galileo Joint Undertaking，GJU），通过建立公私合作伙伴关系解决 Galileo 系统建设初期资金短缺和运营问题。

2004 年 7 月，EC 发布第 1321 号条例（EC，2004），明确建立欧洲 GNSS 管理局，具体负责与 Galileo 系统安全相关的工作（包括组织安全认证、监督安全程序执行情况、开展安全审计等），统筹系统商业运作，开展卫星导航市场应用与服务推广，对系统建设情况进行验收等。

2006年12月，欧盟委员会发布《欧洲卫星导航应用绿皮书》（Commission of the European Communities，2006），主要介绍了 Galileo 系统 5 种核心业务功能及具体应用领域，并从应用、道德与隐私问题、公共行动三个方面提出亟待解决的问题，为后续相关政策的出台做了充分的论证和准备工作。12 月 12 日，EC 发布第 1943 号条例，明确 GJU 于 2006 年 12 月 31 日停止运行，所有业务职能转交给欧洲 GNSS 管理局。

2008 年 7 月，EC 发布第 683 号条例（EC，2008），界定了欧洲 GNSS 管理局、欧洲空间局之间的职责和权限划分，明确了 Galileo 系统定义阶段、研发阶段、部署阶段和应用阶段的任务与时间节点，项目的所有权归属、资金来源及收入分配等问题。

2010 年和 2013 年 EC 发布第 912 号条例和第 1285 号条例（EC，2010，2013），对 2004 年、2008 年的条例进行了修改，重新设立了欧洲全球导航卫星系统局（European Global Navigation Satellite Systems Agency，GSA），负责欧洲 GNSS 行政管理、安全认证等事务，并对 Galileo 系统建设各阶段的时间点进行了重新划分，对经费来源和分配做出了调整。2013 年的条例中，欧盟再次强调要把握系统建设的主导权，维护在该领域的战略自主。2014 年发布的第 809 号最终决议又对上述条例和欧盟 GNSS 管理局的机构设定、具体职责进行了修订。

2014 年，因火箭故障，Galileo-FOC 卫星未能进入预定轨道，Galileo 计划受到影响并陷入停顿。2015 年 1 月，欧盟委员会批准重新启动 Galileo 计划，将系统全面运行的时间从原定的 2018 年调整为 2020 年。

2016 年底，Galileo 系统正式开始初始运行；2017 年底，有 15 颗在轨卫星可提供 PNT 服务，系统性能得到显著提升。在第 11 届全球卫星导航系统国际委员会（International Committee on Global Navigation Satellite System，ICG）会议期间，欧盟参会代表宣布将启动第二代 Galileo 系统战略目标论证与定义研究工作（Pieter, 2016）。2017 年 4 月，为避免英国脱欧对 Galileo 系统的发展产生严重不良影响，欧盟在相关协议中增加了新的条款，明确当供应商所在的国家退出欧盟时，欧盟可单方面解除合同，且无须支付任何违约金，退出的供应商需承担变更承包商所产生的相关费用。

2018 年 11 月，欧盟发布欧洲第一版《欧洲无线电导航计划（ERNP）》（EU，2018），明确 GNSS 不能成为 PNT 信息的唯一来源，必须制订应急计划，并采用冗余、容错、恢复程序或独立的备用 PNT 解决方案，特别是基于其他技术体制的 PNT 备份方案。2021 年 5 月，欧盟正式公布新的空间系统发展规划（EU，2020），明确将为 Galileo 和 EGNOS 提供资助，并正式成立欧洲联盟空间计划局（European Union Space Programme Agency，EUSPA），取代欧洲 GNSS 管理局，全面负责 Galileo 与 EGNOS 的稳定运行。

3. 俄罗斯

在俄罗斯相关法律中，PNT 等同于“导航活动”；俄罗斯定义的 PNT 系统，是指以 GLONASS 为核心，能够为所有用户群组提供时空数据的管理与技术方法的统称（Bolkunov et al.，2018）。因此，俄罗斯 PNT 相关政策与发展规划，同样主要围绕 GLONASS 建设与发展展开。

2001 年，俄罗斯批准 2002～2011 年 GLONASS 发展计划，提出恢复 GLONASS，进行空间段、地面段、时频设施的全面现代化，实施 GLONASS 现代化计划，建设增强系统，发展民用和专用 PNT 设备及相关系统（Medvedkov，2002）。2007 年，俄罗斯总统普京发布第 638 号总统令《关于利用 GLONASS 全球卫星导航系统推动俄罗斯联邦社会和经济发展》，明确指出 GLONASS 是国家 PNT 基础设施的核心组成部分，对于维护国家安全、促进经济发展意义重大，PNT 基础设施的维护和开发是国家职能；GLONASS 联邦计划是实施国家 PNT 政策的手段，在俄罗斯政府政策中作为优先考虑项目（Roscosmos，2015）。

2008 年以来，随着 GNSS 应用范围的不断扩展与用户需求的显著增加，俄罗斯多次调整 GLONASS 现代化计划，提出增加星座卫星数量、增加码分多址（code division multiple access，CDMA）民用和军用信号等一系列措施（Gibbons，2008；Sieff，2008）。2012 年 3 月，为了更好地满足分米量级与厘米量级高精度 GLONASS 应用的需求，提高 GLONASS 的抗干扰能力，提升用户设备性能，俄罗斯发布《2012—2020 年 GLONASS 维护、开发与应用》（Reshetnev，2013）国家专项计划，提出发展和部署 GLONASS-K 型卫星，完成地面控制段、时间基准生成与同步设备的现代化、设计和发展增强系统、加强国际合作等发展目标。从这份计划开始，GLONASS 将有效满足当前及未来国防、安全和社会经济发展中的 PNT 需求作为发展方向，俄罗斯也将推动 GLONASS 在俄罗斯境内外的使用以及争取在卫星导航领域占据领先地位作为发展目标。

2019 年 10 月，俄罗斯联合独联体成员国代表在莫斯科达成一致意见，发布了《2019—2024 年独联体无线电导航发展计划》（CIS，2019），旨在加强独联体成员国在无线电导航领域的政策协调，促进交流互动，推动技术合作，更好地满足导航用户需求。该计划的主要内容包括独联体成员国对无线电导航系统的主要需求和现有各类无线电导航系统的主要特点、未来发展方向、技术发展，以及提升系统性能的主要途径等，强调将卫星导航系统（GLONASS 及其星基增强系统）、惯性导航系统、罗兰系统的发展以及三者之间的融合作为发展重点。在这份计划中，俄罗斯表示应高度重视 GNSS 信号干扰问题，并计划发展机动地基 PNT 能力，满足军事等特殊应用需求（Goward，2020）。

2021 年 1 月，俄罗斯启动新的 GLONASS 十年（2021—2030 年）发展计划，明确提出十年内的主要目标和挑战是完成星座更新，用新型 GLONASS 卫星全面替代超期服役的一代卫星，提高系统的可靠性和精确性，达到可与美国 GPS 和欧盟 Galileo 相比较的程度（Luzin，2021）。

（二）我国主要 PNT 政策及规划

我国的国家 PNT体系以北斗卫星导航系统为核心，因此我国 PNT 政策及规划主要是指推动北斗卫星导航系统建设及产业发展的一系列政策规划。1994 年 12 月，北斗导航实验卫星系统工程获得国家批准。为做大做强北斗卫星导航产业，国务院和有关部委制定和发布了大量促进北斗卫星导航系统应用和产业发展的政策。2010 年以来，国务院先后发布十多份文件，明确发展北斗卫星导航系统和北斗产业的重大战略意义，强调北斗建设的“优先地位”。

2010 年 10 月，国务院发布《关于加快培育和发展战略性新兴产业的决定》（国务院，2010），明确高端装备制造产业属于战略性新兴产业，要积极推进空间基础设施建设，促进卫星及其应用产业的发展。

2013 年 9 月，国务院办公厅发布《关于印发国家卫星导航产业中长期发展规划的通知》（国务院办公厅，2013），指出目前我国北斗卫星导航系统建设已取得突破性进展，卫星导航产业发展取得了长足进步，导航芯片、天线等关键技术取得了重大突破并实现了产品化，提出 2020 年发展目标。《关于印发国家卫星导航产业中长期发展规划的通知》中明确将“完善导航基础设施、突破核心关键技术、推行应用时间频率保障、促进行业创新应用、扩大大众应用规模、推进海外市场开拓”六个方向作为未来发展重点，提出围绕产业发展的总体目标和主要任务，组织实施一批重大工程，以加快培育和发展卫星导航产业，带动产业基础能力提升、重点领域技术创新、规模化应用推广和国际化发展。

2014 年 1 月，国务院办公厅发布《关于促进地理信息产业发展的意见》（国务院办公厅，2014），提出要重点“发展地理信息与导航定位融合服务，加快推进现代测绘基准的广泛使用，结合北斗卫星导航产业的发展，提升导航电子地图、互联网地图等基于位置的服务能力，积极发展推动国民经济建设和方便群众日常生活的移动位置服务产品，培育新的经济增长点”。

2016 年 11 月，国务院发布《关于印发“十三五”国家战略性新兴产业发展规划的通知》（国务院，2016），提出要实施第二代卫星导航系统国家科技重大专项，加快建设卫星导航空间系统和地面系统，建成北斗全球卫星导航系统，形成高精度全球服务能力。12 月，国务院发布《关于印发“十三五”国家信息化规划的通知》（国务院，2016），提出要统筹推进北斗卫星导航系统的建设与应用，加强北斗核心技术突破，加快北斗产业化进程，开拓卫星导航服务国际市场，提出 2018 年面向共建“一带一路”国家提供基本服务，到 2020 年建成由 35 颗卫星组成的北斗全球卫星导航系统，为全球用户提供服务。

2020年10月，中国共产党第十九届中央委员会第五次全体会议通过《中共中央关于制定国民经济和社会发展第十四个五年规划和二〇三五年远景目标的建议》（新华社，2020），提出将在“十四五”期间实施包括北斗产业化在内的重大工程。

国家发展改革委、国家测绘地理信息局、交通运输部、工业和信息化部等国家机构也发布了多个专项规划、指导意见等（表1-5），统筹协调各方力量，推动北斗相关应用产业的发展（锐观网，2020）。此外，为推动北斗产业发展政策落地，积极推动北斗与其他高新科技产业、战略性新兴产业的融合发展，多家地方政府也相继出台了相关政策。

表1-5　国家部委发布的北斗相关政策

发布单位	文件名	主要内容	年份
交通运输部	《关于加快推进“重点运输过程监控管理服务示范系统工程”实施工作的通知》	规定在限定日期起，示范省份在用、出厂前的特定类型车辆必须加装北斗兼容车载终端	2012
科技部	《导航与位置服务科技发展“十二五”专项规划》	要求与北斗卫星导航系统建设协同攻关，加强创新能力和技术支撑体系，研发自主的核心系统，突破制约产业发展的核心关键技术	2012
国家发展改革委、财政部	《关于组织实施卫星及应用产业发展专项的通知》	加快北斗卫星导航应用产业链的协同发展，突破卫星导航领域系统性、整体性应用的制约	2012
交通运输部	《道路运输车辆卫星定位系统北斗兼容车载终端技术规范》	规定了道路运输卫星定位系统北斗兼容车载终端的一般要求、功能要求、性能要求及安装要求	2013
国家测绘地理信息局	《关于北斗卫星导航系统推广应用的若干意见》	要求着力加强北斗卫星导航系统推广应用的统筹协调，充分发挥测绘地理信息部门的作用和建立北斗卫星导航系统推广应用统筹机制	2014
国家发展改革委等八部委	《关于促进智慧城市健康发展的指导意见》	在交通运输、灾害防范与应急处置、室内外统一位置服务等领域，加强北斗卫星导航系统	2014
国家发展改革委、交通运输部等四部委	《关于加强干线公路与城市道路有效衔接的指导意见》	指出研发利用北斗卫星定位技术，推动实现无障碍通行支付	2016
交通运输部	《关于在行业推广应用北斗卫星导航系统的指导意见》	将进一步扩大行业北斗卫星导航系统应用领域、拓宽北斗卫星导航系统应用模式、完善北斗卫星导航系统应用环境作为重点任务	2016
交通运输部、中央军委装备发展部	《北斗卫星导航系统交通运输行业应用专项规划（公开版）》	大力推动交通运输行业北斗系统应用，在交通运输全领域实现北斗卫星导航系统应用，其中重点和关键领域率先实现卫星导航系统的自主可控	2017

五、国内外现状对比

2012年以来，我国开展以北斗二号工程为代表的航天自主可控专项，成效显著。总体来看，目前除少量高、精、尖的产品尚需进口外，PNT领域自主化率已较高。但我们也要清醒地认识到，自主并不等于可控。自主只是解决所有核心零部件自主生产或加工问题（包括原材料、元器件、部组件、设备、软件等），可控是要保证所有核心技术拥有自主知识产权，系统能够安全稳定运行并提供服务，且不易被欺骗和干扰。从面向未来的国家基础设施安全来看，我国更应高度关注PNT可控状况。

（一）卫星导航系统

卫星导航系统包括卫星平台、卫星载荷、运行控制、导航终端软件等部件。卫星平台部件已实现完全自主可控，关键元器件和原材料均为国产化产品，部分常规进口元器件已由国产化产品替代，与国际先进水平不存在太大差距。在卫星载荷和运行控制方面，射频器件已实现国产化，大多数情况下A/D或D/A、可编程阵列逻辑（Field Programmable Gate Array，FPGA）和数字信号处理（Digital Signal Processing，DSP）等器件已立足于国产化开展设计，不存在“卡脖子”问题；但器件仍需要进口；激光星间链路中使用的部分光学器件仍然需要进口。在导航终端软件方面，应用软件基本实现国产化，操作系统及开发软件大部分基于安卓系统，少部分基于国产Linux系统；国产导航芯片、导航模块、高精度板卡等基础产品的关键技术已基本实现突破，但是部分核心处理单元性能较弱，商业导航芯片内部大多集成了从国外购买的核心单元；芯片设计工具依赖国外产品，芯片的流片一般选择国外厂商。

在卫星导航专利方面，我国卫星导航领域的专利申请总量位居全球首位，但专利质量与美国相比存在较大差距，体现为授权发明专利数量占专利申请总量的比例较低。截至2018年12月31日，我国卫星导航专利申请累计总量（包括授权发明专利和实用新型专利）为62 041件，授权发明专利10 404件，仅占专利申请累计总量的16.77%；同比，美国专利申请累计总量为34 385件，授权发明专利21 233件，占比高达61.75%。

（二）深空基准与导航

在深空基准方面，国内现有可旋转型抛物面射电望远镜接收面积只有国外百米口径望远镜的1/3，接收机灵敏度低，对同一脉冲星观测的信噪比较美国低两个数量级，脉冲到达时间测定精度为10 μs量级，难以满足脉冲星导航所需的1 μs精度要求，无法自主建立亚毫角秒精度的天球参考框架。目前，已初步掌握单天线观测及VLBI（very long baseline interferometry）观测处理方法，但所用处理软件基本依靠国外，产品体系距建成独立自主、性能优良、测控水平先进的深空基准还有很大差距。在深空导航（脉冲星导航）方面，目前脉冲星敏感器主要采用硅漂移探测器（silicon drift detector，SDD）或电荷耦合器件（charge coupled device，CCD）探测器。SDD主要被美国、德国和意大利等国家掌握，国产器件性能还有一定差距，表现为噪声大、能量分辨率低等。在CCD探测器方面，我国已掌握一种特殊类型的技术，即场电荷转移器件，为国内独有，其整片同步时间仅为20 μs，缩短为国外扫描式电荷器件的1/50，可胜任毫秒脉冲星的观测。

（三）海底基准与导航

在海底基准方面，海洋基准网的建设构想最先由美国Scripps海洋研究所提出，目前仅有少数发达国家具备相应技术条件；我国深海海底工程建设起步较晚，工程装备和技术欠缺，与美国有一定的差距。海底导航常用技术手段包括惯性导航、水下声呐导航和地球物理匹配导航等。其中，惯性导航技术主要受制于高精度陀螺的水平，美国比我国高1～2个数量级；我国水下声呐导航技术已有相关技术积累，但高性能设备采用的核心芯片（数字信号处理芯片）由美国TI公司生产；我国地球物理匹配导航技术的多数研究还处于数据仿真、模型计算阶段，与实际应用仍有差距，测量背景场数据和测量设备主要依赖进口。

（四）时间基准与授时

在守时装备中，激光器作为核心器件，几乎影响所有高精度守时装备的研制，尤其是喷泉基准钟、商品原子钟使用的激光管要求线宽窄、频率准，还需要不断探索和创新。授时装备方面，卫星钟是卫星授时系统的核心部件，目前国产卫星钟精度已可以满足要求。用时装备方面，被动型相干布局数囚禁 (coherent population trapping，CPT) 原子钟采用的激光管要求体积小、功耗低，需要提高自主率。

（五）微 PNT

在微 PNT 体系发展方面，美国先后启动了 9 个大型集智攻关研究计划。在时钟方面，启动了芯片级原子钟（CSAC）和集成微型主原子钟技术（IMPACT）；在定位方面，启动了导航级集成微陀螺仪（NGIMG）、微惯性导航技术（MINT）、信息链微自动旋式平台（IT-MARS）、微尺度速率集成陀螺（micro scale rate integrating gyroscope，MRIG）、芯片级微时钟和微惯性导航组件（chip-scale timing and inertial measurement unit，TIMU）、主动和自动标校技术（primary and secondary calibration on active layer，PASCAL）、惯性导航和守时数据采集、记录和分析平台（platform for acquisition，logging, and analysis of devices for inertial navigation & timing，PALADIN & T）等。这些研究计划将形成美军微 PNT 体系技术框架。我国在芯片化原子钟，芯片化高精度、高稳定度陀螺，以及量子感知陀螺和量子时钟方面的研究尚处于起步阶段。

第五节　关键科学技术问题

一、相对论框架下时空基准统一

（一）原时、坐标时以及时空度量基准的概念、定义与实现

原时、坐标时以及时空度量基准的概念、定义与实现主要针对时空相对性的特点，在广义相对论框架下，分析国际上现有局域时空度量基准与大尺度时空度量基准的特点及适用性，在此基础上，研究地球附近、太阳系及更大尺度范围的原时、坐标时以及时空度量基准的概念、定义与实现等基本问

题，为后续时空参考系的工程实践奠定科学基础。

（二）多层次大尺度时空参考系理论与建立方法

多层次大尺度时空参考系理论与建立方法主要针对相对论时空中局域参考框架的基底矢量不能向空间无限延伸的问题，研究如何构建地球表面、地月系、太阳系、银河系等从局域到广域处处连续的时空参考系实现理论，突破大尺度时间基准和空间基准的建立与维持方法、精密时间比对方法、空间参考框架点高精度解算方法，以及不同参考系成果的高精度转换方法等工程关键技术，为我国不同尺度、多层次时间空间参考系的建立提供支撑。

二、多源传感器深度优化集成

多源传感器深度优化集成需要发展终端接口标准化设计技术、公用组件集约化设计技术、非公用组件兼容与互操作设计技术以及多源PNT优化集成技术等。多源传感器深度优化集成要体现小型化的终端研制，精细的终端制造工艺、稳定的终端性能和多源信息的自适应融合，最终形成高可用性、抗干扰、便携、稳定、低功耗的深度集成化终端。

三、弹性PNT体系构建

弹性PNT是多源PNT信息的优化聚合，通过聚合冗余PNT信息源，提高陆、海、空、天动态载体导航定位的可靠性、安全性和稳健性。弹性PNT是PNT集成应用的变革性技术，涉及的基础理论包括：PNT传感器弹性化集成，观测模型、函数模型和环境适应性的识别与调整，适应场景、传感器的最佳融合算法以及最优化参数估计等问题。

四、量子物理感知技术

原子的无规则热运动是精密测量与控制的最大障碍，但随着激光冷却等原子光学技术的进步，原子的温度可以降低到微开尔文，甚至纳开尔文数量级，原子的相干性得到大大提高。冷却后的原子运动不再是杂乱无序的，可显著削弱多普勒效应，这为许多物理常数的精密测量提供了便利。通过对激光冷却原子进行进一步研究，可为物理学中的里德伯常数、精细结构常数、重力加速度、引力常数、原子钟对时间秒的定义（即时间频率标准）等的精密测定提供支撑；人们可以方便地通过外部磁场、光场等手段操纵原子内部和外部的状态，使原子的波动性凸显，从而实现类似于光波的反射、聚焦、干涉、衍射等；原子内部具有复杂的能级结构，对各种弱势场非常敏感，因此可以用来探索原子物理学中很多精细的效应。量子物理感知涉及小型化量子时钟，小型化量子重力仪、量子重力梯度仪和小型化量子惯性导航装备研制等问题。

第六节　发展方向

一、体系设计

按照继承发展、抓新统旧、集成优化、提升完善的渐进、增量式思路，需要从国家基础设施建设层面开展国家 PNT 体系顶层筹划、建设运行、应用服务等工作。国家 PNT 体系的构建要整合、提升现有或在建的 PNT 服务系统，发展新原理、新技术的 PNT 系统，全面满足未来各军民行业用户对 PNT 体系的全覆盖、高性能、高可靠性的需求。

（一）体系架构

国家综合 PNT 体系由 PNT 支撑体系、PNT 信息体系及 PNT 服务体系构成。其中，PNT 支撑体系是在国家层面建立的，面向国家 PNT 能力建设和服务的组织机构、协调机制和政策、标准体系等；PNT 信息体系由基准层、系统层、应用层组成，是构成国家综合 PNT 体系的核心部分；PNT 服务体系是综合利用 PNT 系统提供的时空信息，为国家、军队、行业以及大众等提供

PNT及其相关服务。PNT体系架构如图1-18所示。

1. PNT支撑体系

国家可以设立PNT支撑体系，其包括组织管理体系和政策标准体系，以及向国家PNT能力持续发展的技术创新体系。

1）组织管理体系

PNT体系是关乎国家安全的战略领域，具有明显的交叉学科特色，涉及多学科、多行业、多部门。因此，需要构建完备的PNT组织管理体系，从国家需求出发统筹协调国家PNT体系的设计、规划、建设、管理和服务问题。

2）政策标准体系

PNT政策标准体系包括规范性应用PNT的政策法规、国家无线电PNT的频谱保护法规、核心基础设施安全使用PNT的政策法规、各类PNT应用标准规范体系以及质量保障体系。标准规范体系还包括PNT信息系统内部接口和对外服务标准协议各类定义的编写，确保用户装备与PNT信息系统的互联互通。

3）技术创新体系

技术创新体系主要包括新的PNT系统或技术概念的研究及技术实验和效能的评估，促进PNT信息新技术的发展。主要包括：①综合PNT技术体系、自适应PNT服务技术、微PNT系统、弹性PNT系统、网络PNT系统、量子感知PNT技术、量子定位技术、超快激光、恶劣环境下的空间/时间和定向信息获取技术等PNT系统新概念研究；②多导航源PNT信息集成与融合理论及方法等PNT系统或技术研究；③卫星PNT终端及应用产品开发和PNT新的应用技术研究。

2. PNT信息体系

PNT信息体系主要包括基准层、系统层和应用层。其中，基准层包括建立和维持统一时空基准的空间坐标系、时间参考系、天体物理信息、地球物理信息等；利用多种技术手段（如大地测量、天文测量、空间观测、原子钟等）获取和维持时空基准信息，作为PNT的基准。系统层是面向用户播发和传递时空信息的基础设施及手段。应用层是为用户提供位置、时间信息及服务的终端、传感器和服务系统等。基准层、系统层和应用层分别由PNT时空基准系统、PNT信息服务系统和PNT应用系统实现。

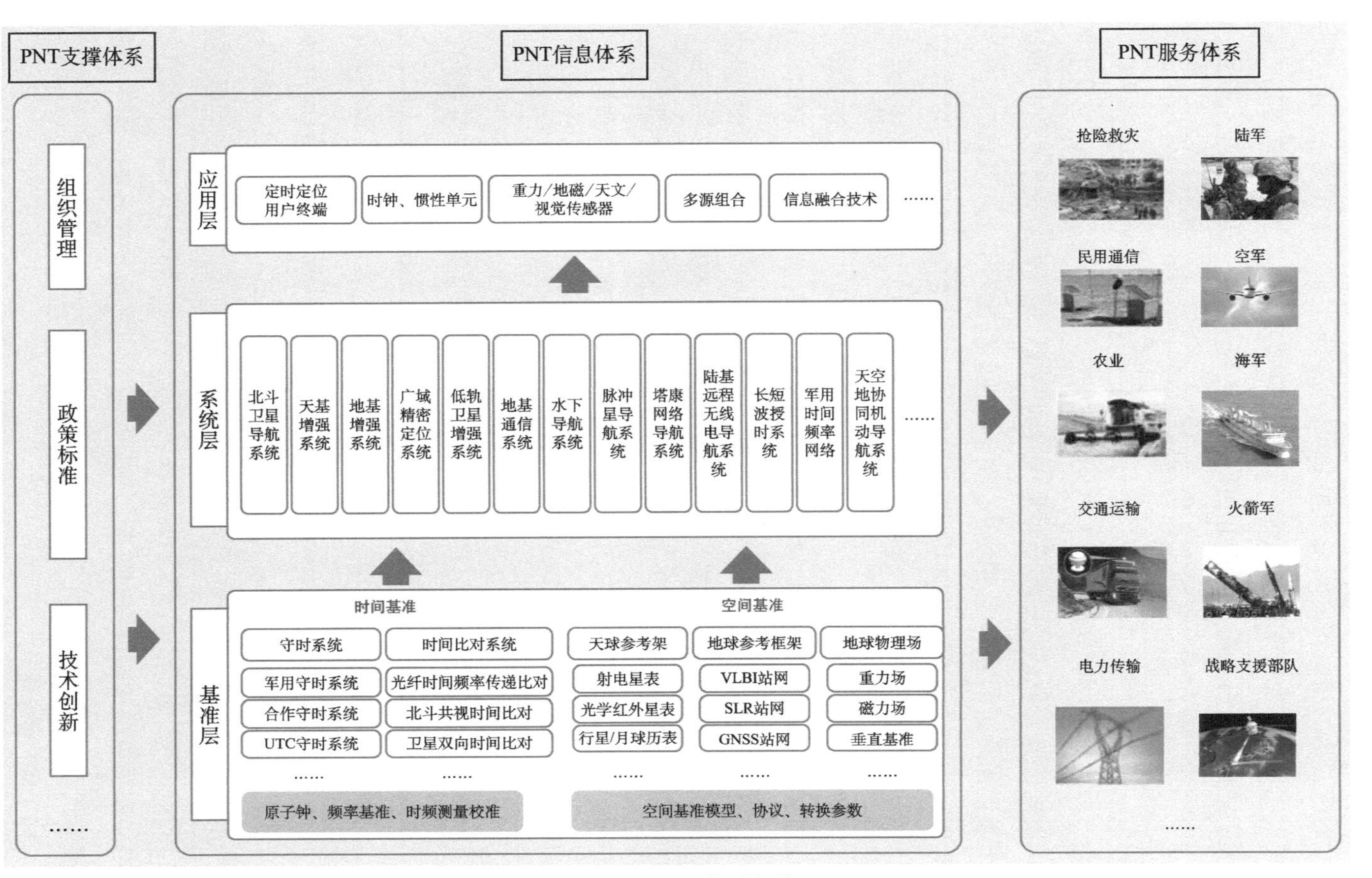

图 1-18　PNT 体系架构

1）PNT 时空基准系统

时空基准的建立由时间基准和空间基准实现。时间基准是指利用高性能原子钟组建立和保持的时间系统，并通过多种比对技术实现不同守时中心时间频率的比对，分为守时系统和时间比对系统两部分。其中，守时系统由中心守时系统、合作守时系统及备份守时系统组成。中心守时系统是时间基准的核心，用于建立并保持标准时间；合作守时系统用于增强标准时间的保持能力，作为标准时间与国际标准时间比对的中转站；备份守时系统用于增强标准时间的安全性，与中心守时系统共同形成广域分布守时能力。时间比对系统通过光纤时间频率传递比对、北斗共视时间比对、卫星双向时间比对等多种比对技术实现不同守时中心以及与国际协调时的比对。

空间基准包括天球参考框架、地球参考框架以及地球物理场。天球参考框架基于射电星表、光学红外星表、行星/月球历表等的建立与维持，未来还可能包括脉冲星星表，为太阳系内载体提供惯性空间定位、定向、定姿的参考基准；地球参考框架基于 VLBI 站网、卫星激光测距（satellite laser ranging，SLR）站网、GNSS 站网等的建立与维持，天球参考框架与地球参考框架之间通过地球定向参数（earth orientation parameter，EOP）实现转换；地球物理场包含重力场、磁力场和垂直基准等，可有效补充由空间测量手段建立与维持的空间基准。

2）PNT 信息服务系统

PNT 信息服务系统由北斗卫星导航系统及其增强系统、补充系统和备份系统组成。其中，北斗卫星导航系统为时空信息传递的核心系统，向军用用户实时播发时间信息和空间信息；增强系统包括天基增强系统、地基增强系统、广域精密定位系统，主要用于提高北斗卫星导航系统时空信息的精度及完好性；补充系统包括低轨卫星增强系统、地基通信系统、水下导航系统、脉冲星导航系统等，用于与北斗卫星导航系统共同提供时空服务信息，提高用户 PNT 的可用性和可靠性；备份系统包括塔康网络导航系统、陆基远程无线电导航系统、长短波授时系统、地面网络时间频率传递系统、天空地协同机动导航系统，用于提高北斗卫星导航系统时空信息服务的安全性。

3）PNT 应用系统

PNT 应用系统由各类 PNT 终端组成，主要包括空间定时用户终端时钟/

惯性单元、重力 / 地磁 / 天文 / 视觉传感器，以及多源组合和信息融合技术等，为军民用户提供 PNT 信息。

3. PNT 服务体系

PNT 服务是指利用 PNT 系统，结合不同行业用户的需求特点，高效地为用户提供 PNT 信息和基于 PNT 信息的上层服务；国家 PNT 服务将通过各类 PNT 手段的组合、信息融合，为各类用户提供高精度、高可靠的 PNT 服务。目前，PNT 服务行业和用户为军用和民用。其中，军用包括陆军、空军、海军、火箭军、战略支援部队等；民用主要包括抢险救灾、民用通信、农业、交通、电力等。

（二）体系能力

我国 PNT 体系能力建设的重点应该集中于解决当前 PNT 能力短板和增强未来 PNT 能力，包括覆盖从深空到深海，以及在物理遮蔽环境中确保实时 PNT 服务，满足完好性和高精度需求；当 PNT 性能降低或者出现错误时，及时发布信息通知。民用方面，形成北斗、自主导航以及 PNT 与通信融合等多系统共存的格局。自主导航是解决干扰与物理遮蔽环境中 PNT 服务的最重要途径，是 PNT 体系中提升、增强 PNT 能力的重要途径与手段。PNT 与通信的融合是实现 PNT 能力无缝覆盖的重要途径之一，也是扩展 PNT 服务内容、实现 PNT 增值服务的重要途径。军用方面，未来应该以北斗卫星导航系统及其服务为基础，以北斗授权信号、星上信息功率增强和抗干扰防欺骗等新信号、新功能为依托，以自主导航和各种可用导航信息源为补充，以组合、融合、网络化、智能化、集成化和微型化为方法或途径，构建满足国防建设各领域需求的 PNT 服务能力。

2025 年前，PNT 体系以深度融合和 PNT 服务能力提升为主线，以 PNT 基础能力、性能改进与融合方法为主要途径，基于网络（各类数据链、网络、Wi-Fi 等信息技术手段）和用户装备，构建通信、导航、授时、信息的一体化、网络化、集成化，形成 PNT 多源服务能力。2035 年前，完善 PNT 体系，以大数据、人工智能、云平台等技术为支撑，初步构建通信、导航、授时、信息的一体化、智能化、微型化 PNT 服务能力。

二、发展思路

为了构建体系完备、技术先进的国家综合PNT体系，形成稳定、可靠、连续、精确的支撑保障能力，应该重点遵循以下基本发展思路。

（1）系统性地分析未来强对抗条件下时空基准系统建设所面临的短板弱项，优先布局满足国家重大需求的PNT服务补短板项目，整合现有PNT资源，进行整体优化布局和改造建设，提高北斗卫星导航系统的抗干扰能力，通过卫星星座、信号体制、接收终端的适应性改造，提高复杂环境下北斗卫星导航系统的生存能力，提高强对抗条件下北斗卫星导航系统的可用性。

（2）尽快布局国家综合PNT体系建设的核心技术攻关。开展深空脉冲星探测及星表编制基础研究和重大仪器攻关，支持脉冲星定位定时机理及误差源分析、误差影响控制理论与算法等的应用基础研究；开展拉格朗日导航星座布设的可行性和必要性分析，并实施高轨星座轨道测定、时空基准传递的关键基础理论研究；开展低轨通信卫星星座增强北斗卫星导航系统PNT能力的机理研究与算法研究；加强陆基无线电定位、定时、第五代移动网络通信技术（the fifth generation of mobile network communication technology，5G）与GNSS组合导航以及地基增强系统整体PNT服务能力及其短板的研究与分析，开展惯性导航、天文导航、重力导航、磁力导航和地形匹配导航等基础理论与导航定位模型的研究；加强海底基准建设和水下PNT机理研究和算法理论研究，力争建成从深空到深海无缝的国家PNT基础设施，并完善相应服务体系中的理论与算法。同时，关注微型化惯性导航、微型化原子钟、量子定位、脉冲星导航等新兴技术研究。建设能力完善、分布广泛的标准PNT监测系统，实现对各类授时手段的连续、实时监测，完善PNT服务性能评估体系。

（3）大力开展弹性PNT理论与方法研究，研制以弹性PNT为框架的新型导航时间频率终端及其相应的数据融合理论与算法。研究多源PNT信息感知传感器的弹性集成技术；研究复杂环境下各类PNT信息的弹性函数模型和弹性随机模型；研究多源PNT信息弹性融合准则、模型与算法。

（4）微型化PNT终端是未来多源PNT感知和数据融合的核心技术。需要研究低功耗、易集成、便应用的微PNT关键技术，侧重芯片级原子钟、微惯性导航组件的研究，并研究多源PNT微型化终端的自主时间保持能力，提升升装备在复杂战场环境下的抗干扰性能和可靠性。

（5）加强智能化 PNT 服务体系关键理论与技术研究。首先研究 PNT 智能感知理论与传感器；其次研究多源 PNT 信息的智能融合；最后研究不同用户、不同环境下的智能 PNT 服务技术框架。

（6）完善配套标准法规，建立健全质量标准体系，建立权威的 PNT 检验检测中心，形成对各类在线和离线时间频率设备的高精度、规模化检测能力，提升用户尤其是国家核心基础设施运行维护用户的 PNT 服务水平，支撑国家安全 PNT 应用。

三、发展目标

考虑到 PNT 体系基础设施在国计民生和国家安全各个领域的关键性支撑作用，短期目标是统筹国内 PNT 资源，构建时空基准统一的国家 PNT 体系框架，实现国内现有 PNT 资源的互联互通和综合利用，建立健全 PNT 协调管理机制，基本建成国家 PNT 体系，保障军民用户的 PNT 应用急需。长期目标是建成独立自主、功能完善、多物理原理交叉融合的国家综合 PNT 体系，具备从深空到深海无缝的 PNT 服务能力；建立弹性化 PNT 服务终端和应用体系，确保国家核心基础设施运行 PNT 保障的连续性、可靠性、安全性；建立智能化 PNT 服务体系，具备复杂环境下不同用户的 PNT 智能感知、智能处理、智能服务能力。

基础研发方面，具备 PNT 核心技术自主创新与研发能力，实现时空基准播发和导航时间频率终端等各装备国产化，并具备国际竞争力。

四、发展路线

国家 PNT 体系建设应坚持“发展目标统一规划，基础理论超前布局，核心技术集智攻关，共用支撑统一设计，专用体系分头实施，成果能力军地共享”的建设原则，以需求为牵引，以目标为导向，以基础理论突破为基础，在顶层设计、体系设计、整体布局、技术攻关方面下功夫，在多手段互补应用上见成效，强调共性技术和共用设施的一体化设计；坚持专用体系建设由各自领域主导主建，坚持应用保障机制模式按应用部门各自职能优化建立，发挥科研院所和企业在各自领域技术、资源、管理、保障体制的优势，分阶段、分领域稳步推进科技和装备发展，促进PNT体系基础设施的联通共用和各领域保障能力的生成。国家综合体系发展路线如图1-19所示。

PNT体系建设发展涉及技术面广、新技术和技术难点多，加之当前技术发展日新月异，巨型低轨星座等新概念层出不穷，因此需保持PNT系统方案的开放性，在需求的牵引下，结合新技术发展趋势，不断对方案进行迭代、优化、升级、演进，以保持国家PNT体系的先进性和创新性。以下从PNT体系建设需求出发，从四个方面提出PNT发展建议。

（一）全域时空基准建立与维持

构建时空基准体系，实现时空基准高精度维持，研发相应时空基准维持基础设施。2025年前，守时、授时、时统应用等方面应以基础系统建设为主，建立中国真正统一规范的时间体系，形成基本的标准时间频率服务能力；空间基准建立应以深空、深海基准网络建设关键技术突破为主，初步实现海底大地基准小范围技术验证实验，完成脉冲星深空基准建设关键技术攻关以及地月系拉格朗日PNT星座布设的必要性和可行性研究。2035年前，大力建设各类空间基准设施，力争实现覆盖全域、自主可控的空间基准基础设施网络；建立不同空间基准间的转换关系，实现时空基准的统一。

（二）综合PNT基础设施网络构建

全面突破PNT领域的关键性、基础性和前沿性技术，建立以北斗卫星导航系统为核心、多手段一体化融合发展、无缝覆盖、安全可信的综合PNT基础设施体系，满足PNT服务高精度、高可用性和战时生存能力的需求，为新时代国家战略和国防安全提供坚强支撑。2025年前，形成较为完善的国家PNT发展顶层设计，力争在深空、深海PNT感知关键技术方面实现突破。2035年前，填补深空、水下PNT基础设施空白，构建时空基准统一的国家PNT体系框架；探索以量子感知为代表的基于新物理原理的PNT感知技术，为国家PNT体系建设提供新的、可靠的PNT信息源。

1. 下一代卫星导航系统

在北斗卫星导航系统基本服务性能稳步提升、增量服务全面形成能力的

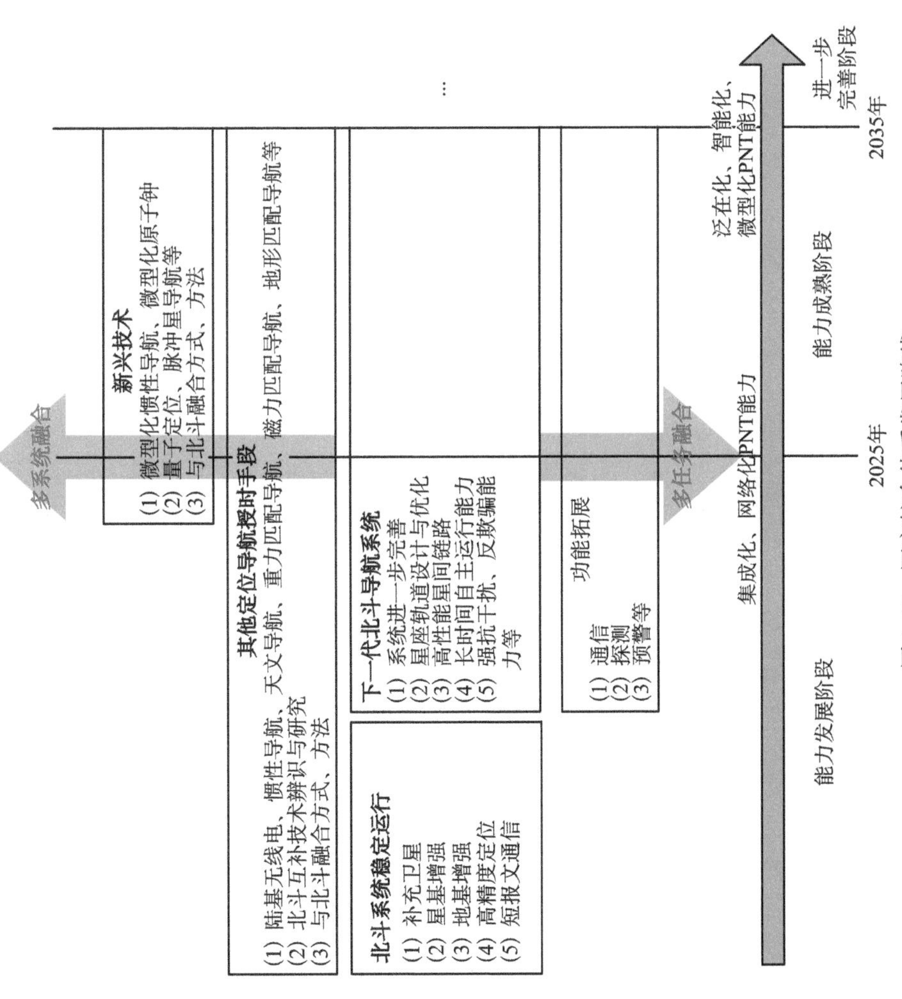

图 1-19　国家综合体系发展路线

基础上，开展下一代卫星导航系统总体设计研究，重在卫星自身安全防护能力的加强，小型化卫星和高精度原子钟研发关键技术的突破，大数据、人工智能、云计算等智能算法的运用，提升北斗卫星导航系统运行的自动化、智能化水平，全面夯实北斗作为国家PNT体系的核心基石作用。

2. 低轨导航增强系统

以全面增强北斗卫星导航系统的抗干扰、防欺骗、高精度、高可靠服务为目标，研究利用低轨卫星信号功率强、易于导通融合、效费比高的优势，开展低轨导航增强系统总体方案设计和技术体制论证，针对导航增强信号体制、低轨卫星广播星历设计、导航增强载荷技术、星座联合定轨算法等关键技术开展系统研究。在基础理论实现突破的同时，加速建设低轨导航增强系统，提升北斗卫星导航系统的可用性、可靠性和连续性。

3. 海洋大地基准定位与导航系统建设

水下声呐定位导航、物理场匹配辅助导航、惯性导航等多源PNT信息融合应该成为水下PNT体系建设的重点。2025年底，应重点厘清声场/非声场信号传递畸变特征、规律及形成机理，突破深海多物理场观测资料同化技术，具备耦合海洋环境的深海声场、光场、电场和磁场特性预报能力；利用现有技术实现基准点覆盖区域内精度优于50 m的水下定位导航能力；开展水面浮标基准、水中潜标、海底基准站支持的声呐水下定位导航系统关键技术攻关，满足单基准点定位导航服务距离超过50 km，定位精度优于50 m的水下定位需求；开展物理场匹配辅助导航基准图构建、重力传感器小型化等关键技术攻关，满足1～2 n mile[①]导航精度要求。2035年底，重点完善水下多源融合导航定位模型与算法，实现水面、水中、海底全海域10 m精度的水下综合定位导航能力，满足海洋测量、海洋调查、海洋地球物理研究对水下定位导航的需求。

（三）微型化PNT终端研制

构建完善的微型化、集成化PNT保障应用技术，包括微型化PNT元器件研制和多PNT感知元器件深度集成。2025年前，形成成熟的微PNT相关

---

① 1 n mile≈1852 m。

理论体系，突破芯片级原子钟、微型集成化主原子钟，以及微惯性导航器件、微陀螺组件、导航级集成微陀螺和其他物理几何感知设备等技术。2035 年前，形成成熟的微型化、集成化 PNT 应用终端，包括各组件的优化设计、材料的优选、制造的精密、组件的深度集成、各传感器的实时标校、各传感器输出信息的自适应融合，以满足各类复杂环境下的 PNT 感知与应用需求，并具备智能化、全天候、全空域的服务能力。

（四）弹性 PNT 数据融合

面向 2035 年国家 PNT 体系长远发展目标和国家重大需求，探求国家、军队、地方、行业、公众等用户的最大共性需求，构建 2035 年国家综合 PNT 体系。2025 年前，研究国家 PNT 体系架构弹性化设计准则，研究室内、地下、GNSS 受干扰等场景下弹性化 PNT 信息源优化配置准则和方法。2035 年前构建具备安全性、可用性、可靠性、精确性、连续性、完备性等的综合 PNT 指标体系框架，完成国家 PNT 体系弹性化架构的设计。

第七节 相关政策建议

一、PNT 项目资助策略建议

位置、时间和地理信息是人类赖以生存、发展的最重要基础性信息，人类文明的发展始终伴随着 PNT 技术的发展。当前，世界卫星导航领域竞争激烈，各国竞相加快建设步伐，主要发达国家都在争夺 PNT 发展的优先地位。联合国全球卫星导航系统国际委员会第十三届大会（ICG-13）正式发布了《全球卫星导航系统空间服务域互操作手册》，明确将卫星导航服务从早期近地领域（3000 km 以下）拓展到空间服务领域（3000～36 000 km），提出未来服务还将覆盖地月空间（36 000～450 000 km），服务类型超越传统的 PNT。美国、欧盟等都在积极探索卫星导航与移动通信、低轨通信星座、脉冲星导航技术等的融合发展，主动结合物联网、大数据、人工智能等先进技术，并积极探索基于新物理原理、新技术体制下的 PNT 感知与服务，将以卫星导航为主的PNT服务体系向综合时空体系转化，从而使PNT服务范围拓展至深空和海底。

在这种背景下，PNT学科的科学创新显得尤为重要，我国国家科学基金资助机构应加强对PNT学科发展及创新性研究的支持。可以采取“项目群”支持模式，以一个目标明确的新原理新技术引导的PNT重大项目为主线，带动一批围绕核心目标的小项目群，开展系统研究与探索，充分发挥举国体制优势，短时间集智攻关，取得一批有影响力的PNT原理创新成果、技术突破、应用模式创新成果。

二、PNT发展重大项目评审策略建议

对于常规科学创新研究，同行专家寻找较为容易，而综合PNT体系建设和学科领域体系包含了诸多交叉学科研究和新兴前沿领域研究，相关研究人员分布在物理学、电子信息学、空间物理学、大地测量学、天文学、海洋学、环境科学、精密仪器制造、航空航天等多个学科，难以寻找到真正的同行，甚至根本就没有同行。因此，在要求同行专家数量的同时，项目申请往往由非本领域的专家或较低学术等级的同行来进行评审。这些同行由于其自身学术水平和科学认知的局限，可能对本领域缺乏深刻了解，难以对项目进行科学评价，从而做出有偏差的判断，不利于项目的遴选。

对于目标十分明确的PNT项目群，可将评审重点放在重大项目的立项依据、研究目标、研究内容体系、技术途径、可望取得的成果等，这样便于重大项目核心任务的安排和核心目标的实现。在评审专家的遴选方面，可以采用交叉学科评审机制，通过交叉学科的会议评审方式进行最终评审。同时，拓展评审专家范围，增加通信评审的领域和评审专家，每一个领域选择多名专家参加通信评审，可以按照专家发表的论文领域挑选专家，使得重大项目群的每个领域都有足够多的专家参加评审，以保证遴选工作的随机性与公平性。

三、PNT人才资助策略建议

在国家综合PNT体系建设中，涉及的学科领域多，技术复杂，需要交叉

融合理论知识体系，于是需要交叉融合人才的培养。优秀人才也可采用交叉学科选拔方式进行。如果申请人交叉学科背景明显，可以单独设立指标进行评选，确保这类交叉学科人才得到足够的支持，为学科的发展和国家 PNT 体系建设培养人才。

在卫星导航和时间频率领域，应该继续支持星载和地面高精度原子钟研究队伍和相应人才，侧重资助有相关经验且为国产化星载原子钟做出重要贡献的研究队伍和相应人才；在深空基准与导航领域，强化支持 X 射线脉冲星探测及导航技术研究，促进深空导航队伍的组建与人才成长；在海底基准与导航领域，应持续加强支持刚刚形成能力的海底基准与新型水下导航技术队伍和相应人才；在综合 PNT 领域，继续支持现有北斗导航团队及其相关联的研究队伍建设，支持微 PNT 和弹性 PNT 重大仪器项目。

四、国际合作建议

PNT 体系建设是一个国际敏感课题，在基础设施建设方面必须加强国际合作。第一，空间无线电频率资源需要国际协调，否则卫星不可能实现全球组网并发射信号；第二，卫星的轨道位置资源也很有限，必须与现有太空大国进行协调与合作；第三，各卫星导航系统必须实现兼容与互操作，才能实现用户 PNT 信息最大化利用；第四，深空探测、深空基准、南北极导航等都涉及国际合作问题，单靠一国的力量很难实现深空自主导航；第五，导航卫星星座中淘汰卫星的处理也涉及空间安全问题，没有国际通力合作不可能实现卫星导航事业的可持续发展。

建议设立综合 PNT 国际合作专项，侧重深空 PNT 科学问题的国际合作，加强 PNT 体系建设新原理与新技术、无线电导航兼容与互操作，以及星基增强国际合作。在 PNT 体系建设的国际合作优先级方面，应该首先加强与友好国家的合作，推进签署政府合作协定，为国际卫星导航合作提供法律基础和组织保障，合作领域包括系统的兼容与互操作、系统安全、系统增强、监测评估及联合建设参考站等方面。推动与巴基斯坦、沙特阿拉伯、东南亚国家联盟、阿拉伯国家联盟等共建“一带一路”国家和组织的国际合作，为其提供应用整体解决方案，促进北斗卫星导航系统走向全球；参加联合国全球卫星导航系统国际委员会、星基增强系统互操作工作组、国际电信联盟（International Telecommunication Union，ITU）等卫星导航组织的国际会议和活动，推进北斗进入国际海事组织（International Maritime Organization，IMO）、国际民航组织、第三代合作伙伴计划（3rd generation partnership project，3GPP）、国际电工委员会（International Electrotechnical Commission ，IEC）、国际海运事业无线电技术委员会（Radio Technical Commission for Maritime services，RTCM）等国际组织。

本章参考文献

边少锋，纪兵，李厚朴 . 2016. 卫星导航系统概论 . 北京 : 测绘出版社 .

丁縣孙 . 1987. 中国古代天文历法基础知识 . 天津 : 天津古籍出版社 .

董绍武，屈俐俐，袁海波，等 . 2016. NTSC守时工作 : 国际先进，贡献卓绝 . 时间频率学报，(3): 129-137.

房建成，宁晓琳，田玉龙 . 2006. 航天器自主天文导航原理与方法 . 北京 : 国防工业出版社 .

冯文帅 . 2018. 高精度光纤陀螺发展综述 . 技术论坛，2: 74-77, 86.

国务院 . 2010. 国务院关于加快培育和发展战略性新兴产业的决定 . http://www. gov. cn/zwgk/2010-10/18/content_1724848. htm [2020-02-07].

国务院 . 2016. 国务院关于印发“十三五”国家信息化规划的通知 . http://www. gov. cn/zhengce/content/2016-12/27/content_5153411. htm [2020-02-06].

国务院 . 2016. 国务院关于印发“十三五”国家战略性新兴产业发展规划的通知 . http://www. gov. cn/zhengce/content/2016-12/19/content_5150090. htm [2020-02-07].

国务院办公厅 . 2013. 国务院办公厅关于印发国家卫星导航产业中长期发展规划的通知 . http://www. gov. cn/zwgk/2013-10/09/content_2502356. htm [2020-02-07].

国务院办公厅 . 2014. 国务院办公厅关于促进地理信息产业发展的意见 . http://www. gov. cn/zwgk/2014-01/30/content_2578694. htm [2020-02-06].

韩春好 . 2017. 时空测量原理 . 北京 : 科学出版社 .

胡安平，龚涛 . 2016. 增强罗兰导航技术的研究现状和进展 . 现代导航，7(1): 74-78.

胡小平 . 2013. 水下地磁导航技术 . 北京 : 国防工业出版社 .

姜卫平 . 2017. 基准站网数据处理方法与应用 . 武汉 : 武汉大学出版社 .

李冀 . 2013. 国外提升卫星信号在拒止环境下导航定位能力的新技术 . 导航定位学报 , 2(2): 55-59.

李耐和 , 张永红 , 席欢 . 2015. 美正在开发的 PNT 新技术及几点认识 . 卫星应用 , (12): 34-37.

刘春保 . 2016. 美国国家 PNT 体系与 PNT 新技术发展 . 卫星应用 , (4): 34-39.

刘经南 , 陈冠旭 , 赵建虎 . 2019. 海洋时空基准网的进展与趋势 . 武汉大学学报 (信息科学版), 44(1): 17-37.

毛悦 . 2009. X 射线脉冲星导航算法研究 . 郑州 : 解放军信息工程大学博士学位论文 .

锐观网 . 2020. 中国北斗卫星导航政策不断出台，推动北斗系统的应用推广 . https://www.reportrc. com/article/20200630/10248. html[2020-02-06].

盛立志 . 2013. X 射线脉冲星信号模拟源及探测器关键技术研究 . 北京 : 中国科学院博士学位论文 .

帅平 , 陈忠贵 , 曲广吉 . 2009. 关于 X 射线脉冲星导航的轨道力学问题 . 中国科学 , 39(3): 556-561.

谭鹏辉 . 2016. 惯性导航技术介绍及应用发展研究 . 科技视界 , (12): 151-151, 172.

谭述森 , 杨俊 , 明德祥 . 2018. 卫星导航终端复杂电磁环境仿真测试系统理论 . 北京 : 科学出版社 .

王义遒 . 2012. 原子钟与时间频率系统 . 北京 : 国防工业出版社 .

王奕迪 . 2016. X 射线脉冲星信号处理与导航方法研究 . 长沙 : 国防科技大学博士学位论文 .

吴德伟 , 赵修斌 , 田孝华 . 2015. 无线电导航系统 . 北京 : 电子工业出版社 .

谢军 , 王海红 , 李鹏 , 等 . 2018. 卫星导航技术 . 北京 : 北京理工大学出版社 .

新华社 . 2010. 中共中央关于制定国民经济和社会发展第十四个五年规划和二〇三五年远景目标的建议 . http://www. gov. cn/zhengce/2020-11/03/content_5556991. htm [2020-02-06].

徐兵 . 2019. 增强罗兰导航技术发展研究 . 现代导航 , 10(6): 395-399.

杨春燕 , 吴德伟 , 余永林 , 等 . 2009. 干涉式量子定位系统最优星座分布研究 . 测绘通报 , (12): 1-6.

杨元喜 . 2018. 北斗系统开通艰巨挑战还在后头 . 大学科普 , 2020, 4: 24-25.

杨元喜 , 李晓燕 . 2017. 微 PNT 与综合 PNT. 测绘学报 , 46(10): 1249-1254.

张国良 , 曾静 . 2008. 组合导航原理与技术 . 西安 : 西安交通大学出版社 .

郑伟 , 李钊伟 , 吴凡 . 2020. 天海一体化水下重力辅助导航研究进展 . 国防科技大学学报 , 42(3): 11.

郑伟 , 王奕迪 , 汤国建 , 等 . 2015. X 射线脉冲星导航理论与应用 . 北京 : 科学出版社 .

中华人民共和国科学技术部 . 2021. “张衡一号”卫星全球地磁场模型 CGGM 2020. 0 日前发布 . http://www. most. gov. cn/gnwkjdt/202102/t20210218_172849. html [2022-01-21].

周庆勇 , 魏子卿 , 刘思伟 , 等 . 2018. X 射线脉冲星自主导航技术发展历程及思考 . 卫星导航定位与北斗系统应用 2018——深化北斗应用促进产业发展 , 绵阳 .

Bolkunov A, Baumann I. 2018. GLONASS and PNT in Russia. https://insidegnss. com/wp-content/uploads/2018/01/marapr16-LAW. pdf [2020-02-08].

CIS. 2019. Main Directions (plan) of development state radio navigation -CIS participants for 2019–2024. https://rntfnd. org/wp-content/uploads/CIS-Russia-Radionav-Plan-2019-2024. pdf[2020-04-16].

Coggins K. 2020. Deploying a backup to GPS will protect the US and spur innovation. https://www. c4isrnet. com/opinion/2020/08/19/deploying-a-backup-to-gps-will-protect-the-us-and-spur-innovation/[2020-08-20].

Commission of the European Communities. 2006. GREEN PAPER on satellite navigation applications. http://galileo. cs. telespazio. it/mentore/public/GREEN%20PAPER%20on%20on%20Satellite%20Navigation%20Applications/com2006_0769en01. pdf [2020-02-06].

Cozzens T. 2020. UrsaNav installs eLoran testbed in South Korea①. https://www. gpsworld. com/ursanav-installs-eloran-testbed-in-south-korea[2020-08-23].

Gruz, TED. 2017. National timing resilience and security act of 2017. https://www. congress. gov/bill/115th-congress/senate-bill/2220/text [2020-02-06].

Downs G S. 1974. Interplanetary navigation using pulsating radio sources. Washington DC: NASA Technical Reports(N74-34150).

EC. 2002. Council Regulation (EC) No 876/2002 of 21 May 2002 setting up the Galileo Joint Undertak-ing. https://eur-lex. europa. eu/legal-content/EN/TXT/?uri=CELEX: 32002R0876 [2021-02-06].

EC. 2004. Council Regulation (EC) No 1321/2004 of 12 July 2004 on the establishment of structures for the management of the European satellite radio-navigation programmes. https://eur-lex. europa. eu/legal-content/EN/TXT/?uri=CELEX: 32004R1321 [2020-02-06].

EC. 2006. Council Regulation(EC) No. 1943/2006 of 12 December 2006 amending Regulation (EC) No. 876/2002 setting up the Galileo Joint Undertaking. https://eur-lex. europa. eu/eli/reg/2006/1943/oj [2020-02-06].

---

① 应避免使用“South Korea”，改为“the Republic of Korea”。

EC. 2008. Regulation (EC) No. 683/2008 of the European Parliament and of the Council of 9 July 2008 on the Further Implementation of the European Satellite Navigation Programmes (EGNOS and Galileo). https://eur-lex. europa. eu/legal-content/EN/TXT/?uri=CELEX: 32008R0683 [2020-02-06].

EC. 2010. Regulation (EU) No. 912/2010 of the European Parliament and of the Council, of 22 September 2010, setting up the European GNSS Agency, repealing Council Regulation (EC) No 1321/2004 on the estab-lishment of structures for the management of the European satellite radio navigation programmes and amending Regulation (EC) No 683/2008 of the European Parliament and of the Council. https://eur-lex. europa. eu/legal-content/EN/TXT/PDF/?uri=CELEX: 32010R0912#: ~ : text=REGULATION%20%28EU%29%20No%20912%2F2010%20OF%20THE%20EUROPEAN%20PARLIAMENT, the%20management%20of%20the%20European%20satellite%20radio%20navigation[2020-02-06].

EC. 2013. Regulation (EU) No. 1285/2013 of the European Parliament and of the Council of 11 December 2013 on the implementation and exploitation of European satellite navigation systems and repealing Council Regulation (EC) No 876/2002 and Regulation (EC) No 683/2008 of the European Parliament and of the Council . https://eur-lex. europa. eu/legal-content/EN/TXT/?uri=CELEX: 32013R1285 [2020-02-06].

EC. 2018. European radio navigation plan. https://www. pqrst. at/PDFs/European_Radio_Navigation_Plan_2018-03-12. pdf [2020-02-09].

EU. 2020. EU Space Programme 2021-2027. https://earsc. org/2020/12/21/eu-space-programme-2021-2027/ [2020-02-06].

Gibbons G. 2008. Russia approves CDMA signals for GLONASS, discussing common signal design. https://insidegnss. com/russia-approves-cdma-signals-for-glonass-discussing-common-signal-design/ [2020-02-09].

Goward D. 2020. Russia-CIS navigation plan emphasizes GNSS, Loran, inertial. https://www. gpsworld. com/russia-cis-navigation-plan-emphasizes-gnss-loran-inertial/[2020-04-16].

Greenspan R L. 1996. GPS and inertial integration. Global Positioning System: Theory and Applications, Ⅱ : 187-220.

Garamendi, Hunter, Defazio, et al. 2015. National positioning, navigation, and timing resilience and security Act of 2015. https://www. congress. gov/114/bills/hr1678/BILLS-114hr1678ih. pdf [2020-02-06].

Hunter, Duncan. 2016. Coast guard and maritime transportation amendments act of 2016. https://www. congress. gov/bill/114th-congress/house-bill/5978/text [2020-02-06].

Hunter, Garamendi. 2016. Miscellaneous maritime transportation amendments act of 2016. https://www. congress. gov/114/bills/hr5531/BILLS-114hr5531ih. pdf [2020-02-06].

Hunter Duncan. 2017. Coast guard authorization act of 2017. https://www. congress. gov/bill/115th-congress/house-bill/2518/text [2020-02-06].

Kaspi V M, Taylor J H, Ryba M F. 1994. High-precision timing of millisecond pulsars. Astrophysical Journal, 428: 713-728.

Luzin P. 2021. GLONASS program for 2021–2030. http://www. ocnus. net/artman2/publish/Defence_Arms_13/GLONASS-Program-for-2021-2030. shtml [2021-03-01].

Medvedkov Y. 2002. GLONASS global satellite navigation system. https://www. gps. gov/cgsic/international/2002/brussels/sowinski. pdf [2020-02-09].

Mitchell J W, Winternitz L B, Hassouneh M A, et al. 2018. SEXTANT X-Ray pulsar navigation demonstration: Initial on-orbit results. 41st Annual Guidance and Control Conference of American Astronautical Society, Breckenridge.

NOAA. 2004. U S space-based positioning, navigation, and timing policy. https://www. gps. gov/policy/docs/2004/ [2020-02-05] .

Petovello M G. 2003. Real-time integration of a tactical-grade IMU and GPS for high-accuracy positioning and navigation. Calgary: University of Calgary.

Pieter D S. 2016. Galileo and EGNOS programmes status update. https://www. unoosa. org/pdf/icg/2016/icg11/03. pdf [2020-02-09].

Reshetnev M F. 2013. Prospects for status and development of GLONASS system space complex. https://www. unoosa. org/pdf/icg/2013/icg-8/wgA/A1_1. pdf [2020-02-09].

Roscosmos. 2015. GLONASS current status, modernization and use. http://www. unoosa. org/pdf/pres/stsc2015/tech-47E. pdf [2020-02-09].

Sieff M. 2008. Russia plans rapid boost to GLONASS sat force. https://www. upi. com/Defense-News/2008/09/08/Russia-plans-rapid-boost-to-GLONASS-sat-force/65391220886039 [2020-02-09].

US Senate. 2018. National timing resilience and security act of 2018. https://rntfnd. org/wp-content/uploads/National-Timing-Security-and-Resilience-Act-of-2018. pdf [2020-02-05].

The White House Wachington. 1996. Presidential decision directiveNSTC-6. https://fas. org/spp/

military/docops/national/gps. htm[2020-02-06].

The White House Wachington. 2010. National space policy of the United States of america. https://obamawhitehouse. archives. gov/sites/default/files/national_space_policy_6-28-10. pdf [2020-02-05].

The White House Wachington. 2020. Strengthening national resilience through responsible use of positioning, navigation, and timing services. https://www. federalregister. gov/documents/2020/02/18/2020-03337/strengthening-national-resilience-through-responsible-use-of-positioning-navigation-and-timing [2020-02-19]

The White House Wachington. 2021. Space policy directive 7. https://trumpwhitehouse. archives. gov/presidential-actions/memorandum-space-policy-directive-7/ [2021-01-16].

Yang Y X, Xu Y Y, Li J L, et al. 2018. Progress and performance evaluation of BeiDou global navigation satellite system: data analysis based on BDS-3 demonstration system. Science China: Earth Sciences, 61(5): 614-624.

Yang Y X, Gao W G, Guo S R, et al. 2019. Introduction to BeiDou-3 navigation satellite system. Navigation, 66(1): 7-18.

Yang Y X, Mao Y, Sun B J. 2020. Basic performance and future developments of BeiDou global navigation satellite system. Satellite Navigation , 1(1): 1.

Yang Y X, Liu L, Li J L, et al. 2021. Featured services and performance of BDS-3. Science Bulletin, 66(20): 2135-2143.

Zheng S J, Zhang S N, Lu F J. 2019. In-orbit demonstration of X-ray pulsar navigation with the insight-HXMT satellite . The Astrophysical Journal Supplement Series, 244（1）: 1-8.

第二章

天文导航技术

天文导航技术是利用对已知运动规律的自然天体的测量来确定自身位置和航向的导航技术。天文导航技术不需要其他地面或空间设备的支持，具有自主导航特性，定位、定向误差不随时间累积，精度比较高，也不受人工或自然形成的电磁场的干扰，不向外辐射电磁波，具有较好的隐蔽性和可靠性。传统的天文导航技术以星光导航为主，即通过天文观测设备主动对位置已知的自然天体进行观测，从而进行导航。随着脉冲星探测技术的不断成熟，可通过接收、测量脉冲星辐射的脉冲信号进行定位、导航和定时。当前，天文导航技术在航天、航空和航海领域具有广泛应用，不仅已成为深空探测、载人航天和远洋航海的关键技术，而且是卫星、远程导弹、运载火箭、高空远程侦察机等的重要辅助导航手段。

第一节　星光导航技术

一、科学意义与战略价值

星光导航技术是借助光学手段通过测量自然天体相对观测者的位置实现导航定位的手段。星光导航包括天文定位、天文定轨和天文定时三个方向。可用的光学频段包括可见光以及红外、紫外等非可见光。星光导航是最古老的导航定位手段之一，曾经是远洋航行最主要的技术手段（房建成等，2006），目前仍在各类航天器中得到广泛应用。

开展星光导航技术研究的主要意义：首先，星光导航技术是深空导航的主要手段，现有的无线电导航技术受信号传播距离的影响在深空几乎不可用，而星光导航则不受导航源距离的影响，能够在星光可及范围内同时获取位置信息和姿态信息；其次，星光导航技术是精度最高的姿态和定向测量技术，是卫星和导弹姿态测定的主要手段；最后，星光导航技术不易被干扰，且被动式测量隐蔽性强，是稳定可靠的导航定位定向手段。

星光导航技术作为战略武器、人造卫星必备的定姿定位手段，一直在航空航天领域占据重要地位，是衡量国家航空航天水平的标志性技术之一。高精度星敏感器技术是我国航空航天事业的重点发展方向。利用星光测量原理的数字天顶仪是精度最高的垂线偏差测量设备之一，光学大地天文测量手段获取的测站经纬度精度仅次于 GNSS、VLBI、SLR 等空间大地测量手段。

二、现状及其形成

利用星光观测实现导航定位具有悠久的历史。人类最早通过观测日月确定时间，通过度量日月位置变化、北极星方位确定行进方向。但受认知水平、观测设备、技术能力的限制，早期的星光导航主要依靠肉眼观测，星光观测主要用于计时和确定方位。

利用星光观测天体是早期天文学研究的范畴。随着人类对日月及星体运动规律认识的加深，古希腊学者提出了描述空间天体运动的“地心说”和“日心说”，初步建立了利用几何方法描述天体与观测者相对运动的理论模型，形成了天文星光观测理论雏形。在随后的几千年中，远洋航海导航的需求促进了星光导航技术的持续发展，现代航空航天技术使星光导航设备成为空间飞行器的标配。可以说，星光导航技术源于航海，受益于天文定位，兴盛于航空航天。

（一）星光航海导航技术发展

独立的星光测量只能获取地面点天文经纬度信息，很难获取高程信息，但海平面接近大地椭球面，高程信息近似为零，使得星光导航技术用于海洋导航成为可能。公元前3000年，古埃及学者就开始利用星体进行导航，利用肉眼观察夜空，逐步完善了36星座图，然后利用特定星座进行导航；西汉时期（公元前202～公元8年），我国出现的最早的航海天文记载中，就有了这方面明确的记载。在《淮南子・齐俗训》中，作者提到“夫乘舟而惑者，不知东西，见斗极则寤矣”，说明当时的航海已经开始依靠天上的日月星辰判明方位，书中提到一种“海人之占”的原始天文航海导航定位技术，说明它是从古老的占星术发展而来的。公元前140年左右，古希腊天文学家、数学家喜帕恰斯（Hipparchus）利用观察到的岁差证明北极星的存在，水手可以利用北极星和基础三角法得到离赤道的距离；古罗马人利用北极星和太阳作为方位基准，横渡地中海，来往于南欧和北非之间。魏晋南北朝时（220～589年），在葛洪的《抱朴子》中提到，在茫茫大海之中不知东西时，必须观看北极星，才能安全返航。东晋僧人法显在《佛国记》中，以自己从印度浮海东归的经历，描述了在广无边际的大海航行时，为辨别航向观察日月星辰的事实。南朝周舍在谈及海道艰难时，指出“昼则揆日而行，夜则拷星而泊”，进一步印证了当时我国观日和观星的天文导航技术已较为普遍。隋唐时期（581～907年），我国航海技术进一步得到发展，在航海中开始充分利用信风和季风的规律。唐王维在《送秘书晁监还日本国》中有“向国唯看日，归帆但信风”。沈佺期也在诗中写道“北斗崇山挂，南风涨海牵”。这些记载都显示这个时期的航海不但掌握了观星辰的技术，还充分利用了信风、季风的规律。

到元明时期，伴随中西文化的交流，我国星光导航技术发展更为迅速。人们已初步掌握了利用星光测量确定地理纬度的方法，发明了“牵星术”，利用牵星板测量北极星等明亮天体的高度以确定当地纬度，并将该技术用于航海。明初，郑和船队七下西洋，以“过洋牵星图”为依据，将星光定位与导向罗盘相结合，极大地提升了船位和航向的测定精度。尽管古希腊人很早就知道利用星光高度测量确定自身位置的原理，但直到 14 世纪才将这种原理用于航海。

后来，欧洲各国的陆上贸易受到奥斯曼帝国的阻碍。为了开辟至东方的新商道，欧洲国家开启了大航海时代，受西班牙、葡萄牙等皇室资助的先后有达 • 伽马（约 1460 ～ 1524 年）、麦哲伦（约 1480 ～ 1521 年）和哥伦布（1451 ～ 1506 年）等航海家远洋。1585～1587 年，约翰 • 戴维斯曾为找寻西北航道，经格陵兰岛、巴芬湾进行了三次探险航行。约翰 • 戴维斯的象限仪（或称为“竿式投影仪”）是 16 世纪和 17 世纪最伟大的航海发明。它的原理简单，航海者无须像使用星盘或简单象限仪时所要求的那样设法看太阳，而是将棍棒影子投射到刻度计上，这样就可以计算出纬度。

17 世纪，伽利略将望远镜引入天文观测，大幅增加了可观测天体的数量，改善了天体位置信息测量精度，为星光导航的后续发展奠定了良好基础。借助望远镜获取的大量天体观测资料也进一步验证了哥白尼的日心说，推动了星光天文观测理论的发展。牛顿在总结第谷、开普勒等前人研究成果的基础上，发现了万有引力定律，建立了行星运动理论，形成了星光导航的理论基础。现代意义上的星光导航源于 18 世纪。1730 年，美国人戈弗雷（Godfrey）和英国人哈德利（Hadley）分别发明了八分仪。两人都把设计方案提交给英国皇家学会，1732 年，英国海军部把八分仪放在一只小艇中进行实验，测量结果非常精确。可是，事实证明八分仪的 90°标度用作测量月球与天体的角距是非常不够的，约翰 • 哈里森（John Harrison）在 1736 年终于制造出第一台航海钟，后人把它命名为 H1，结果证明用它测量经度比当时其他所有方法都要准确。约翰 • 伯德（John Bird）在 18 世纪 50 年代制作了一个完整的反射圈，其测量范围可达 360°，测量效果好，但很笨重，在海上使用极为不便。

于是，人们采取反射圈与八分仪之间的折中方案。1757年，坎贝尔船长以八分仪为模子，把测量范围扩大到120°，这就是六分仪。18世纪末，英国工匠拉姆斯顿发明了可以精确划分刻度的分位仪，才真正解决了这一问题（黄海涛，2009）。至此，六分仪真正实现了小型化。1884年，国际天文学界召开会议，正式把格林尼治皇家天文台所在地定为本初子午线，也就是零经度。从此，地球被分成了东西两个半球。

六分仪和航海钟的使用使得星光天文导航定位水平实现跨越式发展。19世纪，沙姆那发现了等高线法，初步给出了便于星光导航航海应用的快捷算法，圣西勒尔发明的高度差法，进一步提高了星光导航算法的精度，加快了星光导航技术的实用化步伐，使得星光航海导航技术进入成熟期。目前，高度差法仍是星光航海导航技术的标准化方法。

（二）星光天文定位技术发展

与星光航海导航技术同步发展的是星光地面定位方法。星光定位技术的发展过程实际上是大地天文学的发展过程。大地天文学是利用恒星观测确定地面点天文经纬度或两点之间的天文方位。与航海导航类似，独立的星光测量只能获取地面点经纬度信息而不能获取三维位置信息，不能实现完整意义定位。影响星光定位精度的主要因素是天体位置和时间测量精度。古代中国和古希腊天文学家分别利用浑仪和日冕测量天体，定位精度可达 ±15′（张承志等，1986）。中国元代科学家郭守敬利用其发明的简仪和高表，测得一年长度为365.2425日，二十八宿距度误差小于5′，精度领先欧洲近300年。16世纪下半叶，丹麦天文学家第谷利用其发明的大墙象限仪、大浑仪等天文观测设备，编著了第谷星表，其天体位置观测精度已达 ±2′。在伽利略将望远镜引入天文观测后，17世纪丹麦天文学家罗默制成了现代子午仪，其纬度测量精度提升到 ±50″～±10″；18世纪德国天文学家梅耶建立了子午天体测量仪理论，使得恒星位置测定精度达到 ±2″（张承志等，1986）。19世纪30年代，德国天文学家贝塞耳和俄国天文学家斯特鲁维完善了恒星三角视差测定方法，编著了波恩星表，极大地扩展了可观测恒星的数量，提高了恒星位置的测量精度。19世纪50年代，美国大地测量学家太尔各特提出了精确测定纬度的太尔各特法，使得星光定位技术进入技术成熟期。20

世纪，石英钟、电子技术和光电记录技术的发展，使得观测自动化和数据处理自动化水平显著提高，天体观测精度提高到 ±0.1″～±0.01″，测时测纬精度达 ±0.1″～±0.3″。

20 世纪初，采用全能经纬仪（如 WILD T4）结合石英钟和天文台播发时间信号进行大地天文测量，经纬度测量精度为 ±0.3″，可满足一等天文点经纬度测量要求。对于二等以下天文点经纬度测量，通常利用 60°等高仪完成。但上述传统测量方式存在自动化程度差、测量耗时长、作业效率低、测量结果受人为因素影响大等缺陷，目前已基本停用。20 世纪中后期，计算机技术的飞速发展、授时技术的进步以及全站仪的出现，使得天文测量小型化、快速化和半自动化成为可能。采用小型化全站仪，测站经纬度测量精度达到 ±0.19″。CCD 技术的应用使得天文测量自动化程度进一步提高，测量结果人仪差的影响显著降低。大气延迟修正模型、时差模型等精确测量修正模型的使用使得测站经纬度测量误差进一步减小到 ±0.1″，同时测量效率也得到极大提高。如何进一步减小白昼、气象及大气延迟等测量环境的影响，提升有效测量时间，提高测量精度、测量自动化水平等是星光天文定位技术的重点发展方向。

（三）星光定姿定向技术发展

定姿是确定本体坐标系相对参考坐标系坐标旋转参数的过程。定向则是确定两点形成的空间向量在参考坐标系中的指向。利用天文星光测量实现定姿定向是星光导航最早的应用形式，也是星光导航的典型应用形式。星光测量仍是目前精度最高的定姿定向技术，由星敏感器、太阳敏感器、地球敏感器等组成的各类天体敏感器是主要的星光测量设备。

1. 星敏感器发展

星敏感器作为高精度测姿技术的应用始于 20 世纪 40 年代，以恒星敏感器为代表，依据采用的感光器件和处理器技术水平分为起步期、第一代星敏感器、第二代星敏感器和第三代星敏感器四个阶段。下面分别对每个阶段星敏感器的特点和性能水平进行介绍。

20 世纪 40～50 年代为星敏感器发展的起步期，星敏感器主要采用光电倍增式析像管作为图像传感器，这种星敏感器结构简单、跟踪星数少，并且图像传感器本身的局限性使得星敏感器的测量精度很难高于30″（王军，2019）。这种传感器一直使用到70年代。

20世纪70年代美国喷气推进实验室（Jet Propulsion Laboratory，JPL）首先将CCD技术用于星敏感器，随后，JPL成功研发了以CCD为图像传感器的STELLAR星敏感器，其视场为3°×3°，单星测量精度可以达到10″。CCD技术的使用大幅度提高了星敏感器的图像分辨率，同时，嵌入式微处理器的使用使得星敏感器具有一定的自主运算能力，可直接输出星象点质心坐标。20世纪70～80年代为第一代星敏感器发展阶段，JPL研发的ASTROS（advanced stellar and target reference optical sensor）是该时期的典型产品。

20世纪90年代，美国劳伦斯利弗莫尔国家实验室将高速微处理器和大容量存储器用于克莱门汀（Clementine）月球探测器配套的星敏感器，能够在航天器上实现实时标定、星图识别和姿态捕获（王军，2019），从此进入第二代星敏感器阶段。第二代星敏感器的视场更大，运算能力和存储容量都有较大提升，并且星敏感器的体积、质量和功耗等各项性能都得到了优化，开始在舰船、导弹和航天器等多项任务中得到广泛应用。德国Jena-Optronik公司研发的ASTRO-15星敏感器是典型产品，该星敏感器姿态测量精度为1″、1″、10″（1σ）；丹麦技术大学（Technical University of Denmark，DTU）研发的ASC星敏感器，姿态测量精度为1″、1″、8″（1σ）。

20世纪90年代后期，CMOS（complementary metal-oxide-semiconductor）有源像素传感器（active pixel sensor，APS）技术的发明，使得利用CMOS图像传感器的高动态星敏感器的研究取得突破性进展。CMOS星敏感器因其视场大、功耗低、集成度高和空间抗辐射能力强等特点逐渐在微小卫星等航天器上得到了广泛应用（CCD星敏感器的重量、功耗、体积等难以满足此类需求），从此进入第三代星敏感器阶段。典型产品包括伽利略航空工业公司研发的AA-STR星敏感器，姿态测量精度为12″、12″、100″（2σ），以及JPL研发的MAST星敏感器，其与光轴垂直方向的姿态测量精度为7.5″，质量为42 g，功耗为69 mW。

目前，国内外典型星敏感器的主要参数如表2-1和表2-2所示（王军，2019）。

表 2-1　国外典型星敏感器的主要参数

研制单位	型号	视场 / (°)	精度 / (″)	动态性能 / [(°)/s]
Ball Aerospace	HAST	8.8×8.8	0.2（1σ*）	4
	CT-601	8×8	3（1σ）	1.5
	CT-2020	25×25	1（3σ）	8
Lockheed Martin	AST-201	8.8×8.8	1.43,1.32,20.8（1σ）	3
	AST-301	5×5	0.18,0.18,5.1（1σ）	2.1
AeroAstro	MST	30×30	70（3σ）	10
Jena-Optronik	ASTRO-APS	20×20	1,1,8（1σ）	5
	ASTRO-5	14.9×14.9	5,5,40（1σ）	0.7
	ASTRO-10	17.6×13.5	2,2,15（1σ）	1
	ASTRO-15	13.3×13.3	1,10（1σ）	2
Galileo Avionica	A-STR	16.4×16.4	9,95（3σ）	2
	AA-STR12	20×20	100（2σ）	4
Sodern	SED-16/26	17×17	3,15（3σ）	10
	SED-36	17×17	1,6（3σ）	10
	HYDRA	—	1.4,9.8（1σ）	8
Terma Elektronik	HE-5AS	22×22	1,5（1σ）	2
DTU	ASC	22×16	1,8（1σ）	1.2

* σ 即中误差

表 2-2　国内典型星敏感器的主要参数

研制单位	型号	视场 / (°)	精度 / (″)	动态性能 / [(°)/s]
中国科学院长春光学精密机械与物理研究所	—	5×5	1（1σ）	2
	—	8×8	3.8（3σ）	2
清华大学	PST-3	15×12	5.50（3σ）	2.5
	NST-4	15×12	3.50（3σ）	3.5
	AAST	24.5×24.5	5.30（1σ）	—

近几年，星敏感器测量和数据处理技术的不断进步，使得其保障不同类型航天任务的能力不断提升。随着我国军民用航空航天技术应用领域的不断拓展，空间任务对小型化敏捷卫星、远程战略武器、高超声速武器等高动态载体的定姿需求不断提升，对星敏感器的动态性能、测量精度提出了更高要求，对星敏感器的体积、重量、功耗等约束也越来越苛刻，高动态、高精度、

微型化是星敏感器技术发展的主要趋势。

2. 其他类型敏感器发展

太阳敏感器通过对太阳辐射的敏感性来测量太阳光线方向与星体坐标轴或坐标面之间的夹角。太阳敏感器视场可达 128° ×128°，分辨率可达角秒级。太阳敏感器结构简单、功耗小、视场大，是多种航天器的首选。

地球敏感器是借助光学测量手段获取航天器相对于地球垂线方向滚动和俯仰等姿态信息的天文敏感器，主要包括红外敏感器、紫外敏感器。红外敏感器精度可达 ±0.01°～±0.03°，紫外敏感器精度可达 ±0.02°～±0.05°。

（四）星光定轨定位技术发展

自 20 世纪 50 年代，伴随星光测量精度的提高，星光测量技术开始应用于空间飞行器导航。美国阿波罗登月飞船、苏联“和平号”空间站与飞船的交会对接等国际重大空间任务均采用了星光天文导航技术。

利用恒星星光测量技术实现空间飞行器定位主要有两种方式，即星光测量直接敏感地平技术和利用星光折射测量间接敏感地平技术。直接敏感地平技术主要载荷为红外 / 紫外地平仪和高精度星敏感器，利用地平仪测量地心位置向量，利用星敏感器确定飞行器的空间姿态。这种技术可靠性好，但受制于地平仪地心测量精度，定轨精度不高。当地平仪地心测量精度为 0.02°，星敏感器测量精度为 2″时，定轨精度达 500～1000 m。为提高地心测量精度，美国于 20 世纪 70 年代研制出自动空间六分仪 SS/ANARS，它可通过精确测量亮星（星等＜3）与地球边缘或月球明亮边缘之间的夹角，精密确定航天器与地球或月球质心之间连线方向的单位矢量，该单位矢量结合星敏感器对恒星的测量和卫星轨道动力学模型，确定飞行器轨道。通过行星历表数据和恒星历表数据，可确定月球中心与飞行器矢量之间的夹角以及飞行器矢量与恒星之间的夹角，综合上述信息，可解算出飞行器位置。空间六分仪对月球边缘夹角的测量精度可达 0.1″。结合恒星测量，其对飞行器轨道的测量精度可达 200～300 m。

利用恒星敏感器对地球大气层星光折射角的测量，再借助大气模型，可间接确定地心位置，结合星敏感器对恒星的观测，确定飞行器轨道。美国 1990 年投入使用的多任务姿态确定和自主导航（multi-mission attitude determination and autonomous navigation，MADAN）系统利用了该定位原理，定位精度可达 100 m。

美国 Microcosm 公司的自主导航系统 ——Microcosm autonomous navigation system（MANS）是另一种新型星光导航系统，利用双锥扫描地平仪同时测量地球、太阳、月球的中心位置矢量，结合日月星历和星地距测量，可同时确定航天器姿态以及地心位置向量。飞行在轨实验表明，MANS 的位置测量精度为 100 m，速度测量精度为 0.1 m/s（房建成，2006）。

三、关键科学技术问题

星敏感器精度是影响星光定位技术发展的主要因素，地心测量精度是制约星光天文定轨精度改善的因素，星光导航技术发展涉及的关键科学技术问题包括如下方面。

（一）高精度高动态星象测量技术

星光导航的基本观测量为恒星在相机中的精确位置。飞行器的高速运动造成星象在星敏感器图像传感器中的位置不易精确获取，影响星光导航精度。为了提高星光导航精度，需要星敏感器能够获取尽可能多的高精度星象观测量，分辨率和视场增大意味着星敏感器重量、体积的增加。为此，需要解决星敏感器图像传感器视场、分辨率与星敏感器体积、重量之间的矛盾。

（二）星光导航定位新机理研究

利用星光实现近地卫星导航需要地心在星体坐标系中的准确方位信息。现阶段，针对低轨卫星的星光导航定位主要采用两种方式：一种是利用光学设备直接测量地平，进而感知地心；另一种是通过测量恒星的大气折射并借助大气模型间接感知地平。上述两种方式的测量精度较差，制约了星光导航定位的精度。探索一种能够精确感知地心信息的新机理是改善星光导航定位精度需要解决的问题。

（三）星载高效星象处理技术

高精度星敏感器通常需要处理大量星象资料，依靠星载处理器实现星象定位、星象识别、星象跟踪和姿态确定等。现有星载处理器的数据处理能力和存储能力有限，如何设计高效处理算法是保证星光定位技术的实用性必须要解决的问题。

四、发展方向

借助星光测量的星敏感器作为精密姿态测量设备在航空航天领域得到了广泛的应用，伴随组合导航技术的发展，该项应用技术的发展前景更加广阔。星光定位技术作为深空导航和近地卫星导航的备份手段，具有一定的应用前景。小型化、低功耗、高动态、高精度星敏感器技术是星光定位技术的发展方向。

目前，制约星光定位技术应用的主要因素是地球敏感器测量精度较差，行星星历和行星中心位置精度不高。现阶段，无论是地球红外敏感器还是地球反照敏感器，测量精度仅在0.05°水平，导致定轨精度在百米量级。组合采用对地距离观测、对日和对月观测技术，有望提高地心敏感精度。另外，星敏感器与惯性导航及其他导航技术的组合，也是提高星光导航定位精度的有效途径。

第二节　脉冲星导航技术

一、科学意义与战略价值

研究深空自主导航技术，探索浩瀚宇宙，是全人类的共同梦想。当前，深空航天器导航主要依赖深空测控网和星敏感器的综合应用。人类已成功发射多颗航天器，以探测月球、火星等太阳系内行星及其邻近的彗星、小行星。地面跟踪站射电观测能够提供高精度的航天器位置和径向速度，然而由于射电天线角分辨率有限，随着航天器与地球距离的增加，位置误差急剧增大，信号传输速率随之下降，通信时间也不断增加。传统星光导航手段具有自主性高、可靠性强、信号不受人为因素干扰、安全性高、导航误差不累积等优点（毛悦，2009），是深空航天器自主轨道确定与控制的必备手段，但也存在定位定轨精度低的问题。

如图 2-1 所示，当脉冲星磁极与旋转轴方向不一致时，辐射的电磁波束经过观察者视线时可以被周期性地观测，如同“探照灯”扫射一样，因而脉冲星被喻为天然信标和天球灯塔。脉冲星自主导航是利用 X 射线脉冲星辐射的稳定且规律的脉冲信号实现航天器空间自主导航的技术，其依靠自然天体构建类似导航卫星的空间星座，具有传统天文导航技术的共同优势，即自主性高、可靠性强、信号不受人为因素干扰和攻击、安全性高等（毛悦，2009），可有效增强航天器远距离空间自主导航能力，降低运行费用及深空测控网的负担。脉冲星极其遥远，时空参考框架更大，可实现深空、星际乃至更远距离的无缝导航，且导航误差不随距离的增加而急剧增大。虽然 X 射线脉冲星导航在近地空间的定位精度无法与地基导航技术相比，但在深空领域远远高于传统天文导航技术，提升了深空航天器的自主导航精度，应用前景广阔。

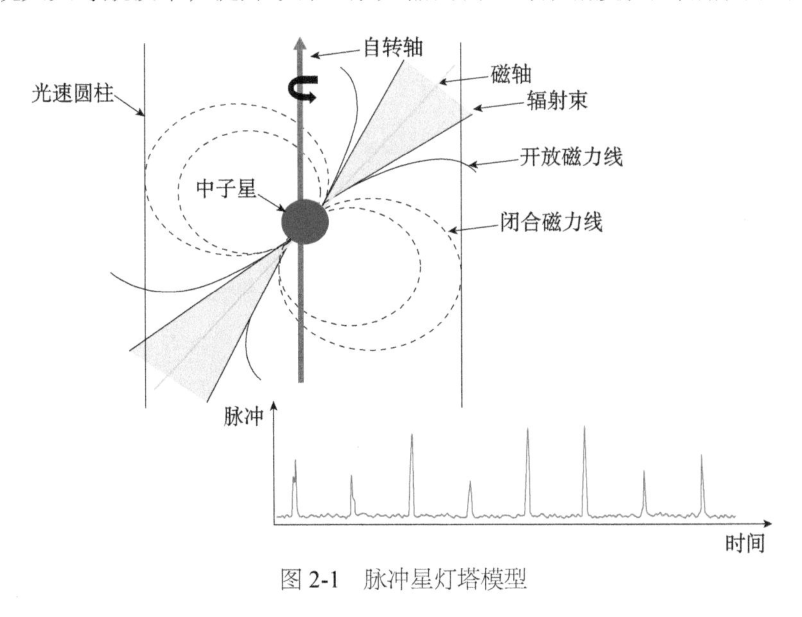

图 2-1　脉冲星灯塔模型

脉冲星自转频率极其稳定，部分毫秒级脉冲星长期稳定性能可与原子钟媲美或者更优，这表明脉冲星能提供一种独立的、基于遥远自然天体并能持续工作数百万乃至数十亿年的时间频率。脉冲星时具有高稳定性、全自主性和全宇宙性的特点，脉冲星长期稳定性的优点可弥补地面原子时长期稳定性不足的缺点，同时结合原子钟的短期稳定性和脉冲星时的长期可用性，可构建一个新的综合时间尺度，在时空基准建设方面具有良好的应用前景（周庆勇，2020）。

脉冲星导航和脉冲星时可作为现有深空测控网、天文导航技术和时间频率技术的补充，具有重大的工程价值和科学意义，在我国PNT体系建设中占据着重要的地位。

二、现状及其形成

脉冲星导航的初步想法源于地面射电脉冲星观测，Sheikh的系统研究工作标志着脉冲星导航技术的初步成熟（周庆勇等，2018；黄良伟，2013）。1974年，美国喷气推进实验室的Downs率先提出了射电脉冲星星际导航的设想并进行了仿真分析，即如果航天器搭载大于25 m口径的天线，对27颗射电脉冲星观测1 d，航天器定轨精度可达1500 km；若进一步提高天线增益，定轨精度可达150 km（Downs，1974）。X射线天文卫星对脉冲星在X射线频段的成功观测，推动了脉冲星导航适用频段从射电转向X射线。1981年，美国通信系统研究所的Chester创新性地引入了X射线脉冲星导航的概念，提出利用X射线脉冲星增强近地卫星导航定位能力，即通过比较飞行器与地球测站接收的脉冲TOA（time of arrival），估算出X射线脉冲星导航终端（约0.1 m^2）在轨观测1天能实现约150 km导航精度（Chester et al.，1981）。相较于传统的射电观测频段，该方法的最大优势在于导航终端天线面积大幅度降低，易于工程实现（周庆勇等，2018；黄良伟，2013）。

20世纪90年代，在美国军方的支持下，脉冲星导航技术更加成熟。1993年，美国海军研究实验室（Naval Research Laboratory，NRL）的Wood研究了X射线脉冲星近地空间观测的掩星法，即可利用X射线空间源确定航天器姿态、位置和时间（毛悦，2009；Wood，1993），该方法也成为后续的先进研究与全球观测卫星（advanced research and global observation satellite，ARGOS）NRL-801实验的一部分。1996年，Hanson在其博士论文中详细阐述了基于X射线源进行航天器姿态测量和时间保持的方案（Hanson，1996），并利用HERO-1卫星数据实现了0.1°～0.01°的姿态测量精度，优于1.5 ms的时间保持精度（毛悦，2009）。1999年2月，用于验证掩星法的非常规恒星特征实验装置，随美国空军ARGOS卫星发射至840 km高度的太阳同步轨道上。非常规恒星特征实验装置采用两台准直型气体正比计数探测器，探测能量为1～15 keV，有效面积为0.1 m^2，功耗约为50 W，时标精度为32μs，质量约为245.2 kg（毛悦，2009；帅平等，2009）。非常规恒星特征实验装置从1999年5月1日持续工作到2000年11月16日，后因探测器气体泄漏而终止实验。整个实验期间，光子记录的时空基准信息由GPS接收机提供。2005年，Sheikh的博士论文“The use of variable celestial X-ray sources for spacecraft navigation”迅速成为该领域的重要著作。Sheikh详细研究了X射线源的基本物理及计时观测特性，收集整理了导航用脉冲星参数库，包括详细及简化版本；推导建立了高精度X射线光子到达时间的转换公式，并进行了相应简化；研究提出了基于X射线源的航天器导航定时算法，进行了大量的数值仿真实验，估计了脉冲星导航授时精度，分析了其可行性；同时对非常规恒星特征实验装置的Crab脉冲星观测数据进行了分析，采用误差修正的方法得出Crab脉冲星视线方向上航天器位置修正精度约为2 km（周庆勇等，2018；Sheikh，2005）。

X射线毫秒脉冲星的发现和空间X射线探测技术的发展，推动了脉冲星导航技术的进一步发展，美国军方也日益关注该新型技术的发展。2004年，美国国防部高级研究计划局提出了“基于X射线源的自主导航定位”（XNAV）计划，其目的是发展一种革命性的定姿和导航技术，为其航天器在太阳系的任何位置提供优于30 m的定位精度。2006年，XNAV计划第一阶段的任务完成，然而2017年DARPA决定不再支持该项目的研究，其第二阶段由NASA接手管理。尽管XNAV计划受阻，但其思想并未终止，NASA仍然致力于探索适用于整个太阳系的航天器自主导航技术。2006～2011年，NASA和DARPA分别通过“小型企业创新研究”（small business innovation research，SBIR）计划和“X射线计时”（X-ray timing，XTIM）计划继续为脉冲星导航相关技术的研究提供支持（周庆勇等，2018；黄良伟，2013）。2006年2月，美国Microcosm公司在SBIR计划的支持下，继续开展X射

划的支持下，继续开展X射线脉冲星航天器自主导航技术的研究，以满足NASA在太阳系内深空探测任务的自主导航需求。XTIM计划的目的是建立一个稳定的、自主的、宇宙性的脉冲星时，利用X射线脉冲星为美国空间资产提供自主定时和定位服务，并能独立补充GPS（周庆勇等，2018）。

2011年，美国NASA启动了SEXTANT项目，SEXTANT的中文全称为X射线计时与导航技术的空间站在轨验证实验，也是国际上首次在轨观测毫秒脉冲星开展计时导航实验。SEXTANT项目序贯观测多个毫秒脉冲星，验证仅依靠XNAV技术航天器的定位精度，其考核目标是通过对至少四颗毫秒脉冲星进行至少两周的有效观测，实现航天器位置精度优于10 km的目标（Mitchell et al.，2015；Mitchell，2012）。XNAV性能由导航结果与星载GPS导航解的比较确定（周庆勇等，2018）。SEXTANT系统结构（Mitchell，2012）如图2-2所示。

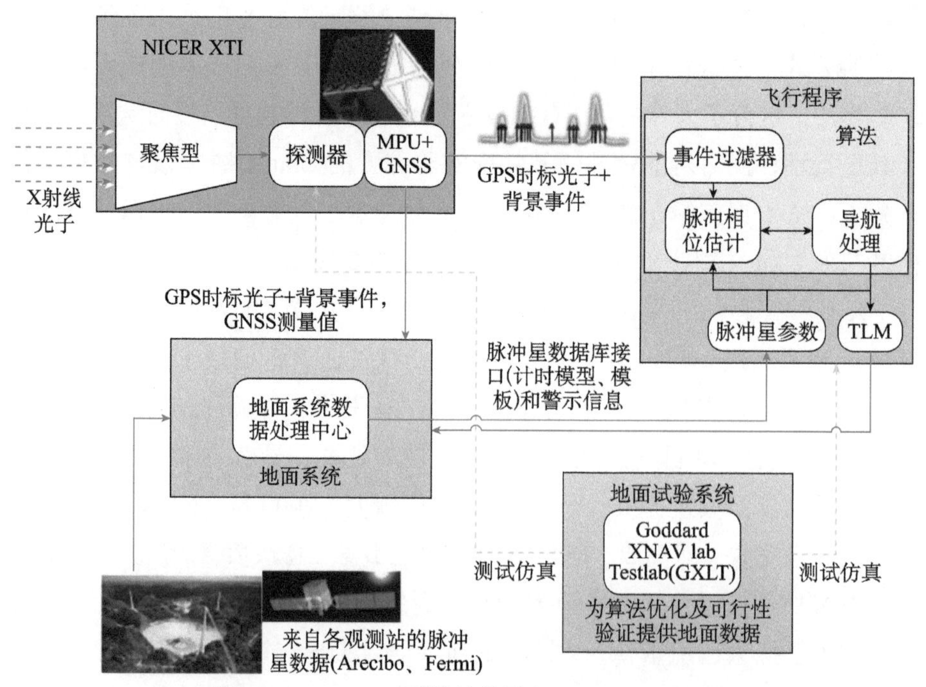

图2-2　SEXTANT系统结构图（Mitchell，2012）

MPU，multi processing unit，即多处理单元；TLM，target locator module，即目标定位模块；NICER，the Neutron star Interior Composition Explorer，即中子星内部组成探测器；XTI，X-ray timing instrument，即X射线计时仪器；Goddard XNAV Lab Testlab，即戈达德X射线导航试验台

SEXTANT 系统由四部分组成（Mitchell et al.，2015；Mitchell，2012）：①探测器系统；②导航解算部分；③地面系统；④地面实验系统。探测器系统是脉冲星导航系统的核心组成，由 X 射线聚焦光学镜头、硅漂移探测器、GPS 接收机及星载计算机组成，主要完成 X 射线光子的探测及预处理。SEXTANT 共享了 NICER 的 X 射线计时仪器（X-ray timing instrument，XTI），XTI 由 56 个 X 射线聚焦光学镜头及硅漂移探测器阵列组成。导航解算部分主要完成 X 射线脉冲星信号的筛选、TOA 估计及导航解算处理。SEXTANT X 射线脉冲星导航飞行程序处理分析的数据主要包括光子的到达时间及能量。地面系统是 SEXTANT 的重要支持部分，由地面系统数据处理中心、地面射电观测网络等组成，主要完成各种观测数据的高精度事后处理，获取高精度导航解及精确的脉冲星参数。地面实验系统是为支持 SEXTANT 项目而专门开发的软硬件测试评估闭环环境，主要完成探测器及导航算法的性能评估，其测试工作在 Goddard 600 m 管束中进行（周庆勇等，2018）。

2017 年，美国利用 SEXTANT 观测了四颗毫秒脉冲星，仅利用 8 h 的观测数据，就实现了国际空间站（International Space Station，ISS）16 km 的位置精度，最优可达 5 km（Mitchell et al.，2018；周庆勇等，2018），如图 2-3 所示。

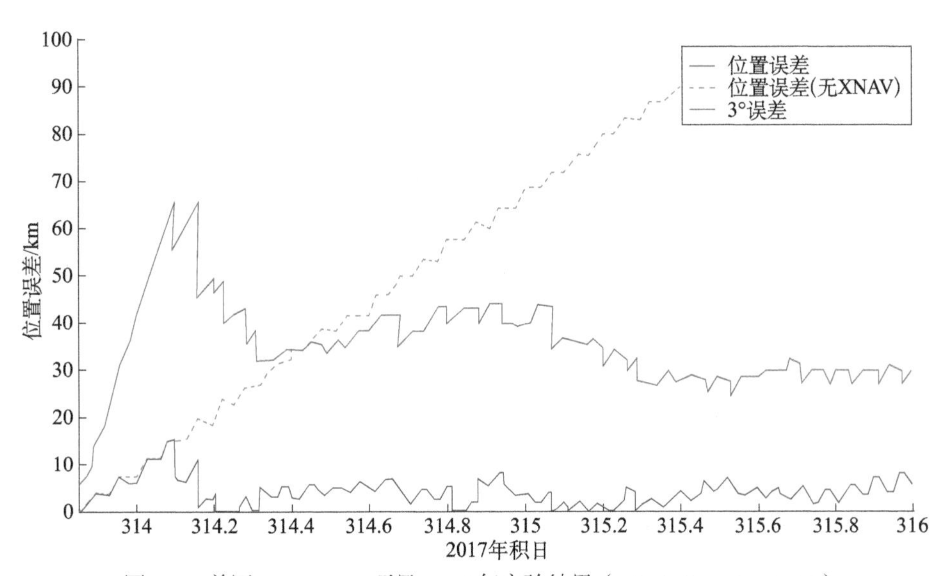

图 2-3　美国 SEXTANT 项目 2017 年实验结果（Mitchell et al.，2018）

2015年6月，美国发布了NASA空间发展规划（2015～2035年）（NASA，2015），X射线导航被列入导航通信领域“革命性概念”方向，同时制定了X射线脉冲星导航技术发展的短期目标与长期目标。两个X射线脉冲星导航技术潜在应用为2027年和2033年的火星探测器（NASA，2015；周庆勇等，2018）。

部分欧洲国家和俄罗斯对脉冲星导航技术也非常感兴趣，开展了大量关键技术研究和仿真计算。2004年，西班牙的Sala研究团队在ARIADNA计划的支持下，启动了“ESA深空探测器脉冲星导航研究计划”，梳理了脉冲星导航技术的可行性（Sala et al.，2004），分析了脉冲星基本特征和信号模型，研究了脉冲到达时间的估计方法，估计得到脉冲星导航可实现优于10^6 m的定位精度。2009年3月，俄罗斯科学院宇宙空间研究所宣布其正在开发X射线脉冲星导航系统，并在国际天体物理学天文台和γ射线天体物理实验室卫星上开展了脉冲星观测，将来也与美国一样在国际空间站上对X射线探测器原型样机进行实验。德国马克思•普朗克科学促进学会（简称马普学会）地外物理研究所的Becker教授团队于1993年发现了第一颗X射线毫秒脉冲星（Becker，2009），并长期从事毫秒脉冲星的X射线辐射机制研究（Becker et al.，2015；Becker et al.，2013）。2015年6月8日至11日，德国马普学会地外物理研究所召开了一次天文自主导航国际学术研讨会，会议涉及了X射线脉冲星自主导航算法、X射线探测器技术及导航应用前景。

国内学者紧跟国际脉冲星导航发展趋势，对脉冲星导航技术与方法进行了理论研究和仿真分析。有学者阐述了X射线脉冲星导航技术的原理和基本框架，分析了影响脉冲星导航精度的各项因素，研究了脉冲星导航涉及的关键技术，总结了脉冲星导航的应用前景（费保俊，2015；徐国栋，2015；郑伟等，2015；帅平等，2009；杨廷高等，2007）。Han等利用帕克斯脉冲星计时阵（Parkes pulsar timing arrary，PPTA）射电计时观测数据开展了脉冲星自主导航算法的研究，确定Parkes望远镜位置精度优于千米量级（Han et al.，2019）。王奕迪研究了计时噪声影响分析及削弱方法、导航误差补偿理论及组合导航算法（王奕迪，2011）。为了降低地面测控系统的负担、提高深空探测器的导航效率，郑伟等研究了以脉冲星为主的多测量信息融合导航方法，提出了基于星联网的航天器自主导航方案（郑伟等，2017）。2016年11月，我国发射了脉冲星导航实验卫星（XPNAV-1），其核心目的是开展脉冲星导航空间实验和在轨验证国产探测器性能，Huang 等利用 XPNAV-1 卫星 85 d 观测数据开展了地面脉冲星导航解算实验，将 Crab 脉冲星计时观测量作为控制点来抑制卫星轨道传播误差，研究得出在控制点处平均导航误差为 38.4 km（Huang et al.，2019）。2019 年，郑世界等提出了一种利用脉冲星轮廓显著性实现航天器定轨的方法，先后利用“天宫二号”上的伽马暴偏振探测仪和硬 X 射线调制望远镜卫星 Crab 脉冲星观测数据，分别实现了航天器优于 30 km 和 10 km 的精度（Zheng et al.，2019）。

三、关键科学技术问题

高精度脉冲星导航应用面临脉冲星时空基准建立、微弱脉冲星信号探测及处理、脉冲星自主导航算法研究等的理论与技术挑战。

（一）脉冲星时空基准建立

X 射线脉冲星时空基准建立技术涉及脉冲星辐射特性研究、脉冲星计时模型参数测定以及导航脉冲星优选、编目和更新等，属于脉冲星导航的基础性工作（帅平等，2009）。脉冲星参数作为脉冲星时空基准信息的载体，为深空飞行器自主导航提供高精度的时空参考基准，主要包括天体测量参数、脉冲辐射参数及钟模型参数等。然而，脉冲星参数的测定精度无法满足高精度导航的需求，尤其是钟模型和脉冲轮廓等参数。脉冲星导航使用的频段是 X 射线频段，观测资料最丰富的是射电频段。脉冲星参数的测定，应该通过地面射电和空间 X 射线两种观测手段配合完成。这项工作需要一个专门的空间观测飞行器或具备基于地面射电观测结果预报 X 射线辐射行为的能力。相比于观测，当前脉冲星计时演化的理论研究相对滞后，尽管已有大量的计时观测数据，但仍无法从理论进行计时，也无法对演化行为进行精确的长期预测。此外，脉冲计时噪声（影响脉冲星导航精度的重要因素）的物理机制尚不明确，各种理论假设都存在可能性，一般认为脉冲计时噪声是一种随机行为，而这些长期不确定性带来的残差影响很大，有些可达数百微秒。对于计时稳定性较差且周期跃变的导航脉冲星（如 Crab 脉冲星），其脉冲星参数需要频繁更新（周庆勇等，2018）。

（二）微弱脉冲星信号探测及处理

脉冲星探测面临以下几个难点：一是脉冲星辐射微弱，而毫秒脉冲星信号流量更微弱，每平方厘米X射线探测器每秒接收光子数一般在10^{-2}个以下，极弱信号需要大面积X射线探测器长时间观测才能得到高精度的脉冲TOA；二是空间噪声多且强，空间背景辐射复杂，干扰粒子种类多、辐射流量强且多变（甚至突变）；三是观测时间短，航天器的高速动态性、脉冲星可见性及避开空间电磁异常区的要求，使得每次观测时间较短；四是探测器面积有限，受制于卫星平台和项目预算等因素，作为载荷的X射线探测器面积不可能很大。此外，X射线探测器还存在电子学噪声、死区时间等问题。所有这些约束因素决定了脉冲星导航观测样本有限，绝大多数X射线脉冲星信号极其微弱且淹没在各种噪声中（周庆勇等，2018；郑伟等，2015）。

高效的脉冲星空间观测要求X射线探测器探测效率高、时间分辨率高、噪声弱、功耗低、质量轻、体积小并有较好的空间环境适应能力，而这些指标要求与工程实际存在矛盾。从空间X射线探测技术发展来看，最适合观测X射线毫秒脉冲星的探测器系统应该具有聚焦X射线光学镜头，这才能提高观测信噪比。研制适合航天器自主导航的探测器系统，是X射线脉冲星导航系统的核心任务（帅平等，2009）。

X射线光学观测及探测器研制技术方面：美国与欧盟在该方面均有多年的积累和基础，我国目前研制的几种类型的X射线探测器均是跟踪国外技术，部分核心元器件依赖进口，高性能X射线光学器件的研究及工艺探索尚属起步阶段，尚需较长时间的深入研究和对技术细节的攻关。

脉冲星自主导航理论方面：美国开发了X射线脉冲星导航飞行程序，并利用地面实验数据进行了测试，该程序考虑了多种应用场景。我国学者也开展了大量导航算法研究，对计时模型、导航数据处理进行了持续研究，编制了脉冲星导航处理软件，但模型适用性需进一步优化。

脉冲星导航时空基准的维持方面：欧美已经有几十年的数据积累，可快速调动地面大型射电望远镜和空间观测卫星实现毫秒脉冲星重复观测，及时更新脉冲星参数信息（周庆勇，2020）。当前我国500 m口径球面射电望远镜

（five-hundred-meter aperture spherical radio telescope，FAST）脉冲星射电观测综合能力较强，但观测天区有限，累积数据时间较短，迫切希望启动专用大口径脉冲星射电望远镜的立项建设。

（三）脉冲星自主导航算法研究

自主导航计算主要是利用 X 射线脉冲星辐射信号确定航天器自主位置、速度和时间，该过程以脉冲到达时间为基本观测量，使用相位跟踪方法滤除相位噪声并实时估计多普勒频移，结合航天器轨道动力学信息，通过星载卡尔曼滤波处理，估算航天器的位置、速度和时间等导航参数。在实际应用中，为了保持导航系统信息的连续性、增强系统的可靠性，并提高导航系统的定位精度，可考虑惯性导航系统辅助 X 射线脉冲星进行卫星自主导航。此外，空间飞行器自主进行导航信息处理，可能出现测量数据错误、滤波器发散和设备故障等问题，因而可采用联邦滤波结构，使导航计算具有良好的容错性能，能够进行实时故障检测、隔离与系统重构，以确保导航信息的可靠性和完好性（帅平等，2009）。

四、发展方向

2004 年，美国国防部实施的 X 射线脉冲星导航计划极大地促进了我国该项技术的发展，当前我国已成为该领域研究的主要国家之一。尽管近二十年我国取得了巨大进展，然而也要清醒地看到，我国与美国在载荷研制、空间实验方面的差距仍然很明显。由于 X 射线脉冲星导航技术在深空的潜在应用，其发展方向主要包括：X 射线脉冲星导航终端的实用性、面向实测微弱信号的导航处理以及面向综合 PNT 技术体系的研究等。

本章参考文献

房建成，宁晓琳 . 2006. 天文导航原理及应用 . 北京：北京航空航天大学出版社 .

费保俊 . 2015. 相对论在现代导航中的应用 .2 版 . 北京：国防工业出版社 .

黄海涛 . 2009. 现代主要导航方法 (一). 卫星与网络 , (11): 30-33.

黄良伟 . 2013. 基于计时模型的 X 射线脉冲星自主导航理论与算法研究 . 北京：清华大学博士学位论文 .

毛悦 . 2009.X 射线脉冲星导航算法研究 . 郑州：解放军信息工程大学博士学位论文 .

帅平，李明，陈绍龙，等 . 2009.X 射线脉冲星导航系统原理与方法 . 北京：中国宇航出版社 .

王军 . 2019. 高动态星敏感器关键技术研究 . 长春：中国科学院长春光学精密机械与物理研究所博士学位论文 .

王奕迪 . 2011.X 射线脉冲星信号处理与导航方法研究 . 长沙：国防科技大学硕士学位论文 .

徐国栋 . 2015. 脉冲星导航技术概论 . 哈尔滨：哈尔滨工业大学出版社 .

杨廷高 , 南仁东 , 金乘进 . 2007. 脉冲星在空间飞行器定位中的应用 . 天文学进展 , 25 (3): 249-261.

张承志 , 夏一飞 . 1986. 天体测量学 . 北京：高等教育出版社 .

郑伟 , 王奕迪 , 汤国建 , 等 .2015. X 射线脉冲星导航理论与应用 . 北京 : 科学出版社 .

郑伟 , 张璐 , 王奕迪 . 2017. 基于星联网的深空自主导航方案设计 . 深空探测学报 , 4(1): 31-37.

周庆勇 . 2020. 脉冲星计时数据的处理理论与方法研究 . 郑州：解放军信息工程大学博士学位论文 .

周庆勇 , 魏子卿 , 刘思伟 , 等 . 2018. X 射线脉冲星自主导航技术发展历程及思考 . 卫星导航定位与北斗系统应用 2018——深化北斗应用促进产业发展 . 中国卫星导航定位协会，绵阳 .

Becker W. 2009.Neutron Stars and Pulsars.Berlin: Springer.

Becker W, Bernhardt M G, Jessner A. 2013.Autonomous spacecraft navigation with pulsars.Acta Futura, (7): 11-28.

Becker W, Bernhardt M G, Jessner A. 2015. Interplanetary GPS using pulsar signals.Astronomical Notes, 336 (8): 749-761.

Becker W, Trumoer J. 1993.Detection of pulsed X-rays from the binary millisecond pulsar J0437-4715.Nature, 365: 528-530.

Chester T J, Butman S A.1981. Navigation using X-ray pulsars. Pasadena: NASA.

Downs G S. 1974.Interplanetary navigation using pulsating radio sources.Zhengzhou: NASA Technical Reports (N74-34150).

Graven P, Collins J, Sheikh S I, et al.2008. XNAV for deep space navigation. 31st Annual AAS Guidance and Control Conference, Breckenridge.

Han W, Wang N, Wang J, et al. 2019. Using single millisecond pulsar for terrestrial position determination. Astrophysics and Space Science , 364: 48.

Hanson J E. 1996.Principles of X-ray navigation. Stanford: Stanford University.

Huang L, Shuai P, Zhang X , et al. 2019.Pulsar-based navigation results: data processing of the X-ray pulsar navigation-I telescope. Journal of Astronomical Telescopes, Instruments, and Systems, 5 (1): 1.

Mitchell J W. 2012. Pulsar navigation & X-ray communication demonstrations with the NICER playload on ISS. http://ntrs.nasa.gov/search.jsp?R=20120016975[2013-02-17].

Mitchell J W, Hasouneh M, Winternitz L, et al. 2015.SEXTANT - station explorer for X-ray timing and navigation technology. AIAA Guidance, Navigation&Control Conference, American Institute of Aeronautics and Astronautics, Washington D C.

Mitchell J W, Winternitz L B, Hassouneh M A, et al.2018.SEXTANT X-Ray pulsar navigation demonstration: Initial on-orbit results. 41st Annual Guidance and Control Conference of American Astronautical Society, Breckenridge.

NASA. 2015.NASA technology roadmaps TA5 communications navigation and orbital debris tracking and characterization systems. http://www.nasa.gov/offices/oct/home/roadmaps/index.html[2015-08-10].

Sala J, Urruela A, Villares X, et al.2004. Feasibility study for a spacecraft navigation system relying on pulsar timing information. European Space Agency Advanced Concepts Team, 4202 (3)：23.

Sheikh S I. 2005.The use of variable celestial X-ray sources for spacecraft navigation. Maryland: University of Maryland.

Wood K S. 1994.The USA Experiment on the ARGOS satellite: A low cost Instrument for timing X-ray binaries. SPIE Proceedings, 2280: 19-30.

Zheng S, Zhang S, Lu F. 2019. In-orbit demonstration of X-ray pulsar navigation with the insight-HXMT satellite. The Astrophysical Journal Supplement Series, 244 (1): 1-8

Zheng W, Zhang L, Wang Y. 2017. Design of deep space autonomous navigation scheme based on satellite internet . Journal of Deep Space Exploration, 4 (1): 31-37.

第三章

无线电导航技术

无线电导航技术是通过测量地基、星基无线电导航台发射电磁波的时间、相位、幅度、频率等参量，确定运动载体与导航台之间的相对位置关系（包括方位、距离和距离差等几何参量），从而实现对运动载体进行定位和导航的技术。无线电导航技术根据无线电导航台发射信号的不同，可分为地基无线电导航技术、星基无线电导航技术等。其中，地基无线电导航技术可分为远程地基无线电导航技术、蜂窝无线电定位技术等；星基无线电导航技术可分为卫星导航定位技术、导航星座自主导航技术、低轨卫星增强导航技术和拉格朗日点无线电导航技术等。

第一节　远程地基无线电导航技术

一、科学意义与战略价值

远程地基无线电导航技术是借助地面布设的无线电台站发射导航信号实现 PNT 的技术，按照使用的导航频段可分为低频（low frequency，LF）导航和甚低频（very low frequency，VLF）导航两种。20 世纪中期，远程地基无线电导航技术是飞机舰船导航的主要手段，其可靠性和稳定性也在数十年的使用中得到验证。然而，GPS 的出现使得地基无线电导航技术一度没落，直到卫星导航技术本身的脆弱性不断暴露，使得远程地基无线电导航技术的抗干扰特性再次受到重视（胡安平，2018），并开始作为卫星导航系统的备份和补充手段发挥重要的作用。美国、俄罗斯已重启地基无线电导航系统的建设与维护，将其作为国家 PNT 体系的重要组成部分。近年来，针对远程地基无线电导航系统的技术改进使得其在精度、完好性和连续性等性能方面有了显著改善，能满足关键基础设施对时间频率服务的要求，也能满足飞机航路导航、终端区导航、非精密进近，船只航路导航、低能见度下安全进入港口等应用的保障需求。

二、现状及其形成

（一）国外发展现状

20 世纪 40 年代，为应对跨洋航行、高速飞行、高空飞行对导航定位的需要，美国开启了罗兰技术的研究。1943 年，美国装备的罗兰 A 系统采用脉冲双曲定位体制，满足了海上舰船远洋航行定位的需求。罗兰系统的成功催生了包括欧米伽、恰卡、阿尔法等在内的多种基于低频 / 甚低频的远程地基无线电导航系统，形成了能够覆盖全球的完整的地基导航体系。其中，罗兰 C 系统和恰卡系统是典型的采用低频频段发射脉冲、提供区域覆盖的陆基远程无线电导航系统。欧米伽、阿尔法是典型的采用甚低频频段发射脉冲、覆盖全球的陆基超远程无线电导航系统。基于当时的技术能力，远程的概念主要限于 2000 km 以内的区域，而超远程则指覆盖范围超过 5000 km 的区域。表 3-1 为美俄两国远程地基无线电导航系统主要情况。

表 3-1　美俄两国远程地基无线电导航系统主要情况

主要特征	欧米伽系统	阿尔法系统	罗兰 C 系统	恰卡系统
研制国家	美国	苏联（俄罗斯）	美国等	苏联（俄罗斯）
研制年代	20 世纪 60～70 年代	20 世纪 60～70 年代	20 世纪 50 年代	20 世纪 60 年代

续表

主要特征	欧米伽系统	阿尔法系统	罗兰C系统	恰卡系统
台站数	8个台站	5个台站（另外，传播监测站31个）	60个台站（形成30个台链）	13个台站（形成3个台链）
工作频段	10.2～13.6 kHz	11.9～15.625 kHz	90～110 kHz	90～110 kHz
辐射功率	10 kW	50～80 kW	数十千瓦至2 MW	数十千瓦至2 MW
覆盖范围	覆盖全球	覆盖全球70%面积	覆盖北半球大部分地区	覆盖俄罗斯及远东大部分地区
定位体制	双曲线	双曲线、圆周	双曲线	双曲线
精度	2～4 n mile（差分1 n mile）	2～4 n mile（差分0.15～0.6 n mile）	0.25 n mile	0.25 n mile
现状	1997年关闭	在用	2010年美国停发信号；仍有其他国家在用	在用

1. 欧米伽系统

欧米伽系统是美国20世纪60～70年代研制的远程地基无线电导航系统。系统由分别位于美国（北达科他和夏威夷）、挪威、利比里亚、法国（法属留尼汪岛）、阿根廷、澳大利亚和日本的8个发射台组成。欧米伽系统台站分布如表3-2所示。

表3-2　欧米伽系统台站分布

台站	地理位置	建成年月
挪威	66° 25′ 15″ 00N，13° 09′ 10″ 00E	1973.12
利比里亚	6° 18′ 19″ 39N，10° 39′ 44″ 02W	1976.2
夏威夷	21° 24′ 20″ 39N，157° 49′ 47″ 75W	1975.1
北达科他	46° 21′ 57″ 20N，98° 20′ 08″ 77W	1972.10
留尼汪岛	20° 58′ 26″ 47S，55° 17′ 24″ 25E	1976.2
阿根廷	43° 03′ 12″ 53S，65° 11′ 27″ 69W	1976.7
澳大利亚	38° 28′ 54″ 00S，146° 56′ 36″ 00E	1982.9
日本	34° 36′ 53″ 26N，129° 27′ 12″ 49E	1975.4

欧米伽系统采用连续波大功率信号（发射天线的辐射功率为10 kW），每个台站都发射10.2 kHz、11.33 kHz、13.6 kHz和11.05 kHz四种甚低频无线电信号，信号通过电离层与地球之间形成的波导传播覆盖全球，从1982年开始

提供全球服务（胡安平，2018）。

欧米伽系统采用比相测量时间差的双曲线无线电定位体制，为用户提供无源二维定位（地球表面的平面定位）服务，设计精度为2～4 n mile，定位误差与用户地点、观测时刻、所选台站、传播修正等因素有关。同一地点不同时间定位结果的差异为2～4 n mile，同一时间不同地点之间相对定位误差为0.25～0.5 n mile，利用差分技术可以把不同时间的定位精度提高到1 n mile。

欧米伽系统是20世纪70～90年代唯一具有全球覆盖能力并能够实现单一手段导航的系统，是越洋航空和航海的重要导航系统，其可用性为99%以上，可靠性为97%（即故障率为3%），信息更新率度为10 s。同时，由于其信号能渗入水下10 m左右，所以也是当时美国潜艇的水下导航系统（胡安平，2018）。

虽然欧米伽系统具有用途广、覆盖面积大和机载设备相对便宜等优点，但是其定位精度低。GPS的广泛应用，加快了导航系统更新换代的进程。1997年美国关闭了欧米伽系统。

2. 阿尔法系统

阿尔法系统是苏联建设的类似于欧米伽系统的甚低频超远程无线电导航系统，1968年3个台站开始发射导航信号，是国际上唯一仍在正常运行的陆基超远程无线电导航系统。阿尔法系统共建设5个台站，发射台辐射功率为50～80 kW，工作频率9个，分别为11.904 761 kHz（F1）、12.648 809 kHz（F2）、14.880 952 kHz（F3）、14.881 091 kHz（F3p）、12.090 773 kHz（F4）、12.044 270 kHz（F5）、12.500 kHz（F6）、13.281 kHz（F7）和15.625 kHz（F8），工作区域覆盖全球70%面积，在中太平洋夏威夷岛与关岛之间以及非洲大陆南大西洋一带存在服务盲区（胡安平，2018）。

阿尔法系统采用距离差、测距与准测距三种方式进行导航定位，定位精度为2～4 n mile。为改善阿尔法系统的服务精度，俄罗斯在系统工作区先后建设了31个信号监测站。经过监测信息差分改正后阿尔法系统的定位精度可提高3～5倍，定位精度达200～1000 m。

3. 罗兰C系统

美国罗兰A系统是最早的罗兰系统，其作用距离为500～700 n mile，适用于海上导航授时服务，是20世纪40～60年代重要的海上导航系统，定位精度较低，大约是1 n mile。

罗兰C系统是美国在罗兰A系统的基础上建设发展的远程地基无线电导航系统。经过近十年的研究和实验，美国在1957年建成了世界上第一个罗兰C台链。该系统由控制中心、地面发射台、监测站和用户设备等部分组成。采用低频（100 kHz）大功率（高达兆瓦）的工作方式，主要为海上用户提供二维定位和授时服务。此后的十几年，美国在本土和北半球的其他地区陆续建设了10个罗兰C台链（30多个导航台，其中本土导航台24个）。这些台链主要是出于军事目的建设的，台链分布区域包括美国和加拿大的东西海岸、中太平洋、北太平洋、西北太平洋、挪威海和阿拉斯加湾。该系统在覆盖范围、定位精度、可靠性、应用范围等方面都可以满足军方的要求，开始成为美国本土和海域主要的导航和授时系统。在20世纪60年代和70年代初期，罗兰C技术对外还是保密的。

拥有罗兰C系统的国家除美国以外，还有苏联（俄罗斯）、中国、加拿大、沙特阿拉伯、英国、法国、德国、丹麦、挪威、日本、韩国等。2010年前，全世界罗兰C系统有60多个发射台，工作区域几乎覆盖了整个北半球。1994年底，美国政府退出其境外罗兰C台链的运行维护，将其在远东、西北欧和地中海地区的罗兰C台链交付给驻在国管理。但是，美国本土的罗兰C系统仍在维持并提供服务。2010年，受多方面因素的影响，美国关闭了本土的罗兰C导航台，并拆除了部分设备。

4. 恰卡系统

恰卡系统是苏联建设的陆基远程无线电导航系统，工作频率与罗兰C系统一样，为90～110 kHz，使用不同的脉冲重复频率识别不同台站。恰卡系统在俄罗斯西部、北部和远东3个区域建设了13个发射台，这些发射台与美国、日本、韩国的太平洋区域台站组成4个台链，能够提供覆盖北太平洋区域的连续导航授时服务。同时，在贝加尔湖、北高加索、远东、南乌拉尔4个地区还部署了机动式长波导航系统，使得其在俄罗斯北部地区具有一定的服务能力。为提升恰卡系统的性能，俄罗斯开发了新型“天蝎座”系统，以替代恰卡系统发射机网络。“天蝎座”系统可以覆盖更远距离、自动维护发射信号参数、抑制残余无线电脉冲，并可通过单一控制台站实现全网统一控制（甄卫民等，2019）。

该系统可与卫星导航系统配合提供高精度的导航定位服务。

5. 增强罗兰系统及差分增强罗兰系统

由于传统以罗兰 C 系统为代表的远程陆基导航系统的导航定位和时间同步精度相对较低，与用户需求有一定的差距，所以许多国家先后开展了增强罗兰系统的研究。增强罗兰系统的目标是通过对传统罗兰系统进行现代化改造，改进罗兰信号发射接收技术、天线技术和数据通信技术等，以提升其精度、可靠性和连续性。增强罗兰技术主要包括欧洲采用的差分 GPS 和罗兰 C 组合增强技术，以及美国罗兰信号直接增强技术。欧洲代尔夫特理工大学最早提出 Eurofix 增强罗兰概念，将罗兰 C 脉冲信号作为 GPS 差分和完好性信息的载体，用脉冲时间移位调制方法对罗兰 C 脉冲信号进行额外调制，形成 Eurofix 信息链路，实现基于罗兰链路的差分 GPS 增强。同时，利用高精度 GPS 位置信息改善罗兰系统的误差修正模型，提升罗兰系统的定位精度。Eurofix 于 1999 年完成实验验证。美国海岸警卫队对 Eurofix 系统进行了适用性测试，以验证其可行性。2018 年美国正式开展增强罗兰技术的研究，并将其作为 GPS 的备份重点关注。增强罗兰系统的目标定位误差为 10～20 m，其核心思想是利用差分方式通过实测参数修正进一步改进罗兰系统性能。该系统通过布设监测站，利用监测站观测值确定罗兰差分改正信息并播发给用户，可实现降低系统误差影响，提升罗兰系统定位精度的目的。增强罗兰系统组成图如图 3-1 所示。

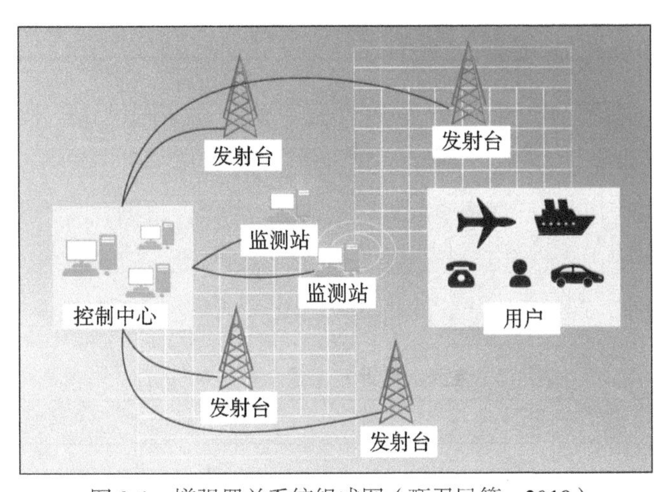

图 3-1　增强罗兰系统组成图（甄卫民等，2019）

增强罗兰系统包括发射台、控制中心、监测站和用户。发射台发射改造后的罗兰C脉冲信号，可将系统时间同步到UTC，同时具备守时功能。监测站完成传播信号监测，并将监测信息实时传送到控制中心，控制中心生成改正信息，同时播发给用户，达到性能提升的目的。

6. 甚低频定位系统

2014年，DARPA启动“对抗性环境中的空间、时间和方位信息”（STOIC）预先研究项目，旨在研发与GPS性能相近的地基PNT系统。该系统能够不依赖GPS提供导航定位服务，具有能够播发远程抗干扰信号、自主维持时间基准和提供多功能导航信息等特点。STOIC的目标是在GPS性能降低或无法使用时提供抗干扰的PNT服务。为此，美国提出了甚低频定位系统（VLF positioning system，VPS）的系统架构，VPS的系统架构由三部分组成，分别为信号播发部分、控制部分和用户部分。信号播发部分包括新型天线、具备抗干扰能力且能够携带导航电文的新波形信号和高精度光钟。控制部分包括数据处理中心和监测站。数据处理中心将监测站测量到的导航信息进行处理，形成模型修正参数并将其实时传输给播发台站。播发台站将导航信息调制到基准信号中发送给用户端，用户端利用接收的导航信息、相位观测量和模型修正参数进行定位解算，得到位置信息和时间信息。VPS的目标是实现定位精度达10 m，精确地球电离层波导模型的构建是实现其精度目标的关键，但目前仍存在许多技术瓶颈。

（二）国内发展现状

在远程地基无线电导航系统建设方面，我国一直紧跟世界技术发展的脚步，同步开展技术研究。20世纪60年代初，我国就开始自主研究并建设无线电导航系统，以满足新中国远洋航海事业发展及国防的需要。根据我国国情，我国先后发展了长河一号中程无线电导航系统、长河二号远程无线电导航系统以及长波授时系统（胡安平，2018）。我国远程地基无线电导航系统情况如表3-3所示。

表3-3 我国远程地基无线电导航系统情况

项目	长河一号	长河二号	长波授时台
研制年份	1965	1979	1978

（续表）

项目	长河一号	长河二号	长波授时台
台站数 / 个	10	6	1
工作频段	1.60～1.95 MHz	100 kHz	100 kHz
覆盖范围	海上覆盖范围：白天 700 n mile，夜间 500 n mile	海上：北海、南海、东海；陆地：我国中东部大部分地区	覆盖我国中部大部分地区
技术体制	罗兰 A	罗兰 C	罗兰 C
定位授时精度	1～2 n mile	0.25～1.25 n mile 优于 1 μs（定点） 优于 10 μs（移动）	优于 1 μs（定点）
现状	1997 年关闭	2008 年完成授时改造，连续运行	2010 年完成改造

我国长河二号远程无线电导航系统目前仍在运行。该系统由 6 个导航台、3 个监测站、1 个监控管理中心构成，形成北海、东海和南海台链。1994 年国务院同意该系统对国外用户开放。长河二号技术体制与罗兰 C 相同，发射台辐射功率 1.2 MW，海上地波作用距离 900～1300 n mile，典型定位精度 460 m。长波授时台是我国唯一微秒量级的高精度授时系统，信号覆盖我国中部大部分地区。

三、关键科学技术问题

卫星导航系统在强对抗环境下存在脆弱性缺陷，重建远程地基无线电导航系统可作为卫星导航系统的有效备份。针对现有远程地基无线电导航系统在导航定位守时精度、运行可靠性和便捷性等方面的不足，需要重点解决如下科学技术问题。

（一）新型远程地基无线电导航系统体制设计

采用现有远程无线电导航定位体制，PNT 精度很难得到进一步改善。针对低频 / 甚低频高精度导航定位用户精度需求和使用便捷性要求，开展基于时 / 频分割的新一代甚低频导航系统研究是备选途径之一。以定位精度优于 50 m、授时精度优于 50 ns 作为阶段目标，从信号体制设计、误差模型精化、系统架构和运行控制方案设计、台站时间同步方法、台站组网方式、用户使用方案设计等方面全面探索制约系统性能提升的深层次问题，探索系统误差消除的新机理，支撑以甚低频导航技术为代表的新型远程地基无线电导航系统的建设发展。其中，信号体制设计技术包括信号频点选择、信号波形设计、信号调制方式设计等内容，是影响测量噪声的主要因素。在进行陆基远程PNT系统信号体制设计时，要考虑在带宽受限、低频/甚低频传播特性、天波干扰、远近效应等约束条件下，对系统台站同步与组网、高精度导航测距信号产生与捕获、导航与数据通道波形融合、信号抗干扰和系统完好性方面进行研究（胡安平，2018）。

（二）低频/甚低频无线电信号传播理论研究

现有远程地基无线电导航系统依靠天波或地波实现导航信号传输，精确的低频/甚低频无线电信号传播误差相位预测修正模型的构建是影响导航定位精度的关键因素。甚低频信号沿地面传播的理论相对成熟，而通过天波利用地球电离层波导传播则需要考虑电离层的复杂变化，分析复杂地球电离层波导的传播机理。突破现有电离层波导传播理论，构建适用于不同区域天波场强的电离层模型是提高远程地基无线电导航系统精度指标的关键环节。

（三）低频/甚低频稳定高效信号播发技术

低频/甚低频稳定高效信号播发技术，包括高功率脉冲信号合成、载波稳定控制等内容。需要在低频/甚低频稳定高效信号产生效率、天线发射效率，以及信号时延稳定性等约束条件下，对高功率脉冲信号精确合成、大功率发射定时精确控制、信号载波相位稳定控制、天线动态调谐匹配等技术开展研究。

（四）高性能低频/甚低频信号接收处理技术

在接收天线小型化、微型化、防静电和适合大范围列装等要求下，开展新型复合磁材料、单阵元结构及阵列组合结构、低信噪比电磁信号拾取等技术的研究；在陆基远程无线电导航系统信号受天波、大气、工业等干扰的环境下，综合考虑“远、精、强”服务要求，开展新体制信号处理、全视野信号接收、观测量在线误差建模修正、高动态应用、芯片化和组合化等方面的研究。信号传播路径延迟修正是用户端算法的核心，须开展基于实测及预报电离层模型的传播路径补偿算法研究；研制用户端软件，利用实时监测信息结合高精度修正模型降低路径传播误差的影响，进而提高地基导航系统的精度是接收数据处理技术的关键。另外，研制集成惯性导航、气压测高、微型原子钟等设备的组合导航终端，采用多种技术改善远程地基导航系统的精度也是重要的研究方向。

四、发展方向

从 20 世纪 40 年代首次启用以来，远程地基无线电导航系统曾经作为唯一手段在洲际航空、远洋航海等领域的导航定位中发挥主导作用。伴随着卫星导航技术的出现，远程地基无线电导航系统在 PNT 精度、完好性监测能力、用户设备小型化等方面的短板导致其发展一度面临困境，但远程地基无线电导航系统在抗干扰能力和一定的信号水下穿透能力等方面的优势仍使得其作为 PNT 体系建设的重要组成部分受到重视。远程地基无线电导航系统建设需要在保持其抗干扰能力优势的同时，将提升 PNT 精度、提高用户使用便捷性以及扩大导航信号覆盖范围作为重点技术攻关方向开展研究。借鉴美国 STOIC 计划，新一代远程地基无线电导航系统建设应首先选择甚低频频段，通过对甚低频系统信号体制、信号播发与接收处理方式、用户接收机设计等环节进行全面设计，以陆海空用户需求为依据，以接近现阶段卫星导航系统导航定位性能为目标（定位精度优于 10 m、授时精度优于 20 ns），在保证较高抗干扰能力的前提下，建设全新一代远程地基无线电导航系统。

第二节　蜂窝无线电定位技术

一、科学意义与战略价值

蜂窝无线电定位技术是在全球移动通信系统（global system for mobile communications，GSM）、通用分组无线业务（general packet radio service，

GPRS)、CDMA 等移动通信系统的基础上，通过对移动终端和基站之间特征参数（如信号传播时间、信号传播时间差、接收信号强度及入射角度等）的解析，估计移动终端位置的技术。该技术是随着移动技术发展衍生、随着位置服务业务增长迅速发展起来的（袁正午，2003）。

根据定位环境的不同，无线定位可分为室内定位和室外定位（邓中亮等，2018；杨奎河等，2018；阮陵等，2015）。当前，室外定位主要采用 GNSS 且已非常成熟，然而在室内环境中，GNSS 信号难以穿透建筑物，且复杂的室内环境导致无线信号经历多径传播或非视距传播，使得 GNSS 定位精度急剧下降，甚至无法实现定位。室内用户活动在人类活动中占 80%～90%，因此对室内定位有强烈需求，在商场、机场、超市等大型室内环境中，由于面积大、布局复杂，用户一般需要了解自己的位置和周边情况；在展览馆、地下广场、建筑物密集区域发生火灾或其他紧急事件时，可通过室内定位系统快速找到逃生通道，以减少灾难带来的损失；餐饮行业、会议签到、景区建筑物内的管理等众多场合，室内定位可以帮助提高人员位置管理的效率，进而提高精准管理水平；军事上，室内定位可以为更加精细化的城市作战和室内反恐作战提供准确位置保障。

目前，室内定位技术主要有红外线定位技术、超声波定位技术、射频识别定位技术、蓝牙定位技术、超宽带定位技术和 Wi-Fi 定位技术等基于基站的定位技术（Yan et al.，2019；拉帕波特，2009）。相比于其他定位技术，基于基站的定位技术不需要部署相关的硬件设备，定位精度和连续性得到一定的保证。随着蜂窝移动通信网络技术的不断发展，用户比较集中的城市街道和大型建筑物的室内会部署更多的站点，使蜂窝移动通信网络的基站覆盖率大大提高，非偏远地区一般都能够接收到基站信号完成定位。从性能和成本上，蜂窝移动通信网络信号相对稳定，定位不会受到天气变化、建筑物遮挡等的影响（裴凌等，2017），基于蜂窝移动通信网络技术的定位系统可以与通信网络共用一套基础设施，无须额外部署硬件设备，能有效降低定位成本。同时，蜂窝移动通信网络拥有广泛部署的节点，且网络自身也需要对终端定位和定时。例如，通过用户设备（user equipment，UE）位置信息的实时获取，可以辅助 eNodeB 合理调度上行传输资源或实现精准的波束赋形。因此，如果在现有蜂窝移动通信系统的基础上叠加定位功能，即可实现高精度蜂窝无线定位，能够最大限度地降低定位网络的部署成本，实现通信、定位一体化。

二、现状及其形成

（一）蜂窝移动通信网络及定位发展

最早对蜂窝移动通信网络提出定位精度要求的国家是美国，1996 年美国联邦通信委员会（Federal Communications Commission，FCC）制定了 E-911 法规，明确了今后定位服务将是各种蜂窝移动通信网络必备的基本功能。这项法令规定各蜂窝移动通信网络运营商在 2001 年 10 月前，要能够对网络覆盖范围内发出 E-911 紧急呼叫的移动台提供精度 125 m 以内的定位服务，而且以定位精度概率不能低于 67% 来服务各个移动台（徐英凯，2013）。FCC 的规定极大地推动了蜂窝无线电定位技术的发展，自 E-911 法规颁布以来，蜂窝移动通信网络定位的研究日益受到重视，无线电定位受到人们的广泛关注，各大通信公司、院校和研究所参与了对此项技术的研究（Moeglein et al.，1998）。由于政府的强制性要求和市场本身的驱动，各国主要大公司均针对 GSM、IS-95 和第三代移动通信系统等网络开始制订各自的定位业务实施方案。特别是 3GPP 和 3GPP2 对定位的要求更具体，促使国际上出现了无线电定位技术的研究热潮（刘林等，2012）。

随着无线通信技术的不断发展，通信运营商已经不再局限于仅提供单一的语音、短消息服务，而开始向更加多元化的业务方向发展（肖延南，2014）。20 世纪 80 年代，出现了 1G 蜂窝移动通信网络，但 1G 蜂窝移动通信网络没有任何定位程序（Farley，2005）。随着第二代、第三代到第四代移动通信网络长期演进（long term evolution，LTE）定位技术的发展，基于基站的蜂窝移动通信网络定位技术的精度得到了较大提升；5G 协议投入商用，对室内定位领域更是一个巨大的契机，其密集组网技术也使得基站定位具备广阔的应用前景和发展空间（闫大禹等，2019）。

1. 2G：数字系统和 GSM 案例

GSM 是由欧洲电信标准组织制定的数字移动通信标准，它的空中接口采用时分多址技术，在 1995 年的 GSM 中引入了相关的定位方法，1999 年，欧洲电信标准组织与美国标准化组织合作，在 GSM 中对定位服务的功能描述进行了规范。GSM 中指定的定位方案有蜂窝识别码（cell identity，CID）和定时提前（ timing advance, TA）、上行 TOA、增强型 OTD（enhanced observed time difference，E-OTD）和辅助 GPS（assisted GPS，A-GPS）等。GSM 的定位能力被限制在使用训练符号或同步信号来计算测距。

2. 3G：通用移动通信系统和 CDMA2000

3G 是第三代移动通信技术，是指支持高速数据传输的蜂窝移动通信网络技术。定义 3G 的工作在 20 世纪 80 年代后期就已经开始，在由各种 3G 规范汇编而成的版本 99（R99）中，3GPP TS 25.305 中定义的定位方法为 CID，通过下行链路可得到观测到达时间差（observed time difference of arrival，OTDOA）和 A-GPS（Antipolis，2000）。在版本 7 中，通用移动通信系统还支持基于上行链路到达时间差（uplink time difference of arrival，UTDOA）的定位方法（Antipolis，2005）。在通用移动通信系统标准的版本 10 中加入了射频模式匹配（radio frequency pattern matching，RFPM）技术，以提高 CID 定位性能（Antipolis，2010）。2001 年，3GPP2 在标准 C.S0022-0 中加入了高级前向链路三边测量（advanced forward link trilateration，AFLT）和 A-GPS，并考虑了 AFLT 和 GPS 组合的定位方案。

3. 4G：高级 LTE

LTE是由 3GPP 组织制定的通用移动通信系统技术标准的长期演进，在 3GPP 标准化的过程中，3GPP 组织同样研究了几种定位方法和增强功能。LTE 中指定的定位方法包括增强型 CID（enhanced CID，E-CID）、具有专用定位参考信号（positioning reference signal，PRS）的 OTDOA 和辅助全球卫星导航系统（assisted-GNSS，A-GNSS）等定位技术。LTE 对 UTDOA 方法进行了进一步的研究，其主要目的是在恶劣环境中补充 A-GNSS，并支持没有下行 OTDOA 功能的传统移动设备定位。同时，在 LTE 版本 9 中研究了射频（radio frequency，RF）信号测量和定位协议，可以使用信号的 RFPM 或 RF 指纹识别进行定位（Antipolis，2001）。

4. 5G：IMT-2020

5G 是最新一代蜂窝移动网络通信技术，也是继 2G、3G 和 4G 系统之后的延伸。ITU 于 2012 年启动 5G 需求，2015 年 6 月正式提出 IMT-2020 计划，2020 年完成 5G 标准化。5G 网络中基于位置的业务需要更高精度的定位定时服务。在 5G 网络中，引入了大量多输入多输出（multiple input multiple output，

MIMO）、毫米波、超密集网络（ultra dense network，UDN）和设备到设备（device to device，D2D）通信等技术，不仅提高了通信性能，而且为提高定位精度提供了可能，有望彻底改变下一代蜂窝移动无线电的通信和定位。

（二）主流蜂窝无线电定位技术

从 2G 到 4G 标准中通信定位方法的演进可以发现，随着移动通信制式的演进，定位的方法逐步增加和完善，且定位精度也逐步提升，主流的蜂窝无线电定位技术大致包含以下四大类。

1. 基于 CID（CID-based）的定位技术

该技术从定位原理上可归为邻近探测法，即通过某些有范围限制的物理信号的接收，来判断信标是否出现在某一发射点附近，如 2G 网络中的 CID 定位。UE 在进行位置更新、寻呼、切换等操作时均会向系统上报当前服务小区的位置信息，因而可以借助 CID 来估计 UE 的当前位置。该定位方法成本低、易于实现，但其定位精度受限于小区的布设密度和信号覆盖范围。GSM 小区定位服务的覆盖距离理论上可达到 35 km，当然 CID 定位性能相对较低，必须借助 TA（time advance）等信息提高定位精度。3G 网络在 CID 的基础上，添加 RTT（round trip time）信息进行定位校正。4G 网络则引入 E-CID 定位方法，增加了 AOA（arrival of angle）等信息辅助定位，其定位精度可达 150 m 量级。基于 CID 的定位技术原理图如图 3-2 所示，图中 BS 为基站。

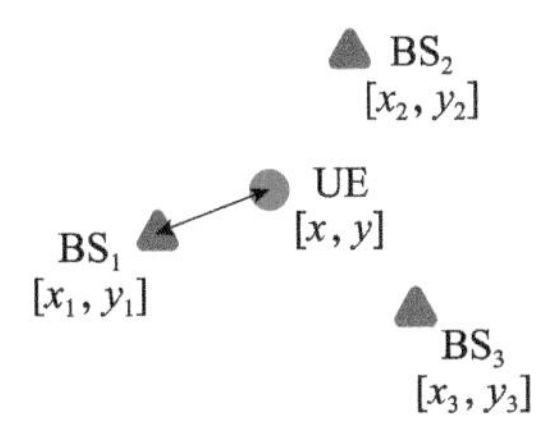

图 3-2　基于 CID 的定位技术原理图（Peral-Rosado et al.，2018）

2. 基于距离（range-based）测量的定位技术

该技术可归入多边定位法，它是通过测量信标到已知参考点之间的距离，来确定信标的位置。常见的有 TOA、TDOA 等定位方法（雷文英等，2014）。TOA 定位又称圆周定位，其原理是，通过测量信标到基站的参考信号到达时间，换算出信标与基站之间的距离 d_i，则待定位信标的位置必处于以该基站为圆心、测量距离为半径 d_i 的圆上。当基站数 i 大于等于 3 时，i 个圆必相交于一点，该交点即为待定位信标的位置。TDOA 定位则为双曲线定位，由双曲线的定义可知，到两个定点距离之差为恒定值的点可以构成一条双曲线。由信标对基站进行监听，并测量出信号到达两个基站的时间差，每两个基站可以得到一个测量值并形成一个双曲线定位区域，3 个基站就可以得到两个双曲线定位区域，通过求解出其交点便可得到信标的确切位置。TDOA 测量的是时间差而非绝对时间，因而其应用更为普遍。在 2G 网络中，E-OTD 是 TDOA 的改进，其精度可达 50～300 m；3G 及 4G 网络中的 OTDOA 精度提升至 50～200 m。基于距离测量的定位技术原理图如图 3-3 所示。

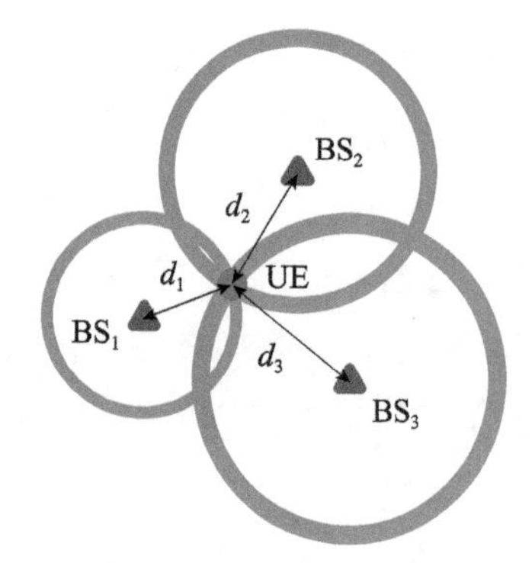

图 3-3　基于距离测量的定位技术原理图（Peral-Rosado et al.，2018）

3. 基于角度（angle-based）测量的定位技术

基于角度测量的定位技术属于三角定位法的范畴。典型的有 AOA，即在获取信标相对两个已知参考点的角度后，结合两个参考点之间的距离信息可以确定唯一的三角形，进而可确定信标的精确位置。AOA 受限于天线阵列数目，受多径效应的影响较大，在实际中单独使用较少，通常作为辅助定位的手段。基于角度测量的定位技术原理图如图 3-4 所示。

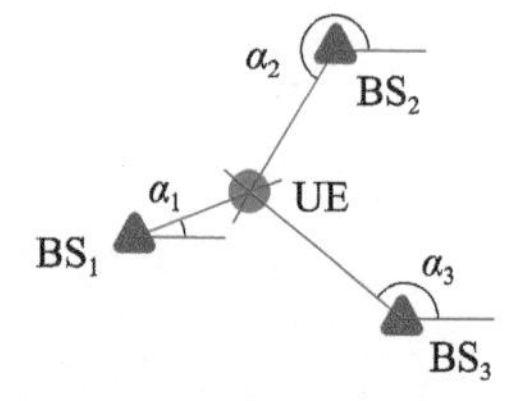

图 3-4　基于角度测量的定位技术原理图（Peral-Rosado et al.，2018）

4. 融合定位技术

融合定位技术不再局限于通过蜂窝移动通信网络进行定位，而是组合了多种有效的定位方法，典型的有 A-GPS、A-GNSS 以及指纹定位等。A-GPS 是一种结合了蜂窝移动通信网络基站信息和 GPS 信息对信标进行定位的技术，通过蜂窝移动通信网络先进行粗略定位，然后根据当前的粗略位置有目的地搜索卫星以获取精确定位。A-GPS 有效解决了传统 GPS 冷启动时搜索卫星速度缓慢的问题，在提高定位速度的同时保证了定位精度，一般可达 10～50 m，因而在 3G 网络中得到了较广的应用。4G 网络中的 A-GNSS 技术同步引入了伽利略、北斗等卫星导航系统，其精度进一步提升至 10 m 及以下。此外，逐渐成熟并商用的融合定位技术还有指纹定位。指纹定位通常包括离线校准和实际定位两个阶段，其优势在于几乎不需要任何参考测量点，且定位精度非常高，但前期离线建立指纹库的工作量巨大，难以自适应地感知和调节环境变化带来的误差影响等。A-GNSS 定位技术原理图如图 3-5 所示。

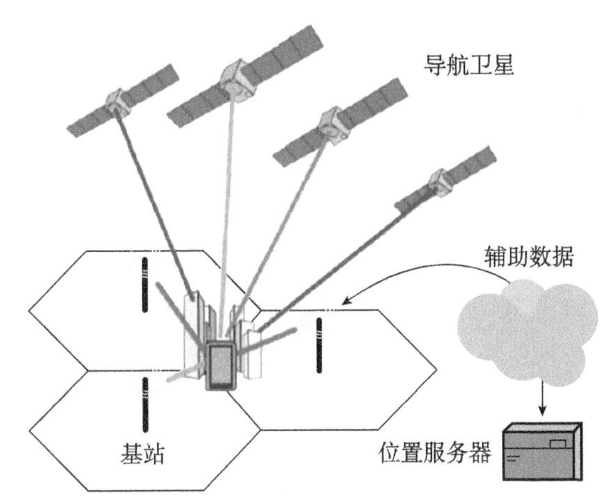

图 3-5 A-GNSS 定位技术原理图（Peral-Rosado et al.，2018）

2G 至 4G 网络中的蜂窝无线电定位技术总结如图 3-6 和表 3-4 所示。由图 3-6、表 3-4 可见，融合定位技术的精度相对最高，基于距离测量的定位技术次之，基于 CID 的定位精度最低。反之，基于 CID 的定位速度远高于融合定位技术，而基于距离测量的定位技术的定位速度居中。

5. 5G 定位技术

5G 网络中的若干技术，如超密集网络、大规模阵列天线、D2D 通信等

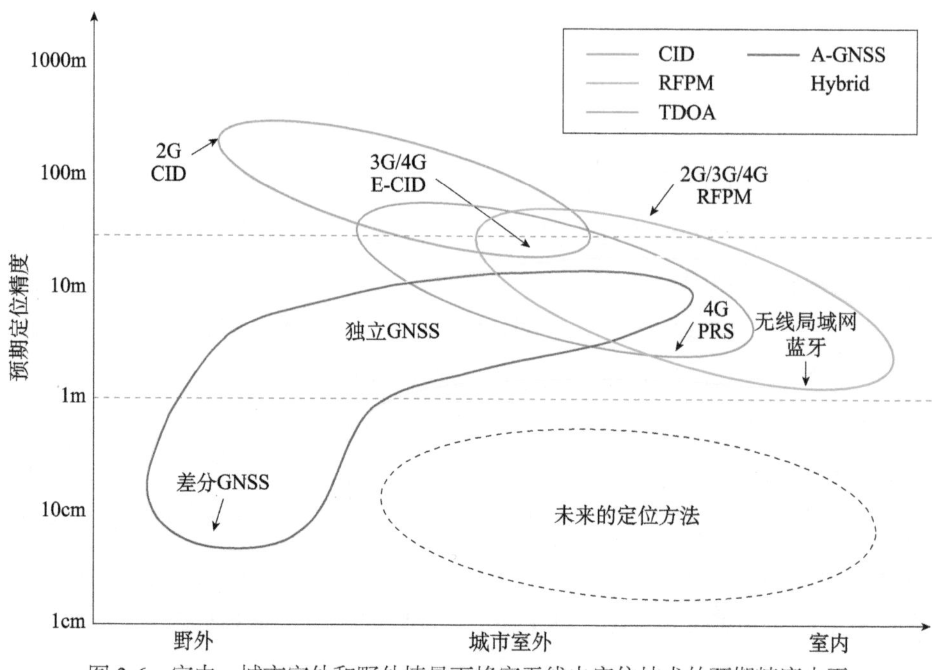

图 3-6　室内、城市室外和野外情景下蜂窝无线电定位技术的预期精度水平

表 3-4　2G 至 4G 蜂窝无线电定位技术及其性能（张紫璇等，2019）

网络制式	定位方法	定位类型	限制	定位精度	定位速度
2G	CID+TA	CID-based	小区数量	约550 m	极快
	E-OTD	Range-based	多径效应	50～300 m	中
3G	CID+RTT	CID-based	小区数量	约200 m	快
	OTDOA	Range-based	多径效应	50～200 m	中
	A-GNSS	Hybrid	室内接收信号弱	10～50 m	慢
4G	ECID	CID-based+Angle-based	小区数量及多径效应	>150 m	快
	OTDOA 或 UTDOA	Range-based	多径效应	50～200 m	中
	A-GNSS	Hybrid	室内接收信号弱	<10 m	慢

技术，既能大幅提升单位面积的频谱效率、成倍增加网络的容量、满足通信网络需求，同时具备定位功能增强的潜能。UDN 技术的引入，决定了 5G 将是由负责基础覆盖的宏站与承担热点覆盖的低功率小站（如 Micro、Pico、

Femto 等）构成的多层覆盖异构网。网络节点的成倍增长以及站间距的缩小，有助于基于 CID 的定位技术的精度提升。对于基于距离的定位技术，由于小站呈无定形形态（一般可用 PPP 过程进行建模），多边定位的条件更易得到满足。因此，借助 UDN 技术实现蜂窝定位性能的增强是必然趋势。Massive MIMO技术的应用，使得5G网络的AOA定位将具备抑制多径和非视距（non-line-of-sight，NLOS）环境导致的误差影响的能力。在实际工程应用中，由于AOA 定位的环境通常存在多径效应，基站接收到的信标上行信号是 NLOS 信号和视距（line-of-sight，LOS）信号的合成，而仅有 LOS 信号能够精确表征信标与基站之间的到达角。在传统蜂窝移动通信网络中，分离并获取 LOS 信号的实现成本相对较高。Massive MIMO 天线能产生定向的窄波束，窄波束对准的方向就是信标上行信号的到达方向，因而在 5G 网络中可以较易获取来自两个基站的 AOA 测量值，进而计算出信标的精确位置。

D2D 通信技术在室内空间、大型商业综合体室外区域等特殊场景下对定位服务的辅助作用最为明显。通过终端直连，待定位信标所处环境中的其他终端均可以扮演类似于蜂窝移动通信网络中的基站或 Wi-Fi 网络中无线接入点（access point，AP）的角色，为信标提供参考信号到达时间差或到达角的测量服务，从而保证了信标与基站弱连接甚至无连接条件下的定位精度。

为了适应高精度室内定位的需求，FCC、3GPP、电气与电子工程师协会（Institute of Electrical and Electronics Engineers，IEEE）等已将广域高精度室内定位确立为下一代移动通信技术的基础功能。IEEE 802.11 成立了 NGP（Next Generation Positioning），专门研究下一代高精度室内定位技术。NextNav 公司、高通等在室内定位产品、定位芯片领域均有巨大的技术积累，借助美国政府的支持强力推进室内定位技术标准建立。中国 IMT-2020（5G）推进组 2015 年 2 月发布的《5G 概念白皮书》中把“移动互联网和物联网将成为 5G 发展的主要驱动力”作为 5G 系统需求基础，而高精度室内定位技术是未来移动互联网和物联网的核心业务之一（陈诗军等，2021）。

2019 年 10 月，华为技术有限公司、香港电讯（Hong Kong Telecommunications，HKT）和全球移动供应商协会（Global mobile Suppliers Association，GSA）联合发布《室内 5G 场景化白皮书》，其中就提到高精度室内定位技术，其目前的定位精度已经达到亚米量级。2020年2月29日，华为技术有限公司召开5G室内覆盖新产品与解决方案线上发布会，重磅推出5G室内数字化家族系列全新产品和解决方案，包含升级版5G LampSite、5G LightSite和5G室内覆盖解决方案LampSite EE。华为技术有限公司面向行业场景发布的LampSite EE解决方案，包含5大功能集：5G室内超宽带通信、5G室内精准定位、5G工业级超低时延、5G室内高可靠性、5G工业级高密并发连接（黄海峰，2020）。

三、关键科学技术问题

（一）基于5G的Massive MIMO的定位新技术

在城市环境、室内等复杂电磁环境下，多径干扰和非视距误差是室内高精度定位的瓶颈问题，需要开展基于5G通信带内PRS和Massive MIMO定位方法的研究，结合5G信号特征，从系统复杂度、信号调制方式、资源映射等方面综合设计PRS信号结构，实现TDOA的测量和定位；研究复杂环境下信号路径分布规律，在此基础上，基于5G的Massive MIMO技术将有望突破室内定位面临的多径干扰和非视距问题，大幅提升系统的抗干扰能力，同时需要研究Massive MIMO测角技术，为室内高精度定位提供技术支撑（刘中令，2018）。

（二）室内空间无线信号抗多径与非视距补偿技术

室内环境复杂，随机性强的多径干扰导致无线信号测距精度差，需要开展室内空间无线信号抗多径与非视距补偿技术的研究，突破室内无线信号多径与非视距建模及误差补偿难题，需要建立多径信号影响模型以及多维特征分布的非视距误差补偿方法，提升无线信号的测距能力，为室内高精度定位提供精确的测距信息。

（三）面向5G的室内定位的信道估计算法

使用信道状态信息进行距离估计，进而进行用户定位，是5G实现高精度广域连续覆盖的室内定位系统较为可行的方法。Massive MIMO天线数量的激增对提取信道状态信息的信道估计算法提出了更高的要求，毫米波的衍射能力弱，即使室内存在大量的锚节点，仍很有可能出现与待定位节点通信的锚节点数量不足的情况。因此，基于5G的高精度室内定位技术的研究主要分为两个方面：一是针对Massive MIMO，如何准确有效地提取信道状态信息，即研究精确有效的信道估计算法；二是针对密集部署和高频段，如何利用信道状态信息实现高精度、高稳定性的室内定位系统（刘中令，2018）。

（四）室内外多源融合无缝高精度定位方法

传统蜂窝移动通信网络已实现了通信网络与GNSS定位网络的初步融合，但受限于蜂窝移动通信网络定位和卫星定位自身的缺点和适用范围，需要研究多种定位技术的组合，以实现更高定位精度、更快定位速度、更广定位范围的高精度服务。5G Multi-RAT技术的发展，将蜂窝移动通信网络与GNSS、Wi-Fi、ZigBee、iBeacon等技术融合，有望实现异构定位系统的信息互补以及不同类系统的误差补偿。因此，需要继续开展室内外无缝融合高精度定位方法与算法的研究，进一步提升室内定位性能和室内外定位系统的连续性、可用性和可靠性，满足室内外高精度定位需求。

四、发展方向

5G网络引入了MIMO、毫米波（mmWave）、超密集网络和设备到设备通信等许多新的技术，不仅提高了通信性能，而且为无线电定位带来了新的可能。目前5G定位仍有许多理论问题尚待解决，包括基站的几何布局对5G信号的影响分析、室内空间无线信号抗多径与非视距信号误差建模研究、5G基站高精度定位和5G通信网络共频带增强定位方法的研究和基于阵列天线测向能力的TOA与DOA联合高精度定位方法等。在理论研究的同时，应开展大量基于5G商用信号的定位实验，检验理论模型并发现和解决问题。为顺应多元信息、多种环境定位模式选择与组合的趋势，5G与其他定位手段的融合也是未来研究的重点。

第三节　卫星导航定位技术

一、科学意义与战略价值

由于地基导航普遍存在定位精度低、信号覆盖范围有限等问题，难以满足现代航空、航海、军事和陆地车辆高精度导航定位的需要，所以星基导航系统应运而生。卫星导航系统可提供高精度、全天时、全天候的导航、定位和授时服务，是当今国民经济和国防建设不可或缺的空间基础设施。在军事上，卫星导航的出现使导航的地位从航空、航海的保证手段变成了战场指挥系统和武器装备系统的组成部分。卫星导航为目标瞄准、武器投放、精密制导以及指挥、控制和通信等提供了重要的PNT支持。当今，卫星导航系统是武装力量的重要支持手段，拥有先进的卫星导航系统，就在很大程度上掌握了战场的主动权（蔺玉亭，2005）。在民用方面，卫星导航系统在交通运输行业、测绘地理信息行业、地震行业、气象行业、国土资源调查、精细农业等方面得到了广泛应用，渗透到国民经济的各个方面。目前，已经建成GPS、BDS、GLONASS、Galileo四大全球卫星导航系统和QZSS、NavIC两个区域卫星导航系统。

二、现状及其形成

目前，四个全球卫星导航系统全面完成卫星布网，两个区域卫星导航系统（regional navigation satellite system，RNSS）和数个星基增强系统也基本建成，更多其他卫星导航系统正在规划之中。

（一）美国全球定位系统

1973年，美国国防部批准陆、海、空三军共同研制全球定位系统。

1993年12月，GPS具备初始运行能力。1994年，基本系统部署完成，由均匀分布在6个中圆轨道（轨道高度20 196 km）上的24颗中地球轨道（middle earth orbit，MEO）卫星和地面系统共同组成。1995年4月，美国空军宣布GPS已具备完全运行能力，完成初始设计目标。目前，GPS已稳定运行超过25年。

为增强GPS的总体性能，保持美国在全球卫星导航系统建设及应用领域的优势地位，2000年，美国启动了GPS现代化计划，内容覆盖GPS空间星座、地面运行控制系统和用户设备等各个方面。GPS空间星座建设方面，2005年开始部署的BLOCK ⅡR-M型卫星可播发军用码（M码）信号与L2C民用信号；2010年开始部署的BLOCK ⅡF型卫星可播发L5民用信号并具备星上信号功率可调能力；2019年，首颗GPS Ⅲ型卫星发射成功，可播发L1C信号，定位精度与抗干扰能力分别提升了3倍和8倍。截至2021年6月底，在轨运行的GPS卫星共32颗，包括BLOCK ⅡR（8颗）、BLOCK ⅡR-M（7颗）、BLOCK ⅡF（12颗）和GPS Ⅲ（5颗）四种型号，其中24颗已具备M码信号播发能力。此外，GPS Ⅲ后续型号GPS ⅢF卫星的研制工作也在加紧推进中，计划2026年完成首星发射。地面运行控制系统建设方面，新一代运行控制系统因需求定义、程序开发极为复杂等，研发进度一直滞后。为适应新型卫星发射与星座升级后对地面运行控制系统的新要求，空军启动了“体系结构演进计划”，并组织研发了“应急操作系统”，可满足当前所有在轨卫星的机动控制需求。按计划，运行控制系统完全交付后，可高效运行、控制、管理升级后的GPS星座（特别是GPS Ⅲ及后续型号卫星），提供强大的网络安全加固能力和抗干扰能力，确保星座正常运行，完全发挥功能。用户设备方面，升级后的用户终端支持多GNSS之间的兼容性，可接收民用导航信号L1C、L2C和L5，满足不同类型的商业应用与救援等需求；新型军用码GPS用户设备已完成测试，具备强大的抗干扰、防欺骗能力，可提供稳定可靠的PNT服务，后续将大量装备部队。

GPS提供标准定位服务（standard positioning service，SPS）和精密定位服务（precision positioning service，PPS）。标准定位服务为民用服务，向全球用户开放，实际空间信号用户测距误差（user ranging error，URE）已达0.5 m，定位精度优于10 m；精密定位服务提供给美军及其盟军使用。

（二）俄罗斯全球卫星导航系统

俄罗斯全球卫星导航系统GLONASS于1978年启动建设，1995年建成。该系统由空间段和地面系统组成，基础星座由24颗卫星构成，均匀分布在高度19 129 km的三个中圆轨道面。GLONASS可提供军用、民用两种类型的服务，军用服务定位精度与GPS相当；民用服务向全世界开放，水平精度为10 m、高程精度为10 m，空间信号用户测距误差为1 m左右。截至2020年底，在轨卫星28颗，其中可正常提供PNT服务的卫星有23颗，包括22颗GLONASS-M卫星和1颗GLONASS-K1卫星。

为巩固GLONASS在全球导航卫星领域的国际地位，提升系统性能，俄罗斯积极推动GLONASS现代化计划。军用服务方面，主要提高系统在强对抗环境下的抗干扰能力和抗毁伤能力；民用服务方面，着重提高系统服务性能和互操作能力。GLONASS现代化计划主要包括研制新一代导航卫星和地面控制段升级两部分内容。导航卫星方面，2019年，GLONASS-K系列卫星研发工作基本完成，2020年开始启动星座更新与升级活动，计划2025年将星座中所有卫星替换为GLONASS-K系列。截至2020年底，俄罗斯已成功发射3颗GLONASS-K1卫星。该型卫星采用改进的星载原子钟，在保持频分多址（frequency division multiple access，FDMA）信号的同时引入了L3频段民用码分多址信号，加强了与其他GNSS的兼容互操作。同步研制的GLONASS-K2卫星，将增加激光星间链路，实现自主导航能力，提高星上原子钟性能，搭载搜救载荷。按照计划，2030年GLONASS星座将由24颗GLONASS-K2卫星组成，导航定位精度优于1 m。地面控制段建设方面，俄罗斯正在扩展地面运行控制系统，截至2021年底已建成2个系统控制中心、9个参考站、6个任务上行站和3个激光测距站，建立了全球监测网（26个国内监测站和12个国外监测站）和区域增强站。

GLONASS先期未重视国际化发展与应用，后期调整战略，融入国际，试图重新确立卫星导航大国地位，通过联合研发终端设备、建设高精度地面基础设施、教育培训、标准融合等方式，大力开展GLONASS国际化应用推广。随着GLONASS的恢复与多系统应用的发展，全球超过50%的卫星导航装备使用了GLONASS，使GLONASS在全球民用卫星导航市场的竞争中占据有利位置。

（三）欧盟全球导航卫星系统

欧盟伽利略导航卫星系统（Galileo 系统）于 2002 年启动建设，由均匀分布在 3 个中圆轨道面（高度 23 222 km）上的 30 颗卫星（27 颗工作星、3 颗备份星）和地面系统组成。Galileo 系统目前可提供开放服务、授权服务、搜索与救援服务、商用服务和生命安全服务。卫星采用迄今精度最高的原子钟，为进一步提高系统性能，实现自主运行，后续卫星也将配置体制简单、成本低的星间链路。系统设计指标为水平 4 m、高程 8 m，空间信号 URE 优于 0.5 m。Galileo 系统 2011 年开始发射组网卫星，2016 年 12 月提供初始服务。截至 2020 年底，Galileo 系统在轨 26 颗卫星，其中 24 颗可用，包括 21 颗具备完全运行能力的 Galileo-FOC 卫星和 3 颗在轨验证 Galileo-IOV 卫星。

2018 年，Galileo 系统公布了第二代系统发展计划。与第一代系统相比，第二代系统将具有自主运行、卫星寿命更长、系统服务更加安全、接收机更加优化、运行维护成本更低等特点，同时具有足够的兼容性与可扩展性，预计 2024 年左右发射第二代 Galileo 系统的首颗卫星，2025～2030 年开始全面运行并提供服务。

Galileo 系统在自主发展的同时，积极推广国际化合作与应用，争取在全球卫星导航市场中占据有利地位。已与美国、俄罗斯、中国、以色列、韩国、乌克兰、摩洛哥、挪威等国签订合作协议，合作领域涉及兼容、互操作、标准化、系统研发、应用、科学研究、星基增强系统扩展、贸易事务等。其中，美国与欧盟于 2007 年完成了兼容协调和互操作民用信号联合设计，成为卫星导航领域国际合作的一项标志性成果。

（四）日本准天顶卫星系统

为解决 GPS 信号被城市建筑物或山区山脉遮挡的问题，日本建立了准天顶卫星系统。2010 年 9 月，QZSS 的第 1 颗卫星成功发射，同年 12 月 13 日开始进行技术实验和验证。此后由于资金问题，部署计划进展缓慢。2013 年 3 月，日本政府重启 QZSS 建设，并宣布 QZSS 的卫星在 3 颗 IGSO 卫星的基础上，增加了 1 颗 GEO 卫星。2017 年，日本完成了第 2～4 颗 QZSS 卫星的发射工作，完成了第一阶段的星座部署。QZSS 第一阶段的星座由 1 颗 GEO 卫星和 3 颗 IGSO 卫星构成，其中 GEO 星下点位于东经 127 °，IGSO 卫星均匀部署于倾角为41°、升交点经度分别为139°的轨道上。2018年11月1日，系统正式运行。QZSS具有与GPS互补的功能，能提高定位有效时间，尤其是在高度角较高的天空发射补充信号，用以提高城市及峡谷的定位有效时间百分比。与GPS单系统定位相比，GPS+QZSS组合定位的可用性可由90%提高到99.8%。同时，QZSS具有定位增强功能，能有效提高定位精度。QZSS可播发9种信号，包括① L1C/A、L1C、L2C、L5等与GPS兼容的信号；② L1S信号，可提供亚米级定位增强服务以及灾害与危机管理信息发布服务；③ L1Sb信号，提供星基增强服务；④ L5S信号，可提供卫星定位新技术实验服务；⑤ L6信号，提供厘米级定位增强服务；⑥ S频段信号，提供QZSS卫星安全确认服务。

2020年11月底，QZSS厘米级定位增强服务完成重要升级，采用区域参考网增强精密单点定位技术，可在1 min内提供厘米级精度的定位服务。此次升级还在导航电文中增加了一种新的大气改正信息，服务性能显著提升，城市地区的提升尤为显著。

日本政府已将QZSS建设作为优先级最高的空间项目，计划再发射3颗卫星，2024年3月底建成由7颗卫星（4颗IGSO+2颗GSO+1颗准GSO）组成的星座，实现不依赖GPS的自主导航；2036年，星座升级全部完成后，导航空间信号测距误差维持在0.3 m左右，定位精度达到1 m。

（五）印度区域卫星导航系统

1999年，印度在与巴基斯坦爆发“卡吉尔冲突”期间，向美国提出GPS使用申请，但未获得批准。因此，印度认识到必须独立发展自主可控的卫星导航系统，摆脱对GPS的依赖，具备独立区域导航定位能力。2006年5月，印度政府正式批准印度区域卫星导航系统（Indian regional navigation satellite system，IRNSS）计划，2013年7月发射首颗IRNSS卫星。至2016年4月，印度共发射7颗IRNSS卫星，完成区域卫星导航系统组网，并于同年将系统更名为NavIC，正式开通服务。2018年，印度发射第8颗卫星，替换原子钟发生故障的首颗卫星，确保系统处于完好状态。NavIC星座由3颗GEO卫星和4颗IGSO卫星构成，其中3颗GEO星下点分别位于32.5°E、83°E和129.5°E，另外4颗IGSO卫星均匀部署于倾角为29°、升交点经度分别为 55 °和 111.75 °的两个轨道上。卫星主要载荷包括星上原子钟和导航信号发生装置。

NavIC 的服务区包括：①首要服务区，是 NavIC 主要服务区域，主要包括印度本土及周边 1500 km 范围的区域（55 ° E～110 ° E，5 ° S～50 ° N），可为用户提供优于 10 m 的位置服务；②次要服务区，是 NavIC 扩展区域，包括我国境内大部分地区、东南亚各国、澳大利亚西部、非洲东部和东欧等地区（30 ° E～130 ° E，30 ° S～50 ° N），服务内预计位置服务精度在 20 m 左右。同时 NavIC 系统可以提供海洋陆地航空导航、远程通信、信息传输、公共安全、勘测和大地测量、灾害管理以及军事相关领域应用。

（六）我国北斗卫星导航系统

北斗卫星导航系统的建设从 20 世纪 80 年代开始起步，按照“先区域、后全球，先有源、后无源”的战略，走出了一条中国特色的渐进式发展道路。

1. 北斗一号（BDS-1）

1983 年，陈芳允院士提出了建设基于两颗地球静止轨道卫星的卫星导航系统的构想，得到了国家的高度重视。1985 年，论证小组成立，对双星系统进行反复、深入论证和关键技术攻关。1986 年，双星快速定位通信系统的建议正式被提出，标志着中国的自主卫星导航系统正式开始实验性研究。1989 年，我国利用已发射的两颗通信卫星（DFH-2A）建立双星快速定位通信演示系统，在临时机房中设置信号接收和定位计算中心，计算机在 1 s 内处理完参数，给出了用户所在的精确地理位置，定位精度在 20 m 左右，表明利用两颗地球同步卫星和用户高程信息对用户位置进行快速测定的体制原理是正确的。

1994 年，BDS-1 工程正式开始建设。2000 年 10 月 31 日和 12 月 21 日，分别发射两颗卫星。2003 年 5 月 25日，发射 BDS-1 备份卫星，与前两颗卫星组成完整卫星导航系统，可以确保全天候、全天时提供卫星导航信息。2004 年，BDS-1 正式向军民用户开放使用，标志着 BDS-1 工程圆满完成。BDS-1 系统的建成，解决了中国卫星导航系统的有无问题。

2. 北斗二号（BDS-2）

BDS-2 星座由 14 颗卫星组成，包括 5 颗 GEO 卫星、5 颗 IGSO 卫星和 4 颗 MEO 卫星，提供两种服务方式，即开放服务和授权服务（魏钢等，2020）。开放服务是在服务区免费提供定位、测速和授时服务，定位精度达 10 m，授时精度为 50 ns，测速精度为 0.2 m/s。授权服务是向授权用户提供更安全的定位、测速、授时和通信服务以及系统完好性信息。

BDS-2 不仅延续了 BDS-1 的 RDSS 服务，还提供类似于其他 GNSS 的 RNSS 服务。RDSS 属于有源定位模式，即当需要定位时，用户需要主动发送定位请求信息，然后由控制中心帮助用户解算位置信息；RNSS 用户无须发送定位请求信息即可实施定位，因此 RNSS 属于无源定位模式。

为确保 BDS-2 稳健运行并与随后的北斗全球卫星导航系统顺利衔接，BDS-2 除了 14 颗标称卫星之外，还发射了备份卫星、实验卫星等 6 颗卫星，在轨运行卫星达到 20 颗。

BDS-2 相对于 BDS-1，解决了中国卫星导航从有源定位到无源定位、从局部导航服务到区域卫星导航服务的问题，而且保留了 BDS-1 的全部功能。

3. 北斗三号（BDS-3）

2009 年，经国家批准，BDS-3 工程正式启动建设。BDS-3 工程于 2016 年完成了实验系统建设，充分验证了新一代导航信号体制，之后按照最简系统、基本系统、完整系统三个阶段开展研制建设。2020 年 7 月 31 日，BDS-3 正式开通全球服务。

与 BDS-2 相比，BDS-3 除了将服务区域由区域扩大到全球外，定位精度和授时精度也得到明显提高，服务功能得到显著拓展：扩展了 RDSS 服务能力，并进一步扩大了位置报告服务范围，提高了系统容量及运行服务保障能力，降低了终端发射功率；实现了军民信号使用和管理分离，提升了新的用户体验；增加了星间链路，实现了卫星间空间基准和时间基准的维持能力，显著提升了卫星全球定轨和定时精度，也大幅度提升了系统生存能力。BDS-3 除了提供全球 PNT 服务外，还保留了 BDS-1 和 BDS-2 的区域短报文服务，提供区域星基增强、精密单点定位、全球短报文通信（global short message communication，GSMC）、国际搜索与救援服务。

BDS-3 区域短报文通信服务是对 BDS-1、BDS-2 短报文服务的延续和升级，区域通信能力达到每次 14 000 bit（1000 个汉字），既能传输文字，又可传输语音和图片，并具有支持每次约 1000 个汉字的通信能力。服务区域覆盖 50°E～160°E，0°S～60°S 地区，用户可根据需要进行点对点通信（点播模式），同一编组地址内的用户（不超过 127 个）还可进行群内信息交互（组播模式），上级用户也可对多个下属用户进行消息广播（通播模式）。

北斗星基精密单点定位服务由 BDS-3 GEO 卫星提供，精密星历通过 B2b 信号实时播发，信息速率为 500 bit/s。北斗星基精密单点定位可为我国及周边地区用户提供分米级定位服务，用户无须接入互联网下载 IGS 等商业服务中心提供的精密星历产品，通过北斗 GEO 卫星播发的精密星历即可完成精密单点定位解算，为沙漠、海洋等无网络地区用户进行精密单点定位解算提供了可能性。目前，PPP B2b 已具备北斗和 GPS 精度增强能力，后续将实现 GNSS 四大系统（BDS、GPS、GLONASS 和 Galileo）精度增强能力。

北斗星基增强服务满足国际民航组织一类精密进近（APV-I）指标要求，可在标准定位服务的基础上，向中国及周边地区用户提供星基增强服务，满足民航、高铁等高安全、高精度用户需求。BDSBAS 将卫星轨道、钟差、电离层延迟等各项误差模型化处理后，通过地球静止轨道卫星播发至用户，从而实现米级至分米级的增强定位。从 2020 年的测试结果来看，单频增强定位精度水平分量优于 1.5 m，高程分量优于 2 m；双频增强定位精度水平分量优于 1 m，高程分量优于 1.5 m。

北斗全球短报文服务可实现全球地面及以上 1000 km 范围内任意两个用户间的通信。用户发出的信息只要被任何一个搭载有短报文载荷的 MEO 卫星接收，即可通过星间链路在星座内“接力”传递，发送给另一用户。根据设计指标要求，用户单次最多可发送 40 个汉字，信息一旦发出，系统会在 1 min 内做出响应，成功率优于 95%。

北斗国际搜索与救援服务按照国际海事组织相关标准建设，可与其他搜索与救援卫星系统一同向全球陆、海、空用户提供免费的遇险报警服务。中圆地球轨道卫星搜索与援救（medium earth orbit search and rescue，MEOSAR）还特别设计了反向链路，在求救信息发出后，系统会在 2 min 内通过反向链路向呼救者确认，可以起到稳定呼救者情绪、避免重复呼救的作用。按照国际海事组织相关要求，搜救精度应优于 5 km，成功率优于 99%。若与北斗的 RNSS 定位、短报文通信功能相结合，搜救精度有望达到米级，可显著提升搜救效率。

三、关键科学技术问题

BDS-3 所提供的主要性能指标与其他 GNSS 服务性能相当，甚至更高。如果从卫星星座、卫星载荷、用户应用模式等方面进行分析，许多细节都可以进行一些改进。北斗卫星导航系统固有的短板有不同的改善途径。有些问题通过技术改造即可克服，有些属于卫星导航系统的固有问题，需要通过新的顶层设计和更健壮的系统建设来解决。

（一）高纬度地区 PNT 服务性能提升

未来高纬度地区的 PNT 服务是卫星导航系统服务的重点和难点之一。随着全球气候变化加剧，地球南北极区域海冰融化进一步加速，尤其是夏季北极区域冰雪融化后，巨大的航线价值和丰富的资源储备，使得北极地区 PNT 保障需求更加迫切。为了保障北极区域各类科学考察效率和交通运输的安全性，需要提升北极地区的 PNT 服务能力。对 BDS-3 而言，合理且简化的改进方式是增大 IGSO 卫星的倾角，该方法可改善 BDS-3 在北极地区的 PNT 服务效能。

利用 BDS-3 实际星座，通过调整 IGSO 星座倾角为 55°、65°、75°，测试高纬度地区用户卫星高度角随 IGSO 卫星轨道倾角的变化情况。采用 7 d 仿真数据，采样间隔 10 min。为了计算平均精度衰减因子，采用经度 2°间隔、纬度 1°间隔进行格网划分，设定最小高度角为 5°，重点测试区域范围为北纬（75°，90°），经度（−180°，180°）。IGSO 高度角统计如表 3-5 所示。

表 3-5 IGSO 高度角统计

IGSO 倾角 /（°）	测试区域范围	均值 /（°）	最大值 /（°）
55	北纬 75°～90°	31.52	66.71
65		37.13	78.39
75		41.87	89.94

从表3-5可以看出，只要将IGSO卫星轨道倾角调高到65°以上，平均高度角就增大近6°，最大高度角就增大近12°。卫星高度角增大，可观测卫星数也随之增加，而且电离层的影响也会减弱。

（二）BDSPPP和BDSBAS的"南墙效应"

北斗GEO卫星B2b提供的北斗卫星精密单点定位（BeiDou satellite precise point positioning，BDSPPP）和BDSBAS"南墙效应"问题的核心是3颗GEO卫星均在赤道上方，对于北半球用户，一旦出现遮蔽现象，往往3颗GEO卫星全部被遮挡，影响用户BDSPPP和BDSBAS服务。解决这一问题的最有效手段是，利用北斗IGSO卫星转发快速精密卫星轨道参数和精密卫星钟差参数，IGSO+GEO卫星基本可以完全消除"南墙效应"，有效提升了北斗卫星导航系统的特色服务效能。更进一步地，如果增大IGSO卫星的轨道倾角，并在北极地区布设适当的地面参考站，则有望为北极地区用户提供BDSPPP和BDSBAS服务。

（三）BDS-3/BDS-2电离层模型不一致问题

BDS-2采用改进的Klobuchar 8参数广播电离层模型，播发8个改正参数，每2 h更新1组，提供覆盖亚太区域的服务，改正精度约为65%，略好于GPS广播电离层模型（王宁波等，2016）。BDS-3采用全球电离层延迟改正模型，提供覆盖全球的电离层改正服务。全球电离层延迟改正模型以改进的球谐函数为基础，由播发系数和非播发系数组成。其中，播发系数9个，主要是球谐函数中2°×2阶以内的系数，以全球预报电离层为背景模型，联合地面观测站数据和背景模型解算得到播发系数，每2 h更新1组，在导航电文中编码、播发，在全球范围电离层平均改正精度可达77%（王宁波等，2016），将BDS-2/BDS-3信号统一使用全球电离层延迟改正模型即可减少用户和终端厂商的混乱和麻烦。由于全球电离层延迟改正模型比BDS K8模型精度高，在统一电离层模型后，也可以小幅提高用户距离精度；考虑到BDS-2即将退役，为了不影响BDS-3终端研制和BDS-3用户的PNT服务性能，统一采用全球电离层模型对用户和接收机厂商的损失要小得多。

四、发展方向

（一）在轨升级与信号重构技术

全球卫星导航系统一般由30颗左右的工作卫星组成，降低成本、延长寿命是卫星导航系统维持与发展的重要保证。然而，卫星寿命的延长又产生了新的问题，即空间星座升级、换代周期过长，难以满足任务不断变化的要求。美国GPS计划以有效载荷数字化技术、在轨可编程技术和软件无线电技术为基础，发展卫星导航系统在轨升级与信号重构能力，以提升未来GPS根据需求与任务变化快速实现卫星功能升级与信号重构的能力。目前，GPS Ⅲ卫星有效载荷的数字化率已经达到了70%，GPS Ⅲ F卫星有效载荷将实现全面数字化，届时GPS将全面实现在轨升级与信号重构（赵超等，2019）。

GPS在轨升级和信号重构技术对北斗卫星导航系统具有重要的参考意义，北斗卫星的寿命往往超过设计寿命，因此提高卫星有效载荷数字化、发展卫星在轨升级和信号重构能力，是北斗卫星导航系统持续发展的要求。

（二）基于新物理原理的技术创新与突破

从美国空军的NTS-3项目来看，为支撑新一代GPS卫星的发展，美国空军将在轨数字波形生成器、氮化镓高效放大器、高增益区域增强的先进天线、星载原子钟和利用星间链路实现GPS星座运行管理与控制等技术作为影响或决定GPS未来全球竞争能力与主导地位的关键技术。同时，从关键技术的发展来看，随着技术的不断发展，目前卫星导航系统所采用设备的性能已经难以得到提升。例如，目前广泛用于卫星导航系统的磁选态氢原子钟、铷原子钟与铯原子钟的性能已经很难提升，而采用不同工作机理的GPS Ⅲ卫星的脉冲光抽运铯束钟、NASA喷气推进实验室研发的汞离子钟、“天宫二号”采用的冷原子钟等则在性能等方面拥有巨大的优势与潜力。因此，技术的创新与突破是提升未来卫星导航系统服务性能的关键，也是支撑未来卫星导航发展与全球竞争能力的关键（刘春保，2018）。

第四节　导航星座自主导航技术

一、科学意义与战略价值

导航星座自主导航是卫星导航系统一种新的运行控制方式，是对现行以地面主控站为主体的运行控制模式的一种补充和完善。导航星座自主导航是指利用星间测距资料、星间数据通信以及星载处理完成导航卫星星历的自主更新。其目标是增强导航系统在复杂环境下的生存能力，提高卫星导航系统的运行可靠性，保证卫星导航系统在失去地面站支持条件下的一段时间内仍然具备导航星历自主更新能力以及全星座自主运行服务能力。开展导航星座自主导航技术的研究，具有以下优势。

（1）降低对地面系统的依赖。卫星导航系统是国家重要战略资源。现有卫星导航系统的运行模式使得地面运行控制系统承担着很大的风险，主控站、注入站等地面主要支持系统，在受到干扰、摧毁等导致运行失效的情况下，将直接影响卫星导航电文生成、指令上注等操作，从而使卫星导航系统降效运行并逐渐丧失服务能力，进而导致军民用户无法获得精确的时空信息。导航星座自主导航利用星间测量和星载数据处理自主更新导航星历，因此即使地面运行控制系统、测控系统等完全瘫痪，自主导航模式仍能够保证卫星导航系统在一定时间内维持常规导航定位服务性能。于是，导航星座的自主时空基准维持及自主生成导航星历并提供服务，是卫星导航系统的核心能力之一。

（2）提高星历更新频度。在常规以地面为主导的运行控制模式下，导航星历生成需要经过监测站跟踪测量、主控站精密定轨与时间同步、轨道 / 钟差预报以及星历拟合上注等阶段。其更新周期受限于监测站与中心站之间的数据传输能力、中心站数据处理能力、卫星与注入站之间的可跟踪弧段及注入能力等。显然导航星座自主导航减少了星地之间链路传输的环节，更有利于缩短星历更新周期，降低轨道钟差预报时长，提升精度水平（谢军等，2018）。

（3）增强系统可靠性。导航星座自主导航利用星间测量数据形成导航星历，可以与依靠星地测量获得的导航星历进行比对，形成独立的外部评估手段，对预报星历实施在轨检核，增强系统检核能力。另外，受地面监测站布设范围的限制，星地测量对卫星的可监测弧段不足，利用星间测量的高可见性可有效弥补观测几何条件，提升轨道确定精度及系统完好性监测能力。

相比以地面主控站为主体的运行控制模式，自主导航模式也存在某些不足。首先，自主导航依靠星载处理完成卫星轨道测定和时间同步计算，目前星载处理能力的限制使得自主导航数据处理很难采用最优算法，从而限制了精度水平的提高。但随着星载处理器技术水平的进步，上述限制有望得到改善。其次，自主导航主要依靠星间测量观测数据改进轨道，对时间、空间基准不敏感，使得自主导航需要解决基准不确定问题。最后，自主导航对卫星载荷以及平台技术能力提出了更高要求，星载设备复杂性升高，设备的可靠性相对降低。

二、现状及其形成

（一）GPS 自主导航

美国更早地意识到了 GPS 的脆弱性以及对地面系统的过分依赖，为提升 GPS 自主生存能力，20 世纪 80 年代初，Ananda 等提出了卫星自主导航的基本框架（Ananda et al.，1990），重点描述了自主导航中星间测量、数据传输、在轨星历生成等重要步骤，并对包括星座整体旋转在内的三种不可测问题进行了阐述，指明星座整体旋转主要是由地球引力场 J2 项引起的，且表现为卫星升交点赤经的长期变化，并提出了约束星座平均升交点赤经的解决方案。基于 21 颗卫星 UHF 测距体制的仿真实验表明，在预报星历的支持下，卫星自主运行 180 d，轨道径向精度优于 5.78 m，切向及横向精度优于 32 m，卫星钟差精度优于 1.3 m，URE 优于 7.33 m（龚晓颖，2013）。美国 ITT 公司的空间与通讯部改进了 Ananda 等的方案，设计了自主导航原型系统，并由美国航空航天公司进行了地面验证实验，证明了方案的可行性，该方案于 1990 年进行了飞行搭载实验。此外，得克萨斯大学、IBM公司等也进行了相关的技术研究、方案设计与仿真实验（Menn et al.，1994）。

GPS自主导航发展从Block-ⅡR开始，随后的Block-ⅡF、GPS Ⅲ系列卫星在设计上均具备该功能（Rajan et al.，2003）。GPS自主导航将地面运行控制系统被毁条件下用户定位精度不显著降低作为设计目标，以满足军事用户精密定位精度优于16 m作为主要需求。考虑到GPS Block-ⅡR卫星正常运行期间的指标为URE优于6 m，因此自主导航最初设计指标为自主运行180 d，URE优于6 m。该指标不包含EOP预报误差的影响，用户定位精度远超16 m。由于不能有效解决星座整体旋转问题，目前GPS Block-ⅡR卫星在轨验证精度为自主运行75 d，URE优于3 m（Fisher et al.，1999）。GPS Block-ⅡF卫星将自主运行60 d、URE优于3 m作为系统设计指标，该指标与授权双频用户定位精度16 m需求能够对应。考虑到星间链路在提升星历更新频度方面的优势，GPS Block-ⅡF系列卫星将基于星间链路的运行模式作为系统的主要模式之一。在这种运行模式下，地面运行控制系统利用星间、星地数据联合定轨，改进的导航星历通过星地链路和星间链路中继到每颗卫星，可将导航星历数据龄期缩短到3 h，URE优于1 m。

GPS非自主导航功能由卫星系统、地面系统（运行控制系统、测控系统）组合实现。地面系统的主要功能是管理、控制和监视自主导航在轨运行状态；计算预报轨道及状态转移矩阵并上注；下载星间测距信息并进行自主导航精度的地面检核。卫星系统的自主导航功能由星间链路载荷和导航任务处理载荷实现。星间链路载荷的主要功能是实现星间测量与通信。GPS星间链路采用UHF星间测量与通信体制，能够实现双频双向星间测量与通信。导航任务处理载荷的主要功能是管理与控制星间链路载荷、存储地面上注的预报轨道信息、利用星间测距更新导航卫星轨道及钟差。GPS BLOCK-ⅡR自主导航星间链路载荷、导航任务处理载荷均由统一的时间维持系统（time keeping system，TKS）提供基准时间。

GPS自主导航采用分布式处理模式，地面运行控制系统生成预报轨道并定期上注到每颗卫星，卫星的星间链路载荷完成星间测量及星间数据交换，使单颗卫星能够获取到其可视卫星的星间测量数据、卫星状态及协方差信息等；卫星导航任务处理载荷分别利用自主定轨和自主时间同步两个卡尔曼滤波器进行滤波处理，得到改进卫星轨道及钟差信息；星间链路载荷将每颗卫星的轨道定向参数信息分发给其他所有卫星，每颗卫星利用这些信息结合上注的预报轨道信息完成星座整体的旋转改正。经过星座整体旋转改正后的轨道经过星载轨道、钟差预报及广播星历拟合生成自主导航星历播发给用户。

在 GPS 自主导航实验验证及建设发展过程中，逐渐发现 UHF 星间测量体制所造成的星间链路抗干扰能力不足已成为限制自主导航运行可靠性的一个重要影响因素。因此，在 GPS Ⅲ建设规划中，引入了更加先进的 Ka 频段或 V 频段指向链路，以同步提升抗干扰能力、测量精度、数据通信能力和测量实时性。但相较于 UHF 的一发多收广播体制，Ka 频段或 V 频段的高指向性也造成了一发一收链路拓扑设计和卫星姿态、指向控制的复杂性，由此造成可建链路数量的减少。

影响 GPS 自主导航性能指标的另一个重要因素为星座整体旋转控制问题。在相关报道中，GPS 自主导航实验验证结果均为不包含 EOP 预报误差的结果，而按照目前 EOP 预报精度，这一影响对应的 URE 计算误差将达到 5 m 以上。为了有效应对该问题，GPS Ⅲ方案提出采用已知精确站点坐标，具备星地双向测距及数据通信功能的地面锚固站，按照伪卫星运行方式，建立在轨卫星与地面站点之间的关联，形成空间基准控制，修正自主定轨星历相对地固坐标系的整体旋转。仿真结果表明，在一个地面锚固站的支持下，采用 UHF 测距体制，自主轨道确定精度约为 0.73 m，时间同步精度约为 2.43 ns，相对无锚固站时的 1 m 定轨精度和 3 ns 时间同步精度有了一定的提高（肖寅，2015）。

从 GPS 自主导航发展历史及趋势来看，首先，美国以保证 GPS 高精度、高可靠服务为目标，逐步提升 URE 指标，并以此为标准设计自主导航指标体系，实现了自主导航模式下 GPS 服务性能不显著降低的目标。其次，自美国开启 GPS 现代化进程后，其开始关注系统完好性、抗干扰能力，以应对导航站需求。扩充信号频段、引入自主导航、提升卫星可监测弧段、缩短电文数据龄期均是提升系统导航对抗能力的主要手段。

目前，以美国洛克希德·马丁公司和波音公司为代表的 GPS Ⅲ研发团队在导航战条件下，从星间高速数据传输、零数据龄期、差分与完好性监测等需求出发，同时考虑高安全以及抗干扰性能提升，开始关注 3 个 V 频段反射面天线，建立星间持续测量与数据传输方案。该方案可以达到 150 kbit/s 数据传输速率，满足完好性监测、测控信息实时传输以及自主导航测量及通信需求。但是，V 频段反射面方案相比 Ka 频段反射面方案存在波束狭窄、增益较高等问题，对卫星平台姿态控制精度与天线指向精度要求较高。

（二）GLONASS 自主导航

GLONASS M 系列和 K 系列卫星同样考虑了基于星间链路的自主导航设计（Ignatovich et al.，2006）。M 系列卫星计划采用宽波束 S 频段测量体制，时分结合频分的测量与通信模式。全星座 24 颗卫星分为 4 组，单星单时刻建立链路的卫星数量不少于 6 颗，双向测量时隙小于 20 s。K 系列卫星拟采用数据传输速率更高、通信容量更大、测量精度更优的激光星间链路。激光星间链路易于构建固定测量链路，但较难实现星间测量拓扑结构切换，星间链路测量设备对准技术难度大，星载设备技术复杂度较高。

GLONASS 将星间链路地面指控站作为地面伪卫星，为自主导航提供时空基准信息，用于解决 EOP 预报精度不足造成的星座整体旋转问题。采用星载集中式或分区平差数据处理模式，GLONASS M 系列卫星 URE 为 1.4 m，K 系统卫星 URE 提高到 0.6 m。

（三）Galileo 自主导航

除了 GPS 的卫星导航系统具有利用星间链路进行自主导航的成功经验，Galileo 系统也研究了利用星间链路技术改进广播星历精度的方案。Wolf（2000）针对多类型卫星或混合卫星星座，研究了综合利用星间 / 星地链路测量数据进行联合轨道确定的方法。结果表明，对于 GEO/IGSO、MEO 卫星，采用联合轨道确定的方法可将轨道径向（N 方向）确定精度由 30 cm、36 cm 提高到 10 cm、5 cm 量级；轨道 T、N 方向精度提高更为明显，可分别由 100 cm、317 cm 提高到 20 cm、79 cm。Hammfahr 等对多种星间测距手段进行了精度和技术可行性分析（Hammfahr et al.，1999），仿真实验结果表明：在厘米级测量精度的条件下，采用 5 min 数据采样，卫星轨道确定及星间时间同步精度可以分别达到 0.1 m 和 0.3 ns 水平。

Bobrov 系统分析了 GPS 自主导航体制对 Galileo 系统的适用性（Bobrov,

2002），指出GPS采用的星间链路和自主导航技术路线并不适合Galileo系统，主要原因有两点：一是GPS采用星间链路辅助星历上注方式后所具备的导航能力与Galileo系统本身的设计能力相当，Galileo系统不支持这种需求；二是GPS采用的自主导航技术不能完全解决星座自主运行问题，尤其是星座整体旋转问题，不能脱离地面监测站独立提供自主导航服务。

为支撑Galileo系统的持续发展，探索新技术发展途径，在ESA支持下提出的“GNSS+”研究项目，也将降低地面系统依赖、提升GNSS自主运行能力作为发展目标，初步设想通过优化星间测量与通信能力，采用星间、星地主辅测量模式，常规状态下地面集中式、自主状态下星载分布式的数据处理策略，达到降低星历数据龄期、提升轨道/钟差确定精度、减少系统运行维护成本的目的，实现常规轨道确定精度优于1 cm、自主导航定轨精度14 d优于1 m的需求。德国慕尼黑的Hein教授也开展了星间与星地联合轨道确定仿真实验，在星间测距精度为2 cm的条件下，1个地面站以及6个地面站支持下的卡尔曼滤波组合数据处理精度分别达到30 cm、20 cm水平。

总体来看，Galileo系统对自主导航的研究重点是对导航星历更新频度的提高及减少系统运行维护成本两个方面，而对主控站的备份作用并没有突显出来。

综合以上分析，国内外卫星导航系统自主导航特征比较见表3-6。

表3-6　国内外卫星导航系统自主导航特征比较

类别	GPS	GLONASS	Galileo	BeiDou
主要目标	自主更新星历； 独立的星历评估； 提高星历更新频度； 减少运行成本	自主更新星历； 提高导航星历更新频度； 减少运行成本	自主更新星历； 减少地面设施； 改进轨道钟差预报精度； 减少运行成本	自主更新星历； 提高星历更新频度
主要性能	180 d，URE<6 m 60 d，URE<3 m （部分完好性）	URE<1.4 m URE<0.6 m（激光完好性）	POS<0.45 m（单地面站）	60 d，URE<3 m
技术特点	UHF链路（Ka/V频段星间链路），分布式星载处理，EOP采用预报值	S频段星间链路（激光星间链路），分布式处理，地面伪卫星支持	Ku频段星间链路,分布式处理，有地面站支持	Ka频段星间链路，分布式处理，地面锚固站支持

续表

类别	GPS	GLONASS	Galileo	BeiDou
技术优势	UHF 技术成熟度较高，Ka/V 频段空间测量拓扑弱；星载算法易实现	测量技术成熟，顾及 EOP 影响，S 频段空间拓扑扩展能力强，满足完好性需求	链路抗干扰能力强，同时兼顾空间拓扑和精度，无 EOP 预报问题	链路抗干扰能力强，同时兼顾空间拓扑和精度，无 EOP 预报问题
存在问题	UHF 抗干扰能力差，EOP 预报误差不易控制	激光星间链路时间同步精度高而空间测量拓扑弱；S 频段受限制	数据传输实时性较弱	地面锚固站增加了实现成本
工程成熟度	已进行在轨实验	实验阶段	论证阶段	工程应用阶段

由表 3-6 可以看出，国内外主流卫星导航系统自主导航技术的发展体现出如下特点。

（1）以主控站被毁条件下导航星历的维持为首要需求，而导航性能提高和减少运行成本为次要需求。

（2）以保证基本导航服务性能，即空间信号精度不显著降低为优先需求，而完好性等增强功能为次要需求。

（3）自主导航模式下的空间基准维持问题是系统建设需要重点考虑的问题。

（4）主流自主导航数据处理以星载处理为主，但没有完全排斥地面站测量数据的支持。

三、关键科学技术问题

（一）基于星间测量的自主时空基准长期维持问题

常规地面运行控制模式采用的原始观测数据为地面监测站 L 频段数据。借助地面监测站已知坐标可将空间基准统一到特定高精度空间坐标框架中，如 GPS 采用的 WGS84 坐标系、GLONASS 采用的 PZ-90 坐标系、北斗卫星导航系统采用的 CGCS2000 坐标系等；部分地面监测站和运行控制系统配备高精度原子钟，利用地面运行控制系统原子钟与特定 UTC 时间基准之间定期进行时间同步可实现时间基准的统一，如 GPS 时间同步到美国海军天文台

UTC、GLONASS 同步到俄罗斯 UTC、北斗卫星导航系统同步到我国 UTC。在利用这种监测站数据进行精密定轨和钟差测定时，不存在基准确定问题。

在自主导航模式下，卫星完全利用星间测量数据确定轨道及钟差参数，星间测量为相对测量，不包含时间及空间基准信息，因而造成依靠星间测量产生的导航星历参数与用户常规使用的地面时间、空间基准不一致，这种不一致性不能通过星间测量进行修正，造成自主导航基准偏差随时间累积，从而导致自主导航长期运行精度不能得到保持。

针对该问题的研究主要包括不同类型星间测量系统自主时空基准维持严密理论构建、星间测距自主时空基准维持误差的长期变化建模及分析、星座整体旋转控制技术及自主时间驾驭技术等。从理论上严密证明并采用技术手段解决星间链路自主时空基准秩亏问题，是完善卫星导航系统自主导航技术的根本途径。

（二）星间测量和数据传输技术

目前，星间测量的工作频段涵盖了 UHF、S、Ku、Ka、V 等微波频段和激光频段（刘向南等，2019），并以 Ka 频段为主流频段。随着信息传输需求的不断增长，星间测量和数据传输技术主要表现为以下趋势：①激光通信具有带宽大、抗电磁干扰能力强、保密安全性好、测距精度高等特点，是提升星间链路系统性能的有效手段；②星间链路技术向更高频率方向发展。V 频段星间链路具有更强的抗干扰能力、更宽的信道带宽，现已得到实际工程应用。

对于未来更高的数据传输速率需求，太赫兹技术有望成为新型星间链路的主要技术手段。需要解决的核心技术包括：①星间链路的信号体制设计，包括频率选择、信号体制、建链方式、通信容量、测量精度、扩展能力等；②激光微波混合星间链路组网技术，未来的天基网络将向多频段混合、多用户接入、多业务服务发展，链路拓扑结构更复杂，动态变化性更明显；③星间链路综合多功能集成技术，星间链路需要向兼顾星间测距、信息传输、时间频率传递、智能管理等多功能一体化方向发展（刘向南等，2019）。

（三）自主定轨与时间同步技术

自主定轨与时间同步技术的主要研究目标包括如下几点。①提升解算精度。提升自主定轨与时间同步的解算精度，需要多方面的精细化处理，包括星间测量数据质量控制理论与双向距离归化策略研究、动力学模型选择与精化、星座整体旋转控制约束、原子钟噪声特性分析、广播星历参数表达及快速拟合、星载处理软硬件设计等。②提升计算效率，降低计算负担。受限于星载处理器的计算能力，目前尚不能支持最优化的集中式自主定轨与时间同步处理，于是，提升计算效率、减少计算负担将是研究重点。为此，低计算量轨道积分计算策略，高运算效率滤波器设计，在不显著降低精度的前提下简化坐标系转换计算步骤，减少计算迭代次数等，均可能成为重要的技术途径。但要想从根本上解决上述问题，还需要从技术上提高星载处理器的计算能力。

四、发展方向

自主导航技术的发展主要集中在以下几个方面。

（1）测距与通信体制设计。自主导航星间链路测距体制包括 UHF、S、Ka、V 等。需要综合考虑系统抗干扰能力、数据传输容量、实时性、拓扑结构复杂度、链路数量等，设计适宜的测距与通信体制。目前，测量精度最高的激光星间链路体制也已进入测试阶段。

（2）星载处理器研制。星载处理器必须考虑功耗、抗空间辐射加固以及长期运行可靠性等因素。现阶段，我国具有在轨运行测试的主流星载处理器的主频仅有 30 MHz 左右，尚不能完全满足自主定轨计算需求。最新设计的主频 1 GHz 的星载 CPU 未经过充分的空间环境验证测试。

（3）星载数据处理算法。目前，星载数据处理算法需要与星载处理器处理能力相配合，低计算量的轨道积分算法、坐标转换方法以及多星分散处理的分布式定轨与时间同步算法均需要随着星载处理能力的提升而逐渐发展，向计算量相对较大、精度更高的集中式处理或分区数据处理方式转变。

（4）自主定轨关键技术。自主定轨关键技术以提升系统服务精度及稳定性为目标，包括星座整体旋转控制方法、星间测量误差模型精化、导航星历轨道参数拟合算法、卫星自主完好性算法、自主守时算法、自主导航电离层参数自更新等。总体来看，在星载设备可靠性有技术保障的前提下，使每颗卫星独立承担数据处理任务，用尽可能少的地面支持实现卫星导航系统的正常运行是自主导航的发展方向。

第五节　低轨卫星增强导航技术

一、科学意义与战略价值

低轨卫星服务于GNSS可以采用增强和备份两种方式提升系统的整体性能。从低轨卫星增强角度来说，传统的以信息增强为主的GNSS星基增强系统均将GEO卫星作为增强信息播发平台。虽然GEO卫星具有轨道高、对地覆盖范围广的优势，但GEO卫星轨道资源有限，转发通信时延高，覆盖范围仅能达到南北纬72°，不能满足极区增强需求，并且GEO卫星的高卫星轨道和对地静止特性，使其仅能播发GNSS误差修正信息和完好性信息，在作为导航信号增强卫星、播发额外导航信号、改善观测几何条件、提升抗干扰性能等方面优势不突出。低轨卫星具有良好的轨道特性，使其被誉为未来极具潜力的卫星导航手段，可以起到良好的补充和备份作用。特别是商业航天的蓬勃发展，带动了卫星平台技术及火箭运载技术的突飞猛进，大大降低了低轨卫星制造与发射的成本，使得面向低轨星座的导航定位成为研究热点和发展方向。以低轨卫星作为广域增强服务信息播发平台，其优势具体表现在如下方面（张小红等，2019）。

（1）LEO广域增强服务，解决全球高速数据播发和增强备份问题。

从卫星数量来看，借助低轨卫星进行通信及导航增强备份所需要的卫星数量约为中高轨卫星的9倍，但随着商业航天的迅猛发展，以SpaceX、OneWeb为代表的巨型低轨通信卫星星座不断涌现。价格仅为中高轨卫星

1/500 的低成本低轨卫星使得 LEO 广域增强备份成为可能（袁洪等，2022）。低轨通信卫星具有较大的信号带宽与较高的信息速率。以低轨卫星构建全球组网星座，可支持星座卫星间、卫星与地面系统间的近实时数据传输，为广域增强差分改正参数的播发提供高速传输链路。

（2）LEO 与 GNSS 联合精密定轨，可解决地面监测站布设范围和数量有限的问题。

良好的观测几何条件是获得高精度卫星轨道确定结果的基础，而我国北斗卫星导航系统受限于国土范围及政治外交环境，运行控制系统的一类、二类监测站还主要集中在国内，这在一定程度上影响了系统的服务性能（郭树人等，2019）。此外，地面监测站对卫星的可见弧段不足，对系统完好性监测范围和相应时间也是不利因素，而低轨卫星可以作为空基监测站，提供丰富的观测量信息，减缓时空基准控制力衰减速度，另外，可以提高卫星的几何多样性，提升轨道确定精度，提高卫星故障的检测识别率（张锡越等，2016）。

（3）低轨卫星星座与中高轨卫星星座互为备份，可提升 PNT 服务能力。

在中高轨卫星导航系统故障或遭受打击、丧失服务能力时，低轨卫星星座可以作为导航卫星星座，通过基本导航电文和测距信号的播发，实现 GNSS 的独立备份。平时低轨卫星备份星座可以与中高轨卫星星座同时提供服务，提升 PNT 服务能力，具体表现为以下几点。①增强可观测卫星数量，常规 GNSS 可观测卫星数为 8～12 颗，而星链建成使用后的平均可观测卫星数将超过 100 颗，有效提升了定位服务的几何强度，将常规 GNSS 精度因子由 1～3 提升至 1 以内（Jade Morton et al.，2020）。②提升抗干扰能力。由于低轨卫星轨道高度低，信号传播距离短，空间损耗少，地面接收信号强度比中高轨卫星高得多。按照卫星空间衰减与距离平方成正比进行计算，铱星的落地功率比 GNSS 卫星高约 30 dB。

（4）LEO 联合中高轨卫星快速定位，可解决广域覆盖下 PPP 模糊度快速收敛的问题。

传统卫星导航系统采用中高轨卫星作为导航信标，中高轨卫星相对地球运行速度慢，导致观测几何变化速度不足，相邻历元间观测方程相关性过强，导致精密单点定位收敛时间过长，往往需要十几分钟至半小时才能实现厘米级精密单点定位。低轨卫星轨道低、运动速度快，采用低轨卫星联合 GNSS 进行 PPP 定位，可加快精密定位的收敛过程。实验表明，收敛时间降低程度主要取决于可视的低轨卫星个数，对于单北斗卫星导航系统，收敛时间也可压缩至 3 min；采用百颗以上的低轨卫星，收敛时间有望缩短至 1 min（Li et al.，2019；方善传等，2016）。此外，LEO 星座通常采用极轨道或者近极轨道，可有效增加高纬度地区用户的可观测卫星数量和改善定位效果（马福建，2018）。北斗卫星导航系统全球服务能力的提升，还需要利用低轨卫星的增强辅助功能，从定位精度、易用性、连续性、可靠性、抗干扰能力和完好性等方面优化基本导航服务性能，提升国际竞争力。

二、现状及其形成

20 世纪末以来，随着通信业务的蓬勃发展，全球卫星电信网络的初创公司（OneWeb）、星链（Starlink）、韩国三星集团（SAMSUNG）等多家国际知名企业，竞相宣布发射和部署各自的商用移动通信低轨卫星星座，推出数千颗甚至 1 万多颗的互联网星座计划。由此，依托低轨卫星的星基增强思想被提出，并受到各国的重视。

2000 年左右，美国 IGPS 项目计划通过联合采用铱星与 GPS，保证厘米级的快速精确定位性能和复杂环境下的高完好性。相关科研人员对混合构型性能进行了仿真实验，提出了利用星地 / 星间距离测量确定铱星卫星钟差的方法，并于 2007 年完成了 IGPS 抗干扰实验。

在弹性 PNT（resilient PNT，RPNT）概念下，美国 Orolia 公司提出利用“下一代铱星”（the next Iridium）系统 66 颗约 800 km 低轨卫星，为 GPS 提供“替代导航”（AltNav）服务，地面信号接收功率提升了 1000 倍，并且能够“深入室内”，具有高抗干扰和防欺骗能力。美国 Orolia 公司在铱星星座上使用 STL（satellite time+location）信号技术，提供星基时间和位置服务，并使用了重新设计的大功率寻呼信道。STL 信号技术与 GNSS 的简要对比见表 3-7（Tan et al.，2019）。虽然铱星 STL 服务在精度方面尚不能与 GNSS 定位相提并论，但其优势在于位置认证和抗干扰能力（秦红磊等，2019）。

表 3-7 GNSS 与 STL 主要性能对比

性能	GNSS	STL
授时精度	约20 ns	50 ns
定位精度	约3 m	20～50 m
抗干扰	低信号强度，易干扰	25～30 dB 信号，难以被干扰
防欺骗	仅军事用户有加密信号	全部用户均可加密信号
覆盖范围	向两极衰减，全球覆盖	向两极增强
室内运行	非常有限	广泛可用

美国太空探索技术公司（SpaceX）计划在 2019～2024 年利用公司开发的可部分重复使用的“猎鹰 1 号”和“猎鹰 9 号”运载火箭，在太空搭建由 1.2 万颗卫星组成的“星链”网络；截至 2021 年 12 月 3 日其已发射卫星 1891 颗，2021 年，通过美国加利福尼亚大学开展的星链 Ku 频段多普勒定位实验，获得了静态三维位置 22.9 m、二维位置 10 m 的定位精度。2012 年创建的 OneWeb 公司，计划发射超过 600 颗低轨卫星，创造覆盖全球的高速电信网络；在经历破产重组事件后，其仍在推进“一网”星座部署计划，2020 年 8 月 27 日获得美国联邦通信委员会批准增设 1280 颗卫星，截至 2021 年 9 月 14 日，已发射 322 颗。美国亚马逊公司于 2020 年 7 月 30 日获批建设由 3200 颗卫星构成的“柯伊柏”低轨互联网星座。加拿大“电信卫星”、俄罗斯“以太”低轨卫星星座计划等也在逐步推进中（方芳等，2021）。中国航天科技集团有限公司“鸿雁”星座，设计卫星数为 324 颗，分别于 2018 年和 2021 年各发射了 2 颗低轨卫星，并开展了导航增强实验验证（伍蔡伦等，2020）。中国航天科工集团有限公司“虹云”星座设计卫星数为 156 颗，于 2018 年发射了首颗卫星（袁洪等，2022）。

在地面监测站联合星载观测数据进行星地一体化定轨方面，有学者采用 CHAMP（challenging minisatellite payload）、GRACE（gravity recovery and climate experiment）低轨卫星与 GPS 卫星进行二系统、三系统星间 / 星地联合一体化定轨解算（Hugentobler et al.，2005；Zhu et al.，2003，2004）。结果表明：“一步法”对低轨卫星的精度提升不明显，但可有效改善 GPS 卫星的轨道精度、EOP 确定精度以及坐标框架的实现精度。我国学者针对北斗卫星导航系统采用 GEO、IGSO、MEO 三类卫星混合星座的特点进行了联合定轨研究。结果表明：低轨卫星观测几何变化可有效改善 GEO 卫星轨道确定条件，提升轨道确定精度（杜兰，2006）。耿江辉等研究了低轨卫星数量与定轨精度之间的需求关系，结果表明：在区域监测站布设条件下，加入 3 颗低轨卫星进行星地与星载 GPS 数据联合定轨解算，即可达到与全球布设监测站相当的精度水平（耿江辉等，2007）。赵齐乐等采用“风云三号”作为低轨增强卫星，实验了其对北斗卫星定轨性能的提升情况（Zhao et al.，2017）。还有学者提出将低轨卫星作为播发平台，同时发送增强修正信息和导航信号，同时联合 GNSS 导航系统，组成高中低轨融合导航系统，实现厘米级的全球定位服务。

2016 年，美国导航协会（Institute of Navigation，ION）有学者提出将 LEO 卫星加入卫星导航系统。仿真结果表明加入 LEO 卫星后，卫星可观测数、星座精度因子值、空间信号测距误差（signal in space raging error，SISRE）等导航性能指标有明显提升，同时较强的低轨卫星信号可提高卫星导航系统的抗干扰能力，较多的卫星数也可增强导航星座的在轨冗余备份能力。同年，中国也有多个企业和研究院所提出开展低轨卫星增强北斗卫星导航系统研究的设想。数十甚至数百颗低轨卫星可以与 GEO 卫星形成一个星座组合。以全球分布的大量 IGS、国际 GNSS 监测评估系统（international GNSS monitoring & assessment system，iGMAS）等 GNSS 监测站数据为基础，精确解算各卫星导航系统的卫星状态信息、电离层延迟修正信息改正数，以 GEO 卫星为播发平台，向全球用户提供广域差分服务和全球精密单点定位服务，以提升导航定位服务的性能及可用性，达到拓展标准 SBAS 服务与地基增强服务能力的目的（郭树人等，2019）。该系统可同时兼容多 GNSS，并在工程测绘、精准农业、海洋工程等领域开展应用。除了低轨差分增强系统建设，国内还有多个单位相继推出了低轨星座发射计划（蒙艳松等，2018），通过数十颗低轨卫星及全球监测数据处理中心采集的信息，采用区域地面监测站 + 天基全球监测站的监测体制实现北斗和 GNSS 的多系统导航增强，在全球范围内提供动态分米级、静态厘米级的全球精密单点定位服务。利用卫星数据交换功能可提供全球范围内双向实时数据传输，以及短报文、图片、音视频等多媒体数据服务。预计未来 5～10 年有数百颗小卫星发射升空，并与 GNSS

融合，播发导航信号及导航增强信息，将极大地改善GNSS自身的“脆弱性”（沈大海等，2019）。

三、关键科学技术问题

（一）低轨增强兼容互操作设计

由于常规导航卫星采用的L频段信号频率资源有限，而低轨星座大多数量庞大，所以低轨卫星信号设计需要从频带选择、功率控制、电平控制、带外抑制、杂散抑制、干扰抑制、收发隔离等多个角度，通过空分复用、时分复用、频分复用和码分复用等多种方式以及通信协议设计，提升有效带宽和导航定位服务水平，保证低轨星座与GNSS导航星座的兼容性与互操作性，避免低轨星座信号对GNSS运行的干扰，同时关注高动态导航信号的捕获灵敏度问题。

（二）低轨增强系统与北斗卫星导航系统融合切换设计

为实现低轨卫星与北斗卫星导航系统的信息、信号融合，应进一步开展两系统的集成架构优化设计，包括如下几点。①时空基准统一。从地面监测站站址基准框架修正、中心站精密定轨以及通过中高轨卫星链路对低轨卫星星载处理进行基准引接等方面入手，保证低轨星座与北斗卫星导航系统的时空一致性。②运行控制系统扩容升级。低轨卫星数量庞大，为接入北斗卫星导航系统地面运行控制系统进行管理、控制、切换，需要开展相关的软硬件升级改造，增强数据存储及处理能力。对接入北斗卫星导航系统的低轨卫星数量控制及低轨卫星的选择策略也需要开展同步研究。③星地接口统一。低轨增强系统与北斗卫星导航系统在参数定义、数据收发格式统一、指令发送与响应等方面需要进行设计研究。

（三）低轨星座运行控制技术

低轨星座庞大的卫星数量也对地面运行控制支撑系统提出了挑战。为了解决该问题，应该从两方面入手：一是提升地面运行控制自动化能力。对于常规星座维持、资源调度等，逐步降低人为操控参与度。对卫星故障等异常情况，提升系统预警预判能力，同时增强系统地面站优化、网络安全、负载均衡能力，优化测控、运行控制机制和指标评价体系。二是提升卫星自主运行能力。通过星间链路、星载自主定轨及时间同步技术、在轨完好性监测等，发挥卫星自身运行控制能力，降低地面负担。

（四）低轨卫星动力学模型精化

低轨卫星受到的广义相对论、大气阻力和地球非球形引力均明显高于中高轨卫星。在精密定轨中，在计算低轨卫星所受到的大气阻力时，通常将大气阻力系数作为未知参数与卫星运动状态矢量一同解算，进而应用到轨道预报中进行大气阻力加速度的计算。热层大气密度的不确定性是大气阻力计算的主要误差源，大气阻力系数和航天器迎风面积估计不精确也会导致大气阻力计算出现误差，直接影响低轨卫星轨道确定和预报精度以及机动规划、碰撞规避等空间任务。由此，研究不同大气密度与阻力计算模型对轨道预报精度的影响，探讨空间目标大气阻力参数补偿修正方法，精化热层大气密度模型是提升低轨卫星服务性能的科学性问题（陈光明等，2018）。

在轨道确定过程中，太阳光压是较难模型化的摄动力。太阳光压模型受卫星平台和卫星姿态等因素的影响，并且与大气阻力系数具有一定的相关性，因此针对不同型号低轨卫星求取相应的光压反射系数，研究以太阳光压反射系数为主的动力学模型参数变化特性，建立与卫星姿态及太阳位置相关的高精度数学模型，提升精密定轨和中长期预报精度，也是低轨卫星动力学模型精化中的关键性问题（张小红等，2019）。

（五）低轨卫星数据处理及轨道确定技术

低轨卫星增强与备份包括了两种精密轨道确定模式，分别是低轨卫星与GNSS联合轨道确定、低轨卫星独立组网轨道确定。可采用的观测数据包括GNSS地面监测站数据、低轨卫星地面监测站数据、星间链路数据等。针对以上两种轨道确定方式，主要存在以下技术难点待突破。

（1）低轨卫星数量多、计算量大，单卫星过境可观测弧段短，需要分析论证不同观测弧长对定轨精度的影响，同时开发高效率的分布式、并行处理算法，减少计算耗时。

（2）卫星数量多也必然导致故障数量多，需要设计更加严格的质量控制算法，快速诊断并隔离信号异常、星载钟故障等问题。

（3）低轨卫星运行速度快，也会导致更频繁的信号失锁，产生更多的周跳，需要探索适合低轨卫星历元间电离层快速变化的周跳探测算法以及模糊度解算策略。

（4）高中低轨卫星联合定轨，不同导航系统、不同轨道类型的卫星将引入不同的系统偏差，需要对各类时域和空域偏差特性进行分析和建模，对多源异构星座进行合理定权（张小红等，2019）。

（六）低轨卫星电文参数表达技术

低轨卫星星历表达形式的设计是实现低轨增强的技术难点，主要表现在如下方面。①低轨卫星运行速度快，轨道预报精度保持难度大，具有特殊的动力学特征，因此低轨卫星星历在参数设计、拟合时长、更新频度方面与中高轨卫星有明显差异。②低轨增强电文涵盖快/慢变差分改正参数以及完好性参数，于是需要研究导航电文信息及其编排播发模式。③开展增强信息的参数特性分析以及拟合参数精度指标与播发时延分析等（方善传，2017）。

四、发展方向

（一）低轨卫星增强方式向信息信号综合增强方向发展

卫星增强系统可以分为信息增强和信号增强两种方式。星基信息增强是指将利用地面监测站数据计算的轨道、钟差误差改正数信息和完好性信息，以低轨卫星或高轨卫星为播发媒介向用户发送，以提升用户定位精度和服务性能。具有代表性的星基信息增强系统包括美国广域增强系统、欧洲地球静止导航重叠服务系统、俄罗斯差分改正监测系统、日本多功能卫星增强系统、印度GPS辅助型静地轨道增强导航系统等完好型增强系统和全球差分GPS系统、星火系统（Starfire）、中国精度、夔龙系统等精度增强系统。信号增强系统是指增强卫星播发测距信号，用户实现GNSS信号和增强信号的融合处理，从而实现精确性、可用性、连续性能力的提升。典型的星基信号增强系统包括日本准天顶卫星系统、珞珈一号低轨卫星导航增强系统等（王磊等，

2020)。后续低轨卫星增强系统逐渐将信息增强和信号增强融为一体。珞珈一号的LEO-NA卫星平台既可提供信息增强服务，也可提供信号增强服务。北京未来导航科技有限公司的“微厘空间”将运用激光星间链路技术、基于微纳卫星的导航通信技术、星载小型化高精度GNSS测量、高精度定轨与星上处理技术等。中国航天科技集团“鸿雁”系统设计具备全天候、全时段、复杂地形条件下的实时双向通信能力和北斗卫星导航系统增强备份能力。

(二)低轨卫星信号体制向导通一体化方向发展

在低轨卫星导通一体化架构的基础上，构建天基信息服务从信息获取、数据传输、综合处理，到指挥控制一体化的相互协同、相互支撑、创新发展的新格局，是我国由航天大国向航天强国跨越转变的迫切需要和能力标杆。其中，需要解决的关键技术包括如下几种。

(1)多波束天线信号导通一体化设计，充分利用频谱资源和功率资源，实现卫星导航与卫星移动通信在信息层面甚至信号层面的深度融合(蒙艳松等，2018)。

(2)新信号体制设计，包括设计具有一定抗干扰性能的新信号体制，降低多址干扰；开发新的导航频段；研究适用于低轨导航增强信号的扩频码优化、信号调制、捕获跟踪、信道编码和多路复用技术等(张小红等，2019)。

(3)小型化、低功耗导航增强，包括轻量化、低功耗载荷设计，可重构软件系统技术等。

(4)抗干扰能力增强设计，利用LEO较高的功率谱密度，结合高精度、高稳定度的时间传递，降低终端时间不确定性，延长相干积分时间，提升信号捕获跟踪与抗干扰能力。

(三)低轨增强精密定轨向高中低联合、星地联合方向发展

利用低轨卫星高低链路数据提高导航卫星精度是低轨卫星的应用方向之一。该方向需要解决的问题包括如下几种。

(1)低轨卫星星座构型设计，优化参与联合定轨的低轨卫星，选择最少数量、最优构型的低轨卫星，有效降低系统成本、提升覆盖性能、几何图形强度和轨道确定精度。

（2）低轨卫星轨道预报精度保持研究，解决低轨卫星预报轨道精度快速下降的问题。

（3）定轨解算效率优化研究，解决由低轨卫星的加入引起的定轨计算量增大的问题。

（4）多源观测数据定轨技术研究，优化融合 L 频段、Ka 频段、星地、星间等多类观测数据进行轨道确定的方法。

（四）低轨增强 PPP 技术向快速高精度方向发展

利用低轨卫星星座改善精密单点定位效率是低轨卫星增强的热点应用之一，该方向的主要技术包括如下几种。

（1）低轨卫星数据预处理与质量控制方法。解决低轨卫星观测弧段短、运行速度快、大气阻力影响大而造成的观测数据周跳较多、粗差影响大的问题。多源异构星座观测值的合理定权，也是需要关注的问题。

（2）LEO 联合快速定位偏差解算策略。包括多源异构星座融合引入的码间、频间、系统间等偏差参数的可估计条件分析，偏差随机模型构建，偏差估计解算策略等。

（3）LEO 联合模糊度快速确定。解决低轨卫星高动态、短弧段条件下的模糊度快速解算问题（马福建，2018）。

（4）低轨卫星信号应用问题。利用低轨卫星地面信号接收强度高的特点，改善信号受遮蔽环境下的定位性能。预期可达到室内定位精度 20 m、授时精度百纳秒量级的服务水平。

（五）低轨卫星增强向多应用领域拓展

低轨卫星星座的加入还为大气监测提供了新的技术手段，涉及的主要技术包括如下几种。

（1）大气快变参数确定。利用低轨卫星短时间内更多的有效倾斜路径延迟数据，特别是海洋上空地基资料空白区数据，提取和监测对流层梯度、电离层梯度、电离层闪烁等快变参数。

（2）大气建模。利用处于不同轨道高度的多源异构星座，实现等离子体层电子含量提取、电离层垂直分层结构研究等。

第六节　拉格朗日点无线电导航技术

一、科学意义与战略价值

深空无线电导航是借助深空轨道上布设的导航卫星发射导航信号实现PNT的技术。深空轨道尤其是平动点附近的周期和拟周期深空轨道，能够实现自主导航和节能飞行，基于此类深空轨道构建的无线电导航系统，能够惠及地球中高轨导航卫星星座之上的广阔空间，为近地至深空的航天器提供高精度PNT服务。拉格朗日点（平动点）是圆型限制三体问题下的力学平衡点，基于平动点的深空轨道设计理论在革新深空探测器轨道设计理论、拓展深空探测应用等方面具有重要而深远的影响，也是未来进行深空无线电导航的宝贵资源，具有广阔的应用前景。研究基于平动点的深空无线电导航技术，对于增强和拓展现有卫星导航系统，支撑国家空间技术发展和空间战略规划具有十分重要的意义。

二、现状及其形成

（一）平动点动力学研究

平动点是圆型限制性三体力学问题中离心力与引力大小相等、方向相反的点（孙义遂等，2008）。对平动点动力学的研究可追溯至18世纪中叶，欧拉（Euler）首次提出了通过假设第三体的质量无限小来简化三体问题。这也就是限制性三体问题中“限制”的由来，Euler基于此找到了模型圆型限制性三体问题的三个共线平动点。随后法国数学家拉格朗日（Lagrange），发现了两个三角平动点，在此基础上成功预测了木星小行星Trojan的存在。此后，Poincaré论证了三体问题的混沌特性，开创了现代动力学系统理论的先河，Jacobi找到了圆型限制性三体模型在会合坐标系下的重要积分常数，即能量常数，后来称为Jacobi常数（钱霙婧，2013；李明涛，2010）。近年来，在平动点探测任务的推动下，平动点动力学研究得到了长足的发展。

通常情况下，研究平动点动力学问题需要对三体问题系统进行如下简化：将两大主天体的共同质心作为惯性空间的固定点，将两天体所在的运动平面作为惯性空间时是固定面，两天体绕其共同的系统质心做圆形运动或椭圆形运动。上述简化在推动理论研究的同时，也带来了一定的应用缺陷。为此，从 20 世纪 50 年代开始，许多学者针对三体问题的理论模型做了大量研究工作，先后提出了针对地月系三角平动点的四体动力学模型、VR4 BP（very restricted four-body problem）模型、限制性四体模型等（Lovell，2007）。

（二）平动点轨道设计

平动点轨道设计是深空探测领域的一个研究热点。平动点是圆型限制性三体问题（circular restricted three-body problem，CRTBP）中的力学平衡点，是宝贵的有限空间资源，是人类共同的财富。平动点是监测太阳活动和探测空间环境的有利位置，也是进行星际探测与深空信息传输的极好枢纽。平动点轨道设计大体分为两个方面：一方面是目标任务轨道的设计，即找寻在平动点附近运行的各类拟周期轨道；另一方面是基于不变流形理论以及行星际高速公路理论，完成飞行器在平动点以及其他天体之间低能转移轨道（钱霙婧，2013）。

总体而言，平动点轨道设计经历了三体解析解、三体数值解、星历条件下数值解三个发展阶段。在研究三体解析解阶段，Poincaré 首先论证了三体问题中周期轨道的存在性，并分析指出三体问题中周期轨道的数量是无穷的（Lovell , 2007），Moulton 论述了周期轨道解析后在平动点附近的近似运动（Moulton，1920）。Szeehely 则得到了数十种不同类型的轨道（Szeehely，1967）。Farquhar 等使用 Linstedt-Poincaré 法推导了地月 L_2 点附近周期轨道的三阶近似解以及大幅值 Halo 轨道的四阶近似解（Farquhar et al.，1973）。Richardson 等推导了四阶太阳−地月质心系统拟周期轨道连续近似解析解（Richardson et al.，1975）。计算机技术的快速发展为各种类型周期轨道的计算提供了极大便利，人们的研究得到了一系列关于平面内周期轨道稳定性以及分岔问题的成果。Hénon 使用分岔的概念建立限制性三体问题中不同类型轨道族之间的联系（Hénon，1965）。Zagouras 等使用数值方法获得太阳−木星系统中共线平动点 Halo 轨道在轴向以及垂直方向的轨道族（Zagouras et al.，1979）。Howell 详细推导论述了三维平动点周期轨道的求解方法（Howell，1984）。

在地月平动点轨道设计方面，月球偏心率、太阳第三体引力摄动的影响不可忽略，三体模型条件下的周期轨道形态不能完全适用于地月平动点系统。设计真实力模型条件下的拟周期轨道成为近期以来研究的热点问题（钱霙婧，2013）。国内外学者通过多种方法对地月平动点拟周期轨道的设计方法做出了不同方式的改进。Andréa 通过提高初值精确度的方法来实现对于拟周期轨道的设计，他基于拟周期双圆模型找到了接近真实力学环境的轨道初值，通过初值积分方式得到多步打靶的拼接点，最终完成轨道设计，但是初值的求解方法非常复杂（钱霙婧，2013；Andreu，2002；Andreu et al.，1997）。Folta 等（2010）提出了使用高精度行星星历和多步打靶法来设计轨道，成功设计了人类历史上第一颗地月平动点探测器 ARTEMIS 的轨道。ARTEMIS 任务中的 P_1 飞行器起始于地月 L_1 点的拟周期 Lyapunov 轨道，之后转移到 L_2 点的拟周期 Lissajous 轨道（钱霙婧，2013；Folta et al.，2011）。

（三）平动点导航应用研究

GNSS 受限于星座的轨道高度和信号强度，难以为地球中高轨道以外的航天器提供导航服务。随着人类探索空间的拓展，迫切需要发展为更远空域尤其是地月空间区域飞行器提供 PNT 服务的手段，基于平动点轨道的 PNT 服务为此提供了可能性（孟云鹤等，2014）。

对地球卫星而言，地球引力对其所在轨道起到绝对主导作用，地球引力场本身具有较强的旋转对称性，因此地球卫星利用星间测距观测结果只能确定卫星轨道的大小、形状和相对指向，无法确定卫星在惯性空间下的绝对方位，无法实现星座长期自主轨道确定。对于平动点轨道卫星，其所在位置的引力场是旋转非对称的，因此对于给定大小和形状的平动点轨道本身，在惯性空间下有绝对且唯一的方位（张磊，2016）。

近年来，随着国际上对平动点探测任务的日益增多，平动点卫星的自主定轨技术也得到了较为广泛的研究。Hill 从平动点卫星运动加速度函数的非对称性出发，研究指出在月球第三体引力作用下，地月系 L_1 和 L_2 点附近的 Halo 轨道卫星最有可能依靠星间测距观测实现卫星自主运行，并总结提出著名的 LiAISON（linked autonomous interplanetary satellite orbit navigation）方法（Hill，2007）。为了验证 LiAISON 方法的可行性，Hill 以圆型限制性三体问题模型下的 Halo 轨道为例，通过协方差分析证明了平动点轨道卫星依靠星间测距资料完成自主定轨的可行性；在进一步比较了不同平动点轨道卫星自主定轨结果后，发现 Halo 轨道偏离月球轨道面越远、周期越短，平动点飞行器轨道自主定轨精度越高（张磊，2016）。分析研究表明，基于目前的星载设备条件，Halo 轨道卫星有望达到约 10 m 的自主定轨精度。此外，Hill 等还在日、地、月双圆限制性四体问题模型下验证了 LiAISON 方法的可行性。在考虑太阳引力和太阳光压摄动后，对于由两颗 Halo 轨道卫星组成的卫星星座，依靠星间测距资料自主定轨得到的平均定轨误差比 CRTBP 模型下的定轨误差小 3% 左右；在对不同类型卫星星座的自主定轨性能进一步比较后，发现增加平动点卫星数量或加入额外的短周期轨道卫星，卫星星座的定轨精度和定轨收敛速度都得到了有效提升（Hill et al.，2007）。Hill 等还在地月空间真实力模型下验证了四种不同类型月球通信与导航卫星星座的自主定轨能力。他们系统分析了测量误差、模型误差及轨道机动误差等因素对不同类型平动点卫星星座自主定轨结果的影响，并基于 LiAISON 方法对平动点卫星的轨道保持问题进行了探讨（张磊，2016；Hill et al.，2007）。

Farquhar 等最早提出基于地月系平动点轨道设计通信与导航卫星的概念（Farquhar et al.，1973）。2000 年，Bhasin 等提出基于平动点的周期轨道解决未来深空通信的技术难题，以支持美国国家航空航天局（NASA）空间探测规划和科学任务研究（张磊，2016；Bhasin et al.，2004）。例如，可以基于地月 L_1/L_2 平动点实现地月空间内的导航与通信；而基于日地 L_1/L_2 及 L_4/L_5 平动点部署星座可以实现行星际探测器导航，以及与地球、火星间的通信联系。Kulkami 等详细研究了月球、火星及更远区域探测的通信问题，提出分别在地月系、日地系、日火系等平动点附近的 Halo 轨道上布置通信卫星，同时在地球所处的日心轨道部署卫星星座，组建深空通信网（钱霙婧，2013；Kulkami et al.，2005）。目前，针对月球导航与通信的星座方案已有数十种，绝大多数研究都认为平动点周期轨道作为月球通信与导航星座的工作轨道具有特殊优势，并进一步对可行的星座设计方案进行深入论证和对比分析，通过具体的技术指标证明了技术优势（Circi et al., 2014）。相关研究结果都在某一方面揭示了平动点星座在未来深空通信与导航方面的应用潜力与优势，如覆盖特性、保持控制燃耗等，但很少涉及星座的几何精度衰减因子、信号强度、导航精度等问题，因而没有全面、完整地论述针对特殊任务背景的平动点星座的方案设计与性能评估问题（孟云鹤等，2014）。

按照深空探测技术的发展趋势，毫无疑问地月空间将成为当前和今后一段时间内导航技术发展的重点区域。考虑到经济、社会效益的最大化目标，未来的平动点导航系统不仅要为地月飞行器导航提供支持，更要为地球中高轨区域飞行器、月球附近区域飞行器，乃至月面目标提供导航服务，从而实现与地球卫星导航系统在功能上的衔接和互补（孟云鹤等，2014）。

三、关键科学技术问题

（一）周期轨道和拟周期轨道的寻找方法

CRTBP 运动方程无法直接求出解析解，常用的办法有三种：一是构造方程的高阶级数解；二是高阶半分析数值解；三是数值解。高阶级数解通常是先对运动方程进行尺度变换，然后对引力势进行勒让德级数展开。高阶级数解的方法很多，使用较多的是 Lindstedt-Poincaré 方法。高阶半分析数值解则是在高阶级数解的基础上构造的，如 Jorba 等利用 Lindstedt-Poincaré 方法构造了高阶半分析数值解（Jorba et al.，1999），Mondelo 使用傅里叶级数方法构造了高阶半分析数值解（Mondelo，2001）。周期轨道的数值解是通过假定兴趣点，选择合适的初值，利用 Newton 迭代法进行求解的。拟周期轨道与周期轨道不同，其特征频率不止一个，相互之间不能通约，因此拟周期轨道的寻找方法较为复杂，通常要选择若干个特征点，建立动力学上的递推方程组，然后求解该方程组的最小二乘规范解。

但是在真实力模型下，上述寻找周期轨道和拟周期轨道的方法在实际应用中还存在问题。对于高阶级数解和高阶半分析数值解，级数展开法有截断误差，影响了求解精度，由该方法得到轨道与真实力模型下的轨道在轨道参数、轨道特性上存在差异，因此一般倾向于使用数值法。对于数值法，寻找周期轨道的关键是初值的选取，如果初值的选取有偏差，则 Newton 迭代解就有可能发散，得不到周期轨道和拟周期轨道的精确解。

（二）周期轨道和拟周期轨道的稳定性研究

周期轨道和拟周期轨道研究的 CRTBP 的稳定性问题是轨道解的核心问题，可以将 CRTBP 的稳定性问题转化成常微分方程的稳定性问题，与之对应的另一个概念就是分岔。如果轨道解是稳定的，则当轨道参数在特定值附近发生微小变化时，轨道的稳定性不会发生实质性变化；反之，如果轨道解是不稳定的，则当轨道参数发生微小变化时，轨道的稳定特性可能会发生实质性变化，从而形成轨道分岔。周期轨道的稳定性研究有两个重要指标：轨道稳定阶数和轨道类型。轨道稳定阶数是表征轨道线性稳定性的参数；轨道类型是区分周期轨道族的判定依据。周期轨道的分岔类型包括正切分岔、倍周期分岔、拟周期分岔、第二 Hopf 分岔、类第二 Hopf 分岔等。如何寻找周期轨道族及其分岔点，求解周期轨道附近的拟周期轨道，计算周期轨道和拟周期轨道附近的稳定流形和不稳定流形，是需要研究的关键问题。

（三）轨道控制策略

平动点附近的运动可以分为周期轨道、拟周期轨道、渐近轨道、转移轨道、非转移轨道五种类型，渐近轨道包括渐近稳定轨道与渐近不稳定轨道，由渐近稳定轨道形成稳定流形管道，由渐近不稳定轨道形成非稳定流形管道，统称为不变流形管道（刘玥，2014）。在不变流形管道内的轨道称为转移轨道，在不变流形管道外的轨道称为非转移轨道。在平动点导航星座设计中，需要研究不同类型轨道的稳定性，设计导航星座的运行轨道和控制策略，使导航星座有最佳的几何结构，同时能够做到最少机动和最稳定运行。

太阳系内精确 CRTBP 意义下的地月系空间并不存在，在实现上还要考虑包括月球轨道的椭圆摄动和太阳的第三体摄动，影响量级可达 10^{-2}，在此影响下，平动点的存在性和稳定性，各类周期轨道和拟周期轨道的存在性、稳定性、主要形式和相互联系需要从构建合理的太阳系力模型、研究真实太阳系力模型下的 CRTBP 轨道映射和真实力模型下的各类型轨道计算三个方面进行深入研究和分析。

四、发展方向

地月系平动点卫星导航系统设计方案能够为未来卫星导航系统的发展与构建提供一定的参考。

平动点星座无线电导航是新的概念设想，从系统的初始设计到最终应用实现，还有较长的一段距离，其中涉及的理论、模型和方法还有许多问题需要解决，未来的主要发展方向包括以下方面（张磊，2016）。

（1）多约束平动点导航星座构型设计与优化。主要包括研究平动点星座的精密轨道确定、平动点星座姿态协同控制、微弱信号检测方法技术，开展地月平动点卫星导航系统地面验证实验等。

（2）平动点导航星座轨道保持问题研究。主要分析真实力模型下各种摄动作用及误差因素的影响，针对导航卫星的轨道控制以及导航星座轨道保持策略，研究导航星座构型的优化技术和方法。

（3）不同系统下平动点卫星星座的拓展与联合。除地月系统外，在真实的太阳系下还有多个类似的三体系统及相应的平动点轨道存在，因此可以将平动点导航星座的设计方法拓展至更远深空，完成不同三体系统平动点卫星星座的构建与联合，从而组成具备更强服务能力，能够集卫星通信、导航于一体的深空卫星星座系统。

本章参考文献

车征. 2008. Halo 轨道编队飞行的摄动分析. 北京：清华大学硕士学位论文.

陈光明，刘舒莳，满海钧.2018. 大气密度对航天器轨道的影响研究 // 刘代志. 国家安全地球物理丛书（十四）——资源 · 环境与地球物理. 西安地图出版社：73-76.

陈诗军，王慧强，陈大伟.2021. 面向 5G 的高精度融合定位及关键技术研究. 中兴通讯技术：1-9.

邓辉. 2014. 地月系共线平动点动力学特征与应用研究. 南京：南京大学硕士学位论文.

邓中亮，尹露，唐诗浩，等.2018. 室内定位关键技术综述. 导航定位与授时，5（3）：14-23.

杜兰. 2006.GEO 卫星精密定轨技术研究. 郑州：解放军信息工程大学博士学位论文.

方芳，吴明阁 . 2021.“星链”低轨星座的主要发展动向及分析 . 中国电子科学研究院学报，16（9）: 933-936.

方善传 .2017.LEO 导航增强卫星广播星历模型设计 . 郑州：解放军信息工程大学硕士学位论文 .

方善传，杜兰，周培元，等 . 2016. 低轨导航增强卫星的轨道状态型星历参数设计 . 测绘学报，45（8）: 904-910.

耿江辉，施闯，赵齐乐，等 . 2007. 联合地面和星载数据精密确定 GPS 卫星轨道 . 武汉大学学报：信息科学版，32（10）: 906-909.

龚晓颖 .2013. 北斗系统集中式自主实时轨道确定与时间同步方法研究 . 武汉：武汉大学博士学位论文 .

郭树人，刘成，高为广，等 .2019. 卫星导航增强系统建设与发展 . 全球定位系统，44（2）: 1-12.

胡安平 .2018. 陆基超远程无线电导航发展研究 . 导航定位与授时，5（5）: 1-6.

黄海峰 .2020. 华为中国孙小兵：以方寸智慧把 5G 带入千楼万宇和千行百业 . 通信世界，（8）: 26-27.

拉帕波特 .2009. 无线通信原理与应用 . 北京：电子工业出版社 .

雷文英，陈伯孝，杨明磊，等. 2014. 基于 TOA 和 TDOA 的三维无源目标定位方法. 系统工程与电子技术，36（5）：816-823.

李明涛. 2010. 共线平动点任务节能轨道设计与优化. 北京：中国科学院空间科学与应用研究中心博士学位论文 .

蔺玉亭 . 2005. 利用区域网数据确定 GPS 卫星轨道方法研究及相关软件设计 . 郑州：解放军信息工程大学硕士学位论文 .

刘春保 .2018.2018 年国外导航卫星发展综述 . 国际太空，4（2）: 31-36.

刘林，侯锡云. 2012. 深空探测器轨道力学. 北京：电子工业出版社.

刘向南，赵卓，李晓亮，等 .2019. 星间链路技术研究现状及关键技术分析 . 遥测遥控，40（4）: 1-9.

刘玥 . 2014. 月地低能返回轨道设计与控制方法研究 . 哈尔滨：哈尔滨工业大学博士学位论文 .

刘中令 .2018. 基于 5G 的高精度室内定位技术研究 . 上海：上海交通大学硕士学位论文 .

马福建 .2018. 低轨星座增强 GNSS 精密定位关键技术研究 . 武汉：武汉大学硕士学位论文 .

蒙艳松，边朗，王瑛，等 .2018. 基于“鸿雁”星座的全球导航增强系统 . 国际太空，10:

20-27.

孟云鹤，陈琪锋．2014. 地月平动点导航星座的概要设计与性能分析．物 理 学 报，(24)：409-419.

裴凌，刘东辉，钱久超．2017. 室内定位技术与应用综述．导航定位与授时，4（3）：1-10.

钱霙婧．2013. 地月空间拟周期轨道上航天器自主导航与轨道保持研究．哈尔滨：哈尔滨工业大学博士学位论文．

秦红磊，谭滋中，丛丽，等．2019. 基于铱星机会信号的定位技术研究．北京航空航天大学学报，45（9）：1691-1699.

阮陵，张翎，许越，等．2015. 室内定位：分类、方法与应用综述．地理信息世界，22（2）：8-14.

沈大海，蒙艳松，边朗，等．2019. 基于低轨通信星座的全球导航增强系统．太赫兹科学与电子信息学报，17（2）：209-214.

孙义遂，周济林．2008. 现代天体力学导论．北京：高等教育出版社．

王磊，李德仁，陈锐志，等．2020. 低轨卫星导航增强技术——机遇与挑战．中国工程科学，22（2）：144-152.

王宁波，袁运斌，张宝成，等．2016.GPS 民用广播星历中 ISC 参数精度分析及其对导航定位的影响．测绘学报，45（8）：919-928.

魏钢，高皓，项宇．2020. 北斗二号与北斗三号定位精度对比分析．导航定位学报，8（2）：8-11.

伍蔡伦，树玉泉，王刚等．2020. 天象一号导航增强信号设计与性能评估．测控遥感与导航定位，50（9）：748-753.

肖延南．2014. 基于蜂窝网络的移动台定位关键技术研究．北京：北京邮电大学硕士学位论文．

肖寅．2015. 导航卫星自主导航关键技术研究．北京：中国科学院博士学位论文．

谢军，王海红，李鹏，等．2018. 卫星导航技术．北京：北京理工大学出版社．

徐英凯．2013. 蜂窝网无线定位方法研究．兰州：兰州理工大学硕士学位论文．

闫大禹，宋伟，王旭丹，等．2019. 国内室内定位技术发展现状综述．导航定位学报，7（4）：5-12.

杨奎河，胡新红．2018. 室内定位技术研究综述．信息通信，（8）：106-109.

袁洪，陈潇，罗瑞丹，等．2022. 对低轨导航系统发展趋势的思考．导航定位与授时，9(1)：1-11.

袁正午．2003. 蜂窝通信系统移动终端射线跟踪定位理论与方法研究．长沙：中南大学博士

学位论文 .

张磊. 2016. 地月系平动点导航卫星星座设计 . 南京 : 南京大学博士学位论文 .

张锡越 , 赵春梅 , 王权 , 等 .2016. 基于铱星增强北斗定位系统的分析 . 第七届中国卫星导航学术年会 , 长沙 .

张小红 , 马福建 .2019. 低轨导航增强 GNSS 发展综述 . 测绘学报 , 48（9）: 1073-1087.

张紫璇 , 黄劲安 , 蔡子华 .2019. 5G 通信定位一体化网络发展趋势探析 . 广东通信技术 , 39（2）: 41-45, 70.

赵超 , 刘春保 .2019. 美国 GPS 系统未来发展浅析 . 国际太空 , 4（12）: 16-21.

甄卫民 , 丁长春 .2019. 陆基远程和超远程无线电导航系统发展现状与趋势 . 全球定位系统 , 44（1）: 10-15.

Ananda M P, Bernstein H, Cunningham W A, et al.1990. Global positioning system（GPS）autonomous navigation. Location and Navigation Symposium. In Proceedings of IEEE Position, Las Vegas.

Andreu M A. 2002. Dynamic in the center manifold around L2 in quasi-bicircular problem. Celestial Mechanics and Dynamical Astronomy, 84(2): 105-133.

Andreu M A, Simo C. 1997. Translunar halo orbits in the quasi-bicircular problem. NATO ASI: 309-314.

Antipolis S.2000. UE positioning enhancements. Valbonne: France Rep 3GPP TR.

Antipolis S. 2001. Position determination service standard for dual mode spread spectrum systems. Valbonne: France Rep 3GPP TS.

Antipolis S.2005. Stage 2 functional specification of user equipment（UE）positioning in E-UTRAN. Valbonne: France Rep 3GPP TS.

Antipolis S.2010. Stage 2 functional specification of UE positioning in UTRAN. Valbonne: France Rep 3GPP TS.

Bhasin K, Hayden J. 2004. Developing architectures and technologies for an evolvable NASA space communication infrastructure. 22 AIAA International Communication Satellite Systems Conference and Exhibit, Monterey.

Bobrov V.2002. GNSS Cost-Benefit Optimisation by Its Integration with TDRSS and using innovative Minimax Estimate Approach. 15th International Technical Meeting of the Satellite Division of the Institute of Navigation, Portland.

Chow C C , Villac B F.2015. Mapping autonomous constellation design spaces using numerical constellation. Journal of Guidance, Control, and Dynamics, 35（5）: 1426-1434.

Circi C , Romagnoli D, Fumenti F.2014. Halo orbit dynamics and properties for a lunar global positioning system design. Monthly Notices of the Royal Astronomical Society, 442（4）: 3500-3527.

Farley T. 2005. Mobile telephone history. Telektronikk, 101（3/4）: 22.

Farquhar R, Kamel A. 1973.Quasi-periodic orbit about the translunar libration. Celestial Mech, 7: 458-473.

Fisher S C, Ghassemi K. 1999. GPS IIF-the next generation. Proceedings of the IEEE, 87（1）: 24-47.

Folta D, Sweetser T. 2011.ARTEMIS mission overview: from concept to operations. AIAA/AAS Astrodynamics Specialist Conference, Girdwood.

Folta D C, Pavlak T A, Howell K C, et al. 2010. Stationkeeping of lissajous trajectories in the earth-moon system with applications to ARTEMIS. 20th AAS/AIAA Space Flight Mechanics Meeting, San Diego.

Hammfahr J, Hornbostel A, Hahn J, et al. 1999.Using of two-directional link techniques for determination of the satellite state for GNSS-2. Proceedings of 1999 National Technical Meeting & 19th Biennial Guidance Test Symposium, San Diego.

Hénon M. 1965. Exploration numérique du problème restreint. Masses égales, stabilité des orbites périodiques, Annales d' Astrophysique, 28(6): 992-1007.

Hill K A. 2007. Autonomous navigation in libration point orbits. Boulder: University of Colorado at Boulder.

Hill K A, Born G H. 2007.Autonomous interplanetary orbit determination using satellite-to-satellite tracking. Journal of Guidance, Control, and Dynamics, 30（3）: 679-686.

Hill K A, Born G H.2008. Autonomous orbit determination from lunar halo orbits using crosslink range. Journal of Spacecraft and rockets, 45（3）: 548-553.

Howell K C.1984. Three-dimensional periodic "Halo" orbits. Celestial Mechanics, 32(1): 53-71.

Hugentobler U, Jäggi A, Schaer S, et al. 2005.Combined processing of GPS data from ground station and LEO receivers in a global solution, a window on the future of geodesy. Berlin : Springer .

Ignatovich E J, Schekutiev A F.2006. Research-analysis of opportunities of GNSS GLONASS ephemerides-time maintenance modernization using intersatellite measurement system.

Petersburg International Conference on the Integrate Navigation Systems, Petersburg .

Jade Morton J T, Fank V D, James J, et al.2020. Position, navigation, and timing technologies in the 21st century. Integrated Satellite Navigation, Sensor Systems, and Civil Applications, 2: 1359-1414.

Jorba A , Masdemont J.1999.Dynamics in the center manifold of the collinear points of the restricted three body problem . Physica D, 132: 189-213.

Kulkami T R, Dhame A, Mortari D. 2005. Communication architecture and technologies for missions to Moon, Mars and beyond. 1st Space Exploration Conference: Continuing the Voyage of Discovery, Orlando.

Li X X, Ma F J, Li X, et al. 2019. LEO constellation-augmented multiGNSS for rapid PPP convergence. Journal of Geodesy, 93（1）: 749-764.

Lovell M S. 2007.The Lagrange points.Physics Education , 42 (3): 262 .

Menn M D, Bernstein H.1994. Ephemeris observability issues in the global positioning system（GPS）autonomous navigation（AUTONAV）, Proceedings of 1994 IEEE Position, Location and Navigation symposium, Las Vegas.

Moeglein M, Krasner N. 1998. An introduction to SnapTrack serveraided GPS technology. Proceedings of the 11th International Technical Meeting of the Satellite Division of the Institute of Navigation, Nashville .

Mondelo J M. 2001.Contribution to the study of fourier methods for quasi-periodic functions and the vicinity of the collinear libration points . Barcelona : Barcelona University.

Moulton F. 1920. Periodic Orbits. Washington D C: Carnegie Institute of Washington.

Peral-Rosado J A, Raulefs R, López-Salcedo J A, et al. 2018.Survey of cellular mobile radio localization methods: from 1G to 5G. IEEE Communications Surveys & Tutorials, 20: 1124-1148.

Rajan J A, Brodie P, Rawicz H.2003. Modernizing GPS autonomous navigation with anchor capability. ION GPS/GNSS 2003, 9-12, Portland.

Richardson D, Cary N A , 1975.Uniformly valid solution for motion about the interior. Astrodynamics Conference, Nassau.

Szeehely V. 1967 .Theory of Orbits: The Restricted Problem of Three Bodies. New York: Academic Press.

Tan Z , Qin H, Cong L, et al. 2019 .New method for positioning using IRIDIUM satellite signals of opportunity. IEEE Access,（7）: 83412-83423.

Wolf R. 2000. Satellite orbit and ephemeris determination using inter satellite links. Munchen: University of Munchen.

Yan D, Song W, Wang X, et al.2019.Review of development status of indoor location technology in China.Journal of Navigation and Positioning, 7（4）: 5-12.

Zagouras C, Kazantzis P. 1979.Three-dimensional periodic oscillations generating from plane periodic ones around the collinear lagragian points. Astrophysics and Space Science, 62(2): 389-409.

Zhao Q, Wang C, Guo J, et al. 2017.Enhanced orbit determination for BeiDou satellites with FengYun-3C onboard GNSS data. Gps Solutions , 21（3）: 1179-1190.

Zhu S, Neumayer K H, Massmann F H, et al.2003. Impact of Different Data Combinations on the CHAMP Orbit Determination, First CHAMP Mission Results for Gravity, Magnetic and Atmospheric Studies. Berlin: Springer .

Zhu S, Reigber C, König R.2004. Integrated adjustment of CHAMP, GRACE, and GPS data. Journal of Geodesy, 78（1-2）: 103-108.

第四章 惯性导航技术

惯性导航技术利用陀螺仪和加速度计测量载体相对惯性空间的角速度和线加速度，并自主推算载体的姿态、速度和位置等信息，具有不依赖外界信息、不向外界辐射能量、不受干扰、隐蔽性好、可连续工作等特点，是现代精确导航、制导与控制系统实现快速精确制导与控制的核心技术。

第一节 科学意义与战略价值

惯性导航技术综合了数学、光学、力学、电子学、材料学等学科和精密机械、自动控制、计算机等技术，对武器系统实施精确打击具有不可替代的作用，是衡量一个国家尖端技术水平的重要标志之一（宋海凌等，2012）。科技的进步支撑着惯性传感器技术的进步，进一步推动惯性导航技术在更大领域获得广泛应用。惯性导航技术独特的优势是其他导航技术所不具备的，除军事应用以外，惯性导航技术在石油钻井、地质勘探、隧道工程、智能交通、大地测量、机器人、医疗设备等民用领域均获得了广泛应用（王巍，2013）。

惯性导航系统以陀螺仪和加速度计为敏感元件，实时测量载体的角速度和线加速度，根据陀螺仪的输出建立导航坐标系，根据加速度计的输出并结合初始运动状态，经过运算得到载体的瞬时三维速度、位置、航向和姿态信息。根据构建导航坐标系方法和途径的不同，惯性导航系统可分为平台式惯性导航系统和捷联式惯性导航系统（秦永元，2019）。平台式惯性导航系统采用物理平台模拟导航坐标系，导航计算比较简单，优点是系统精度较高，缺点是成本高、体积大、可靠性低、维护不便；捷联式惯性导航系统采用数学算法确定导航坐标系，结构简单、体积小、成本低、可靠性高、维护方便，但对导航计算机的速度与容量要求较高。平台式惯性导航系统和捷联式惯性导航系统的主要区别如下：①陀螺仪测量角速度范围不同；②惯性器件（陀螺仪和加速度计）的工作环境不同，动态误差和静态误差的补偿要求不同（邓志红等，2018）。

第二节　现状及其形成

惯性导航技术经历了漫长的发展历程，取得了飞速发展。由于陀螺仪构成了惯性导航系统的核心部件，因此陀螺仪技术始终是惯性导航技术发展的重要标志。从1908第一台陀螺罗经诞生并应用到航海领域开始，陀螺仪始终向着提高精度、减小体积和降低成本的方向发展。惯性导航技术发展进程中的重大事件（王巍，2013）如表4-1所示。

表4-1　惯性导航技术发展进程中的重大事件

时间	重大事件
1687年	牛顿（Newton）提出了力学三大定律，奠定了惯性导航技术的理论基础
1765年	欧拉（Euler）发表了刚体绕定点运动的理论，奠定了转子陀螺仪的理论基础
1835年	科里奥利（Coriolis）提出哥氏定理，奠定了振动陀螺仪的理论基础
1852年	傅科（Foucault）提出陀螺仪的定义、原理及应用设想，并利用转子陀螺仪验证了地球自转现象

续表

时间	重大事件
1890 年	英国科学家布莱恩（Bryan）提出半球谐振陀螺仪理论
1905 年	爱因斯坦（Einstein）提出狭义相对论
1908 年	安修茨（Anschutz）研制成功第一台摆式陀螺罗经
1913 年	萨尼亚克（Sagnac）发现 Sagnac 效应
1923 年	舒拉（Schuler）发现舒拉调谐原理，奠定了现代惯性导航系统的理论基础
1942 年	德国在 V-2 导弹上实现简易惯性制导
1946 年	英国皇家航空研究院提出挠性支承的概念，奠定了挠性陀螺仪的基础
1958 年	美国 Nautilus 号潜艇依靠惯性导航系统成功在水下行驶 21 天并穿越北冰洋
1959 年	美国利顿（Litton）公司研制成功液浮陀螺仪，并用于飞机与舰船惯性导航系统
1961 年	第一台 He-Ne 气体激光器问世
1963 年	激光陀螺仪诞生
1968 年	美国 Autonetic 公司研制成功动压支承陀螺仪，精度达到 5×10^{-3} °/h
1969 年	液浮捷联式惯性导航系统应用于美国阿波罗 13 号飞船，并逐步得到广泛应用
1971 年	博兹（Bortz）和乔丹（Jordan）首次提出等效旋转矢量姿态更新算法，为捷联式惯性导航系统的姿态更新多子样算法提供了理论依据
1976 年	美国犹他（Utah）大学的瓦利（Vali）和肖特希尔（Shorthill）首次完成光纤陀螺实验演示
1978 年	美国麦克唐纳·道格拉斯公司研制成功第一个实用化光纤陀螺仪
1980 年前后	激光陀螺惯性导航系统投入使用并批量生产，基于哥氏效应原理的 MEMS 陀螺仪得到迅速发展
1990 年前后	光纤陀螺惯性导航系统投入使用，最优数据滤波理论及算法不断改进，为惯性组合系统实现最佳数据融合创造了条件
2000 年前后	光学陀螺仪实现批量生产，MEMS 惯性器件投入使用，微光机电系统（micro-optic-electro-mechanical system，MOEMS）陀螺仪、原子陀螺仪等新型陀螺仪突破关键技术
2017 年	光纤陀螺仪实现 1×10^{-3} °/h 的高精度产品
2018 年	法国 SAFRAN 公司的半球谐振陀螺仪已达到光学陀螺仪的性能（薛连莉等，2020）

从转子陀螺仪发展到固态陀螺仪，陀螺仪的种类多样、形态各异，可按不同标准进行分类。按照工作原理，陀螺仪分为机械转子陀螺仪、振动陀螺仪和光学陀螺仪。机械转子陀螺仪包括液浮陀螺仪、气浮陀螺仪、磁悬浮陀螺仪、挠性陀螺仪（或称动力调谐陀螺仪）、静电陀螺仪和超导陀螺仪；振动陀螺仪包括半球谐振陀螺仪、音叉振动陀螺仪、压电振动陀螺仪和微机电陀

螺仪；光学陀螺仪包括激光陀螺仪、光纤陀螺仪和微光机电系统陀螺仪。按照自转轴具有的转动自由度数目，陀螺仪可分为单自由度陀螺仪和二自由度陀螺仪。单自由度陀螺仪只能垂直于自转轴转动，二自由度陀螺仪除了绕自转轴转动外，还可以绕与自转轴相互正交的两轴转动（毛奔等，2008）。

尽管惯性导航技术发展的各阶段之间并无明显界线，但是依据不同类型陀螺仪理论建立和出现的时间顺序，仍然可将惯性导航技术的发展划分为四代（张志勇，2019；任赐杰，2019）。

1930年以前的惯性导航技术通常称为第一代惯性导航技术，其理论基础是牛顿力学定律，并奠定了惯性导航技术发展的基础；1852年傅科提出陀螺仪的概念、原理及应用设想；第一台摆式陀螺罗经于1908年由安修茨研制成功；1923年舒拉发现舒拉调谐原理，现代惯性导航系统的理论基础由此奠定（翟羽婧等，2018；张炎华等，2008）。

20世纪40年代出现第二代惯性导航技术，研究内容从惯性器件技术扩展到惯性导航系统应用。1942年，德国在V-2导弹上首次成功应用惯性制导，1946年英国皇家航空研究院提出挠性支承的概念，50年代后期漂移为0.5 n mile/h的单自由度液浮陀螺平台惯性导航系统研制成功，并得到应用；1968年，漂移为5×10^{-3}°/h的动压支承陀螺仪研制成功；同时期，加速度计出现。此时，惯性导航系统使用的传感器是浮子式陀螺仪和摆式加速度计，系统精度高、种类多、结构相对复杂。为减少支承的摩擦与干扰，液浮、气浮、磁悬浮、挠性和静电等支承技术得到运用。1960年，激光技术出现，激光陀螺仪得到发展，捷联式惯性导航理论趋于完善。

20世纪70年代初期出现第三代惯性导航技术，惯性导航系统的性能进一步提高，并通过多种途径得到推广和应用。这一时期的主要陀螺仪包括动力调谐陀螺仪、静电陀螺仪、激光陀螺仪和光纤陀螺仪等。此外，超导体陀螺仪、粒子陀螺仪、音叉振动陀螺仪、流体转子陀螺仪等固态陀螺仪相继出现。20世纪80年代，伴随着半导体工艺的成熟，MEMS惯性器件出现。

当前的惯性导航技术处于第四代，低成本、高精度、高可靠性、小型化、数字化和应用领域更加广泛是其发展目标。随着传感器等相关技术的进步，陀螺仪的精度不断提高，漂移最高可达10^{-6}°/h。激光、光纤和MEMS等固态陀螺仪逐渐成熟，以及计算机技术飞速发展和计算理论日益完善，捷联式惯性导航系统的优势日益明显，并在低成本和中精度惯性导航系统中呈现出取代平台式惯性导航系统的趋势。惯性导航技术的简要发展历程（任赐杰，2019；张炎华等，2008）如图 4-1 所示。

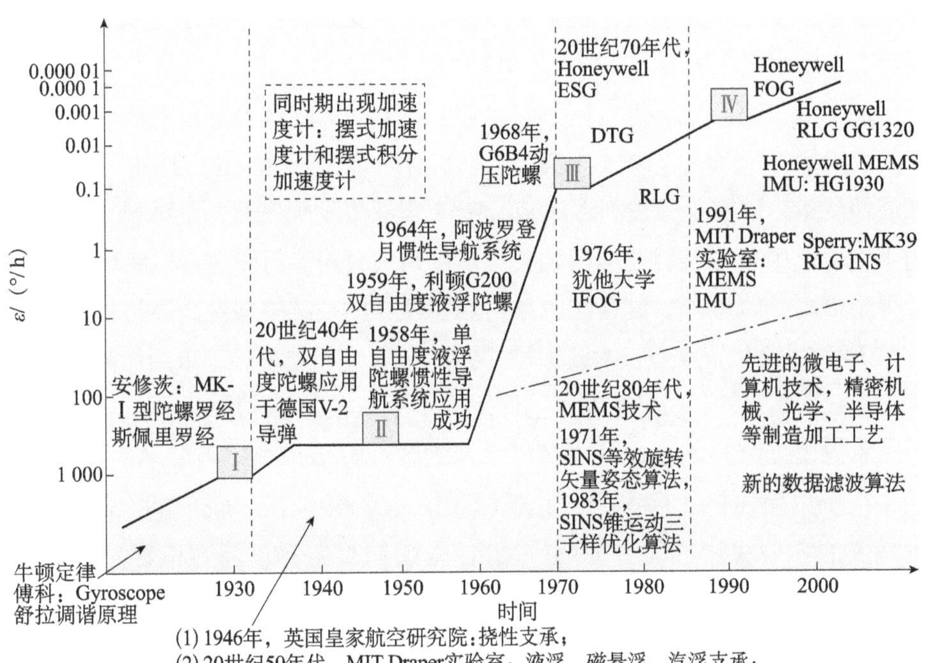

图 4-1　惯性导航技术的简要发展历程

一、陀螺仪的发展现状

（一）机械转子陀螺

1. 液浮陀螺仪

液浮陀螺仪发展较早，已在舰船陀螺罗经和惯性导航系统中得到广泛应用。液浮陀螺仪依靠液体浮力抵消陀螺组件的重力，从而降低支承轴的摩擦力，漂移误差得以缩小。液浮陀螺仪具有可靠性好、精度高、环境适应性强等优点，缺点是结构复杂、生产成本高（高钟毓，2012）。按自转轴相对壳体的转动自由度，液浮陀螺仪分为单自由度陀螺仪和二自由度陀螺仪；按采用的悬浮支承类型，分为液浮陀螺仪、两浮陀螺仪（采用动压气浮支承转子、液浮支承框架）和三浮陀螺仪（采用动压气浮支承转子、液浮支承框架、磁悬浮实现轴承定中）（邓志红等，2018）。

20世纪40年代中期，液浮陀螺仪由MIT Draper实验室研制成功，并用于舰船火炮控制系统。1948年液浮速率积分陀螺仪研制成功，1950年液浮陀螺惯性测量组件在美国被制造出来，1954年液浮陀螺惯性导航系统在飞机上试飞成功，1956年液浮陀螺仪的关键零件用铍材料进行制造，陀螺仪的稳定性得到提高。1958年，配备了液浮陀螺惯性导航系统的核潜艇进行了深海远航，历经21天位置误差仅为几海里。60年代，陀螺电机转子采用气体动压轴承，降低了噪声，延长了陀螺仪的使用寿命（邓志红等，2018）。

单自由度液浮陀螺仪是高精度平台式惯性导航系统应用最多的陀螺仪，主要用于军用飞机、远程导弹、舰船和潜艇等载体中。国外单自由度液浮陀螺仪的零偏稳定性优于1×10^{-3}°/h，采用铍材料浮子后零偏稳定性优于5×10^{-4}°/h。二自由度液浮陀螺仪在中等精度的平台罗经、航姿系统、飞船、导弹及卫星中得到广泛应用。三浮陀螺仪的寿命长，特别适用于战略武器和航天领域。美国远程导弹制导中三浮陀螺仪的零偏稳定性优于1.5×10^{-5}°/h。受制造工艺和生产成本等因素的影响，新型陀螺仪正逐步替代浮子陀螺仪的应用领域（王巍，2013；毛奔等，2008）。

20世纪50年代，我国开始研制液浮陀螺仪，历经半个世纪实现了从无到有、从低精度到高精度的跨越式发展。受材料和工艺等条件的约束，液浮陀螺仪的性能离国际先进水平仍有不小差距，还需从材料工艺、支承方式、温控及液浮等方面来提高性能。目前，我国自主研制的液浮陀螺仪广泛应用于海基、陆基、空基、天基的导航、制导与稳定系统中（邓志红等，2018）。

2. 挠性陀螺仪

挠性陀螺仪是采用挠性支承的自由转子陀螺仪，具有体积小、重量轻、结构简单、精度高、功耗小、成本低、寿命长、启动快、抗冲击能力强、适于批量生产等特点。1946年，挠性支承的概念由英国皇家航空研究院提出

（邓志红等，2018）。利用没有摩擦的高弹性挠性支承为陀螺转子提供转动自由度，既避免了没有规律的干摩擦，又具有一定强度可以承受冲击和扰动所产生的应力（秦永元，2019）。挠性陀螺仪的结构有细颈式、动力调谐式及多框架式等（高钟毓，2012）。早期的挠性支承采用细颈结构，但未得到广泛应用。工程上应用较多的动力调谐陀螺仪通过挠性接头连接陀螺转子和驱动轴，转子相对支承体的运动仅引起扭转角变形，精度得到大幅度提高。此外，动力调谐陀螺仪的陀螺转子是一个无约束的自由转子，实现了动力调谐功能（邓志红等，2018）。国外动力调谐陀螺仪的随机漂移优于 1×10^{-3}°/h（王巍，2013）。由于具有突出的技术优势，在今后相当长的时期内，动力调谐陀螺仪将广泛应用于航天、航海、航空、陆用车辆、大地测量和石油钻井等领域。

3. 静电陀螺仪

静电陀螺仪是在超高真空环境中利用静电引力将金属球形转子悬浮起来高速旋转的一种自由转子陀螺仪。采用静电支承取代机械框架结构，对陀螺仪不施加任何控制力矩，静电陀螺仪工作时处于理想的自由陀螺状态。静电陀螺仪是目前精度最高的陀螺仪，随机漂移达到 1×10^{-7}°/h，耐加速度能力 $\leqslant$ 10 g，典型精度在 1×10^{-5}～1×10^{-4}°/h 量级，主要用于潜艇等低动态载体的长时间全自主惯性系统，以及卫星重力测量、无拖曳卫星控制、精密大地测量和空间科学实验等（邓志红等，2018）。静电陀螺仪还未在宇航领域得到应用，其工作原理使其在失重条件下工作十分有效，预计在宇航领域的应用将简化航天器的定位系统（姜璐等，2004）。

静电陀螺仪的概念由美国伊利诺伊大学诺尔西克教授于 1954 年提出。1955 年，美国海军正式立项研制静电陀螺仪，加入该项目的组织有霍尼韦尔（Honeywell）公司、美国无线电制造商协会（American Radio Manufacturers Association，ARMA）、通用电气（General Electric）公司和罗克韦尔（Rockwell）公司的 Autonetics 分公司，只有 Honeywell 公司和 Autonetics 分公司实现了导航产品。1974 年，Autonetics 分公司研制的静电陀螺监视器用于监控舰船导航系统，提高了潜艇导航精度，增加了水下续航时间。1990 年，美国静电陀螺导航系统的重调时间为 14 d，可靠性达到 4000 h，随机漂移优于 1×10^{-4}°/h，保证了核潜艇能够长时间水下隐蔽航行，同时为导弹提供了高精度的速度、位置、航向和姿态信息（唐洪亮等，2009）。

我国于1965年开始研制静电陀螺仪，1969年第一台玻璃钟罩的静电陀螺仪样机研制成功，1981年静电陀螺仪正式列入国防科学技术工业委员会预研计划（唐洪亮等，2009）。2006年，我国研制成功具有自主知识产权的静电陀螺仪工程样机，随机漂移优于1×10^{-4}°/h，成为继美国和法国之后第三个拥有静电陀螺仪的国家。目前，静电陀螺仪的精度优于1×10^{-5}°/h，最高精度达到3×10^{-6}°/h。

4. 超导陀螺仪

超导陀螺仪利用超导体在低温超导态下出现的抗磁性产生支承力使转子悬浮在球形支承的中心，是一种机械转子陀螺仪。与静电陀螺仪的悬浮原理不同，超导陀螺仪利用磁悬浮排斥力使转子悬浮，其关键技术之一是精确控制转子使之位于中心位置（朱炼等，2014）。超导陀螺仪结构简单，具有广阔的发展前景，但需要解决超导材料本身的一些关键技术，如更高的转变温度和临界场强，以及没有俘获磁通量的趋势等问题，因而其至今尚未得到实际应用（毛奔等，2008）。

（二）光学陀螺仪

建立在量子力学基础上的光学陀螺仪包括激光陀螺仪（ring laser gyro，RLG）、光纤陀螺仪（fiber optic gyro，FOG）和MOEMS陀螺仪，工作原理均是Sagnac效应（毛奔等，2008）。光学陀螺仪发展至今日趋成熟和完善，精度不断提高，体积和成本不断下降，应用领域不断拓展，在陆、海、空、天等多个领域占据主导地位，是构建捷联式惯性导航系统的理想传感器。

1. 激光陀螺仪

光学陀螺仪的概念于1897年由英国物理学家洛奇（Lodge）提出。1913年，法国物理学家萨尼亚克（Sagnac）发现了Sagnac效应。1960年，第一台激光器问世。1963年，美国Sperry公司的环形激光陀螺仪测得50°/h的转动速度（邓志红等，2018）。1975年，美国霍尼韦尔公司研制成功机械抖动偏频激光陀螺仪，激光陀螺捷联式惯性导航系统进入实用阶段，之后无机械抖动的四频差动激光陀螺仪在美国研制成功（郑宏伟等，2014；查峰等，2011）。

与机械转子陀螺仪相比，激光陀螺仪具有精度高、动态范围宽、可靠性高、寿命长、启动快、标度因数线性度好、环境适应性强等优点，不足之处是在低速时存在闭锁现象，已逐步在飞机和火箭等领域替代了转子陀螺仪，并在航空航天和其他高端导航战略应用领域得到了广泛应用。典型产品有美国诺斯洛普·格鲁曼公司（Northrop Grumman Corporation，简称诺格公司）的 MK39/MK49 激光陀螺捷联式惯性导航系统和法国 IXSea 公司的 PHINS、MARINS 光纤陀螺捷联式惯性导航系统，定位精度分别为 0.6 n mile/h 和 1 n mile/24 h（叶松，2018；王巍，2013）。目前，激光陀螺仪的零偏稳定性达到 1.5×10^{-4}°/h（沈玉芃等，2021）。美国霍尼韦尔公司是激光陀螺仪研究的先驱，长期以来一直领跑激光陀螺仪领域，并以技术发展为基础形成 GG1308、GG1320、GG1342 和 GG1389 系列产品。2017 年美国诺格公司为美国海军研制的自用型 AN/WSN-7 惯性导航系统，采用霍尼韦尔公司的 GG1342 型激光陀螺仪，定位精度达到每 1 n mile/14 d（薛连莉等，2018）。2019 年，美国陆军战术先进地面惯性导航装置 TALIN5000 采用霍尼韦尔公司的环形激光陀螺仪和加速度计，提供 GPS 拒止环境下的惯性导航（薛连莉等，2020）。国外重点关注的是激光陀螺仪的小型化，2020 年美国加州理工学院研发了可测量地球自转角速度的芯片基环激光陀螺仪，零偏稳定性为 3.6°/h，角度随机游走为 $0.068°/\sqrt{\text{h}}$，这是芯片级光学陀螺仪的里程碑（薛连莉等，2021）。

我国激光陀螺仪的核心性能指标和制造能力与美国、法国和俄罗斯等国家已处于同一水平，但在寿命、可靠性、长期稳定性、高精度动态应用性能等方面还存在一定差距。目前，1×10^{-2}°/h 精度的激光陀螺仪已实现批量生产，在中等精度应用领域已完全取代转子陀螺仪；1×10^{-3}°/h 精度的激光陀螺仪在高精度应用领域占据主导位置，激光陀螺惯性导航系统是导弹和陆用战车等武器的重要选择。

2. 光纤陀螺仪

按工作原理和结构划分，光纤陀螺仪主要分为干涉式光纤陀螺仪、谐振式光纤陀螺仪和受激布里渊散射光纤陀螺仪（薛连莉等，2021；邓志红等，2018）。除具有激光陀螺仪的优点外，光纤陀螺仪轻型的固态结构带来了独特的技术优势：灵敏度高、体积小、重量轻、功耗低、寿命长、可靠性高、动态范围大、启动时间短和集成可靠等。在光电元件和组装工艺不变的情况下，通过改变光纤敏感线圈的长度或直径，光纤陀螺仪的性能可以满足很多特殊应用要求，因而大大降低了结构的复杂性和生产成本。

1976 年，美国犹他大学的瓦利和肖特希尔首次提出光纤陀螺仪的概念，并进行了实验演示（邓志红等，2018）。1978 年，美国麦克唐纳・道格拉斯公司研制成功第一个实用化光纤陀螺仪。1996 年，光纤陀螺仪进入工程应用阶段。截至 2017 年，主流研究机构的光纤陀螺仪均已实现 1×10^{-3}°/h 的高精度产品（冯文帅，2018）。同年，美国霍尼韦尔公司的系列干涉型光纤陀螺仪的零偏稳定性达到 1×10^{-4}～1×10^{-3}°/h，宇航用光纤陀螺仪的零偏稳定性达到 2×10^{-4}～6×10^{-4}°/h（薛连莉等，2018）。2018 年，美国霍尼韦尔公司的谐振式光纤陀螺仪研究取得重要进展，最新产品的长期零偏稳定性达到 7×10^{-3}°/h（薛连莉等，2019）。2019 年，法国 iXblue 公司的 MARINS M11 光纤陀螺惯性导航系统的定位精度达到 1 n mile/15 d（薛连莉等，2020）。2020 年，美国诺格公司的 LN-200S 惯性测量单元将为 NASA 喷气推进实验室的毅力号火星探测器提供长寿命的惯性导航服务。法国 iXblue 公司的新型惯性导航系统 Atlans A9 的定位精度达到 0.01 m（沈玉芃等，2021），满足全系列陆地和空中移动测绘应用需求。美国 KVH 通信公司基于光子集成芯片的 P-1775 惯性测量单元已集成到下一代运载火箭中，基于光纤陀螺仪的 TACNAV 导航系统为坦克、装甲车等提供无干扰的惯性导航服务（薛连莉等，2021）。当前光纤陀螺仪的零偏稳定性优于 3×10^{-5}°/h（沈玉芃等，2021），性能和成本优势已超过激光陀螺仪，并与激光陀螺仪形成相互补充、竞争的态势，用于战略导弹、飞船导航和战略潜艇等领域。在空间飞行器和舰船等高精度应用领域，光纤陀螺仪有独特的应用优势，正逐步代替激光陀螺仪（冯文帅，2018）。光子晶体光纤和聚合物材料等新材料、新技术的应用正在推动光纤陀螺仪向高精度、小型化方向发展（王巍，2013）。未来光纤陀螺仪在战略级高精度应用领域也将占据重要位置，进而逐步取代静电陀螺仪。

我国从 20 世纪 80 年代开始研制光纤陀螺仪，目前基于 1×10^{-3}°/h 光纤陀螺仪的惯性导航系统已经基本具备工程化条件，基于 2×10^{-3}°/h 光纤陀螺仪的惯性导航系统已经进行多发飞行实验。机载捷联式惯性导航系统的定位精度优于 0.3 n mile/h（50%CEP[①]），采用旋转调制技术的混合式惯性导航系统工程样机的定位精度优于 0.01 n mile/h（50%CEP），定位精度为 0.1 n mile/h 的惯性导航系统已用于型号项目。我国干涉式光纤陀螺仪的精度与美国、法国和俄罗斯的产品无明显差别，10^{-4}°/h 量级光纤陀螺仪尚处于实验室样机阶段，最高精度优于 8×10^{-5}°/h。光纤陀螺仪和光纤陀螺惯性导航系统在产品的成熟度、长期稳定性方面与国外产品存在差距。

3. MOEMS 陀螺仪

MOEMS 陀螺仪是利用 MEMS 工艺把微光学元件、电子元件和机械装置有机集成的惯性器件。集成光学陀螺仪和光子晶体光纤陀螺仪是两种典型的 MOEMS 陀螺仪。集成光学陀螺仪的各个光学元件没有活动部件连接，利用成熟的半导体工艺制作降低了成本，可实现批量生产，在导弹、飞机、机器人、车辆控制、汽车传动系统的测量与控制等领域具有广泛应用。光子晶体光纤陀螺仪利用微纳米加工工艺实现一体化加工，在实现微型化和集成化的同时提高了陀螺性能。与激光陀螺仪和光纤陀螺仪相比，MOEMS 陀螺仪具有体积小、重量轻、微型化和集成化等优势；与 MEMS 惯性器件相比，MOEMS 陀螺仪具有无运动部件、灵敏度高、抗电磁干扰能力强和不需要真空封装的特点，可在一些恶劣环境下使用（邓志红等，2018）。MOEMS 陀螺仪的技术关键是实现高质量的微型激光谐振腔。

（三）振动陀螺仪

振动陀螺仪利用高频振动的质量在被基座带动旋转时产生的哥氏效应感应角运动，是经典力学理论与近代科技相结合产生的一种新型陀螺仪。壳体谐振陀螺仪、压电振动陀螺仪、音叉振动陀螺仪和 MEMS 陀螺仪等都属于振动陀螺仪（邓志红等，2018）。由于没有高速旋转转子的支承系统，振动陀螺仪具有结构简单、体积小、成本低和可靠性高等优点（毛奔等，2008）。

1. 半球谐振陀螺仪

半球谐振陀螺仪属于壳体振动陀螺仪，利用弹性驻波的惯性效应测量角速度，测量原理如图 4-2 所示（潘瑶等，2017）。半球谐振陀螺仪具有结构简

① CEP表示圆概率误差（circular error probable）。

单、体积小、重量轻、精度高、寿命长、可靠性高、启动时间短、抗辐射和抗电磁干扰等优点，连续工作 15 年的可靠性高达 99.5%，适于在空间飞行器和战略武器中使用（邓志红等，2018；潘瑶等，2017），在同等精度陀螺仪中具有重量和体积优势，已逐步在航空、航海和空间等领域开展应用，成为近期惯性导航技术领域的研究热点之一（薛连莉等，2020）。

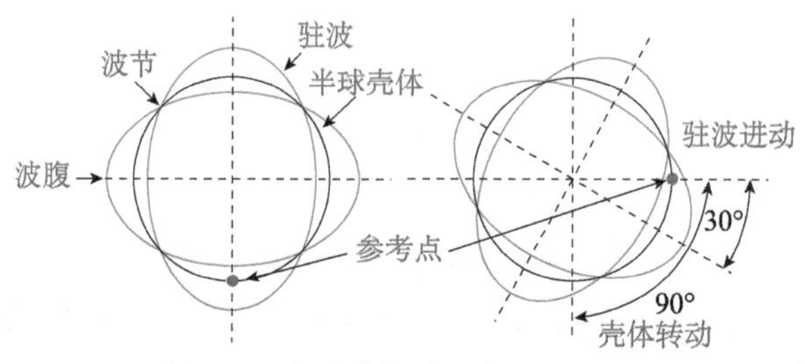

图 4-2　半球谐振陀螺仪测量原理

1890 年，英国科学家布莱恩发现，当轴对称壳体绕中心轴旋转时，环向振型相对壳体进动，而不再相对壳体静止，这是半球谐振陀螺仪的理论基础。半球谐振陀螺仪从 20 世纪 60 年代开始制造，直到 80 年代才由美国 Delco 公司研制成功（邓志红等，2018）。当前半球谐振陀螺仪的研究工作主要集中在美国、俄罗斯和法国。美国诺格公司研制的 Hubble 半球谐振陀螺仪，角度随机游走为 $1\times10^{-5}\circ/\sqrt{\mathrm{h}}$，零偏稳定性为 $8\times10^{-5}\circ/\mathrm{h}$，是公开报道精度最高的产品（翟羽婧等，2018）。2018 年，法国赛峰公司的半球谐振陀螺仪在 2000 h 内零偏稳定性优于 $1\times10^{-4}\circ/\mathrm{h}$（薛连莉等，2019），角度随机游走为 $2\times10^{-4}\circ/\sqrt{\mathrm{h}}$，比例因子稳定度为 1×10^{-7}（翟羽婧等，2018），已经达到光学陀螺仪的性能，且尺寸更小、质量更轻、功耗更低、可靠性更高。2019 年，法国赛峰公司具备了 5×10^{-4}～$5\times10^{-3}\circ/\mathrm{h}$ 范围半球谐振陀螺仪的量产能力。基于半球谐振陀螺仪的 Space Naute 惯性参考系统已被欧洲 Ariane 6 太空发射器选用，Sterna 超轻寻北仪 100 s 内实现快速寻北，精度优于 0.7 mil[①]，用于士兵指向和便携式系统（薛连莉等，2020）。美国和法国是半球谐振陀螺仪的最大供货商，其陀螺仪的零偏稳定性优于 $1\times10^{-4}\circ/\mathrm{h}$（沈玉芃等，2021），产品广泛应用于空间飞行器、水面舰艇和制导武器等，精度比我国产品高出 1 个数量级，且突

① 1 mil≈1×10^{-3}rad。

破了半球谐振陀螺仪的加工、修调等关键技术，成品率和产能都远高于国内水平。

20 世纪 80 年代我国多所研究机构开始半球谐振陀螺仪研究，2002 年研制成功力平衡模式半球谐振陀螺仪样机，2012 年半球谐振陀螺姿态控制系统完成为期 2 年的空间卫星飞行实验，2015 年长寿命高可靠半球谐振陀螺仪通过国家 863 计划项目验收，零偏稳定性达到 1.6×10^{-3}° /h。经过多年的技术攻关，我国实现了半球谐振陀螺惯性导航系统的自主研发，2018 年在通信技术实验卫星中成功首飞（帅鹏等，2018；潘瑶等，2017）。

微半球谐振陀螺仪是基于 MEMS 工艺实现角速度或角度信号测量的新型振动式陀螺仪。目前，微半球谐振陀螺仪技术的研究处于起步阶段，高精度谐振结构制造是重点研究内容。2011 年，美国 DARPA 启动微 PNT 项目，作为高性能陀螺仪技术之一，微半球谐振陀螺仪技术获得重点资助（石岩等，2019）。目前，美国密歇根大学研制的微半球谐振陀螺仪，陀螺直径为 1 cm，Q 值为 520 万，零偏稳定性为 1.4×10^{-3}° /h。美国加利福尼亚大学欧文分校研制的双壳微谐振器 Q 值远高于 100 万（沈玉芃等，2021）。2018 年，我国国防科技大学制造了带灵敏度放大结构的微型壳体谐振结构。2019 年，微半球谐振陀螺仪样机的量程达到 ±200° /s，在常温下零偏稳定性为 0.46° /h，是国内精度最高的微半球谐振陀螺仪（石岩等，2019）。

2. MEMS 陀螺仪

20 世纪 80 年代，采用微机械结构和控制电路工艺的 MEMS 陀螺仪研制成功，并受到越来越多的关注。MEMS 陀螺仪具有体积小、重量轻、功耗小、成本低和可靠性高等特点，零偏稳定性覆盖了 0.01～500° /h，在汽车、消费电子和精确制导弹药等领域得到广泛应用，是近期惯性导航技术领域重要的研究热点之一（薛连莉等，2020）。

MEMS 陀螺仪主要分为线振动型陀螺仪和谐振环型陀螺仪（卞玉民等，2019）。线振动型陀螺仪一般分为石英音叉陀螺仪和硅微机械陀螺仪，能满足很多场合的应用要求，但需要进一步提高性能才能达到导航级要求。硅微机械陀螺仪经补偿后零偏稳定性优于 1～10° /h，适应的环境温度为 −40～85℃，并可承受强冲击，在战术武器等中、低精度领域已有批量应用（王巍，

2013)。国外自1990年开始生产石英音叉陀螺仪，2010年欧洲航天局极地冰层探测卫星(CryoSat-2)使用3个硅微机械陀螺仪构成的速率传感器作为姿态测量装置，零偏稳定性达到10～20°/h(王巍，2016)。

谐振环型陀螺仪的谐振子从单环环形、实心盘发展到多环环形结构，测控电路从角速度开环模式、力平衡模式发展到全角模式，加工工艺经历了玻璃上硅工艺到绝缘体上硅工艺的发展过程，其性能逐步提高。美国加利福尼亚大学欧文分校的多环环形MEMS陀螺仪，工作在3θ模态下，角度随机游走为$0.047°/\sqrt{h}$，短期零偏稳定性为0.65°/h。斯坦福大学的多环环形陀螺仪在模态匹配工作模式下，标度因数为1.37mV/°/s，角度随机游走为$0.29°/\sqrt{h}$。2014年，波音公司采用误差建模和补偿技术，多环环形MEMS陀螺仪的零偏稳定性优于0.01°/h，角度随机游走为$2.3\times10^{-3}°/\sqrt{h}$(卞玉民等，2019)。2020年，密歇根大学在DARPA MRIG和先进惯性微传感器项目的支持下，开发了520万Q值的小型高精度、低成本精密壳积分陀螺仪，零偏稳定性优于$1.4\times10^{-3}°/h$，角度随机游走为$1.6\times10^{-4}°/\sqrt{h}$，且无须温度补偿；由梯形结构组成的高$Q$值和模式匹配的硅基陀螺仪，零偏稳定性优于0.2°/h。通用电子集团的多环陀螺仪零偏稳定性优于0.01°/h，并能在300℃随钻测量中实现寻北精度优于0.25°。法国泰雷兹(Thales)集团提出可用于航天领域的轴对称双质量块MEMS陀螺仪，零偏稳定性优于0.012°/h，角度随机游走为$0.006°/\sqrt{h}$(薛连莉等，2021)。MEMS陀螺仪惯性导航系统方面，2019年美国霍尼韦尔公司研制了HGuide i300 IMU和HG4930 S-Class IMU，力求实现低成本、小型化和低功耗的目标，以取代光纤陀螺仪(薛连莉等，2020)。2020年霍尼韦尔公司研制的轻小型GNSS/INS HGuide n380惯性导航系统，体积更小、价格更低，可用于空中、陆地或海上的恶劣环境。美国安科(Emcore)公司研制的小型惯性测量单元具有导航级性能，稳定温度下陀螺仪的零偏稳定性优于$5\times10^{-3}°/h$，加速度计的零偏稳定性优于$3\mu g$。美国InertialWave公司提出用于导航级惯性传感器的片上导航系统NSoCTM，有效适应了空间辐射环境(薛连莉等，2021)。

我国MEMS惯性器件的研究起步于20世纪90年代后期，1998年第一个音叉式MEMS陀螺仪研制成功，分辨率为3°/s。我国已经形成MEMS陀螺仪的设计、加工和测试技术体系，MEMS陀螺仪在结构设计、误差机理、专用集成电路（application specific integrated circuit，ASIC）设计、加工工艺、测控算法、误差补偿与抑制等方面均取得了突破性进展（王思远等，2018）。目前，MEMS 陀螺仪应用于单兵导航和无人平台，实验室样机的零偏稳定性优于 0.2°/h。

（四）原子陀螺仪

随着原子光学技术的进步，基于原子波包 Sagnac 效应和原子自旋效应测量转动角速度的原子陀螺仪出现并日益引起人们的关注。原子陀螺仪以碱金属原子、电子和惰性气体原子为工作介质，基于原子波包 Sagnac 效应和原子自旋效应测量转动角速度，具有极高的测量精度和灵敏度，是新型惯性器件的研究重点和热点领域之一（刘院省，2018）。在相同的传输几何条件下，理论上铷原子陀螺仪比 He-Ne 激光陀螺仪的灵敏度高 10^{11} 倍，有望挑战惯性测量的极限，成为精度最高的惯性器件（蒋庆仙等，2016）。原子陀螺仪分为原子干涉陀螺仪、原子自旋陀螺仪和核磁共振陀螺仪。原子干涉陀螺仪的理论精度可达 10^{-10}°/h，已实现陀螺效应，处于原理样机研制阶段；原子自旋陀螺仪的理论精度可达 10^{-8}°/h，处于工程样机阶段；核磁共振陀螺仪的理论精度达到 10^{-4}°/h，处于工程样机研制阶段，性能不断提升，是工程化程度最高的原子陀螺仪（沈玉芃等，2021）。

1. 原子干涉陀螺仪

2000 年，美国斯坦福大学和耶鲁大学联合研制了第一台原子干涉陀螺仪。2006 年，法国巴黎天文台利用冷原子干涉仪研制了 6 轴惯性传感器，实现了转动角速度和加速度测量，转动灵敏度为 2.2×10^{-3} rad/s，280 s 后提高到 1.8×10^{-6} rad/s。2009 年，德国汉诺威大学利用激光冷却铷原子构造了一个紧凑型双原子干涉陀螺仪。意大利伽利略研究所研制成功了微重力条件下的便携式冷原子干涉陀螺仪，质量为 650 kg（蒋庆仙等，2016）。2020 年，美国加利福尼亚大学伯克利分校基于单激光二极管的冷原子重力梯度仪，灵敏度达到 37 μGal/$\sqrt{\text{Hz}}$。美国康奈尔大学基于干扰波弧子设计冷原子干涉陀螺仪，预计陀螺散粒噪声限制旋转敏感度为 0.8 μrad/s/$\sqrt{\text{Hz}}$（沈玉芃等，2021）。我国有多个科研机构在开展原子干涉陀螺仪技术的研究，已实现零偏稳定性优于

0.1° /h 的原理样机（刘院省，2018）。

2. 原子自旋陀螺仪

21 世纪初期，美国普林斯顿大学开始了原子自旋陀螺仪技术的研究，2005 年实现了陀螺效应，实验装置的零偏稳定性达到 0.04° /h。2009 年以后，美国 Twinleaf 公司获得 DARPA 的资助开始研制高精度、小体积的原子自旋陀螺仪工程样机。美国霍尼韦尔公司开展了芯片级原子自旋陀螺仪研究，设计了相应的结构和工艺方法。

我国原子自旋陀螺仪的研究起步较晚。2008 年北京航空航天大学搭建了原子自旋陀螺仪实验装置，2012 年实现了原子自旋陀螺效应，2017 年原子自旋陀螺仪样机的零偏稳定性达到 0.05° /h。北京航天控制仪器研究所于 2015 年开展原子自旋陀螺仪的研究，2016 年实现了原子自旋陀螺效应，2017 年陀螺样机的零偏稳定性优于 10° /h（刘院省，2018）。

3. 核磁共振陀螺仪

20 世纪 70 年代，美国开始核磁共振陀螺仪的研究。1979 年，美国基尔福特（Kearfott）公司和立顿（Litton）公司采用不同工作介质和检测机理研制的原理样机，零偏稳定性优于 0.05° /h 和 0.1° /h。21 世纪初，美国 DARPA 启动微 PNT 计划，核磁共振陀螺仪成为研究热点之一。2014 年，美国诺格公司研制成功零偏稳定性优于 0.01° /h 的原理样机，并于 2017 年构建了惯性导航系统。美国加利福尼亚大学欧文分校基于微加工工艺开展 MEMS 核磁共振陀螺仪技术研究，采用 Xe-^{87}Rb 作为敏感介质（刘院省，2018）。

我国从 2011 年开始核磁共振陀螺仪的研制，目前核磁共振陀螺仪仍处于实验室样机阶段。北京航天控制仪器研究所攻克了毫米级原子气室制备、原子自旋极化稳定、静磁场闭环等多项关键技术，原理样机的零偏稳定性优于 1° /h，体积为 80 cm^3，并完成了地速敏感实验（刘院省，2018）。

二、加速度计的发展现状

加速度计是测量运动载体线加速度的器件。加速度作用在敏感质量上形成惯性力，通过测量该惯性力可间接测量载体受到的加速度。当载体运动状态变化时，加速度计可敏感载体相对惯性空间的加速度，一次积分运算得到载体的速度，二次积分运算得到载体相对惯性空间的距离，从而进行导航和制导（毛奔等，2008）。加速度计的种类很多，按照工作方式分为线加速度计、摆式加速度计、光电式加速度计、振动式加速度计和陀螺摆式加速度计；按照支承方式分为机械支承加速度计、液浮加速度计、气浮加速度计和挠性加速度计等；按照信号敏感方式分为电感式加速度计、电容式加速度计和压阻式加速度计等。1942 年，德国首次将加速度计用于 V-2 导弹发动机的点火控制。随着惯性导航技术在航空、航天、航海和陆地导航领域的广泛应用，加速度计的相关技术得到飞速发展（邓志红等，2018）。目前，加速度计正向两极化发展，军用加速度计精度不断提高，性能不断提升；消费加速度计的应用领域不断拓展，成本不断下降（薛连莉等，2021；沈玉芃等，2021）。

（一）摆式加速度计

摆式加速度计是工程应用最广的加速度计，以其敏感质量的悬挂方式和相对于参照物的运动特性而得名。根据结构可分为挠性摆式加速度计、气浮摆式加速度计、液浮摆式加速度计和静电摆式加速度计等（邓志红等，2018）。挠性摆式加速度计主要包括石英摆式加速度计和硅摆式加速度计，偏值稳定性为 5～1000 μ*g*，在航空、航天、航海和陆地多个领域得到了广泛应用（沈玉芃等，2021；薛连莉等，2020）。石英摆式加速度计技术成熟且应用最广，偏值稳定性可达 1 μ*g* 量级，具有精度高、体积小、抗冲击和启动快等特点，应用于船舶、飞机、车辆惯性导航系统，以及导弹、火箭的制导系统和卫星、飞船的控制系统等（邓志红等，2018）。摆式积分陀螺加速度计利用陀螺力矩平衡惯性力矩的原理测量加速度，偏值稳定性可达 0.01 μ*g* 量级，但结构复杂、体积大、成本高，适用于远程导弹等领域（王巍，2013）。

（二）谐振式加速度计

谐振式加速度计利用谐振器的力–频特性测量加速度，核心部件是采用石英晶体或单晶硅的谐振器敏感结构，具有结构简单、精度高、功率小、灵敏度高等特点，已经得到实际应用（邓志红等，2018）。石英振梁加速度计极具发展潜力，处于技术转化至成熟应用阶段，偏值稳定性为1～10 μ*g*，主要应用于战术级导航领域（沈玉芃等，2021；薛连莉等，2020）。中低精度石英振梁加速度计在国外已有大量应用；高性能谐振式陀螺加速度计样机的偏值稳定性达1 μ*g*量级，标度因数非线性度达1×10^{-6}，是今后高精度加速度计的有力竞争者（王巍，2013）。

（三）MEMS加速度计

20世纪80年代，采用微机械结构和控制电路工艺制造的MEMS加速度计出现。历经多年发展，MEMS加速度计技术已经成熟，应用领域越来越广（卞玉民等，2019）。根据敏感机理，MEMS加速度计分为压阻式加速度计、压电式加速度计和电容式加速度计。根据感知加速度的方式，MEMS加速度计分为位移式加速度计、谐振式加速度计和静电悬浮式加速度计（王思远等，2018）。硅MEMS加速度计产品的偏值稳定性已达0.1～1 mg（沈玉芃等，2021），国外中低精度硅MEMS加速度计大量应用于战术武器和民用领域（王巍，2013）。压阻式MEMS加速度计温度效应特征明显、灵敏度低、精度不高，主要用于高加速度值的测量；压电式MEMS加速度计重量小、体积小、测量范围大、抗干扰能力强、结构简单和测量精度高。理论上谐振式MEMS加速度计可达到导航级精度，但目前达不到实用化。电容式MEMS加速度计技术最成熟、应用范围最广，具有灵敏度高、精度高、稳定性好和功耗低等特点。伴随MEMS加工和ASIC检测能力的提升，电容式MEMS加速度计的精度也在提升（卞玉民等，2019；王思远等，2018）。

第三节　关键科学技术问题

一、惯性器件及配套元器件技术

（一）新概念、新原理、新工艺的惯性器件研制

惯性器件不断向更高精度和更小型化方向发展，MOEMS 陀螺仪、原子干涉 / 自旋陀螺仪及新型加速度计等新概念、新原理惯性器件是重点发展领域（薛连莉等，2020；王巍，2013）。

（二）半球谐振陀螺仪的微纳制造技术和误差抑制与补偿

半球谐振陀螺仪的关键技术包括半球谐振子加工与调平、高精度控制回路误差信号提取、微振动信号处理技术、误差抑制与补偿等（邓志红等，2018；帅鹏等，2018）。

（三）静电陀螺仪球形转子的恒定高速旋转和精加工

保持球形转子恒定高速旋转是保证静电陀螺仪高精度的前提。在相同漂移误差条件下，实心转子比空心转子的加工精度要求高，需要加强磁场恒速测量、比相、调制和反馈控制等研究（邓志红等，2018；唐洪亮等，2009）。

（四）激光陀螺仪的漂移、噪声和闭锁阈值

激光陀螺仪的漂移表现为零点偏置的不稳定度，主要误差来源有：谐振光路的折射系数非各向同性、氦氖等离子在激光管中的流动、介质扩散的各向异性等。激光陀螺仪的噪声表现在角速度测量上，噪声来源一是激光介质的自发发射，二是机械抖动。激光陀螺仪的闭锁阈值取决于谐振光路中的损耗，影响激光陀螺仪标度因数的线性度和稳定度（邓志红等，2018）。

（五）光纤陀螺仪的噪声抑制和标度因数稳定性

光纤陀螺仪的降噪方法主要有：电路上探测器信号低通滤波和多点采样降噪，光路上降低光源强度噪声，提升陀螺的信噪比，使用纠缠光子克服光纤陀螺的噪声极限，达到经典光无法达到的精度。采取高性能掺铒光纤光源提升光源的光谱特性，采取光纤环高稳定固化技术提升陀螺有效面积的稳定性，采取窄线宽激光器与光子晶体光纤方案提升陀螺标度因数的稳定性（冯文帅，2018）。

二、惯性系统技术

关键技术包括平台式惯性导航系统改善性能、降低成本，捷联式惯性导航系统实现集成、提高综合性能。针对惯性器件，新的误差机理和测试方法、环境实验、实物/半实物仿真实验值得研究（王巍，2013）。

三、深空惯性导航理论和技术

随着深空探测任务的逐步实施和惯性导航技术水平的不断提高，包括月球、火星等地外星球表面和星际航行的惯性导航理论、误差模型及工程实现是今后重点研究的科学问题（王巍，2013）。

第四节　发展方向

未来惯性器件的发展方向是精度高、体积小、重量轻、成本低、可靠性高和功耗低等，工艺上采用自动化技术和批量生产技术，尽可能选用硅、石英或结合光电材料等制造传感器（沈玉芃等，2021；张志勇，2019）。随着自动化技术和批量生产技术的普及，惯性器件的制造成本越来越低。陀螺仪和加速度计技术的发展阶段分别如图4-3和图4-4所示（薛连莉等，2020）。

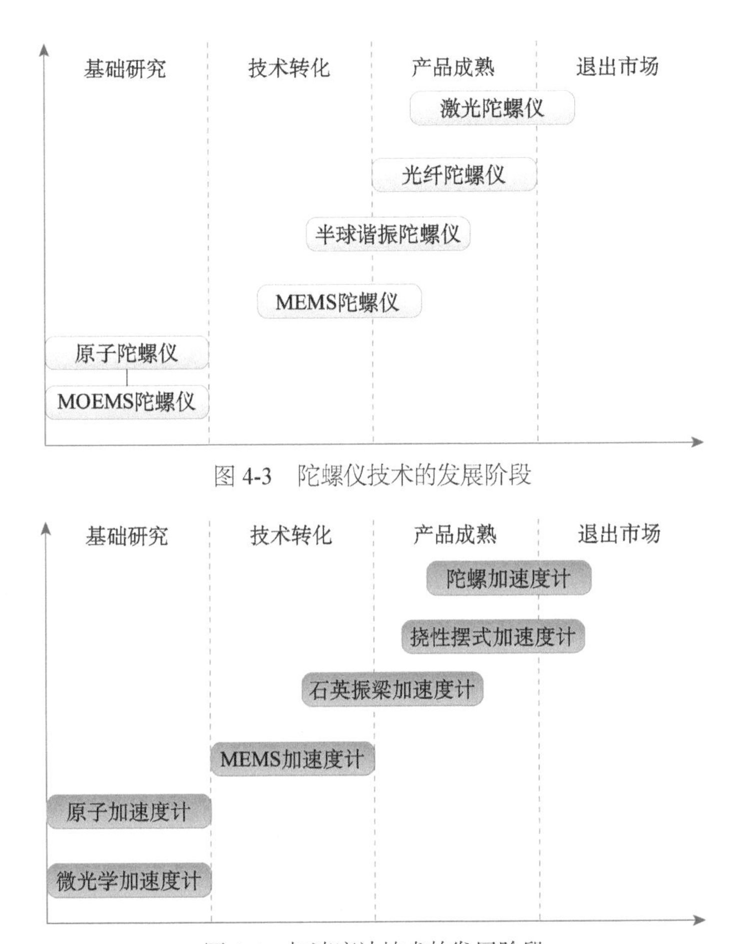

图 4-3　陀螺仪技术的发展阶段

图 4-4　加速度计技术的发展阶段

（一）精度高、体积小、环境适应性强的惯性导航系统

为满足不同用户的使用需求，研究惯性器件的新原理、新方法和新工艺，发展新材料技术，采用多种技术和方法提高惯性器件的综合性能，推进惯性系统向精度高、体积小、环境适应性强、快速启动、标准化和货架式方向发展（薛连莉等，2020；王巍，2013）。

（二）高精度和小型化的光学陀螺仪

光学陀螺仪中的光纤陀螺仪通过陀螺噪声抑制、光纤环精密绕制以及纠缠光子、集成芯片等技术的研究，提高精度和稳定性，开发集成方案降低体积和成本，继续朝着超高精度、超强环境适应性、小型化和低成本方向发展（薛连莉等，2021）。光学陀螺仪中的激光陀螺仪引入光子芯片使结构更紧凑，朝着小型化方向发展（沈玉芃等，2021）。

（三）超高精度和可靠性的静电陀螺仪

静电陀螺仪是迄今精度最高且得到应用的陀螺仪，研制 10^{-6}°/h 的超高精度静电陀螺仪，解决核潜艇自主导航和基础研究方面的问题仍是重点（唐洪亮等，2009）。

（四）MEMS 惯性器件集成化和微型化

MEMS 惯性器件（MEMS 陀螺仪和 MEMS 加速度针）采用集成化封装，发展方向是高精度、集成化和微型化，并在此基础上朝着数字化和高可靠性的方向发展（薛连莉等，2019；卞玉民等，2019）。

（五）半球谐振陀螺仪结构简化与成本降低

随着半球谐振陀螺仪技术的成熟和 MEMS 工艺的推广，实现微型化、轻质化、低成本的半球谐振陀螺仪成为可能，体积更小、质量更轻、成本更低、可靠性更高的微半球谐振陀螺仪是发展方向（薛连莉等，2019；潘瑶等，2017）。

（六）原子陀螺仪等新型惯性器件技术持续成熟

在前沿技术的推动下，原子陀螺仪等新型惯性器件不断涌现，技术成熟度持续提高，性能不断提升，工程化进程日益加快，在未来导航技术的使用中将占据重要地位（薛连莉等，2021；沈玉芃等，2021；薛连莉等，2020）。

本章参考文献

卞玉民，胡英杰，李博，等 .2019.MEMS 惯性传感器现状与发展趋势. 传感器与应用专辑，39（4）：50-56.

邓志红，付梦印，张继伟，等. 2018. 惯性器件与惯性导航系统. 北京：科学出版社 .

冯文帅.2018. 高精度光纤陀螺发展综述. 技术论坛, 2：74-77, 86.
高钟毓.2012. 惯性导航系统技术. 北京：清华大学出版社.
姜璐, 于远治, 吉春生.2004. 陀螺仪在导航中的应用及其比较. 船舶工程, 26（2）：10-13.
蒋庆仙, 田育民, 孙笛. 2016. 基于原子干涉测量的陀螺仪及在惯导中的应用. 测绘科学与工程, 36（2）：74-78.
毛奔, 林玉荣. 2008. 惯性器件测试与建模. 哈尔滨：哈尔滨工程大学出版社.
潘瑶, 曲天良, 杨开勇, 等.2017. 半球谐振陀螺现状与发展趋势. 导航定位与授时, 4（2）：9-13.
秦永元.2019. 惯性导航. 北京：科学出版社.
任赐杰.2019. 惯性导航技术的新进展及其发展趋势. 电子技术与软件工程,（5）: 76.
沈玉芃, 杨文钰, 朱鹤, 等.2021.2020 年国外惯性技术的发展与展望. 飞航导弹, 4：7-12.
石岩, 席翔, 吴学忠.2019. 微半球谐振陀螺技术研究进展. 导航与控制, 18（2）：1-8.
帅鹏, 魏学宝, 邓亮.2018. 半球谐振陀螺发展综述. 导航定位与授时, 5（6）：17-24.
宋海凌, 马溢清.2012. 惯性技术发展及应用需求分析. 现代防御技术, 40（2）：55-59, 76.
唐洪亮, 李继光, 刘锡敬.2009. 静电陀螺仪在潜艇导航技术中的应用及展望. 四川兵工学报, 30（9）：128-131.
王思远, 韩松来, 任星宇, 等.2018.MEMS 惯性导航技术及其应用与展望. 传感器与应用专辑, 6：21-26, 49.
王巍.2013. 惯性技术研究现状及发展趋势. 自动化学报, 39（6）：723-729.
王巍.2016. 新型惯性技术发展及在宇航领域的应用. 红外与激光工程, 45（3）：0301001.
薛连莉, 沈玉芃, 徐月.2020.2019 年国外惯性技术发展与回顾. 导航定位与授时, 7（1）：60-66.
薛连莉, 葛悦涛, 陈少春.2018. 从第五届惯性传感器与系统国际研讨会看国外惯性技术的发展情况. 飞航导弹, 9：4-8.
薛连莉, 戴敏, 葛悦涛, 等.2019.2018 年国外惯性技术发展与回顾. 飞航导弹, 4：16-21.
薛连莉, 翟峻仪, 葛悦涛.2021.2020 年国外惯性技术发展与回顾. 导航定位与授时, 8（3）：59-67.
叶松.2018. 惯性技术在航空航天领域中的应用. 决策探索, 7: 74-75.
查峰, 高敬东, 许江宁, 等.2011. 光学陀螺捷联惯性系统的发展与展望. 激光与光电子学进展, 7：36-43.
翟羽婧, 杨开勇, 潘瑶, 等.2018. 陀螺仪的历史、现状与展望. 控制与制导, 12：84-88.

张炎华，王立端，战兴群，等.2008. 惯性导航技术的新进展及其发展趋势. 中国造船，49：134-144.

张志勇.2019. 关于惯性导航技术分析. 电子测试，12：132-133.

郑宏伟，魏晓虹. 2014. 惯性传感器技术现状及发展趋势. 科学时代，16：82-84.

朱炼，孙枫，夏芳莉，等.2014. 超导陀螺仪转子位置偏移的光电检测方法. 宜春学院学报，36（12）：7-9.

第五章

匹配导航技术

匹配导航技术是指利用地球表面的山川、平原、森林、河流、海湾、道路、建筑物、地球重力场和磁力场等不随时间和气候变化而变化的特征，通过将传感器实时获取的地形高程、地表图像、激光点云、重力、地磁数据与预先制备的基准数据或前一时刻获取的数据进行匹配对准，确定自身位置、姿态的技术。从匹配导航手段划分，匹配导航技术包括视觉导航技术、图像匹配导航技术、重力场匹配导航技术、地磁场匹配导航技术以及激光雷达匹配导航技术等。匹配导航具有不依赖 GNSS 信号、非接触、速度快、精度高、抗干扰能力强、成本低、易小型化等特点，已经广泛应用于空 / 地无人作战平台、巡航制导武器、机器人、移动测量、航天着陆探测等方面。

第一节 视觉导航技术

一、科学意义与战略价值

视觉是人类和动物感知周边环境信息的最重要手段，人类通过视觉获取的信息占从外界获取信息总量的80%以上。视觉信息的主要表现形式是图像，当图像带有时间先后信息时，可以表现为序列图像或视频，但其本质仍是图像。因此，视觉导航是一种基于视觉传感器获取的图像信息，对载体的自主运动状态进行分析决策的技术手段和方法。

视觉导航利用计算机处理分析视觉传感器的采集结果，从而模拟人类的视觉和思维，旨在赋予计算机仿人类、仿鱼眼等多种类似生物的视觉能力，判断载体的位置、姿态和路径。同时，传感器获得的视觉信息可以突破人眼感受光谱范围的限制，是提高武器装备信息获取能力和自动化水平的关键手段。

视觉作为一种自主的被动式信息获取方式，具备非接触、速度快、精度高、抗干扰能力强、成本低、易小型化、发展前景广阔等优点，在卫星信号拒止条件下能够正常获取环境信息，是载体开展自主导航的重要手段之一。在无人平台自主导航、巡航导弹末端图像匹配、月球火星探测等领域都有重要应用。

二、现状及其形成

（一）视觉导航系统的现状及其形成

视觉导航系统由视觉传感器、高速图像采集模块、专用图像处理模块构成。视觉传感器获取被测物体表面的特征图像，经高速图像采集模块（如图像采集卡）记录转换为数字图像或视频，由专用图像处理模块进行高速处理，提取包含特征的图像坐标，从而实现被测物体空间几何参数及载体的位置姿态估计，由于需要快速处理实时获取的影像，所以视觉计算成为视觉导航的核心。

视觉导航是视觉传感器与计算机结合的产物，起点可追溯到 20 世纪 50 年代开始的计算机视觉理论研究（张广军，2005）。60 年代随着计算机技术的迅速发展，人们开始了三维计算机视觉的研究，有学者如 Morevec 在 70 年代开始了以导航为目标的相关视觉应用的探索（Morevec，1977），到 90 年代因计算机处理能力的提升而出现了快速发展。Hartley 等在其研究成果的基础上对视觉解算、几何解算进行了全面总结（Hartley et al.，2003）。2000 年以后 Nister 等、Davison 的创造性工作极大地推动了该领域研究的快速发展，视觉导航更是进入了全新阶段（Nister et al.，2004；Davison，2003）。视觉或图像技术在导航中的应用众多，如目标跟踪、景象匹配、距离测量等。然而，这些只是辅助导航手段，不能提供完整的导航服务（张海等，2017），即不能独立实现载体位置、姿态、速度等完整导航信息的输出，因此不能作为一种独立的导航技术。

（二）视觉传感器

视觉导航技术的进步得益于形态各异的视觉传感器硬件的支撑和发展。视觉传感器是测量来自环境能量的被动传感器，也是感知载体自身所处环境信息（障碍物距离、环境光强度、地面坡度等）的外部传感器。视觉传感器是视觉导航类平台最重要的环境感知传感器，通常为 CCD 相机或 CMOS 相机。视觉相机有多种分类方法。例如，根据视觉传感器数目可分为单目相机、双目相机、多目相机等；根据视觉传感器感光谱段可分为可见光相机、红外相机、多光谱相机、高光谱相机等；根据相机镜头、光路、成像原理不同可分为深度相机、鱼眼相机、事件相机、阵列相机等。其中视觉导航常用的单目相机、双目相机、全景相机、深度相机等如图 5-1 所示。

图 5-1　视觉导航常用的各类传感器（魏崇阳，2016）

相机采集图像的缺点在于易受光照和天气变化的影响，尽管通过光照不变性的方法可以提升图像处理的适应性，但仍然受限于特定场景。对于大范围、长时期、复杂户外环境中自主驾驶车辆的建图和定位任务，需要能够应对不同光照、时间、天气、季节变化的抗差，进行稳定的场景特征描述。以目前的技术水平，基于纯图像的导航方式在室内环境可行，在室外自然条件下需要与其他方式结合，才能整体具备应对各类条件的鲁棒能力。

1. 单目相机

单目相机是视觉导航中使用最广泛的一类传感器，优点在于图像稠密，能够获取场景中丰富的颜色和纹理信息，主要用于目标的检测、识别和场景理解；缺点是仅能在光照条件较好的白天使用，测量视角受限，缺少深度信息。

2. 双目相机

双目相机通过视差来估计场景的深度，克服了单目相机和红外相机缺少深度信息的缺点，主要用于车辆前方近距离处的目标检测、识别等。双目相机要求估计的场景点位于两个相机重合的视角内，因此能够估计的场景范围较小，估计误差随着深度的增加而增大。双目相机受雨、雾、雪天气影响较大，天气主要影响深度估计，经常造成深度估计错误。深度估计误差与基线长度成反比，因此利用双目立体图像开展深度估计的有效距离较近。双目相机与双目视差图的计算如图 5-2 所示。

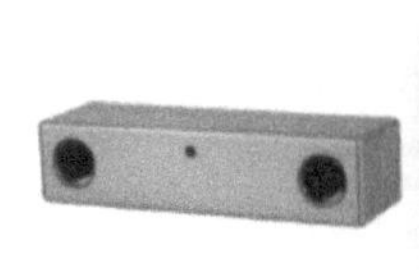

图 5-2　双目相机与双目视差图的计算

3. 红外相机

红外相机的特点是物体的温度越高，在图像中的成像越亮。它克服了单目相机使用范围受限的缺点，是无人车夜间行驶的重要传感器。

4. 全景相机

全景相机由多个安装在不同表面、指向不同的单目相机组合而成，克服了上述单目相机、红外相机和双目相机测量视角受限的缺点，能够实现 360° 范围场景的同时采集（图 5-3），主要用于地图全景图像的采集。

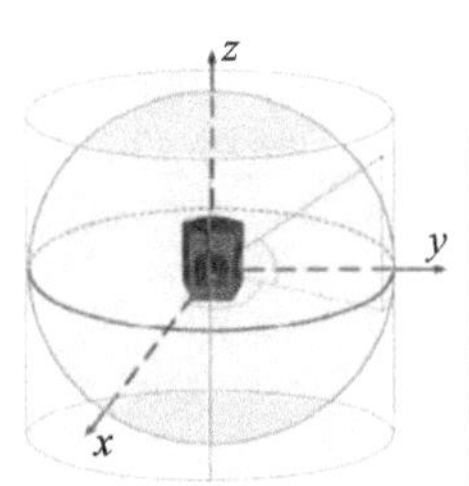

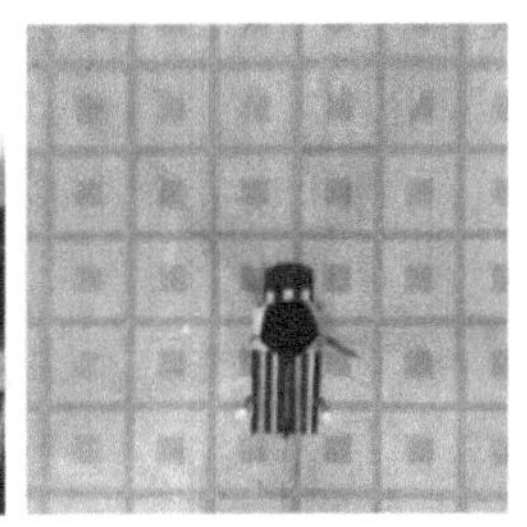

图 5-3　全景相机采集效果（李传祥，2016）

5. 深度相机

深度相机能够在获取真彩色影像的同时获取同一场景的深度信息，其工作原理主要包括三类：双目测深、结构光测深和 ToF（time of flight）测深三类。双目相机是利用双相机图像的相关性解算场景深度，计算速度慢，对场景照度和特征数量要求高；结构光相机利用单目相机和投影条纹斑点编码实现场景深度的获取，不适用于强光照条件；ToF 相机基于时差测距技术，利用反射时间差获取场景深度，总体性能较好，但分辨率不高。深度相机受目前技术状态的限制，主要用于室内场景导航。图 5-4 是 Kinect 深度相机数据采集得到的场景深度图，其数据采集就是利用了 ToF 相机的时差测距原理。

图 5-4　Kinect 深度相机数据采集效果

6. 阵列相机

阵列相机采用类似昆虫复眼的多孔径成像技术，利用空间不同位置的多个相机采集不同视角的照片。目前，阵列相机中微透镜阵列相机较为成熟，通过微透镜阵列能记录光线的强度信息和角度信息，由于每个相机的拍摄焦距曝光参数不同，所以先拍照后对焦，与传统摄影方式有显著区别。目前，微透镜阵列相机已经有商业化的光场相机产品，即 raytrix 系列相机产品，如图 5-5 所示。

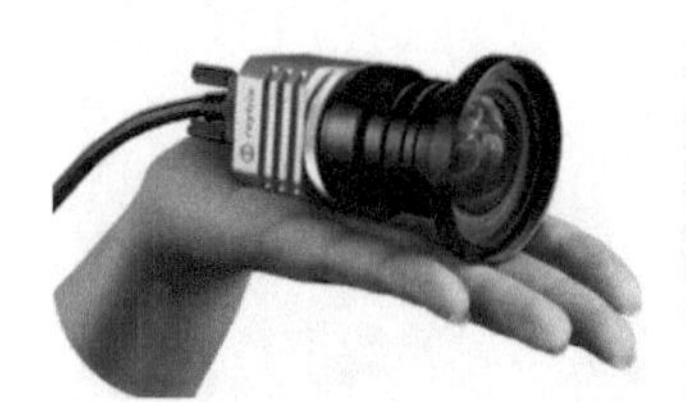
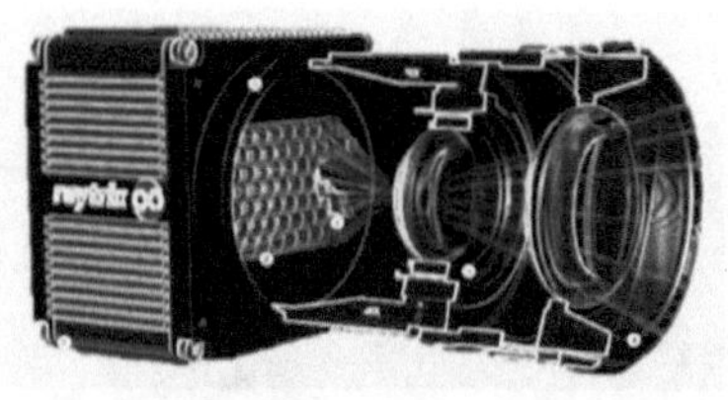

图 5-5　商业化光场 raytrix 系列相机产品

阵列相机利用不同视角的信息及更广的视场范围，使其在合成孔径成像技术的焦点选择以及景深调节上有着先天的优势。阵列的高可拓展性及相机本身的低成本优势，使得阵列相机适合景物的识别、追踪、机器视觉应用，已成为检测与追踪隐藏目标的重要手段，如图 5-6 所示。对于阵列相机的目标追踪等问题，目前主要基于光场技术相关理论开展研究，与常见的视觉匹配导航技术的差别较大。不过，随着阵列相机产品的小型化，其用于视觉匹配导航的潜力不可低估。

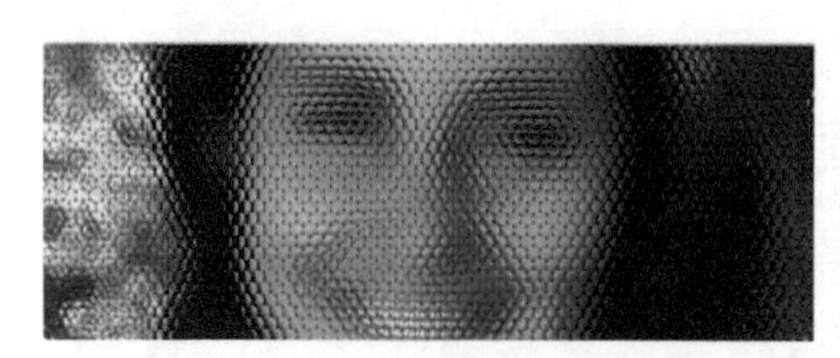

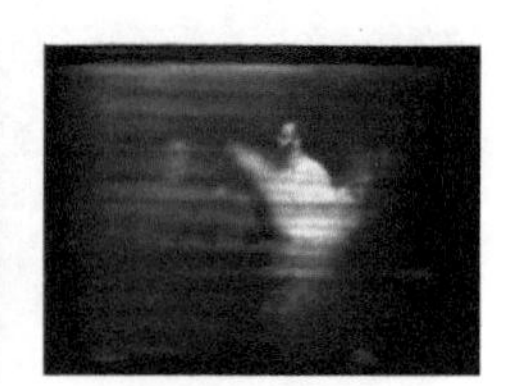

图 5-6　阵列相机成像效果与隐藏目标处理对比（Vanish et al.，2005）

（三）视觉导航的基础理论

视觉导航方法以图像处理分析、立体视觉、计算机视觉、多视图几何、运动恢复结构（structure from motion，SFM）、同步定位与地图构建（simultaneous localization and mapping，SLAM）、模式识别、机器学习、深度学习等理论技术为基础，同时包含了概率估计、滤波估计、最优估计、图优化等多种估计理论与方法。

图像处理理论是视觉导航和各种视觉应用技术的基础，奠定了从人眼感知的颜色、亮度和成像模型到计算机存储图像数据的颜色、亮度、相机成像模型之间的关系，实现了从模拟信号到数字量化信号、均匀采样和非均匀采样之间的转换。图像处理还包括图像变换，即图像空域和频域之间的变换关系和处理、图像增强、图像恢复和重建、图像编码、图像分割、目标表达和描述等方法和理论。图像处理是相对低层次的处理阶段，后续发展的图像分析是中层处理阶段，图像理解则是接近人的高层次处理阶段，如图 5-7 所示。

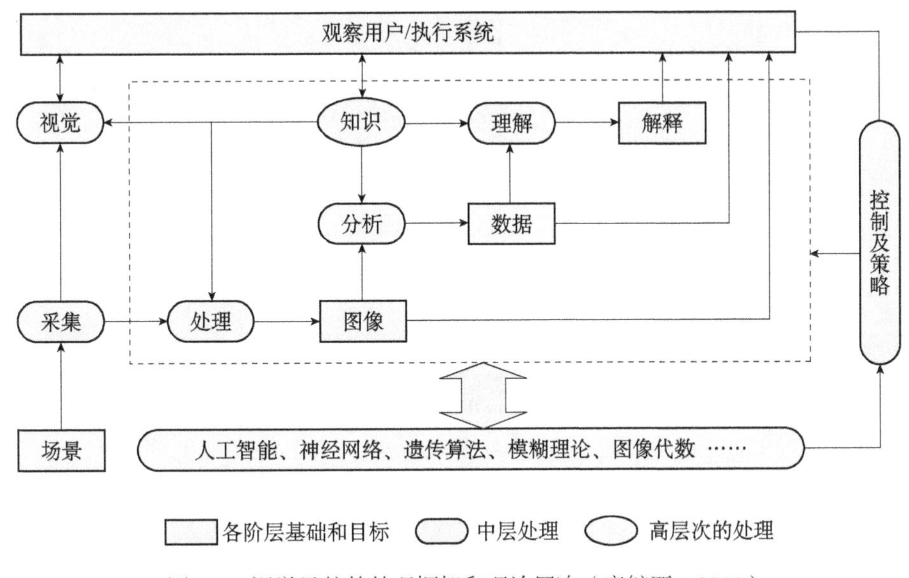

图 5-7 视觉导航的处理框架和理论层次（章毓晋，2000）

（四）视觉导航的核心理论及发展

1. 针孔成像模型

相机拍摄图像的过程是一个光学成像过程。相机成像过程一般涉及四个坐标系，分别是世界坐标系、相机坐标系、图像坐标系、像素坐标系。

相机镜头可以视为一组凸透镜，平行于主光轴的光线穿过透镜会聚到的点为焦点，焦点到透镜中心的距离为焦距 f。当感光元件位于相机焦点附近时，可将焦距近似为凸透镜中心到感光元件的距离，这就是针孔成像模型，也是相机成像采用最多的模型。在此模型下，物体的空间坐标和图像坐标之间是线性关系，因而对相机参数的求解就归结为线性方程组求解问题（章毓晋，2011）。坐标系间的关系如图 5-8 所示，其中 P 为三维空间点。

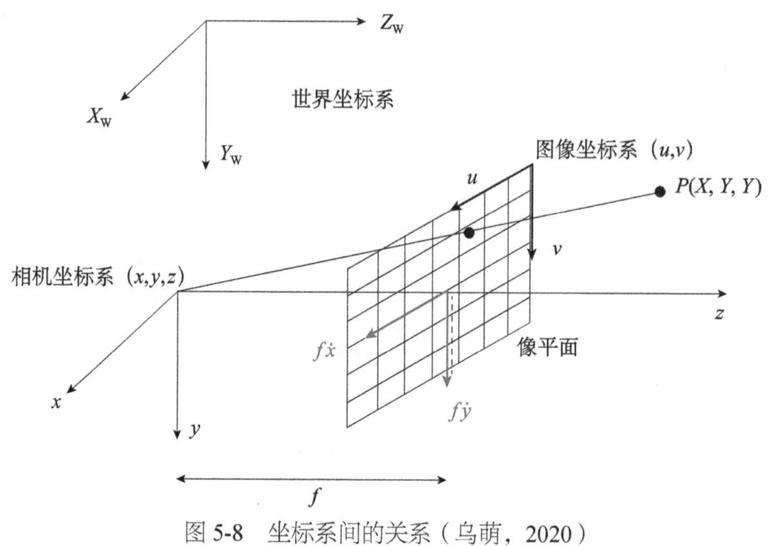

图 5-8　坐标系间的关系（乌萌，2020）

2. 光流

20 世纪 50 年代，Gibson 提出了光流这一视觉领域的重要概念。当载体与场景存在相对运动时，移动的场景目标表面的光学特征投影到固连于载体的相机图像平面，从而形成了光流（Gibson，1950）。光流利用连续采集的图像估计速度和旋转量，已被证明是昆虫、鸟类有效的导航方式（Franz et al.，2000），其经典模型主要基于亮度恒定和速度平滑两个假设（章毓晋，2011）。与近年来出现的基于特征法的视觉里程计、视觉同步定位和地图构建方法不同，光流不仅依据图像内容的空间几何关系进行匹配计算，而且对相机相对环境的瞬时运动具有测量能力，光流目前已经广泛应用于障碍物检测与飞行器着陆（Izzo et al.，2012）。图 5-9 就是一个视觉导航典型场景帧间光流检测结果。

图 5-9　视觉导航典型场景帧间光流检测结果（乌萌，2020）

3. 立体视觉

20 世纪 60 年代开始的立体视觉研究，实现了从两幅或多幅二维图像平面恢复三维客观世界的模型建立，引入了深度图、图像间配准、三维重建等概念。SFM 是利用二维图像序列恢复空间三维结构及相机位姿信息方法的总称，是多视图恢复三维空间结构的重要方法。SFM 以环境的三维重构为首要目标，兼具相机位姿的估计功能，相机运动甚至可以是已知或可直接测量的，因此其在目前的视觉 SLAM 算法中用于建图阶段的全局光束平差计算。SFM 概念形成较早，20 世纪 80 年代 Longuet-Higgins（1981）、Harris 等（1988）的研究工作推动了 SFM 的实质性发展，SFM 算法的研究热点也从借助惯性等辅助测量（Jung et al.，2001）向纯视觉处理方向转变（Nützi et al.，2011），且研究重点逐渐向单目视觉、相机精确定位、快速处理、稠密重构等方向转移。

4. 视觉里程计

视觉里程计（visual odometry，VO）是十分活跃的视觉导航研究方向，主要进行相机的运动速度、轨迹及相机位姿的精确估计，具有完整的导航功能，是一种特殊的 SFM（Scaramuzza et al.，2011）。视觉里程计的方法通常分为两类。一类是特征法，即从原始测量结果中提取特征的中间表征以及方向描述，利用特征进行帧间匹配计算。典型的特征法仅适用于具备一定特征的环境，特征缺失的环境可能导致方法的失效。另一类是直接法，可以利用全图像的亮度梯度信息，在仅有少量关键点的环境中实现更高精度的位姿估计和鲁棒跟踪。特征法的特征描述和特征匹配模型更为成熟高效，曾长期主导视觉里程计的研究，不过近年来，半直接法、直接法模型的应用越来越多，且计算效率和位姿估计精度都逐渐超越特征法（Engel et al.，2018；Forster et al.，2014）。

VO 增量累积图像间的变换过程和特征法 VO 算法主要流程分别如图 5-10 和图 5-11 所示，对于基于直接法的视觉里程计，图中的特征检测和特征匹配对应选取稠密、半稠密或稀疏点进行光度误差最小化的过程。

Nister 在 2004 年提出了系统的本质矩阵五点估计法（Nister，2004），进而提出了 VO 的概念（Nister et al.，2004），并给出了可实时处理的单目 / 双目 VO 实现方案，被认为是 VO 的开创性工作。绝大多数 VO 采用精度较

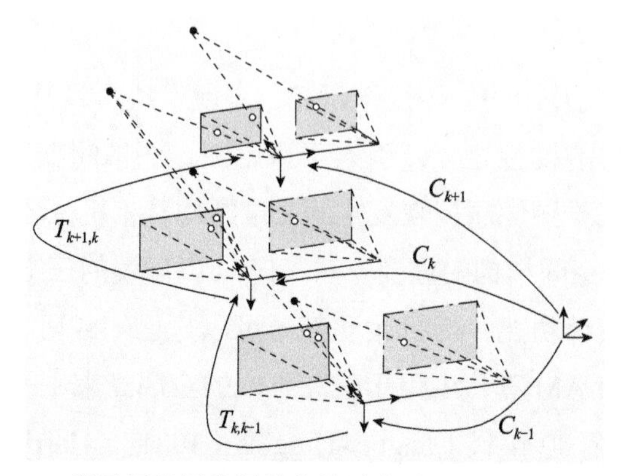

图 5-10　VO 增量累积图像间的变换过程（Scaramuzza et al.，2011）

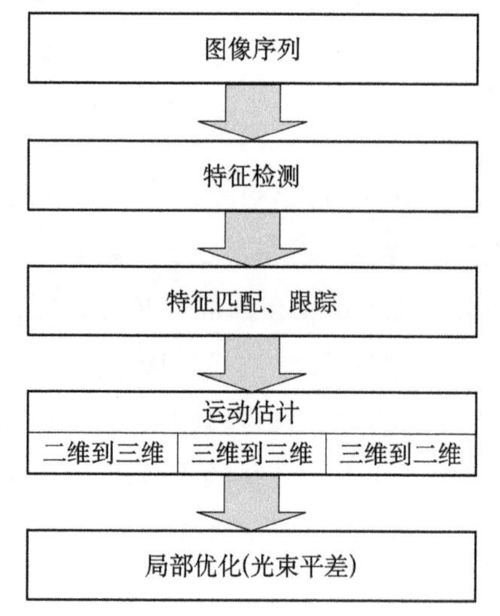

图 5-11　特征法 VO 算法主要流程（Scaramuzza et al.，2011）

高的特征点匹配稀疏方案，也可以采用图像亮度直接计算半稠密、稠密 VO（Schps et al.，2014；Engel et al.，2014），因此可在获得相机位姿信息的同时对环境进行大范围深度感知。VO 的研究已经能够实现单目视觉下实时图像的特征提取及相机定位，但在鲁棒性、精确性方面尚有很大的改善空间。采用 VO 与惯性测量相结合的方式，能够更有效应对复杂非结构化环境，取得良好的导航效果（Tardif et al.，2010）。

VO 的增量估计方法在很大程度上会受到每次变换估计的误差累积的影响，从而出现漂移问题。通常的解决方式是通过重投影二维图像点到三维，在重投影误差平方和极小准则下，利用滑动窗口光束平差或开窗光束平差，用迭代法优化最近的 x 个影像；也可以通过 SLAM 降低漂移量，识别之前到过的场景，联合估计位置和环境地图。SLAM 方法计算量巨大，通过对提取特征的筛选能够在一定程度上降低估计误差和漂移。Kitt 等利用分区方法获取具有较好分布的类角特征和匹配（Kitt et al.，2010），Deigmoeller 等利用不同的启发式搜索和深度估计来拒绝非稳定特征（Deigmoeller et al.，2016）。

5. 单目视觉里程计

单目 VO 难以呈现出位姿变化的尺度，Longuet-Higgins 提出的八点法在遇到噪声时性能很差，对于未标定的相机就更为严重（Longuet-Higgins，1981）。Mirabdollah 等研究了基于本质矩阵的二阶统计来减少八点法中的估计误差（Mirabdollah et al.，2014），利用泰勒级数展开到二阶项，获取协方差矩阵，与共面方程一起组成正则化的相关项。

Song 等利用深度学习模型自适应地估计每一帧观测协方差和权重，解决了在实时单目运动恢复结构系统进行地面平面估计时的尺度漂移问题，改进了 Mirabdollah 等的结果（Song et al.，2014）。Mirabdollah 等于 2015 年利用迭代五点法实现了一种实时又鲁棒的单目 VO 方法（Mirabdollah et al.，2015），该方法基于概率三角测量方法的不确定性计算地面目标点坐标并估计了低质量特征目标的位置变化尺度因子，性能超出所有单目 VO 方法。Forster 等采用了基于稀疏模型的图像关联和深度滤波器方法（Forster et al.，2014），实现了轻量级的高频计算，能够满足移动端计算需求，但在帧跟丢后很难重新接续计算，部分序列的轨迹结果漂移巨大（Yang et al.，2018）。Jaegle 等采用了多参数顺序最小化估计模型，利用期望残差似然法拟合估计权值（Jaegle et al.，2016），该方法通过相邻帧间的顺序最小化模型计算确保了最优解的稳定估计，计算精度高，跟踪失败后重启计算简单，不过该方法没有同时生成地图点的相关估计计算，因此只作为里程计算法使用。

6. 双目视觉里程计

双目 VO 可以直接从相机间基线获得尺度，因而不存在尺度估计问题。此外，双目 VO 可以利用运动估计和建图联合处理长期位姿估计的漂移问题。因此，双目 VO 方法的性能普遍优于单目 VO 方法。

Engel等结合了瞬时多视图几何立体关系和相机安装确立的几何视图关系，提出了一种实时大尺度直接SLAM算法（LSD-SLAM2.0）(Engel et al.，2018)，使估计像素深度在稳定几何约束下进行，避免了多视图几何中的尺度漂移。Pire等以并行运算将问题分割为相机跟踪和地图优化两个阶段（Pire et al.，2015）。第一阶段相机跟踪，跟踪任务匹配特征，创建特征点，估计相机位姿；第二阶段地图优化，则利用光束平差法（bundle adjustment，BA）对整个地图进行优化。这一方法与之前的算法精度相差无几，但计算速度更快。Deigmoeller等仅依靠测量实现位姿优化，首先利用Harris角点检测以及不同的启发式方法进行特征筛选（Deigmoeller et al.，2016），进而利用场景流进行估计。该方法在平移误差方面的性能超过其他两种SLAM方法，但运行时间和旋转误差最大。

Persson等提出了一种基于单目VO方法，仅用于汽车产品的双目VO系统（Persson et al.，2015）。该系统通过特征匹配并利用运动模型来实现位姿估计，与Song等采用的方法相似（Song et al.，2013），但增加了对外点的识别和处理。相较于同时估计旋转和平移，对其进行解耦估计可能更具优势，因为平移与旋转在深度已知的情况下是相对独立的。Buczko等认为在耦合表述中，深度估计的误差会影响旋转估计，可以通过解耦来避免（Buczko et al.，2016）。因此，该方法采用了初始旋转估计来解耦旋转和平移光流，最终用于排除外点。Cvisic等利用五点法计算了带有旋转的分离估计运动，利用三点法计算了平移部分，该方法还给出了一种改进的IMU辅助算法以适应嵌入式系统（Cvisic et al.，2015）。Kreso等发现相机标定对VO估计精度的影响很大，预标定后的KITTI数据集中残留的标定误差会影响估计结果的正确性。因此，该方法提出通过获取地面真实的运动来修正相机标定结果。通过优化相邻立体帧间点特征对应的重投影误差来恢复变化区域，利用变化区域进行检测，该方法在KITTI数据集上实现了最优估计结果（Kreso et al.，2015）。

综上所述，双目VO针对安装了双目相机的运动载体采集的图像序列进行同步定位定姿估计，具备固定基线，而单目VO则需要通过对运动载体上固连的单个相机采集的序列图像进行动基线下的异步定位定姿估计。相比而言，单目VO引入的误差更多，技术实现难度更大。

7. 基于深度学习网络的视觉里程计

随着深度学习网络的应用越来越广泛，近年来深度学习网络在 VO 中的应用研究引起了学者的关注。例如，Muller 等利用卷积神经网络计算图像特征光流对应每个像素的旋转和平移向量，从而实现位姿估计，但计算精度和效率相比传统方法都有一定差距（Muller et al.，2017）。Wang 等利用深度递归卷积神经网络构建了端到端的单目 VO 网络，不再利用传统 VO 的计算步骤进行处理（Wang et al.，2017），该方法能够自动学习有效的特征表达，还隐式地建模了序列动态模型关系，是传统 VO 方法的有益补充。Li 等通过非监督深度学习在实现单目 VO 进行载体六自由度位姿估计的同时，还能够恢复场景深度和尺度估计（Li et al.，2017）。Zhao 等通过端到端的自监督网络实现深度和位姿的联合学习，从而部分解决了深度尺度不连续问题（Zhao et al.，2020）。总体来看，目前基于深度学习网络的 VO 位姿估计精度正在逐渐接近传统单目 VO 的精度水平，但计算效率难以达到传统算法的实时或近实时水平。

8. 视觉同步定位与地图构建

视觉同步定位与地图构建（visual-SLAM，VSLAM）是在经典 SLAM 算法的基础上发展起来的视觉导航方案，以视觉取代传统 SLAM 中激光雷达等方式实现地标（landmark）点测量。VSLAM 基于不同时刻的二维图像进行导航定位，属于 SFM，其研究难点主要集中在如何实现单目纯视觉条件下快速相机定位与地图构建（Strasdat et al.，2010；Davison，2003）。VSLAM 可以分为滤波、非滤波方法两大类（Scaramuzza et al.，2011；Strasdat et al.，2010），其中滤波方法通过扩展卡尔曼滤波（extended Kalman filter，EKF）、无迹卡尔曼滤波（uncented Kalman filter，UKF）以及粒子滤波（partical filter，PF）等滤波方法提高导航精度，非滤波方法则是利用多幅图像特征点的联合几何约束进行导航参数优化。

在以滤波手段为主的 VSLAM 方法中，Davison 提出了一种开创性的单目实时 VSLAM 方案，该方案通过滤波模型设计及尺度概率估计方式得到小空间内有效的定位结果（Davison，2003）。针对单目视觉尺度模糊问题，Nützi 等在 VSLAM 姿态位置估计结果的基础上，建立了载体位置、速度、加速度及尺度因子的 EKF 估计模型，以 VSLAM 位置及加速度计测量为输入，实现了运动参数尺度修正估计（Nützi et al.，2011）；Montemerlo 等设计了基于 PF 的快速滤波方案，并证明了其滤波稳定性（Montemerlo et al.，2002）。

李群和李代数扰动模型的引入，使得通过最优估计理论开展载体位姿的无约束非线性最优估计成为可能。利用李群和李代数扰动模型实现位姿增量估计模型的推导，使得 VSLAM 方法可以不再利用滤波理论进行位姿增量估计，而是采用最优化理论进行位姿参数估计，如 BA、位姿图优化等。BA 应用普遍（Strasdat et al.，2010），但需要利用一段时间内的众多关键帧来建立几何约束关系并对相机运动参数进行最优搜索，计算量巨大。

近年来，以李群和李代数扰动模型及最优化理论为基础的 VSLAM 方法已经逐渐发展壮大，并得到了广泛应用。以单目和双目 VSLAM 为主的视觉同步定位与地图构建方法，近年来也逐渐发展了基于鱼眼镜头、基于全景相机的 VSLAM 方法，如 ORB-SLAM3（Carlos et al.，2020）。

三、关键科学技术问题

视觉导航融合了多学科的理论应用，不仅包括数字图像处理、计算机视觉、人工智能、机器学习、概率论、最优化方法，还包括射影几何、状态估计、李群和李代数等理论，每个方向的基础理论发展都会深刻影响到视觉导航系统的进步。同时，视觉导航又是一个十分注重系统实现和实际验证的领域，其应用实践在不同场景、不同传感器配置下都可能面临不同的问题，如多种理论模型的适应性问题以及实际算法的适配性难题，这些问题有的受限于传感器原理，有的受限于理论模型。

（一）视觉导航的深度问题

视觉导航的图像深度估计和场景深度测量等是视觉导航的难题。一帧图像场景的深度是指图像中某一个点对应的 Z 方向空间坐标，由于单目视觉位姿估计深度方向的误差较大，所以算法中通常利用极线约束搜索和估计逆深度值来实现深度估计。几种典型的单目视觉里程计算法都采用了深度的归一化处理（Jaegle et al.，2016；Forster et al.，2014），这与采用逆深度是相同的思路。由于场景中不同点深度相差较大，一般将逆深度值进行归一化处理，从而保证深度估计中的数值稳定性。

（二）单目视觉导航的尺度问题

单目 VO 中还存在尺度变形问题，一方面是单目成像中场景缩放前后会出现尺度不确定性现象，即尺度变化；另一方面是单目相机拍摄的相邻帧估计的位移量与真实三维世界间相差一定比例，即尺度误差，轨迹位移量的变化同样导致了生成图像的变化，这一现象称为尺度漂移。尺度误差与尺度漂移变化关系密切，因为位移量需要通过图像深度估计获取，所以位移量的不确定性是由深度估计的不确定性造成的。

如同图像金字塔中不同层级下同一像素对应的物理尺寸并不相同，同一像素也对应了不同的空间尺度。尺度的产生是由于单目 VO 估计的深度是一个没有物理单位的比例值，这会造成尺度因子的不确定性。

在单目 VO 中，两帧间的动基线是待估计的载体平移量，无法直接计算深度来确定图像的物理尺度；在双目 VO 中，目标深度可以直接计算得到，因此物理意义上的尺度单位就是确定的。

（三）位姿估计的无约束非线性最优化问题

视觉导航技术中应用的理论模型包括三维空间刚体运动的位姿描述和变换关系模型，包括欧氏变换、罗德里格斯公式（高翔等，2017）、四元数描述法、相似、仿射、射影变化、六自由度位姿与各描述方式间的数学转换模型。不同的位姿描述和变换关系模型对位姿的最优估计过程影响较大。例如，激光雷达里程计与建图（LiDAR odometry and mapping，LOAM）算法（Zhang et al.，2014）就采用了欧氏变换的位姿描述方法来实现最优估计，而大多数 SLAM 算法通常选择旋转向量与旋转矩阵来描述位姿变换，进而进行最优估计。

通过构建载体位姿误差最小化的最优化模型可以估计载体位置姿态矩阵，但由于旋转矩阵自身的正交性带有约束，利用旋转矩阵作为优化变量会引入额外约束，令优化过程难以进行。通过李群和李代数间的转换关系能够将位姿估计变为无约束的优化问题，简化求解方式。其主要途径是用李代数表示姿态，然后根据李代数加法对李代数进行求导，或者对李群左乘或右乘微小扰动，对该扰动进行求导，通过BCH（Baker-Campbell-Hausdorff）线性近似，得到左、右扰动模型，从而实现位姿优化的迭代增量优化估计，减小位姿估计误差至最优值（高翔等，2017）。

在视觉导航中，单双目相机成像模型、畸变校正模型、相机标定等是所有估计计算的前提和模型基础。载体位姿估计方法则是以经典的最小二乘理论为核心，将最大后验估计和最大似然估计等价转化为利用李代数模型的无约束非线性最小二乘问题，从而利用经典的Gauss-Newton法、Levenburg-Marquadt法实现梯度下降策略的最优估计（高翔等，2017）。

（四）视觉里程计的特征法与光流法

在视觉导航技术中，特征法（又称间接法）、光流法（又称直接法）、半直接法是VSLAM前端VO的三种主要方法。特征法是从序列帧图像中提取具备可重复性、可区别性、高效性和局部性的关键点并计算其描述子作为基础实现图像帧间的特征匹配，从而通过对极几何的极线约束关系——本质矩阵等建立最小化重投影误差模型求解载体运动位姿矩阵的方法。光流法，是通过光流跟踪实现帧间同名特征点的获取，利用最小化光度误差实现载体位姿估计的方法。半直接法一般先利用特征法的特征检测，但没有继续利用计算量较大的特征匹配，而是利用直接法中的点跟踪，最终优化特征位置所在的光度误差和重投影误差实现最优估计。

（五）后端优化、回环检测问题

光束法平差、图优化、回环检测等方法是VSLAM后端建图过程的主要工作。后端优化主要针对误差长时间累积的最优轨迹和地图的平差优化。传统的EKF等滤波方法在一定程度上假设了过程的马尔可夫性，而非线性优化可以使用所有历史数据，成为全时SLAM（full-SLAM，FSLAM），计算量也会相应增大；EKF存在非线性误差，而最优估计中在做一阶、二阶近似的每次迭代之后，会重新对新的估计点进行泰勒级数展开，而不像EKF仅在固定点上进行一次泰勒级数展开，因此最优估计方法的适用范围更广，在状态变化较大时依然适用。另外，EKF方法不适合大型场景的状态估计，另外，EKF方法计算中需要存储状态均值和方差，因此不适合大范围自主导航场景的状态估计（高翔等，2017）。利用BA代价函数和矩阵的稀疏性，可以构建图优化形式的最优估计。在大场景下的后端优化一般采用位姿图和因子图优化方法，以降低计算量，进一步提升计算效率。

四、发展方向

（一）实时计算与轻量化平台小型化

在视觉导航中，计算量与平台要求是相辅相成的。SLAM 技术从实验室走向真正的成熟应用，计算量、平台、精度及不同场景的应用需要不断折中和调整。总的来说，针对视觉导航技术，实时计算和轻量化平台是总体趋势，算法的选择和改进都要围绕轻量化平台和快速计算这两个基本要求展开，以满足未来丰富平台应用的需求。

（二）高精度定位与建图

当前 SLAM 技术不仅应用于视觉导航系统实时定位与建图，在测绘、考古等需要高精度、非实时三维重建和载体姿态确定等领域也有广泛应用。事实上，视觉导航系统领域的实时计算与测绘、考古的事后高精度处理之间，也存在着精度和计算效率的折中。对于视觉导航研究领域，在实时条件下，高精度载体位姿信息获取、高精度建图对后续的避障、行人检测、路径规划等都具有重要的影响，因此高精度定位与建图能力的提升是视觉导航技术发展的必然趋势。

（三）系统稳健性

视觉导航系统实际运行中常面临大范围的各类极端条件，如低光照、纹理缺失、结构缺失、运动模糊、散焦等，都对视觉导航系统环境适应的稳健性提出了要求。此外，因自主平台高速运动、旋转、平移带来的运动估计稳健性问题也是视觉导航系统实际运行必须解决的。

视觉导航系统在真实环境中的运行需要实现精确、低漂移、高可靠性的运动估计，相比于进一步提高定位与建图的精度，系统本身的稳健性和长时间稳定性的研究对视觉导航更为重要。

（四）传感器融合处理方法

视觉导航突破了单目视觉在应用中的多种局限性，已经初步形成理论体系并能够支撑实际应用。然而，在无先验知识、非往复运动的情况下，视觉导航同样存在不可避免的误差累积问题，且成像干扰、图像中断会导致测量精度迅速下降，甚至不可用。视觉导航与卫星导航、惯性导航等其他导航方式相比，体现出更多的互补性，因此组合导航仍然是视觉导航应用的主要模式。

从系统整体的稳健性、可靠性角度来看，视觉导航系统与其他多源传感器集成和融合也是实现实时定位与建图的重要途径。于是，多源传感器间的深度耦合、传感器退化失效的处理、数据更新频率不同带来的计算效率协同、精度精化等问题成为融合处理研究的重点。此外，非线性系统模型初始化与算法流程改进等也都关系到系统稳健性、精确性和计算效率等多方面问题，需要进行深入细致的研究与探讨。

（五）深度学习方法的应用

场景自动识别已经成为视觉导航一个重要的研究方向（Lowry et al., 2016），深度学习等智能算法在视觉导航中的应用更需要引起高度重视。在场景稠密深度图实时构造、场景深入理解等方面，深度学习可以赋予场景中全部或主要对象明确的语义，可以在语义层次上实现导航，克服现有导航地图只包含空间坐标信息的不足；在现有导航系统的基础上，增加基于环境理解的宏观导航精度保障措施，也是未来视觉导航技术的发展方向之一。

（六）分布式视觉导航

分布式视觉导航主要用于GNSS拒止环境下多机器人各类导航中。在多机器人分散的情况下，可以不依赖与中央实体的通信；在实现数据关联和优化中，利用分布式视觉导航系统在所有机器人之间交换完整的地图数据，并以与机器人数量的平方成正比的复杂度进行大规模数据传输。目前，新的分布式视觉导航方法在两个阶段中执行有效的数据关联，首先将全图描述子发送给一个机器人，成功后将相对姿态估计所需的数据再发送给一个机器人，这样，数据关联扩展复杂度与机器人数量成正比，新方法还使用分散式姿势图优化方法，交换最小量数据，并与轨迹线性重叠。随着集群式机器人的逐渐发展，分布式视觉导航技术必将成为未来视觉导航的一个重要方向。

第二节　图像匹配导航技术

一、科学意义与战略价值

图像匹配导航是根据地形凹凸不平的特征与地理位置之间的对应关系，利用运动载体实时测量得到的地形信息与已知的基准图进行配准来确定自身的位置信息，在飞机辅助导航、精确制导武器系统、目标搜索与跟踪等军事领域有诸多应用（徐瑞等，2012），常包括地形匹配导航、景象匹配导航、海底地形匹配导航等（刘徐德，1994）。

地形匹配导航利用飞机、导弹等低空平台搭载的传感器测量得到高度信息，并将其作为待匹配的特征量，通过地形匹配算法将其与基准图进行匹配，从而得到精确位置。地形匹配导航技术的定位精度与航程无关，具有自主、隐蔽、全天候、低成本的优点，适用于丘陵、山地等地形，是近年来受到广泛重视并已成功应用的辅助导航技术（陈绍顺，2003）。地形匹配导航技术可应用于飞机和巡航导弹。在航空导航领域，地形匹配导航系统能满足战术导弹和飞机机动飞行，尤其是低空、超低空飞行的要求，对近空支援、低空强击、突防、截击等战术飞行十分有用。

景象匹配导航利用高分辨率雷达或光学图像传感器实时获取地面景物图像，然后与飞行器上预先存储的景象数字地图进行比较，从而确定载体位置。当图像匹配定位满足一定的精度要求时，即可进行定位导航。景象匹配导航技术适用于飞机、导弹等进行无源、自主式导航，尤其是在精确制导导弹的末制导阶段，可利用景象匹配导航技术的定位对惯性导航系统进行位置修正，实现精确打击。

海底地形匹配导航是一种利用地形特征（等值线、景象等）的辅助导航方法（王国臣等，2016），其原理是利用声学技术的先进成果（回声测深仪等）对水下潜器下方的地形地貌进行成像处理并提取特征值，把这一特征值与事先存储在计算机内已知的高分辨率的地形图进行匹配，从而确定水下潜器的位置、速度、方位等信息。海底地形匹配导航可应用于潜艇及水面舰船（李临，2008）。

二、现状及其形成

（一）地形匹配导航

地形匹配导航的要素主要包括数字图、地形传感器和地形匹配算法等。数字图就是预置在飞行平台上、满足一定精度要求的地理信息产品，是地形匹配导航的核心要素和重要支撑。地形传感器主要有高度表、气压高度表和无线电/雷达高度表等，可进行飞行器高度的测量。地形匹配算法是地形匹配导航的基础，主要有地形等高线匹配（terrain contour matching，TERCOM）算法和桑迪亚惯性地形辅助导航（Sandia inertial terrain aided navigation，SITAN）算法，两者各有侧重。TERCOM 算法以地形的标高剖面图为基础确定载体的位置，能快速、准确地搜索出配准位置，并直接以地形配准的结果作为最终估计，实现地形匹配导航。SITAN 算法采用递推的扩展卡尔曼滤波技术，实时性更好，可在位置误差较小的情况下有效地估计并修正载体误差，实现地形匹配导航。

美国最先开始地形匹配导航技术在航空导弹中的应用研究，已研制出若干种地形匹配导航系统并装备部队，最具代表性的是 TERCOM 系统和 SITAN 系统。TERCOM 系统是批相关处理技术的典型代表，美国麦克唐纳•道格拉斯公司研制的机动地形相关系统（maneuvering terrain correlation system，MTCS）、英国宇航公司研制的地形剖面匹配系统、英国费伦蒂公司研制的 PENETRATE（passive enhanced navigation with terrain referenced avionics）系统以及法国萨吉姆公司研制的地形剖面匹配导航系统均是在 TERCOM 系统的基础上加以改进而形成的新系统。TERCOM 系统于 1958 年由 E-Systems 公司研制，实际定位精度（CEP）为 30～100 m，适用于超声速低空导弹，已成功用于“战斧”等型号的空射巡航导弹；SITAN 系统于 20 世纪 70 年代末由美国桑迪亚实验室开始研制，定位精度可以达到 75 m，也有报道指出其定位精度可以达到 50 m 以内，适用于有人驾驶和无人驾驶的低空飞行的飞机。在 1991 年的海湾战争中，F-117、GR7、幻影 2000N、F1CR、F-11、F-15E 等飞机均装备了地形匹配导航系统，可以达到与 GPS 相当的定位精度（周月华，2018）。

对于航空地形匹配，测量设备的能力限制了地形匹配导航的应用范围。航空地形匹配系统是一种低高度工作的系统，当离地高度超过 300 m 时，其精度就会明显降低，而在 800～1500 m 的高度则无法使用。地形匹配导航主要利用数字高程信息进行修正，而在平坦地域数字高程变化不大，无法确定精确位置，从而造成较大的定位误差。因此，地形匹配导航系统只能在具有起伏特征的地区使用，在平坦的地区或水平面上使用效果差。

（二）景象匹配导航

景象匹配导航系统是基于航天技术、传感器技术、计算机技术、图像信息处理技术、模式识别技术等发展起来的，主要由高精度地形景象数字地图、机载图像传感器、执行匹配算法的计算机组成（王钦等，2012），常用于精确制导武器的末制导系统中（贾万波等，2009）。在精确制导武器中，会预先按照飞行路线选择响应区域的景象作为基准图存入弹载匹配计算机中，当导弹飞到预定位置时，弹上摄像机拍摄正下方地面的图像，并按像点尺寸、飞行高度和视场等参数生成一定大小的实时图传输到匹配计算机中；匹配计算机将实时图与基准图进行相关比较，找出两者的位移；由于基准图的地理坐标位置（或与目标的相对位置）已知，根据其与实时图的配准位置，便可确定导弹相对于目标的位置。

景象匹配导航技术可以采用不同的导引头体制，除光学景象外，还可利用雷达景象（尤其是合成孔径雷达成像）、红外景象、半主动激光等。其中，合成孔径雷达技术使景象匹配导航系统的全天时、全天候、远距离应用成为现实（科普中国，2020）。这些新的景象获取方式为景象匹配导航系统的发展提供了新的机遇和技术支持。

美国 20 世纪 70 年代已经将景象匹配用于飞机、无人机、精确制导武器等的飞行平台。美国著名的“战斧”巡航导弹之所以能够精确命中目标，得益于景象匹配末制导技术，在航行中采用惯性制导加地形匹配或卫星全球定位修正制导，可以自动调整高度和速度进行高速攻击。

（三）海底地形匹配导航

海底地形匹配导航常常借鉴航空地形导航方法。1993 年，Bergem 首次将多波束测深仪用于水下潜器地形匹配导航（Bergem，1993），多波束测深仪在每次测量扇区时扫描得到一系列垂直航向，并向两侧对称排列的波束测量点，与地图的地形轮廓匹配确定自主式水下潜器（autonomous underwater vehicle，AUV）的位置，如图 5-12 所示。2002 年 10 月，瑞典皇家工学院 Nygren 等选用 AUV62F 进行了地形导航海试实验，整个航程 65 km，采用 Reson SeaBat8101 MBE 采集水深数据，海试实验结果表明，3% 的测试点超过 INS 的 3σ 误差范围，定位误差为几米。2004 年，Nygren 等提出了基于最大似然概率的水下 TERCOM 地形匹配导航方法（Nygren et al.，2004）。该方法采用合成孔径声呐传感器测量三维高程图像，如图 5-13 所示，获取密集高程值，通过与地形轮廓图像匹配快速确定 AUV 的准确位置。

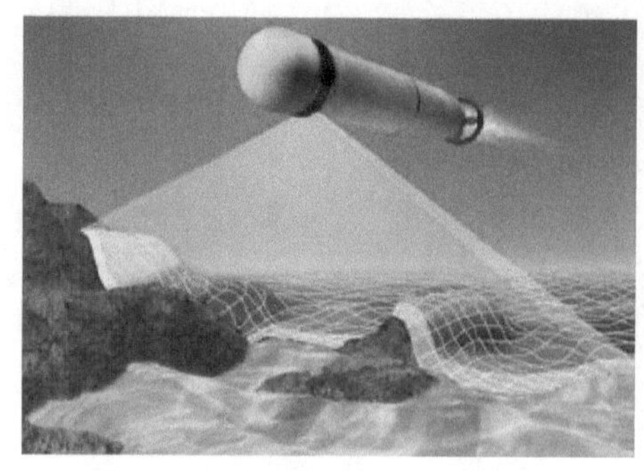

图 5-12　多波束测深仪工作示意图

图 5-13　合成孔径声呐传感器三维图像示意图

美国斯坦福大学研究了一种适用于大航程 AUV 的低成本地形匹配导航方法，于 2008 年 4 月在蒙特雷湾研究所进行了海底实验。该方法着眼于低成本的声呐，验证了使用低精度测量设备进行地形匹配导航的可行性，利用了低精度的航位推算和地形导航滤波，定位精度达到 4～10 m。

作为世界上领先的 AUV 开发和生产机构，挪威国防研究所和 Kongsberg Maritime 公司联合研制出 HUGIN 系列 AUV，并于 2009 年和 2010 年做了两次海上实验。2009 年 5 月，在挪威海岸和白令岛间开放海域的“穿越”实验，航程为

50 km，仅依靠多普勒计程仪和 INS 进行导航，由地形匹配定位系统提供位置更新，最终导航定位误差为 4 m。2010 年 4 月，在奥斯陆海湾的海上实验，由于用于水深测量的多波束声呐突然发生故障，所以临时采用多普勒计程仪作为地形水深测量设备，水下航行 5 h 后浮出水面，与 GPS 信号间的误差约为 5 m。

根据水下地形数据使用方式的不同，地形匹配导航技术可以分为地形高度匹配（terrain elevation matching，TEM）和区域景象相关匹配（scene matching area correlator，SMAC）两类。SMAC 技术具有较高的定位精度，但是对设备和地形数据的要求高，主要用于高精度制导武器的末端制导。TEM 技术的定位精度相对较低，但对设备和数据的要求不高，而且不易受到外界环境变化的影响，常用的匹配算法包括地形相关匹配算法、基于扩展卡尔曼滤波的匹配算法和基于直接概率准则的匹配算法。由于水下地形图像信息的实时获取比较困难，所以 TEM 技术的应用更为广泛。

海底地形匹配导航系统通常由基本导航系统、水深测量系统、海底地形水深数据库和地形匹配模块四部分组成，如图 5-14 所示。基本导航系统由多普勒计程仪辅助惯性组合导航系统（水声声呐测速与捷联式惯性导航系统组合）组成，为地形匹配提供参考位置和航向等信息。水深测量系统由水深测量单元（压力传感器、单波束测深仪或四波束测深仪）和数据预处理及补偿模块组成，为地形匹配提供精确的实测水深数据。水深测量精度是决定地形匹配导航精度的主要因素，受多种因素的影响，包括潮汐、水深测量传感器误差、海图误差、压力传感器和测深仪之间的杆臂补偿等。海底地形水深数据库为地形匹配提供参考水深数据。地形匹配模块完成地形匹配导航定位，输出导航定位结果，并修正基本导航系统指示的位置。

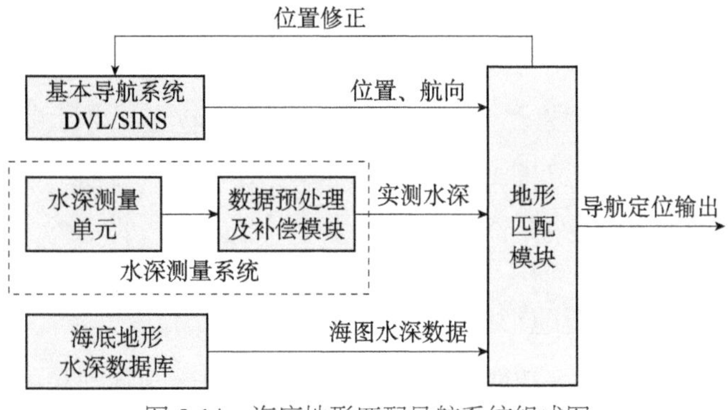

图 5-14　海底地形匹配导航系统组成图

三、关键科学技术问题

（一）图像匹配算法适应性

图像匹配算法作为地形匹配导航的关键技术，完整的图像匹配过程中涉及匹配区选择准则的确定（如灰度相关准则、空频域特征准则、几何准则等）、图像的预处理（图像增强、直方图均衡、图像细化、图像去噪声、图像几何畸变校正等）、特征提取（景象区域相关性提取、景象边缘跟踪、景象频域参数提取、景象形态学参数提取等）、景象分析（通过一组现有的景象选择准则，与从景象图中提取出的参数进行比较、综合）、景象评价（进行比较、综合后，对给定基准图中的可用景象进行评价和输出）、粗匹配定位算法、精匹配定位算法和匹配结果评估算法。当面对海洋、沙漠等大范围内特征变化不明显的区域时，匹配导航系统无法定位，从而使导航精度大大降低，甚至无法导航。此外，当飞行高度较低时，由地面大起伏引起的几何变形会严重制约匹配性能，造成匹配精度严重下降，甚至出现错误匹配。因此，不同的环境地形特点对图像匹配算法的适应性提出了较高的要求。

（二）多角度纹理混合贴图技术

精确制导打击需要获取目标的数字三维模型，而多角度纹理混合贴图是实现目标三维结构图构建的关键环节。基于多角度卫星的三维重建和贴图原理为：首先，在多角度影像中选择若干最优的立体像对用于后续的密集匹配；其次，设计新的全局密集匹配算法，产生高精度、高分辨率的立体影像三维模型；最后，对这些三维模型进行高精度配准和融合，产生大范围数字表面模型和带有全方位纹理的三维模型。在实现该方法时，需借鉴和依托多角度航空影像三维重建技术和常规光学卫星图像三维重建技术，并重点研究基于图的最优立体像对选择技术、基于最优选择的特征匹配技术、基于全局优化的快速密集匹配技术和卫星三维模型纹理映射技术等。目前，研究重点集中在卫星三维模型纹理映射技术。

（三）高精度海底地形数据库构建技术

高精度海底地形数据获取是构建海底地形数据库的基础和前提。海底地形数据可通过水下测深系统获取，主要手段包括基于船载的单波束系统、多波束测深系统和高分辨率测深侧扫声呐系统、基于机载的激光测深系统以及基于星载的卫星遥感水深测量系统等。手段不同，测量原理、测量精度、处理方法不同，如何融合处理不同来源的数据，是构建高精度海底地形数据库的关键。

（四）实测水深数据获取技术

目前，海底地形探测以声探测技术为主，多波束测深系统能以很高的分辨率同时测定多个位置的水深，达到精密测定一定条带范围内海底地形的目的，隐蔽性要求潜艇导航时不能使用主动声呐，尽管现代水声探测系统运用了各种先进技术，改善了水声探测性能，但是水声探测系统自身的缺陷以及潜艇安全航行的需要，使水声探测系统很难满足潜艇实际探测的需要。因此，高精度、高隐蔽性和高可靠性的海底地形探测技术仍是需要突破的重点难题。

（五）海底地形匹配导航算法

海底地形匹配导航的核心是海底地形 / 图像匹配算法及其实时实现。在系统硬件设备和数字海图确定之后，匹配算法成为决定海底地形匹配导航性能的主要因素。考虑洋流、悬浮物体等的影响，海底地形匹配导航算法应聚焦适应海底地形特点的最佳路径选取方法的研究，具备快速、高效、实时的特点，并具备对海底地形障碍物的回避能力。

四、发展方向

1. 图像匹配算法研究

图像匹配算法作为地形景象匹配导航的关键技术，考虑其应用场景的特殊性，应向高实时性、强容错性和抗干扰方向发展。

2. 合成孔径雷达技术

合成孔径雷达（synthetic aperture radar，SAR）可以全天候、全天时、远距离得到类似光学照相的高分辨率雷达图像，分辨率能达到米级。目前，

SAR 技术正向着高可靠性、高分辨率、抗干扰、小型化的动目标监测和动目标成像方向发展，将提升实时处理质量，极大地推动了景象匹配导航技术的发展与成熟。

3. 基于部分 Hausdorff 距离的边缘特征景象匹配算法

边缘特征景象匹配算法在图像边缘特征明显、低噪声和低信噪比下较为有效，但算法运行时间较长，抗几何变形性能较差，适应性较差。为此，可以通过运动补偿等方法获取高精度的图像，通过改进或者综合运用各种搜索方法来提高算法的适应性、实时性。

4. 海底地形探测技术

为获取精确的海底地形数据，在现有探测技术的基础上，发展包括基于船载的单波束系统、多波束测深系统和高分辨率测深侧扫声呐系统、基于机载的激光测深系统，以及基于星载的卫星遥感水深测量系统等立体测量系统的综合海底地形探测技术。

5. 海底地形数据库

海底地形数据库是进行海底地形匹配导航所需的基本数据源，海底地形数据库的精度和分辨率直接影响着海底地形导航的有效性和准确性，需要从基本数据的组合优化和数据结构的重新设计入手，研究适合海底地形匹配导航需求的海底地形数据库。

第三节　重力场匹配导航技术

一、科学意义与战略价值

地球重力场是一个随着地球空间位置变化而变化的物理量，对其进行精确测量有非常重要的科学意义和应用价值。在地球科学中，利用重力场的精确测量可以推算平均地球椭球的形状、精化大地水准面、建立国家大地网和国家水准网等；在空间科学中，可以确定空间飞行器受地球引力场作用所产生的摄动，并进行轨道误差计算与修正；在固体地球物理学中，可以用于反演地球内部结构及物质分布；在军事领域，可以用于潜艇辅助导航、提高弹道武器的运行精度等。

重力场匹配是一种典型的无源导航方式，重力数据的采集和获取不需要发射和接收信号，不受周边环境的影响和信号的干扰，具有全天候、高自主、高隐蔽、高精度和抗干扰等优点，在航空、航海、陆地导航等军用、民用领域有着广泛的应用。重力场匹配导航技术可以作为辅助导航手段，对水下潜器惯性导航系统的误差进行校准，且满足导航的隐蔽性要求，对水下潜器的安全、隐蔽行进具有重要意义（韩雨蓉，2017）。

二、现状及其形成

重力场匹配导航技术的研究始于一项提高三叉戟弹道导弹潜艇性能的项目，该项目的目的是最大限度地隐蔽潜艇信号。初期基准图多采用海底地形图、磁场图等，然而实践中发现，地形测量中的声学仪器信号容易造成潜艇暴露，且地磁场的复杂变化也对判定潜艇位置造成了极大干扰。因此，学者的研究重点逐渐转向重力基准图和重力梯度基准图。20 世纪 80 年代，美国洛克希德 • 马丁公司成功研制出重力敏感系统（gravity sensitive system，GSS）。该系统类似于一个水平稳定平台，安装有重力仪和重力梯度仪，能够用于实时估计垂线偏差，补偿重力扰动的影响。90 年代，美国洛克希德 • 马丁公司成功研制出无源重力辅助惯性导航系统（Albert et al.，1991）。该系统集成重力敏感系统、静电陀螺导航仪、重力图和深度探测仪，实现了重力场信息和地形变化的同步感知，有效减小并限定了惯性导航误差，推动了重力辅助导航技术的进一步发展。20 世纪 70 年代，测高卫星的出现使人类具备了快速获取全球海域重力数据的能力。美国海军分别于 1998 年和 1999 年开展了水面舰艇和潜艇导航实验，精度水平可提升至导航系统标称误差的 10%。除了重力信息外，美国贝尔实验室成功研制出重力梯度仪导航系统（gravity gradiometer navigation system, GGNS），将重力梯度作为基准数据对惯性导航系统进行校准（Affleck et al.，1990）。

重力场匹配导航技术利用载体重力仪实时测量重力场特征量（重力异常、重力梯度等），通过与先验地球重力场参考图进行匹配，推算出运动载体位置信息并校准误差，导航原理如图 5-15 所示。重力场匹配导航系统由重力传感器、先验重力场模型和匹配导航算法三部分组成。

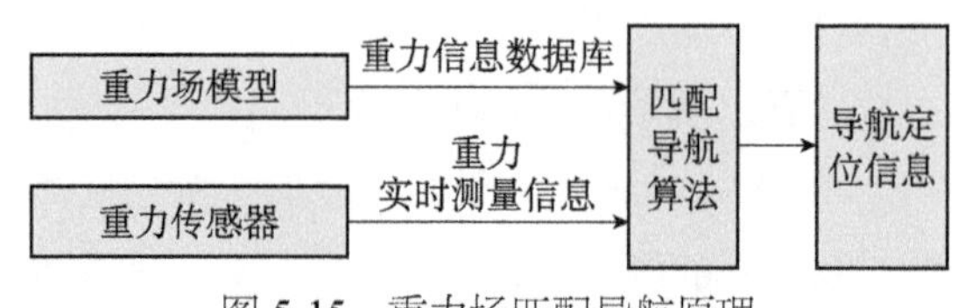

图 5-15　重力场匹配导航原理

（一）重力测量

重力场匹配导航离不开高精度、高分辨率的地球重力场模型，地球重力场模型的构建离不开重力测量。当前，重力测量的主要手段有地面重力测量、船载重力测量、卫星测高、航空重力测量和卫星重力测量等。地面重力测量精度高，易受地形等客观因素的影响，部分区域无法实施有效勘测，且效率低下，部署困难；船载重力测量是获取海洋重力数据的传统技术手段，其测量效率低，在浅海、滩涂等地区难以实施；卫星测高能够获得全球海域的高精度重力数据，在近海地区的反演测量效果不佳（柯宝贵等，2017）；航空重力测量综合应用航空重力仪、GNSS 接收机和测高、测姿等设备测定重力场，可在难以开展地面重力测量的沙漠、冰川、高山、陆海交界等区域进行作业，但是难以测定全球重力场（孙中苗等，2004）；卫星重力测量（如 CHAMP、GRACE、GOCE 等）可获得全球重力数据，但目前分辨率最高只能达到 80 km（许厚泽等，2012）。船载重力测量将重力仪安置在船体中心，能够进行持续的动态观测，具有精度高、可靠性强、受海洋气候条件影响小的优点，海洋面积广袤，制约了船载重力测量手段的进一步发展。美国 NGDC 网站拥有全球海域船载重力测量数据，数据跨越年代较长，测量密度稀疏，远不能满足现在海洋测绘的技术需求。空间技术的发展为海洋重力测量带来了新的契机，跟踪卫星、测高卫星、重力卫星等逐渐成为重力场探测的新手段。测高卫星可提供覆盖全球 60% 以上面积的全球海面信息，并能开展重复测量，有效解决了人力和财力耗费巨大、船载重力测量数据稀疏、重复周期性差、舰船无法直接到达偏远海洋区域等问题，是目前获取海洋重力场信息的最有效手段；航空重力测量作为补充技术手段，也被用于沿海滩涂地带和浅水区域，为局部地区的重力场建设发挥了作用。

20 世纪 70 年代，美国 NASA 发射了第一颗搭载测高仪的实验卫星 SKALAB，开启了卫星测高技术的新时代；随后，第一颗海面地形卫星 GEOS-3 发射升空，同样获得了成功。图 5-16 为测高卫星观测示意图，利用卫星装载的雷达测高仪，连续向地球发射脉冲，接收到地球表面返回的脉冲回波信号后，经过处理解算出海面高度，并反演重力场信息。表 5-1 给出了全球主要国家、主要机构的测高卫星任务执行情况，通过技术探索阶段经验的积累，卫星测高技术得到了蓬勃发展，发射的卫星数量逐年增加，航天实力较强的欧美国家，累计发射的测高卫星数量占比达 80% 以上。

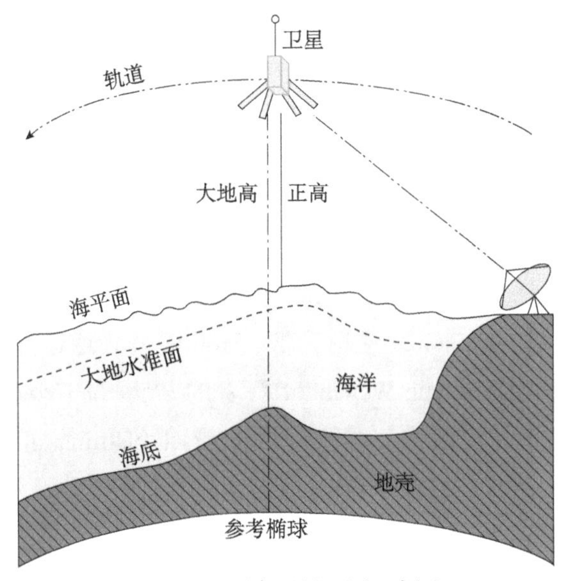

图 5-16　测高卫星观测示意图

表 5-1　全球主要测高卫星任务一览表

卫星	研制单位	发射时间	轨道高度 / km	轨道倾角 / (°)	重复周期 / d	轨道精度 / cm
Skylab	NASA	1973 年 5 月	425	—	—	1～2
GEO-3	NASA	1975 年 4 月	840	115.0	—	50
Seasat	NASA	1978 年 6 月	800	108.0	3/17	30
Geosat	美国海军	1985 年 3 月	800	108.0	23/17	20
ERS-1	ESA	1991 年 7 月	785	98.5	3/35/168	10

续表

卫星	研制单位	发射时间	轨道高度/km	轨道倾角/(°)	重复周期/d	轨道精度/cm
T/P	NASA CNES	1992年8月	1336	66.0	10	3
ERS-2	ESA	1995年4月	785	98.5	35	10
GFO	美国海军	1998年2月	800	108.0	17	3.5
Jason-1	NASA	2001年12月	1336	66.0	10	3.3
Envisat-1	ESA	2002年3月	800	98.5	35	4.5
IceSat	NASA	2003年1月	590	94	183	10
Jason-2	CNES NASA Eumetsat NOAA	2008年6月	1336	66.0	9.91	—
Cryosat	ESA	2010年4月	717	92.0	30	—
HY-2	CAST	2011年8月	971	99.3	14/168	—
Saral	ISRO CNES	2013年1月	800	98.5	35	—

注：CNES为法国国家空间研究中心；Eumetsat为欧洲气象卫星组织；NOAA为美国国家海洋和大气管理局；ISRO为印度空间研究组织

将测高卫星采集到的数据进行后处理，得到海洋重力异常。常用方法包括最小二乘配置法、Stokes逆运算法、Hotine公式逆运算法、逆Vening-Meinesz公式法等。Hofmann-Wellenhof等著的*Physical Geodesy*一书最早阐释了最小二乘配置法在重力异常反演中的应用（Hofmann-Wellenhof et al., 2006），之后Sandwell等、Tscherning等对该方法进行了深入细致的研究，实现了联合高分辨率的卫星测高、高精度的船测和重力卫星等不同类型数据确定网格点海洋重力异常的方法。该方法精度高、稳定性好，尤其是在近海区域，能够显著改善卫星测高数据反演质量（Sandwell et al., 1997；Tscherning et al., 1974）。2005年，王虎彪等采用该方法，在我国近海区域，融合多类型数据开展了反演实验，取得了良好效果（王虎彪等，2005）。Stokes公式是利用海洋重力异常求解大地水准面起伏的方法，Stokes逆运算法由Stokes公式演化而来。许厚泽等使用此方法将中国某近海海域作为研究对象，得到分辨率为30′×30′的海洋重力异常，精度为3.5 mgal（许厚泽等，1999）；王海瑛等将0°～40°N、105°～135°E海域作为研究对象，得到分辨率为30′×30′的海洋重力异常（王海瑛等，2000）；徐卫明等提出了反演海洋重力扰动的 Hotine 公式逆运算法，该方法可用于消除海面地形的影响（徐卫明等，1998）。逆 Vening-Meinesz 公式法建立了垂线偏差与重力异常的相关关系，是目前反演海洋重力异常的主要方法。计算流程采用移去–恢复办法，即将大地水准面高度减去模型大地水准面高度，得到残余大地水准面高度，使用 Hwang 方法计算残余垂线偏差，对残余垂线偏差使用逆 Vening-Meinesz 公式法得到残余重力异常，将其与模型重力异常相加即为所求海洋重力异常值。诸多学者团队，如 Sandwell 等、Andersen 等，利用 Geosat/GM、ERS-1 卫星的测高数据反演全球海洋重力异常（Andersen et al.，1998；Sandwell et al.，1997）；李建成、王海瑛等、李洪墩、刘善伟等开展了中国近海海洋重力异常反演，得到了良好的效果（刘善伟等，2015；李洪墩，2013；王海瑛等，2000；李建成，2000）。逆 Vening-Meinesz 公式法是当前使用最广泛、反演效果最好的方法。

重力测量历经多个世纪的发展，逐渐从扭力测量、旋转加速度计测量、静电悬浮测量、超导测量、自由落体测量向原子干涉测量发展。原子干涉重力仪采用的基本原理是测量自由下落中物体的位置，其独特之处在于运用原子代替惯性质量来感应重力作用，即利用激光与相干原子作用来感知原子运动过程中的重力加速度，感应原子所处内部叠加态的相位，通过检测末态原子处在某一内部叠加态的数目可以获得重力加速度信息。因此，原子干涉重力测量无机械磨损、测量频率高、使用寿命长、具有固有的振动抑制特性以及极佳的长期稳定性，在惯性导航及重力匹配辅助导航方面极具应用潜力。

（二）重力场模型

重力基准图制备离不开高精度、高分辨率的重力场模型。首个重力场模型的建立可以追溯到 20 世纪 60 年代，Kaula 联合卫星轨道摄动分析理论和地面重力测量资料建立了 8 阶地球重力场模型（Kaula，1966）。此后，又相继诞生了多种类型不同阶次的地球重力场模型。国外机构，如德国地学研究中心推出 EIGEN-1S、EIGEN-2、EIGEN-3p 和 EIGEN-GRACE01S 模型；德国慕尼黑技术大学推出 TUM-1S、TUM-2Sp 模型；美国俄亥俄州立大学推出 OSU 系列模型；美国 NASA 戈达德空间飞行中心推出 GEM 系列模型；戈达德空间飞行中心联合美国国防制图局推出 EGM96 模型；美国俄亥俄州立大学推出 OSU02A 和 OSU03A 模型等。国内机构，如武汉大学测绘学院推出 WDM 系列模型；中国科学院测量与地球物理研究所推出 IGG 系列模型；西安测绘研究所推出 DQM 系列模型等。

20 世纪 80 年代，第一份全球海洋重力图制作完成，人类推动海洋事业的发展迈出重要一步；绘制全球海洋重力图需要全球范围的卫星测高数据，1995 年，Geosat GM（大地测量任务数据）和 ERS 数据面向世界公开发布，成为许多国家和机构竞相研究和关注的热点。20 世纪 90 年代，Hwang 等和 Sandwell 等相继利用 ERS-GM 数据构建了全球海洋重力场模型（Sandwell et al.，1997；Hwang et al.，1995）。此后，以 Sandwell 等（代表加利福尼亚大学圣迭戈分校）和 Andersen 等（代表丹麦技术大学）为代表的两大研究机构持续推进海洋重力场模型探索，研制出 SS 系列和 DTU 系列两类模型，两类模型的建设和制备过程分别如表 5-2 和表 5-3 所示。

表 5-2 SS 系列模型变化过程

年份	模型版本	变化和改进情况
1996	V7.2	采用第 16 个和第 62 个周期的 Geosat ERM 和 ERS-1 ERM 数据，以及全部 Geosat GM 和 ERS-1 GM 数据，经过数据编辑、数据校正、弧段划分、低通滤波、5 Hz 重采样、差分和共线平均等流程，将 70 阶次的 JGM-3 模型作为参考场，通过最小曲率插值方法构建格网垂线偏差。最后根据各向同性低通卷积滤波、快速傅里叶变换解算和参考模型恢复过程得到重力异常值
1998	V8.1	将 EGM96 重力场模型代替 JGM-3 模型，并将格网垂线偏差分量的低通滤波参数由 24 km 调整为 18 km，用以增大短波分辨率
1999	V9.1	调整了沿轨滤波参数，由 10 km 变为 12 km
2002	V10.1	调整了沿轨滤波处理时的截断频率，由 14.4 km 变为 17.1 km
2004	V11.1	将截断频率调整回 14.4 km，对部分 ERS-1 数据采用了重跟踪处理
2005	V15.1	有四点改进：①所有大地测量任务的 ERS-1 和 Geosat 数据采用重跟踪处理；②对未经重跟踪处理的数据，引入与在轨跟踪器有关的振幅和频移校正项；③考虑中尺度海洋变化和潮汐的影响；④网格化方法采用张力样条方法
2007	V16.1	将模型的最高纬度调整至南北纬 80°
2008	V18.1	引入 EGM2008 代替 EGM96 作为参考模型
2012	V19.1	补充 16 个月的 CryoSat-2 数据和 12 个月的 Envisat 卫星 30 d 重复周期数据
2012	V20.1	补充 Jason-1 首次轨道调整后两年的重复轨道数据和 120 d 的大地测量任务数据，以及更长时间序列的 CryoSat-2 和 Envisat 数据
2013	V22.1	两处改进：①低通滤波时，根据不同的海洋深度决定滤波半径；②考虑大地水准面斜率较大引起的足印区偏离星下点的校正项
2014	V23.1	补充了全部的 Jason-l GM 数据以及 9 个月的 CryoSat-2 数据

表 5-3 DTU 系列模型变化过程

年份/年	模型版本	变化和改进情况
1996	KMS96	采集到第 62 个和第 16 个周期的 Geosat ERM 和 ERS-1 ERM 数据，以及全部 Geosat GM 和 ERS-1 GM 数据，经过数据编辑、数据校正、弧段划分、低通滤波、5 Hz 重采样、差分和共线平均等处理流程，将 70 阶次的 JGM-3 模型作为参考场，使用最小曲率插值方法构建格网垂线偏差。最后根据各向同性低通卷积滤波、快速傅里叶变换解算和参考模型恢复等过程得到重力异常值
1998	KMS98	基于更新轨道后的 Geosat GM 和 ERS-1 GM 数据，将最小二乘配置法中的相关参数由全球范围固定值调整为局部单元分别确定，关联长度由 15 km 调整为 17 km，截断频率对应波长由 12 km 降为 10.5 km
1999	KMS99	联合 29 个周期的 ERS-2 和 31 个周期的 ERS-1 ERM 数据改进高纬度海域数据质量和覆盖率
2002	KMSO2	基于雷达测高仪数据库系统，新增第 60～63 个周期的 ERS-2 数据，恢复内陆湖泊水域重力场信息
2008	DNSC08	使用 Geosat ERS-1、TP、GFO、ERS-2 和 Jason-1 测高资料，引入 EGM2008 模型作为参考场，并采用 DOTO7A 模型考虑稳态海面地形的影响，新增 ICESat 数据和 ArcGP 重力测量数据填补极区空白
2010	DTU10	更新了重跟踪处理后的 ERS-2 和 Envisat 数据，潮汐校正模型更新至 GOT4.7
2013	DTU13	补充 Jason-1 GM 和 CryoSat-2 测高数据，在交叉点平差之前处理 150～500 km 波长信号，将空间滤波半径由 9 km 调整至 6.5 km。

目前，全球海洋重力场精度已达到 3 ～ 5mGal 水平，随着测高卫星后续的不断发射以及覆盖率的提升，SS 系列和 DTU 系列两类模型均将致力于构建达到 1 mGal 精度水平的全球海洋重力场模型。

（三）匹配导航算法

匹配导航算法是重力场匹配导航系统的核心技术。目前，大多数的匹配导航算法由地形匹配导航算法引申而来，主要分为相关极值法和滤波估计法。相关极值法包括 TERCOM 算法（张静远等，2020）、迭代最近等值线算法（Zhang et al.，2019）等；滤波估计法包括桑迪亚惯性辅助的 SITAN 算法（代志国，2015）、粒子滤波算法（Wang et al.，2020）等。将人工智能算法引入匹配导航，同样能够获得较高的匹配精度，如支持向量机的相关匹配算法（程力等，2008）、模式识别的概率神经网络算法（黄鹏等，2011）、蜂群搜索算法（Gao et al.，2014）等。不同算法的组合应用，可以有效发挥技术优势，弥补不足。将蜂群搜索算法和相关极值法相结合，能够有效克服初始误差的不利影响（张立等，2008）；将 TERCOM 算法和 SITAN 算法相结合，可提高实时匹配导航结果的精度；将重力熵与重力差异熵相结合的匹配算法，可解决重力熵算法在重力场分布较平坦区域内定位精度差的问题（张飞舟等，2010）；将相关分析和非线性滤波算法相结合，可实现载体真实位置的最优估计。

利用水下载体获取的速度、距离和航向信息，形成几何图形位置牵制，也可用于开展匹配导航，如三角形匹配算法（朱庄生等，2012）、径向分析算法（王跃钢等，2014）等。矢量匹配算法建立在单点匹配算法的基础上，该算法顾及惯性导航指示坐标及相邻点位置关系用以校正匹配结果，同样得到了良好的匹配效果。

三、关键科学技术问题

（一）高精度高分辨率的地球重力场模型及时变重力场感知

高精度高分辨率的地球重力场模型是重力场匹配导航的基础，而地球重力场的研究始终是大地测量学的核心问题，地球重力场反映地球物质的空间分布，不仅与地球的形状和大小有关，而且能够反映地球表面、内部以及大气和海洋等各圈层的物质分布及变化。高精度、高分辨率的地球重力场模型及其重力测量数据是研究地球物质空间分布的基础信息，是感知地球物质异常分布及其变化、精化相关地学模型的重要信息，也是认识地球内部结构和内部动力学的支撑信息源。

（二）高精度海洋重力场数据库构建技术

重力场数据库以格网形式存储每个网格点的经度、纬度和重力场信息，是重力场辅助导航定位系统的基础。卫星测高虽说是目前获取全球海洋重力场基准图的主要手段，但无法有效减少重力场的空间分辨率损失。常用的海洋重力场模型是来自丹麦技术大学的DTU系列模型和美国斯克利普斯海洋研究所（Scripps Institution of Oceanography，SIO）发布的SIO模型，其分辨率均为1′×1′，难以满足高精度水下重力辅助导航的百米级空间分辨率需求。因此，提升海洋重力场空间分辨率，建立高精度海洋重力场数据库是重力场匹配导航技术突破的关键。

（三）高精度海洋重力测量误差模型构建技术

重力数据测量精度是决定重力场匹配导航精度的重要因素，从海洋重力观测数据中提取有效重力异常值，需要顾及海洋重力测量误差特性，建立高精度误差改正模型，并确保模型的通用性、实用性。

（四）重力匹配算法研究

不同重力匹配算法的实时性、精确性、鲁棒性效果差别很大，任何单一重力匹配算法均存在一定的局限性。组合不同重力匹配算法可以取长补短，但需要制定合理的匹配策略，才能最大限度地发挥各种重力匹配算法的优势。此外，探索机器学习、深度学习等人工智能算法在水下重力场匹配导航中的应用，也是重力匹配算法研究的重要方面。由于缺少实测数据验证，目前的重力场匹配导航技术仍停留在仿真实验阶段，未来还应结合实测数据对各类算法和匹配策略进行检核和调整。

四、发展方向

（1）高精度、高分辨率重力场背景图数据库、高精度重力传感器以及高效的匹配定位算法是重力场匹配导航技术的三个核心要素。未来需加快研制满足精度要求的重力特征信息测量装备，融合多类重力测量信息生成高精度、高分辨率的海洋重力场背景图，并在水下信息有限条件件的高效重力匹配算法研究方面取得突破（王博等，2020）。

（2）小型化、集约化、低成本、易维护的实时重力传感器是重力场匹配导航工程化实现的基础。未来，重力场匹配导航系统应在综合设备上集成重力异常和重力梯度测量功能，并将向模块化、通用化方向发展，软件应具备标准化匹配算法的计算流程，基准图制备满足标准化规范要求，甚至可以综合采用磁力、地形信息，使重力辅助导航受适配区约束的范围进一步减小。

（3）随着传感器技术的不断发展，国产重力梯度仪也将逐渐从实验室走向工程应用。重力梯度具有与重力异常相似的位置对应关系，能够反映出更加细节的场源信息。由此可见，重力梯度匹配定位技术也将成为未来重要的研究方向。

（4）利用现代数学理论和优化方法的新匹配算法，以及利用新理论、新方法设计的新无源重力辅助导航系统也是未来重要的研究方向。

第四节　地磁场匹配导航技术

一、科学意义与战略价值

地磁场是重要的地球物理场之一，是地磁学研究的重要内容。地磁场匹配导航是利用地磁场信息进行匹配定位、导航的技术，其原理是：将地磁场特征量绘制成参考图，然后利用安装在运动载体上的地磁测量仪实时测量地磁场特征量，最后通过与事先绘制成的参考图进行匹配，对比磁场大小、方向及梯度等信息，从而计算出运动载体的位置（李珊珊，2010）。

与卫星导航相比，地磁场匹配导航可用于水下导航，具有较好的隐蔽性、自主性和抗干扰能力；与地形、影像匹配导航相比，地磁场匹配导航可用于地形几何特征不明显的沙漠、海洋等地区（田琼等，2019），具备全天候、全区域的特点；与惯性导航相比，地磁场匹配导航不存在误差积累。因此，地磁场匹配导航具有较高的军事应用价值。

二、现状及其形成

（一）地磁场概念

地磁场是由地球内部的磁性岩石以及分布在地球内、外部的电流体系所产生的各种磁场成分叠加而成的三维矢量场（刘晓刚等，2020）。作为矢量场，地磁场是空间位置和时间的函数，即在地球近地空间内任意一点的磁场矢量都不同于其他位置，与该点的经纬度一一对应（田琼等，2019）。地磁场为航空、航天、航海提供了天然的坐标系，在军事航空、航海、航天、导弹发射、匹配导航、潜艇探测等领域具有广泛的应用前景。

近地空间磁场主要由地球内核（基础主磁场）、地球地壳（剩磁）和地球外部等离子体电流体系（空间磁场）三部分叠加组成。地磁场也可以分为内源场（基础主磁场和地壳磁场）和外源场。基础主磁场部分占总磁场的95%以上，地壳磁场约占4%，外源变化磁场及其感应磁场占总磁场的1%（冯春，2014）。地球表面磁场随时间变化，其强度和磁极也存在变化，这给地磁场匹配导航带来了巨大挑战。地磁场的基本构成如图5-17所示。

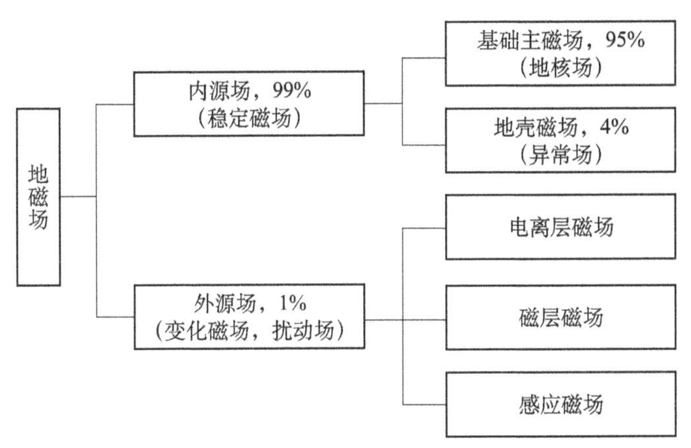

图5-17　地磁场的基本构成（常宜峰，2015）

（二）地磁场测量

从地磁场匹配导航原理可以看出，地磁场匹配导航离不开对地磁场及其变化的测量。按平台可将地磁测量分为地面磁测、航空磁测、海洋磁测和卫星磁测等。在地面磁测方面，全球共有地磁台站1000多个，其中近150个地磁台站的观测数据可从Intermagnet网站（https://www.intermagnet.org/）上下载。Intermagnet属于科研组织，总部在英国爱丁堡，由英国、法国、美国、加拿大和日本组成执行委员会，负责对Intermagnet地磁台站的业务指导和技术援助，并根据地磁台站的成就及地理位置给予部分装备。在我国境内，中国地震局、中国科学院已建成的地磁台站有百余个。

除地面磁测外，美国开展了大规模全球海洋磁测，显著提高了海洋磁测的空间分辨率。美国前副总统戈尔宣称，美国的目标是开发一个“米级”的地磁与地理信息合一的数字地球（张迎发，2014）。

航空磁测首次出现在第二次世界大战时期。由于反潜需要，美国在其海军航空兵的 PBY-3、PRY-5、B-l6 等飞机上装配了磁通门磁力仪（李季，2013），此后航空磁力测量得到迅速发展。20 世纪 70 年代，美国在全陆域按 100～200 km，全海域按 400～500 km 的测线间隔进行磁力三要素（磁偏角、水平分量、垂直分量）的航空磁测（韩少红，2004）。经过多年的努力，2002 年美国、加拿大、墨西哥联合完成了北美大陆的地磁测量，获得了最高分辨率达 1 km 的数字地磁异常图。

近年来，随着小型化磁探测系统和无人机技术的迅猛发展，无人机航磁测量系统受到了越来越多的关注。与传统的磁测图获取方式相比，无人机航磁测量具有保障简单、成本低等优点，国外相关研究机构对其进行了广泛研究。20 世纪 80 年代起，美国一些研究机构研发了利用无人机进行地磁场探测的技术，21 世纪以来，多家公司先后利用无人机进行了航空地磁测绘的商业飞行。

在航空磁测方面，我国已形成独具特色的完整的技术体系，包括方法理论、仪器研制、系统集成、数据采集、数据处理、数据解释与应用等，改装了多种型号（固定翼飞机、直升机）的专业勘查飞机，研制了多种型号的航空磁力仪、磁力梯度仪、数字磁干扰补偿系统和数据收录系统，集成了航空地磁总场的总磁场强度（total magnetic intensity，TMI）测量系统并投入实际应用（宇文秀，2015），突破了高精度导航定位与数据处理技术。我国 AGS-863 航磁勘查系统如图 5-18 所示。

图 5-18　我国 AGS-863 航磁勘查系统

（https://www.cgs.gov.cn/gzdt/zsdw/201704/t20170420_427600.html）

首颗具有磁测功能的卫星是1958年苏联发射的SPUTNIK-3，该卫星仅能测定地磁场总强度。1965年，美国发射了POGO（polar orbiting geophysical observatory）系列磁测卫星，这是最早真正用于全球地磁场总强度测量的磁测卫星，但无法获得矢量数据，且只对大尺度的长波长信息比较敏感。1979年，美国发射的MAGSAT卫星，是第一颗可以进行高精度全球矢量磁测的磁测卫星，可以同时进行标量和矢量测量，建立全球地磁场模型。除MAGSAT卫星外，国际知名的磁测卫星还有丹麦的Orsted卫星、美国的POGS卫星、德国的CHAMP卫星、欧洲航天局的Swarm卫星以及美国、阿根廷、丹麦等合作发射的SAC-C卫星等。

SAC-C卫星于2000年11月18日发射，采用圆形太阳同步轨道，轨道高度为702 km，轨道倾角为98.22°，主要目的是进行地磁场动态结构和日地空间相互影响的研究。SAC-C卫星（图5-19）采用氦光泵磁力仪（精度1 nT）进行总强度测量，采用三轴磁通门磁力仪进行矢量测量（精度2 nT），磁力仪安装在8 m的延伸杆末端。由于星上载荷矢量磁力仪发生故障，矢量磁测数据无法使用（常宜峰，2015）。

图5-19　SAC-C卫星示意图（常宜峰，2015）

我国的电磁监测实验卫星于2018年发射，是我国第一颗低轨电磁监测类卫星，也是我国地球物理场探测计划的首发卫星。该卫星的主要功能是与地面电磁电离层观测系统结合，全方位获取地球电磁场、电离层等离子体、高能粒子通量等物理量及其变化信息，实现对我国及邻区乃至全球地震活动的天地一体化连续监测，并检验卫星电磁观测技术的效能。该卫星并非专用的地磁场测量卫星，仅可以提供全球部分区域的地磁总强度数据，但观测数据精度不高，只能进行主磁场粗建模，无法构建地壳场模型。

（三）磁传感器技术

地磁场测量技术的进步在很大程度上依赖磁传感器技术的发展。磁传感器技术的发展经历了磁通门传感器、质子磁力仪、光泵磁力仪及超导量子磁力仪，测量精度达到了纳特斯拉（10^{-9} T）、皮特斯拉（10^{-12} T）甚至法特斯拉（10^{-15} T）级。磁通门传感器和超导量子磁力仪属于矢量磁力仪，而光泵磁力仪和质子磁力仪只能测量标量磁场。目前，在军事上应用较多的是磁通门传感器和光泵磁力仪，而超导量子磁力仪以及其他高灵敏度磁传感器则成为磁传感器研究的热点。

美国在磁探测系统的研究上主要致力于光泵磁探测系统的开发，最有代表性的是 Polatomic 公司研制的三代光泵磁探测系统。第一代 Polatomic 2000（P-2000，单轴梯度磁探仪）光泵磁探仪是美国航空反潜中磁探测的基本单元，固定在 P-3C 飞机尾部的指定位置；第二代 LSG/MCM 光泵磁探测系统（单轴梯度磁探仪），提高了梯度分辨率，灵敏度达到 0.3 pT/（m/$\sqrt{\text{Hz}}$）；第三代激光光泵磁探仪为光泵共振磁探仪，其利用核磁共振原理，抗噪声水平达到 3～5 pT/$\sqrt{\text{Hz}}$，不必增加噪声补偿即可达到前两代的精度。此外，美国在进行未爆炸的军火探测时，又进一步发展了铯蒸汽光泵磁探仪，其中所用磁传感器的灵敏度为 0.01 nT/$\sqrt{\text{Hz}}$。美国海军在超导量子磁探测系统的研制上也有一定进展，正在研制新一代磁异常探测系统，有望将磁异常探测的距离提高到数千米。美国 P-3C 反潜机尾的磁异常传感器如图 5-20 所示。

图 5-20　美国 P-3C 反潜机尾的磁异常传感器

英国在超导量子磁力仪的研制上取得了较大的进展，开发了一种地磁反馈补偿式的超导量子梯度计（边刚等，2015）。该设备由四个超导量子磁力仪组成，构成一个单轴梯度磁探仪，能很好地消除系统在三个方向上晃动（小于 ±5°）引起的误差；信号处理采用一种自适应算法，能部分消除梯度偏移、电器不对称误差、传感器误差以及线路误差等，提高了测量精度。

（四）地磁场模型构建

从地磁场匹配导航原理可以看出，高精度、高分辨率的地磁场模型是地磁导航的基础。美国、俄罗斯、法国等技术先进国家已投入上百亿美元用于研究地磁数据库的模型（张迎发，2014）。美国、英国联合研制的世界地磁场模型（world magnetic model，WMM）系列，每 5 年更新一代，为航空、航海中的导航和测姿定向提供了标准的参考系统（常宜峰，2015）。WMM 精确描述了地磁偏角等地磁场参数在全球地磁的大尺度分布特征，但无法反映局部地区小尺寸的异常。

为适应地磁场匹配导航的需求，美国、英国等还构建了更高阶的 NGDC-720 模型（截断阶数为 720 阶）。该模型综合利用了卫星、海洋、航空和地面的磁测数据，将航磁和船磁数据归算到共同的格网点，用 CHAMP 数据来计算低阶的地壳场，用最小二乘法得到模型球谐系数（16～720 阶，共 519 585 个），相应的空间波长为 56～2500 km，可以描述地壳场的精细结构（常宜峰，2015）。

我国从 20 世纪 50 年代至 2000 年，中国科学院地球物理研究所（现中国科学院地质与地球物理研究所）每 10 年研制一代中国地磁图和地磁场模型；从2005年开始，由中国地震局地球物理研究所负责该项事情（丁永忠等，2009）。我国的全球地磁场模型是在国际发布的卫星磁测数据基础上加入国内的航空、海洋和地面磁测数据生成的，并不具有国际影响力。

国内外已有多种地磁场模型分析方法，自 19 世纪 30 年代高斯理论问世，球谐分析方法一直是研究全球地磁场时空变化的主要方法；当研究区域或局部地磁场时，广泛采用多项式、曲面样条函数、球冠谐等方法（孟键等，2010）。

（五）匹配导航算法

20 世纪 60 年代中期，美国 E-Systems 公司提出了基于地磁异常场等值线匹配的 MAGCOM（magnetic contour matching）系统，但由于缺少实测地磁数据，直至 1974～1976 年才由苏联 Ramenskoye 设计公司成功进行了离线实验验证。

20世纪80年代初，瑞典的Lund学院利用船只进行了地磁导航实验验证，将地磁强度的测量数据与地磁图进行了人工比对，确定了船只的位置，同时根据距离已知的两个磁传感器的输出时差确定船只的运动速度。美国在1982年为水下无人运载体研制了一种地磁定位系统，于1994年申请了一项水下运载体地磁定位系统专利（张晓峻，2016；常帅，2015；寇义民，2010）。20世纪90年代初，美国康奈尔大学的Psiaki等学者率先提出了利用地磁场确定卫星轨道的概念，引领了航天器地磁导航研究的新热点（周军等，2008）。

进入21世纪后，美国已投入数十亿美元用于地磁定位导航系统的研究，对全球地磁场进行了不断测量和修正。NASA戈达德空间飞行中心和相关大学的科研机构对水下地磁导航进行了研究，并进行了大量的地面实验（张爱军等，2014）。2003年8月，美国国防部军事关键技术列表中提到了地磁数据参考导航系统，地面和空中定位精度优于30 m（CEP），水下定位精度优于500 m（CEP）。2006年，美国开展了基于地磁图的测速定位方法研究，采用精确的磁通门磁力计测量地磁场的三维信息，然后与地磁图进行三维矢量匹配，从而获得精确的导航信息（常帅，2015；刘伟，2011；寇义民，2010）。美军在导弹实验方面已开始应用地磁信息，并对外严格封锁地磁导航技术和与之密切相关的磁传感器技术。

俄罗斯在地磁场匹配制导方面的研究时间较长，曾以地磁强度为特征量，采用磁通门传感器开展地磁场等值线匹配制导理论的研究。俄罗斯的新型SS-19导弹采用这种导航技术实现了导弹的变轨制导，可以对抗美国的反弹道导弹拦截系统（常帅，2015；寇义民，2010）。地磁场匹配导航如图5-21所示。

图5-21　地磁场匹配导航

三、关键科学技术问题

1. 高精度、高分辨率的地磁观测及地磁场模型研究

高精度、高分辨率的地磁场模型是地磁场匹配导航的基础，地磁场模型的建立离不开地磁场的观测和研究。一方面，磁场观测数据中既包含源于地核的主磁场，也包含源于地壳的局部异常磁场，目前，两种磁场成分不能完全分离，影响了主磁场形态及地壳异常场场源特征的精细研究；另一方面，地磁场变化与气候变化、全球构造运动有密切的联系，高精度、高分辨率的地磁场模型及其测量数据是研究地磁场空间分布与时间变化规律、地磁场起源以及全球板块构造运动的重要基础信息。

2. 高精度地磁场模型和数据库建立

建立地磁数据库是实现地磁场匹配导航的前提，高精度地磁数据库是确保导航精度的基础。由于地磁场是变化的，而且各种磁测手段存在局限性，高精度的地磁场模型和数据库构建成为地磁场匹配导航的关键技术之一（丁永忠等，2009）。

3. 变化磁场对地磁场测量的影响模型构建

地磁场成因复杂，存在各种变化，包括长期、短期以及无规律的非周期变化，这些变化会降低地磁基准图的精度，进而影响地磁场匹配导航的精度。因此，掌握磁场的各种变化规律，建立高精度变化磁场对地磁场测量的影响模型，是需要研究解决的问题。

4. 外部磁场对地磁场测量值的干扰问题

由于载体通常是由铁磁性材料制成的，在制造和行进过程中，会受到地磁场的作用而被磁化（陈秀艳，2011），从而对地磁场测量产生影响。因此，高精度地磁观测必须补偿和消除载体等外部磁场对地磁场测量的干扰。

5. 高效、实时的地磁场匹配算法

从理论上讲，地磁场匹配算法可以借鉴和参考现有的许多匹配算法，但

是地磁场测量的局限性导致地磁场匹配算法只能采用载体轨迹上的测量点与地磁图进行匹配，无法进行大面积图像匹配，从而导致许多传统方法无法直接应用于地磁导航。因此，如何提高地磁场匹配运算的速度和实时性是地磁场匹配定位研究的又一个关键点。

四、发展方向

1. 研制高敏磁测传感器

要实现地磁导航，只有导航算法是不够的。匹配算法做得再好，传感器的精度如果不足以感应地磁场的变化，导航精度也会受到很大限制。因此，灵敏度高、响应速度快、综合测量精度高、环境适应性强的智能地磁传感器是实现地磁导航的硬件基础（丁永忠等，2009），也是地磁场匹配导航的发展方向。

2. 高精度、高分辨率地磁场模型

地磁场匹配导航离不开高精度、高分辨率的地磁场模型。地磁场模型包括全球地磁场模型和局部地磁场模型，现有地磁场模型的精度有限且不能反映复杂的地磁异常信息，因此建立高精度局部地磁场模型或局部地磁图是未来的发展方向（周军等，2008）。

3. 地磁场变化干扰

作为导航的参照，地磁场的幅值却并不固定，存在着长期变化和短期变化。长期变化可通过每隔几年进行重新测绘以及模型预测的方式予以补偿，而短期变化，包括太阳静日变化（幅值为几纳特斯拉到几十纳特斯拉）、太阳日/太阳日变化（幅值 1～2 nT）以及扰动变化（含磁暴、地磁亚暴、太阳扰日变化和地磁脉动等），则不可能用同样的手段进行补偿，研究解决地磁场变化的干扰是地磁场匹配导航的发展方向。

第五节　激光雷达匹配导航技术

一、科学意义与战略价值

激光雷达（light detection and ranging, LiDAR）具有测量精度高、测量距离远、不易受环境因素影响等显著优点。近年来，国内外对自动驾驶技术的不断深入研究，极大地推动了 LiDAR 的大规模研究和应用，LiDAR 设备向紧凑型、低成本型快速发展。当前，LiDAR 已被广泛用于自动驾驶车辆和各类移动机器人，成为机器人领域的主要定位感知手段，被誉为机器人的"眼睛"。

激光雷达通过发射激光来测量物体与传感器之间的精确距离，属于主动测量传感器。LiDAR 通过激光器和探测器组成的收发阵列，结合光束扫描，可以对机器人所处环境进行实时感知，获取周围物体的精确距离及轮廓信息，以实现避障功能；同时，在未知环境中通过激光雷达可实现机器人和无人车的自主导航，若结合预先采集的高精度地图，可实现厘米级的定位精度。

在新科技革命的推动下，各学科间的壁垒正逐渐被打破，学科交叉融合加速。激光雷达匹配导航是测绘学、计算机科学、机器人学等众多领域共同关心的热点研究方向，涉及众多基础理论方法，具有重大的科学意义。其潜在应用前景广阔，研究成果将有助于提高移动机器人的自主性，促进室内外导航定位的一体化，进一步拓宽移动机器人和无人驾驶的应用场景，对实现强国梦、强军梦具有重要的战略价值。

二、现状及其形成

（一）激光雷达传感器

二维激光雷达始于 20 世纪 90 年代，最著名的两个生产厂家是德国的 SICK 公司和日本的 Hokuyo 公司，其产品广泛用于移动机器人的导航避障。

自2000年开始，先后有研究人员利用旋转执行机构驱动二维LiDAR转动构成Ro-LiDAR，实现低成本三维扫描测量（宗文鹏，2016），使得移动机器人能够在导航避障的同时对环境进行三维重建。Ro-LiDAR获取的点云分辨率较高，能够提供环境几何结构的丰富信息，但扫描频率较低，通常完成一帧完整扫描需要1～10 s。

得益于LiDAR传感器的出现，自动驾驶车辆才在同期取得了突破性进展。自2004年开始，美国国防部高级研究计划局举办了三届无人车挑战赛，提高自动驾驶车辆定位和感知能力的迫切需求催生了Velodyne多线LiDAR（2007年正式量产），同时使得该品牌LiDAR成为多线激光雷达市场的领导者。在2007年的比赛中，来自斯坦福大学的参赛车辆Junior（Levinson，2011）装备了多种LiDAR传感器第一个成功到达比赛终点。此后，多线LiDAR的发展与自动驾驶车辆紧密联系在一起，逐渐成为自动驾驶车辆的标配。多线LiDAR内部有一个由多个激光发射器垂直排列构成的阵列，用于实现垂直扫描测量；而水平方向的扫描测量是通过LiDAR测量头部的机械旋转实现的。多线LiDAR的扫描频率可达10～15 Hz，水平视场范围可达360°，但垂直方向的视场范围较小，一般为30°～40°。虽然不同线束的多线LiDAR测量原理相似，但内部配置各有不同，其中一些考虑LiDAR传感器结构特性的算法，往往需要进行特异性处理。

近年来，消费级二维LiDAR得益于成本优势开始大量用于机器人，典型应用如扫地机器人。与此同时，自动驾驶在全世界范围内获得了前所未有的关注和发展，Waymo、Quanergy、Luminar、北科天绘、速腾聚创、禾赛科技等众多国内外厂家也推出了多线LiDAR产品。随着大规模生产和市场竞争的发展，多线LiDAR一直以来为人诟病的成本问题得以缓解，其在小型移动机器人上的应用越来越普及。作为机械旋转式多线LiDAR的替代，陆续有厂商开始研制和推出混合固态LiDAR以及纯固态LiDAR。

（二）激光雷达匹配导航分类

根据是否依赖先验信息，可将激光雷达匹配导航分为基于先验信息的导航方法和未知环境下的自主导航方法两类。其中，基于先验信息的导航方法又包括基于人工标志的方法和基于已知地图的方法。基于人工标志的方法常用于工业自动化，通过合理布设人工标志，采用德国 SICK 公司的二维 LiDAR 可实现 2 cm 的导航精度；基于已知地图方法的典型实例是基于高精度地图的自动驾驶车辆，在获得高精度地图的基础上，其导航定位功能主要依靠 LiDAR 实时扫描数据与已知地图间的匹配来实现。

未知环境下 LiDAR 自主导航的手段包括激光雷达里程计（LiDAR odometry，LO）和 LiDAR SLAM（又称激光 SLAM）。里程计是一种算法层面的概念，与轮式里程计定位原理相似，通常指的是利用相邻观测信息估计相对运动并推算得到载体相对于某个起始点的位姿。这一概念于 1980 年首次引入，应用于火星探测车。考虑最简单的情况，LiDAR 里程计利用前后两帧扫描点云估计位姿变化，最终通过序列位姿变化推导出运动轨迹，实现定位。SLAM 和里程计的主要区别在于，里程计不对历史状态进行优化，而是只利用当前位姿和传感器的观测信息来估计下一步的位姿，属于增量式运动估计。因此，位姿误差会不断累积，在大规模场景或长期运行条件下只用里程计估计机器人的位姿不够准确。尽管如此，里程计的性能对定位和建图等任务而言是至关重要的。在 SLAM 系统中，里程计的性能将直接影响地图的质量，累积误差将导致生成的点云地图出现畸变，与环境不符，同时导致定位结果漂移。虽然 SLAM 通过闭环修正能够在一定程度上降低累积的里程计误差，但移动机器人实际运行时可能不会形成闭环，为了确保更高精度的位姿估计，要尽量减小里程计的误差。

（三）激光雷达里程计

LiDAR 里程计技术伴随着 LiDAR 传感器的更新换代而发展。二维 LiDAR 里程计算法出现最早且发展已较为成熟，但二维 LiDAR 里程计的应用高度受限于特定的环境。20 世纪初，陆续有学者开始利用 Ro-LiDAR 实现 LiDAR 里程计功能。2007 年，VO 成为计算机视觉和机器人等领域的热门研究方向。近年来，随着多线 LiDAR 价格的大幅下降和应用需求的增长，对三维 LiDAR 里程计的研究呈爆发式增长。由于 VO 研究较早，很多三维 LiDAR 里程计算法在设计和实现时都借鉴了较为成熟的 VO 算法。

相比于 VO 中的相机图像，利用 LiDAR 的主要问题在于数据的采集方式。对于相机，特别是具有全局快门的相机，图像上的所有像素数据几乎是在同一瞬时记录的。然而 LiDAR 传感器是在各测量方向上逐点采集得到的点云数据，单帧扫描中的最后一个点与第一个点间存在较大的时间差。对二维 LiDAR 来说，这种影响基本可以忽略，但对于三维 LiDAR，尤其是 Ro-LiDAR 来说，在运动速度较快的情况下，需要对点云进行运动补偿（也称畸变改正）。对于 Ro-LiDAR，最简单的运动补偿方式是“走停”方式（Nuchter et al.，2007），在采集扫描点云时保持机器人静止，但这会在一定程度上限制机器人的效能。更好的解决方式是考虑连续扫描点云的特性（非刚体）来设计算法（进行连续处理）（Alismail et al.，2014）或在每次完成一帧扫描时进行运动补偿（Zhang et al.，2017）。相比之下，多线 LiDAR 的运动补偿问题易于实现，因为这种新型的传感器能够以较高的频率输出点云。

对多线 LiDAR 里程计算法的研究相对较晚，因此一些学者尝试利用或借鉴相对成熟的 VO 算法来实现多线 LiDAR 里程计。例如，将 LiDAR 强度信息转化为像素值，从而得到与点云对应的灰度图像（Dong et al.，2014；Tong et al.，2013；Mcmanus et al.，2011）；通过连续数据采集方法进行运动补偿，并提出一种帧到帧的 LiDAR 里程计方法，利用位姿插值方法来解释获得各个特征观测的准确时间（Dong et al.，2014）；采用非参数化、连续时间的批量状态估计方法 GPGN（Gaussian process Gauss-Newton）（Tong et al.，2013），实现对 LiDAR 数据的连续处理；利用圆柱投影将扫描点云投影为二维图像，然后应用 VO 算法进行帧间运动的估计，可在一定程度上降低运动物体和遮挡的影响，但运行效率低且在高程方向的误差较大（Kim et al.，2017）；将 LiDAR 扫描点云投影为 2.5 维栅格地图，并将用于 VO 的快速半稠密直接法用来实现 2.5 维地图间的配准，其局限性在于，运行场景假设为平坦区域，且只能提供 3 自由度的位姿估计（Sun et al.，2018）。

相比之下，通过直接处理原始扫描点云实现 LiDAR 里程计的方法更多。基于迭代最近点（iterative closest point，ICP）类算法的 LO 方法发展较早且数量较多，该方法无须明确求解数据关联问题，而是采用启发式的对应匹配策略，但其容易收敛到局部极小值，特别是当前后两帧数据的重叠率较低时。换言之，ICP 类算法需要较好的初值。此外，ICP 类算法的每次迭代都需要通过最近邻索引确定对应关系，因此运行速度较慢，特别是对高频的多线 LiDAR 而言。尽管如此，ICP 类算法的原理相对简单且精度尚可，因此得到了广泛应用，是一种实现 LO 的主流解决方案。最新的一种基于 ICP 原理的 LiDAR 里程计是隐式移动最小二乘（implicit moving least squares，IMLS）（Deschaud，2018）的前端实现，该方法中的LO依赖scan-to-map的匹配框架，与基于帧间 ICP 匹配的方法相比精度更高。

由于直接处理原始扫描点云计算代价较高，所以需要探索其他环境表示形式，以期在保证精度的同时提高算法效率。Ashwin 等提出了一种基于正态分布变换（normal distributions transform，NDT）的 LO 方法，其在传统 NDT 算法的基础上引入一种测量一致性度量，通过筛选测量一致性较高的体素提高算法的效率和精度（Ashwin et al.，2019）。也可以将三维点云分割为高阶特征，虽然在分割过程中可能损失一定的精度，但可通过算法系统的设计来克服其对整体性能的不利影响。从点云中提取特征的一种方式为利用特定的适用于三维点云的描述子（如 FPFH），但由于效率问题以及多线 LiDAR 点云的稀疏性，这类方法应用较少。为克服多线 LiDAR 点云的稀疏性，可以采用基于项圈线段（collar line segments，CLS）的扫描匹配方法（Velas et al.，2016），该方法考虑点云的扫描线结构，通过随机连接上下相邻扫描线上的点，生成一系列线段（称为线云），通过最小化线段间的距离进行变换估计。实验表明，该方法优于广义迭代最近点（generalized iterative closest point，GICP）算法，但线云生成过程较为耗时，因此效率较低。在 CLS 方法的基础上，Thomas 等提出了一种解耦 LO 方法（Thomas et al.，2019），将旋转估计和平移估计彻底解耦，旋转估计借助法向量的高斯球表示实现，然后利用线云进行平移估计，但该方法的定位误差较大。Serafin 等提出了一种提取数学意义上的线和平面特征的快速方法（Serafin et al.，2016），该方法首先将地面点移除，在计算出法向量的基础上通过聚类和特征拟合得到特征，利用这两种特征作为路标实现快速定位。该特征提取方法存在假阳性问题，即可能将客观世界中的非特征物识别为线特征或面特征，因而会导致定位误差。

目前，较为准确的 LO 方法仍然为 LOAM 及其衍生算法。LOAM 算法的核心思想是将复杂的定位和地图构建问题分解成两个线程来实现：一个线程以较高的频率运行，用于估计帧间运动；另一个线程以较低的频率运行，用于维护一个局部子地图，并通过 scan-to-map 的匹配框架进一步优化位姿估计结果。此外，LOAM 算法还可融合 IMU 数据进行组合定位，从而进一步提高定位精度。LOAM 算法的局限性在于：对特征的依赖以及可能存在错误的特征点匹配，在面对较大的旋转时，定位误差较大。此外，也有学者利用深度学习网络实现 LO 方法。例如，Nicolai 等利用卷积神经网络（convolutional neural network，CNN）实现了一种端到端的 LO 方法（Nicolai et al.，2016），而 Cho 等将 ICP 整合到深度学习框架中以增强 LO 的鲁棒性（Cho et al.，2020）。目前，一些基于深度学习的 LO 方法已经可以达到与基于几何模型的 LO 方法相当的精度。

总体上，与 VO 相比，LO 技术尤其是基于多线 LiDAR 的 LO 技术尚处于快速发展阶段，还存在许多值得深入研究和解决的问题。例如，如何更好地处理运动畸变问题，如何利用环境中存在的几何特征提高定位精度和鲁棒性。

（四）激光雷达 SLAM

SLAM 描述了一个载体构建周围环境地图，同时利用创建的地图进行自主定位的能力。通常，SLAM 框架可分为两个主要部分，即前端和后端。前端负责处理传感器数据和进行数据关联，如提取特征和进行相对运动估计；而后端利用前端得到的位姿约束和闭环信息，对载体位姿和地图路标位置进行整体优化，以得到全局一致的轨迹和地图。在 LiDAR 里程计的基础上增加闭环检测和全局优化即构成了激光 SLAM，因此这里主要从后端的角度来介绍激光 SLAM 的研究现状。与视觉 SLAM 类似，根据采用的状态优化方法，激光 SLAM 可分为两大类，即基于滤波的方法和基于图优化的方法（Cadena et al.，2016）。基于图优化的激光 SLAM 系统框架如图 5-22 所示。

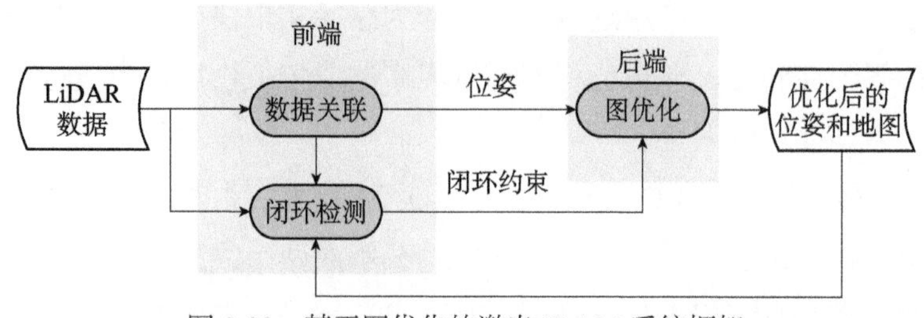

图 5-22　基于图优化的激光 SLAM 系统框架

尽管基于图优化的 SLAM 方法在 SLAM 发展早期就已较为清晰，但由于算力不足，最早的 SLAM 解决方案是基于滤波的方法。早期的二维激光 SLAM 和三维激光 SLAM（Weingarten，2006）方法主要采用扩展卡尔曼滤波作为后端，但预测模型和观测模型的线性化误差及路标数量增长导致的状态矩阵急剧扩大，给状态估计带来了困难。与 EKF-SLAM 相比，基于粒子滤波的激光 SLAM 的主要优点是，无须对系统模型进行线性化，典型算法是基于 Rao-Blackwellized 粒子滤波（Rao-Blackwellized particle filter，RBPF）的激光 SLAM 方法 FastSLAM（Montemerlo et al.，2002）。Gmapping 是在 FastSLAM 的基础上提出的一种利用栅格地图的二维 SLAM 方法，增加了扫描匹配模块。为解决 EKF-SLAM 状态空间的高维问题，扩展信息滤波也被用于求解 SLAM 问题，其优点是当状态空间中包含大量路标时，信息矩阵的大多数非对角元素近似为零。然而，在忽略近似为零的元素后，将不可避免地引入估计误差。

图优化技术利用 SLAM 矩阵的稀疏性，在其基础上提出的 SLAM 问题的直接线性求解器，开启了 SLAM 算法的全新研究方向。Dellaert 等提出的平方根 SAM 是对传统滤波方法的第一个成功替代方法，该方法利用平滑方法求解 SLAM，在效率和精度方面均优于同时代的滤波方法（Dellaert et al.，2006）。Konolige 等提出了稀疏位姿调整（sparse pose adjustment, SPA）方法用于优化大的位姿图（Konolige et al.，2010），该方法与平方根 SAM 相似，区别在于，该方法利用有序数据结构高效构建线性子问题并利用 LM 算法进行求解。在各种利用图优化的完整 SLAM 方法出现的同时，开源的通用图优化工具亦陆续出现，主要有 GTSAM、Ceres 和 SLAM++，但与不同 SLAM 前端组合应用最多的是 iSAM 和 g2o。iSAM 利用快速增量式正交三角矩阵分解，通过对稀疏平滑信息矩阵的 QR 分解进行更新，只重新计算变化较大的矩阵元素，因而提高了计算速度，同时便于快速获取估计的不确定度。iSAM2 是 iSAM 的改进版，引入了新的数据结构，即贝叶斯树。

基于图优化的代表性二维激光 SLAM 方法为 KartoSLAM 和 LagoSLAM。谷歌公司开源的 Cartographer（Hess et al.，2016）同时支持二维 SLAM 和三维 SLAM，并引入了子图和更有效的闭环检测策略，在室内场景表现优异，但对硬件要求较高。在较长的一段时间内，针对多线 LiDAR 的三维 SLAM 方法主要基于 ICP 和 NDT（Koide et al.，2019）实现。Trevor 等将 GICP 用于基于图优化的SLAM系统中（Trevor et al.，2014），对于多线LiDAR数据集效果良好，但效率较低且需要其他传感器的辅助；Ceriani等提出了利用Pt2Pl-ICP进行扫描匹配（Ceriani et al.，2015），通过滑动窗优化进一步提高精度，但同样存在效率较低的问题。较晚提出的LOAM算法具有较高的效率和精度，已成为实现激光SLAM的流行方案，也催生出一些以LOAM算法为基础的改进SLAM方法。例如，面向无人地面车（unmanned ground vehicle, UGV）的LeGO-LOAM（Shan et al.，2018）增加了点云分割模块，通过提取地面点和对点云进行聚类筛选参与位姿解算的特征点，同时提出两步法对位姿参数进行分组优化，还引入基于关键帧的位姿图优化和基于轨迹的闭环检测，在效率较高的同时能够达到与LOAM相当甚至更高的精度，但在部分场景中表现不佳，特别是当LiDAR传感器非水平安置时。Thomas等提出的HDL-GRAPH-SLAM利用NDT进行扫描匹配获得帧间运动约束（Thomas et al.，2019），并提取地面作为全局特征约束，通过构建位姿图模型进行位姿优化求解。

在激光雷达匹配导航领域，国内外研究人员已取得了大量研究成果，较为成熟地实现了移动机器人在简单场景中的二维定位（Cadena et al.，2016），但在复杂场景中三维定位的鲁棒性、精度和效率仍有待提高。

三、关键科学技术问题

（一）点云运动畸变改正问题

尽管多线LiDAR的输出频率较高，但是逐点扫描获取的点云仍然存在畸变，因此在利用实时获取的点云进行导航定位时，需要预先进行畸变改正。目前，大多数算法采用匀速或匀加速运动模型计算得到每个点的位姿，从而进行畸变改正，也有部分算法采用高斯过程回归模型实现畸变改正。但在移动机器人高速运动或快速转弯时，仍然需要更为合理的点云畸变改正模型。

（二）点云的散乱性问题

与图像不同，LiDAR获取的原始点云是散乱无序的，且每秒可输出大量数据，给实时处理带来挑战。为此，可采用KD树或八叉树等索引结构加速点云处理，亦可利用多线LiDAR的传感器特性，将散乱点云转化为深度图像，从而加速处理过程。

（三）特征提取与描述问题

原始点云包含较多杂点和异常点，不宜直接用于定位，往往需要从中提取出特征并加以描述。特征提取包括点、线、面、柱等特征的提取，由于LiDAR点云相对稀疏，且垂直方向视场角有限，尚缺乏对特征进行准确描述的有效方法，无法直接实现特征的一一对应匹配，所以往往采用迭代的方式。

（四）激光扫描匹配技术

激光扫描匹配技术，即通过求解变换矩阵将连续扫描的两帧或多帧激光点云转换到同一坐标系中（scan-to-scan），或者将扫描数据与已建立的地图进行配准，从而最终复原出传感器的位姿变化（Sun et al.，2018）。激光扫描匹配是激光雷达匹配导航的关键基础，是LiDAR里程计和激光SLAM的核心模块，可分为基于点的方法、基于特征的方法和基于数学特性的方法三类。

（五）位置识别技术

位置识别是指通过对不同时刻获取的激光点云进行处理，判断是否位于同一位置，从而检测是否到达曾经到访过的地点，进而判断是否形成轨迹闭环，若形成轨迹闭环，则可利用闭环约束信息修正累积误差。

（六）后端优化技术

后端优化通过对历史观测信息的处理，降低定位误差，主要涉及非线性优化方法和图优化方法。对于长期运行条件下的导航定位，还需要考虑后端优化的效率，因此需要进行节点的筛选和修剪。

（七）地图的建立及动态更新技术

基于已知地图的激光雷达匹配导航属于全局导航方法，能够有效抑制定位漂移，但需要事先采集数据并进行各种处理，以获得适合实时导航的地图，需要研究激光雷达匹配导航地图的最优表示问题及动态更新技术。

四、发展方向

近年来，激光雷达匹配导航的研究虽已取得了较大进展，但还存在诸多问题亟待解决，其主要发展方向如下。

（一）模型与基础理论研究

研究全局一致的特征与点的混合地图构建、表示及其在基于先验地图的实时导航定位中的应用、基于几何特征辅助的闭环检测等问题，同时一些基础理论问题如系统可观性分析、误差传播等问题也有待研究。

（二）结合深度学习的激光扫描匹配

端到端的扫描匹配方法往往存在过拟合和泛化能力不强等问题，而纯几何模型的扫描匹配方法对不同场景的适应性较差，将两种方法有机结合可进一步提高扫描匹配方法的鲁棒性和精度。例如，当遇到不同场景时，深度学习框架自动为几何模型方法调整参数设置；在几何模型方法完成扫描匹配后，由深度学习框架给出估计结果的优劣评估，甚至进行相应的误差补偿和失败预警。

（三）点云语义分割增强的LiDAR定位

图像领域的语义分割已较为成熟，而面向多线LiDAR点云的语义分割研究尚处于初始阶段，现有方法的分割精度和效率还有待进一步提高。在点云极为稀疏且距离LiDAR较远的区域，对平面特征的可靠提取仍然存在挑战，可探索开发将语义分割与点云平面分割有机结合的方法。此外，语义信息可用于基于LiDAR定位的多个环节，可进一步研究如何利用语义信息增强扫描匹配、如何利用语义信息加快数据关联、避免误匹配，从而提高精度。

（四）基于深度学习的位置识别

位置识别能够判断当前位置是否已到访过，从而帮助移动机器人完成闭环，进而提供闭环约束，通过全局平滑优化可降低定位的累积误差；同时，位置识别对于移动机器人的自主探索、动态路径规划等任务的实现都有重要作用。现有基于LiDAR的位置识别方法的性能仍有待提高，如何利用深度学习方法通过稀疏的 LiDAR 点云进行准确的位置识别有待进一步研究。

（五）动态场景下的鲁棒定位方法

当场景中存在大量动态目标时，基于 LiDAR 的定位将受到严重影响，而在移动机器人的实际应用中，常常面临这种情况。为此，需要设计方法降低动态目标的影响，需要研究的问题包括如何实现对动态目标的有效检测、如何对动态目标进行建模或追踪以及如何趋利避害，利用动态目标提高定位精度。

（六）融合全局定位技术的组合定位方法

LiDAR 里程计作为一种增量式的定位方法，不可避免地存在累积误差，长期运行或大规模场景条件下不能满足移动机器人的定位精度需求。在多数移动机器人的室外应用场景中，可融合 GNSS 等全局定位技术来抵消定位偏差，但 GNSS 会出现部分时段定位失效或精度下降的情况。LiDAR 里程计在较短时间内足以提供较高的定位精度，如何充分融合两种技术手段以提供更高精度和更高可靠性的定位解是值得研究的方向。

本章参考文献

边刚，夏伟，金绍华，等. 2015. 海洋磁力测量数据处理方法及其应用研究. 北京：测绘出版社.

常帅 . 2015. 巡航飞行器地磁辅助导航关键技术研究 . 哈尔滨 : 哈尔滨工业大学博士学位论文 .

常宜峰 . 2015. 卫星磁测数据处理与地磁场模型反演理论与方法研究 . 郑州 : 中国人民解放军信息工程大学博士学位论文 .

陈绍顺 . 2003. 地形匹配指导技术研究 . 制导与引信 , 24(3): 17-21, 27.

陈秀艳 . 2011. 油气井阵列对地磁场的影响 . 北京 : 中国石油大学硕士学位论文 .

程力 , 蔡体菁 . 2008. 基于支持向量机的重力匹配算法 . 系统仿真学报 ,（21）: 5953-5956, 5962.

代志国 . 2015. 基于 SITAN 算法的水下地磁辅助惯性导航原理及仿真研究 . 哈尔滨 : 哈尔滨工程大学硕士学位论文 .

工程大学硕士学位论文 .
丁永忠 , 王建平 , 徐枫 , 2009. 地磁导航在水下航行体导航中的应用 . 鱼雷技术 , 17（3）: 47-51.
冯春 . 2014. 中国近海地磁场基本模型的建立及分析 . 青岛 : 中国海洋大学硕士学位论文 .
高翔 , 张涛 , 刘毅 , 等 . 2017. 视觉 SLAM 十四讲：从理论到实践 . 北京：电子工业出版社 .
韩少红 . 2004. 区域地磁测量的研究与应用 . 郑州 : 中国人民解放军信息工程大学硕士学位论文 .
韩雨蓉 . 2017. 水下导航重力匹配算法研究 . 北京 : 北京理工大学博士学位论文 .
黄鹏 , 成怡. 2011. 改进的 BP 神经网络算法在航迹匹配中的应用. 计算机工程 , 37（11）: 2189, 22.
贾万波 , 王宏力 . 2009. 景象匹配辅助导航在弹道导弹末制导中的应用 . 战术导弹技术 ,（5）: 62-65.
柯宝贵 , 张利明 , 王伟 , 等 . 2017. 基于 Cryosat-2 与船载重力测量数据反演我国近海海域重力异常 . 同济大学学报 :（自然科学版）, 45（10）: 1531-1538.
科普中国 . 2020.《导弹系列》⑥导弹之眼 百发百中的“绝密武器” .http://vblog.people.com.cn/wapindex/play?id=336795[2020-08-19].
寇义民 .2010. 地磁导航关键技术研究 . 哈尔滨 : 哈尔滨工业大学博士学位论文 .
李传祥 . 2016. 基于融合的全向三维视觉理论及在车道检测和定位中的应用研究 . 长沙 : 国防科技大学博士学位论文 .
李洪墩 . 2013. 多源卫星测高数据联合反演中国近海及邻域重力异常 . 青岛：中国石油大学（华东）.
李季 . 2013. 地磁测量中载体干扰磁场特性及补偿方法研究 . 长沙 : 国防科技大学博士学位论文博士学位论文 .
李建成 .2000. 地球重力场逼近理论与中国 2000 似大地水准面的确定 . 武汉 : 武汉大学出版社 .
李临 . 2008. 海底地形匹配辅助导航技术现状及发展 . 舰船电子工程 , 28（2）: 17-19.
李姗姗 . 2010. 水下重力辅助惯性导航的理论与方法研究 . 郑州 : 中国人民解放军信息工程大学博士学位论文 .
刘善伟 , 李家军 , 万剑华 , 等 .2015. 利用多代卫星测高数据计算中国近海及邻域重力异常 . 海洋科学 , 39（12）: 130-134.
刘伟 . 2011. 地磁匹配导航新算法研究 . 长沙 : 国防科技大学硕士学位论文 .

刘晓刚，徐婧林，张素琴，等．2020. 地磁日变数据确定中顾及纬度和经度方向影响的双因子定权方法．武汉大学学报（信息科学版），45（10）：1547-1554.

刘徐德．1994. 地形辅助导航系统技术．北京：电子工业出版社．

孟键，孙付平，朱新慧．2010. 地磁场模型与地磁匹配导航．测绘科学，（S1）：20-21.

孙中苗，夏哲仁，石磐．2004. 航空重力测量研究进展．地球物理学进展，（3）：492-496.

田琼，李韡，杨清丽，等．2019. 地磁场的应用研究．测绘科学与工程，39（3）：6.

王博，付梦印，李晓平，等．2020. 水下重力匹配定位算法综述．导航与控制，19（Z1）：170-178.

王国臣，齐昭，张卓．2016. 水下组合导航系统．北京：国防工业出版社．

王海瑛，陆洋，王广运．2000. 中国近海卫星测高数据的重力异常反演——I.Stokes 公式逆运算 +2DFFT 法．高技术通讯，10（10）：48-51.

王虎彪，王勇，陆洋，等．2005. 用卫星测高和船测重力资料联合反演海洋重力异常．大地测量与地球动力学，25（1）：81-85.

王钦，刘安森．2012. 景象匹配导航技术初探．郑州：解放军信息工程大学．

王跃钢，文超斌，左朝阳，等．2014. 自适应混沌蚁群径向分析算法求解重力辅助导航匹配问题．物理学报，63（8）：454-459.

魏崇阳．2016. 城市环境中基于三维特征点云的建图与定位技术研究．长沙：国防科技大学博士学位论文．

乌萌．2020. 无人车自主运动估计与环境重建技术研究．郑州：中国人民解放军战略支援部队信息工程大学．

徐瑞，朱筱虹，赵金贤．2012. 匹配导航标准现状与标准体系分析．地理空间信息，10(3): 1-5.

徐卫明，梁开龙，赵俊生，等．1998. 利用卫星测高资料反演中国近海海洋重力．东北测绘，（3）：7-9.

许厚泽，王海瑛．1999. 利用卫星测高数据推求中国近海及邻域大地水准面起伏和海洋重力异常研究．地球物理学报，42（4）：465-471.

许厚泽，陆洋，钟敏，等．2012. 卫星重力测量及其在地球物理环境变化监测中的应用．中国科学：地球科学，42（6）：843-853.

宇文秀．2015. 内蒙古自治区阿拉善地区航磁异常查证研究．石家庄：石家庄经济学院硕士学位论文．

张爱军，赵辉，谢小敏．2014. 导航定位技术及应用．西安：电子科技大学出版社．

张飞舟，陈嘉，耿嘉洲，等．2010. 基于水下重力差异熵的导航匹配算法仿真研究．北京大学学报（自然科学版），46（1）：136-140.
张广军 . 2005. 机器视觉 . 北京：科学出版社 .
张海，吴克强，张晓鸥 . 2017. 视觉导航技术的发展 . 导航定位于授时，4（2）1-8.
张慧娟 . 2014. 从司南到北斗导航 . 上海：上海科学普及出版社 .
张静远，徐振烊，王新鹏. 2020. 基于 TERCOM 算法的水下地形辅助导航误差研究. 海军工程大学学报，32（5）：44-49.
张立，杨惠珍 . 2008. 基于 ICCP 和 TERCOM 的水下地形匹配组合算法研究 . 弹箭与制导学报，（3）：230-232.
张晓峻 . 2016. 水下机器人地磁辅助导航算法研究 . 哈尔滨：哈尔滨工程大学博士学位论文 .
张迎发 . 2014. 地磁梯度辅助导航及磁目标探测技术研究 . 哈尔滨：哈尔滨工程大学博士学位论文 .
章毓晋 . 2000. 图像工程下册——图像理解与计算机视觉 . 北京：清华大学出版社 .
章毓晋 . 2011. 计算机视觉教程 . 北京：人民邮电出版社 .
周军，葛致磊，施桂国，等. 2008. 地磁导航发展与关键技术 . 宇航学报，29(5): 1467-1472.
周月华 . 2018. 水下 SINS/TAN 组合导航系统的地形适配性研究 . 南京：东南大学硕士学位论文 .
朱庄生，杨振礼 .2012. 无源重力导航的三角形匹配算法及仿真 . 仪器仪表学报，33（10）：2387-2394.
宗文鹏 . 2016. DIY 三维激光扫描仪的设计与实现 . 郑州：解放军信息工程大学 .
Affleck C A , Jircitano A .1990. Passive gravity gradiometer navigation system. IEEE Symposium on Position Location and Navigation. A Decade of Excellence in the Navigation Sciences, Las Vegas.
Albert J, Dosch H, Daniel E H. 1991. Gravity aided inertial navigation system（GAINS）. Proceedings of the Annual Meeting Institute of Navigation, Washington D C.
Alismail H, Baker L D, Browning B, et al. 2014. Continuous trajectory estimation for 3D SLAM from actuated LiDAR. IEEE International Conference on Robotics and Automation, Hong Kong.
Andersen O B, Knudsen P. 1998. Global marine gravity field from the ERS-1 and Geosat geodetic mission altimetry. Journal of Geophysical Research: Oceans, 103(C4): 8129-8137.
Ashwin V K, Gao X G. 2019. LiDAR SLAM utilizing normal distribution transform and measurement consensus. Institute of Navigation GNSS+ Conference（ION GNSS+）, Miami.

Bergem O.1993.Bathymetric navigation of autonomous underwater vehicles using a multibeam sonar and a Kalman filter with relative measurement covariance matrices. Norway: Thesis Trondhein University.

Buczko M, Willert V. 2016. Flow-decoupled normalized reprojection error for visual odometry. 2016 IEEE 19th International Conference on Intelligent Transportation Systems (ITSC), Rio de Janeiro.

Cadena C, Carlone L, Carrillo H, et al. 2016. Past, present, and future of simultaneous localization and mapping: Toward the robust-perception age. IEEE Transactions on Robotics, 32（6）: 1309-1332.

Carlos C, Elvira R, Rodríguez J J, et al. 2020. ORB-SLAM3: an accurate open-source library for visual, visu-al-inertial and multi-map SLAM.IEEE Transaction on Robotics, 37: 1874-1890.

Ceriani S, Sanchez C, Taddei P, et al.2015. Pose interpolation SLAM for large maps using moving 3D sensors. IEEE International Conference on Intelligent Robots and Systems, Hamburg.

Cho Y, Kim G, Kim A, 2020. Unsupervised geometry-aware deep LiDAR odometry. IEEE International Conference on Robotics and Automation , Paris .

Cvisic I, Petrovic I. 2015. Stereo odometry based on careful feature selection and tracking. 2015 European Conference on Mobile Robots (ECMR), Lincoln .

Davison A J.2003.Real-time simultaneous localisation and mapping with a single camera. Proceedings of the IEEE International Conference on Computer Vision, Nice.

Deigmoeller J, Eggert J. 2016. Stereo visual odometry without temporal filtering. German Conference on Pattern Recognition（GCPR）, Hannover.

Dellaert F, Kaess M. Square root SAM: Simultaneous localization and mapping via square root, information smoothing. The International Journal of Robotics Research, 25（12）: 1181-1203.

Deschaud J. 2018. IMLS-SLAM: Scan-to-model matching based on 3D data. International Conference on Robotics and Automation , Brisbane.

Dong H , Barfoot T D . 2014. Lighting-invariant visual odometry using LiDAR intensity imagery and pose inter-polation. Springer Tracts in Advanced Robotics, 92: 327-342.

Engel J, Koltun V, Cremers D. 2018. Direct sparse odometry. IEEE Transactions on Pattern Analysis and Machine Intelligence, 40（3）: 6161-625.

Engel J, Schps T, Cremers D. 2014. LSD-SLAM: Large-scale direct monocular SLAM . European

Conference on Computer Vision. Springer International Publishing, Cham.

Forster C, Pizzoli M, Scaramuzza D. 2014. SVO: Fast semi-direct monocular visual odometry. Proceeding of the IEEE International Conference on Robot and Autom, Hong Kong.

Franz M O, Mallot H A. 2000. Biomimetic robot navigation. Robotics and Autonomous Systems, 30（1）: 133-153.

Gao W, Zhao B , Zhou G , et al. 2014. Improved artificial bee colony algorithm based gravity matching navigation method. Sensors, 14（7）: 12968-12989.

Gibson J J. 1950. The Perception of the Visual World. Boston: Houghton Mifflin Company.

Harris C G, Pike J M. 1988. 3D positional integration from image sequences. Image and Vision Computing, 6（2）: 87-90.

Hartley R, Zisserman A.2003.Multiple View Geometry in Computer Vision.2nd ed. Cambridge: Cambridge University Press.

Hess W, Kohler D, Rapp H, et al. 2016. Real-time loop closure in 2D LiDAR SLAM. IEEE International Conference on Robotics and Automation , Stockholm.

Hofmann-Wellenhof B, Moritz H. 2006. Physical Geodesy. Berlin: Springer Science & Business Media.

Hwang C, Parsons B. 1995. Gravity anomalies derived from Seasat, Geosat, ERS-1 and TOPEX/POSEIDON altimetry and ship gravity: a case study over the Reykjanes Ridge. Geophysical Journal International, 122(2): 551-568.

Izzo D, Weiss N, Seidl T. 2012. Constant-optic-flow lunar landing: optimality and guidance. Journal of Guidance, Control, and Dynamics, 34（5）: 1383-1395.

Jaegle A, Phillips S, Daniilidis K. 2016. Fast, robust, continuous monocular egomotion computation.IEEE In-ternational Conference on Robotics and Automation, Stockholm.

Jung S H, Taylor C J. 2001. Camera trajectory estimation using inertial sensor measurements and structure from motion results .Proceedings of the 2001 IEEE Computer Society Conference on Computer Vision and Pattern Recognition, Kauai.

Kaula W M . 1966. Theory of Satellite Geodesy. Waltham: Blaisdell Publishing Company.

Kim T, Choi Y. 2017. Direct LiDAR odometry for a rotating multi-beam LiDAR. ISOFIC, Gyeongju.

Kitt B, Geiger A, Lategahn H. 2010. Visual odometry based on stereo image sequences with ransac-based outlier rejection scheme. 2010 IEEE Intelligent Vehicles Symposium, La Jolla.

Koide K, Miura J , Menegatti E. 2019. A portable three-dimensional LiDAR-based system for long-term and wide-area people behavior measurement. International Journal of Advanced Robotic Systems, 16（2）: 1-16.

Konolige K, Grisetti G, Kummerle R, et al. 2010. Effcient sparse pose adjustment for 2D mapping. IEEE/RSJ International Conference on Intelligent Robots and Systems, Taipei.

Kreso I, Segvic S. 2015. Improving the egomotion estimation by correcting the calibration bias. In Proceeding of the Conference on Computer Vision Theory and Applications（VISAPP）, Berlin.

Levinson J S. 2011. Automatic laser calibration, mapping, and localization for autonomous vehicles. Stanford : Stanford University.

Li R, Long Z, Gu D. 2017. UnDeepVO: Monocular visual odometry through unsupervised deep learning. 2018 IEEE International Conference on Robotics and Automation (ICRA), Brisbane.

Longuet-Higgins H. 1981.A computer algorithm for reconstructing a scene from two projections. Nature, 293: 133-135.

Lowry S, Sünderhauf N, Newman P, et al. 2016. Visual-place recognition: A survey.IEEE Transactions on Robotics, 32（1）: 1-19

Mcmanus C , Furgale P , Barfoot T D . 2011.Towards appearance-based methods for LiDAR sensors.IEEE In-ternational Conference on Robotics & Automation, Shanghai.

Michael M, Sebastian T, Daphne K, et al. 2003. Fast SLAM 2.0: An improved particle filtering algorithm for simultaneous localization and mapping that provably converges.Proceedings of the 16th International Joint Conference on Artificial Intelligence（IJCAI）, San Francisco.

Mirabdollah M H, Mertsching B. 2014. On the second order statistics of essential matrix elements. German Conference on Pattern Recognition（GCPR）, Münster.

Mirabdollah M H, Mertsching B .2015. Fast techniques for monocular visual odometry. Proceeding of the German Conference on Pattern Recognition（GCPR）, Aachen.

Montemerlo M, Thrun S, Koller D, et al. 2002. FastSLAM: A factored solution to the simultaneous localization and mapping problem. National Conference on Artificial Intelligence, Menlo Park.

Morevec H P. 1977.Towards automatic visual obstacle avoidance. International Joint Conference on Artificial Intelligence，Cambridge.

Muller P, Savakis A. 2017. Flowdometry: An optical flow and deep learning based approach to visual odometry. 2017 IEEE Winter Conference on Applications of Computer Vision (WACV), Santa Rosa .

Nister D, Naroditsky O, Bergen J. 2004. Visual odometry.Proceedings of the IEEE International Conference on Computer Vision and Pattern Recognition, Washington D C.

Nister D. 2004. An efficient solution to the five-point relative pose problem. IEEE Transactions on Pattern Analysis and Machine Intelligence, 26（6）: 756-770.

Nuchter A, Lingemann K, Hertzberg J, et al. 2007. 6D SLAM—3D mapping outdoor environments. Journal of Field Robotics, 24(8/9): 699-722.

Nützi G, Weiss S, Scaramuzza D, et al. 2011. Fusion of IMU and vision for absolute scale estimation in monocular SLAM . Journal of Intelligent & Robotic Systems, 61（1）: 287-299.

Nygren I, Jansson M.2004.Terrain navigation for underwater vehicles using the correlator method. IEEE Journal of Oceanic Engineering, 29(3): 906-915.

Persson M, Piccini T, Felsberg M, et al. 2015. Robust stereo visual odometry from monocular techniques. 2015 IEEE Intelligent Vehicles Symposium（Ⅳ）, Seoul.

Pire T, Fischer T, Civera J, et al. 2015. Stereo parallel tracking and mapping for robot localization. IEEE International Conference on Intelligent Robots and Systems（IROS）, Hamburg.

Sandwell D T, Smith W H F.1997.Marine gravity anomaly from Geosat and ERS-1 satellite altimetry. Journal of Geophysical Research, 102(B5): 10039-10054.

Scaramuzza D, Fraundorfer F. 2011. Tutorial: Visual odometry.IEEE Robotics and Automation Magazine, 18（4）: 80-92.

Schps T, Engel J, Cremers D. 2014.Semidense visual odometry for AR on a smartphone.2014 IEEE International Symposium on Mixed and Augmented Reality（ISMAR）, Munich .

Serafin J, Olson E, Grisetti G, et al. 2016. Fast and robust 3D feature extraction from sparse point clouds. 2016 IEEE/RSJ International Conference on Intelligent Robots and Systems (IROS), Daejeon.

Shan T, Englot B. 2018. LeGO-LOAM: Lightweight and ground-optimized LiDAR odometry and mapping on variable terrain. International Conference on Intelligent Robots and Systems, Madrid.

Song S, Chandraker M. 2014. Robust scale estimation in real-time monocular SFM for autonomous driving. 2014 IEEE Conference on Computer Vision and Pattern Recognition

(CVPR) , Columbus.

Song S, Chandraker M, Guest C C. 2013. Parallel, realtime monocular visual odometry. IEEE International Conference on Robotics and Automation(ICRA) , Karlsruhe.

Strasdat H, Montiel J M M, Davison A J.2010. Real-time monocular SLAM: Why filter.2010 IEEE International Conference on Robotics and Automation (ICRA) , Anchorage.

Sun L, Zhao J, He X, et al. 2018. DLO: Direct LiDAR odometry for 2.5D outdoor environment. IEEE Intelligent Vehicles Symposium , Changshu.

Sunderha F N, Brock O, Scheirer W, et al. 2018. The limits and potentials of deep learning for robotics. The International Journal of Robotics Research, 37(4-5): 405-420.

Tardif J P, George M, Laverne M, et al.2010.A new approach to vision-aided inertial navigation.2010 IEEE/RSJ International Conference on Intelligent Robots and Systems (IROS) , Taipei.

Thomas Q M, Wasenmuller O, Stricker D, et al. 2019. DeLiO: Decoupled LiDAR odometry. IEEE Intelligent Vehicles Symposium, Paris.

Titus C, Siddharth C, Davide S.2018. Data-efficient decentralized visual SLAM. 2018 IEEE International Conference on Robotics and Automation, Brisbane.

Tong C H, Barfoot T D. 2013. Gaussian process Gauss-Newton for 3D laser-based visual odometry. International Conference on Robotics and Automation , Karlsruhe.

Trevor A J B, Rogers J G, Christensen H I. 2014. OmniMapper: A modular multimodal mapping framework. IEEE International Conference on Robotics and Automation, Hong Kong.

Tscherning C C, Rapp R. 1974. Closed Covariance Expressions for Gravity anomalies, geoid undulations, and deflections of the Dertical implied by anomaly degree variance models. Columbus: Scientific Interim Report Ohio state University.

Vanish V, Garg G, Talvala E V, et al. 2005. Synthetic aperture focusing using a shear-warp factorization of the viewing transform. Computer Vision and Pattern Recognition-Workshop, San Diego.

Velas M, Spanel M, Herout A. 2016. Collar line segments for fast odometry estimation from velodyne point clouds. IEEE International Conference on Robotics and Automation , Stockholm.

Wang B, Zhu J, Ma Z, et al. 2020. Improved particle filter based matching method with gravity sample vector for underwater gravity aided navigation. IEEE Transactions on Industrial

Electronics,（99）: 1.

Wang S, Clark R, Wen H, et al. 2017. DeepVO: Towards end-to-end visual odometry with deep recurrent convolutional neural networks. 2017 IEEE International Conference on Robotics and Automation (ICRA), Singapore .

Weingarten J. 2006.Feature-based 3D SLAM. Lausanne: Swiss Federal Institute of Technology.

Yang N, Wang R, Gao X, et al. 2018. Challenges in monocular visual odometry: Photometric calibration, motion bias and rolling shutter effect. IEEE Robotics and Automation Letters, 3（4）: 2878-2885.

Zhang H, Yang L, Li M. 2019. Improved ICCP algorithm considering scale error for underwater geomagnetic aided inertial navigation. Mathematical Problems in Engineering,（5）: 1-9.

Zhang J, Singh S.2014.LOAM: Lidar odometry and mapping in realtime. Robotics: Science and Systems Conference , Berkeley.

Zhang J, Singh S. 2017. Low-drift and realtime LiDAR odometry and mapping. Autonomous Robots, 41（2）: 401-416.

Zhao W , Liu S , Shu Y, et al. 2020. Towards better generalization: Joint depth-pose learning without PoseNet. 2020 IEEE/CVF Conference on Computer Vision and Pattern Recognition (CVPR), Seattle.

第六章

其他导航技术

第一节　仿生导航技术

一、科学意义与战略价值

仿生导航技术是一种模仿动物导航机理的导航技术，涉及认知科学、机器学习、计算机视觉和信息融合等多个学科（胡小平等，2020）。根据生物感知环境进行导航的机理不同，仿生导航技术可以分为仿生偏振光导航技术、仿生地磁导航技术、仿生光流导航技术、仿生类脑导航技术等（刘俊等，2019）。从已公开发表的研究成果可知，仿生偏振光导航技术比较成熟，并且已经在工程上得到初步应用（范晨等，2015）。仿生导航技术是一种基于自然特性的自主导航技术，与以电波传播为测量手段的导航技术相比，仿生导航技术具有自主性好、自适应性强、不易被干扰、隐蔽性好等优点。因此，仿生导航技术对自主导航研究具有重要意义。

二、现状及其形成

大自然中许多动物具有惊人的导航本领。例如，北极燕鸥每年往返于南、北两极地区，旅程达 5×10^4～6×10^4 km，从不迷航；信鸽能够从距离饲养巢穴数百千米远的陌生地方，顺利返回巢穴；美洲的黑脉金斑蝶每年秋季从加拿大飞到墨西哥，行程约 4800 km，却从不迷路（胡小平等，2020）。

19 世纪 40 年代，Tolman 发现在迷宫实验中的老鼠能够迅速找到通往食物的捷径，并且当熟悉的路径被阻挡时，能够找到新的路径。据此，Tolman 提出了认知地图的概念，认为认知地图中包含产生复杂导航行为的经验知识。从目前生物学的研究成果可知，动物导航经验知识的信息源主要包括视觉、运动感知、地磁、天空偏振光、听觉和嗅觉等。神经学领域的研究还发现了多种与动物导航行为密切相关的功能性神经细胞，包括位置细胞、网格细胞、头朝向细胞等。研究还表明，多个位置细胞的联合激活机制与动物认知运动环境的拓扑结构以及拓扑空间中的路径规划有关。虽然现有研究还没有完全解释大脑神经活动与动物导航行为之间的相互作用机制，但相关研究成果仍然开阔了人类对动物导航行为的理解（胡小平等，2020）。

（一）仿生偏振光导航技术

仿生偏振光导航技术是从生物导航中学习得到的一种导航技术（周军等，2009），是一种被动、无源的新型自主导航技术。该技术以太阳光在大气中传输的偏振特性为理论依据，以生物偏振光感知机理及其敏感神经系统对偏振信息的处理机制为仿生基础，具有隐蔽性强、鲁棒性好、精度高的优点，可在陌生环境下为地面载体及低空飞行器等提供可靠的导航信息（王昕，2017）。

1. 偏振光导航机理

人类对天空偏振光导航的探索起源于生物学的相关研究。早在 1914 年，科学家就在实验中发现，遮住太阳光后，多种蚂蚁仍然能够以近乎直线的路径返回巢穴，这一现象直到 1947 年才得到解释，蚂蚁的导航信息来源于天空中的偏振光（王昕，2017）。

太阳光在未进入大气层之前，是非偏振的自然光，进入大气层之后，大气分子、气溶胶等粒子对太阳光具有散射作用，会改变光的偏振态，从而产生天空偏振光。用于描述偏振光的参数是偏振度和偏振角，分别表示光的偏振强度和振动方向。大气层中，偏振光在不同地点或不同时段的偏振度和偏振角各不相同，而同一时段、同一地点的偏振度和偏振角具有很好的重复性，这就形成了包含大量偏振信息的太阳光偏振分布图，也称为“天空的指纹”（范晨等，2015）。

沙漠蚂蚁、蜜蜂等昆虫通过检测天空的偏振信息实现自主导航，这些具有偏振光导航能力的昆虫通过其复眼背部边缘区域（dorsal rim area，DRA）内一些排列规则的特殊小眼敏锐感知偏振光，并利用神经感杆的偏振光电矢量正交敏感结构与中枢神经层视神经叶部分的偏振对立神经元（polarization-opponent neurons，POL-neurons）的协同作用，使昆虫的偏振视觉系统具有极低的光强依赖性（褚金奎等，2016）。蟋蟀偏振敏感结构机理如图 6-1 所示。

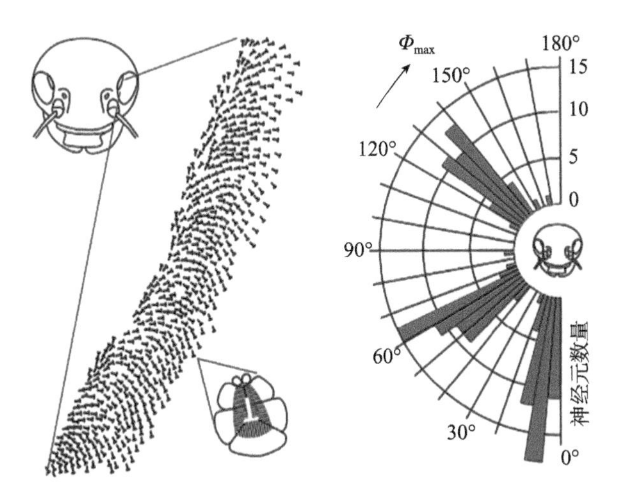

(a) 蟋蟀DRA小眼神经感杆分布形式示意图　(b) 蟋蟀三类POL-neurons（主响应方向分别为10°、60°和130°）

图 6-1　蟋蟀偏振敏感结构机理

目前，比较成熟的偏振光导航理论是基于沙漠蚂蚁导航提出的偏振光路径积分方法，其基本原理是利用偏振光传感器检测行进过程中的转动角度，结合里程计记录的距离信息，通过路径积分产生指向出发点的向量（范晨等，2015），原理如图 6-2 所示。该方法已成功应用于地面移动机器人的自主导航中。

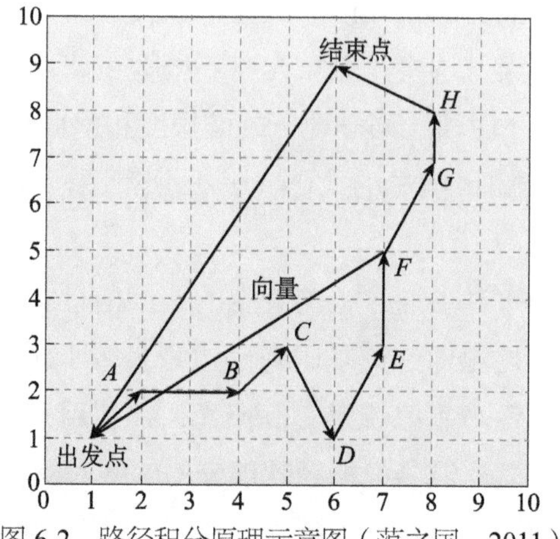

图 6-2　路径积分原理示意图（范之国，2011）

2. 偏振光分布模式

偏振光的分布特征分析是偏振光导航技术研究的重要内容，其主要研究手段是仿真建模和实验观测（王昕，2017）。在仿真建模方面，一是通过求解光矢量辐射传输方程，推算出整个天空偏振光的分布，其核心在于根据设定的参数和条件计算光在整个传输过程发生的复杂变化；二是以描述自然偏振光的分布特征（包括对称性、偏振中性点、偏振中性线、最大偏振线、光谱及形态等）为目的，建立天空偏振模式分布的解析模型（王昕，2017）。

以 Rayleigh 散射理论为基础，可以计算出天空光的偏振参数，建立晴朗无云条件下简单的大气偏振分布模型（褚金奎等，2016）。将偏振光理想化为 100% 的线偏振光，散射次数为单次散射，从地面观察到光的偏振模式如图 6-3 所示。其中，O 为观测者位置，S 为太阳，Z 为观测者的天顶方向，太阳、天顶与观测者组成的平面为太阳子午面；SM（solar meridian）与 ASM（anti-solar meridian）分别表示太阳子午面中朝向太阳与背向太阳的部分。图中短线的方向与宽度分别代表偏振方向与偏振度大小。天空中，偏振模式以太阳子午面为对称面分布，与太阳光垂直方向的偏振度最大，并且任何一个被观察点的偏振光方向垂直于太阳、观察者和被观察点三者构成的平面（周军等，2009）。然而，在阴雨、多云等复杂天气条件下，大气粒子尺度大，常发生多次散射，基于单次散射建立的

Rayleigh 散射模型不再适用。

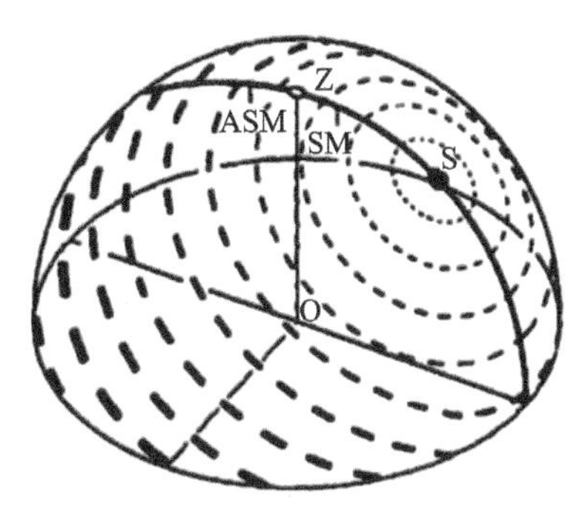

图 6-3　从地面观察到光的偏振模式（周军等，2009）

Mie 于 1908 年提出了各向同性的均匀球体对平面电磁散射的精确解，即 Mie 散射理论。当大气中悬浮粒子的直径与辐射波长相当时，散射主要为 Mie 散射。中国科学院上海光学精密机械研究所基于 Mie 散射理论建立了单次光散射偏振模型；合肥工业大学对大气中气溶胶等粒子的散射辐射特性进行了仿真分析，研究了多种粒子的偏振特性；大连理工大学对大气偏振光进行了基于 Mie 散射理论的单粒子散射的仿真研究，分析了典型条件下的大气偏振特性，研究表明，Mie 散射更贴近于实际的大气散射，也证明了 Mie 散射的局限性（褚金奎等，2016）。

相比 Mie 散射应用的局限性，矢量传输方程能更好地应用于大气偏振模式分布与物理因素的相关性研究中，用来分析气溶胶等大气粒子对偏振模式图的影响。2011 年，研究人员提出了基于蒙特卡罗法的矢量辐射传输模型，在大气偏振模式图的分析中加入了气溶胶、云滴等粒子散射吸收效应的影响，可以建立更符合实际的大气偏振模型。大连理工大学利用简化的双层大气偏振模式模拟实际大气，通过计算天空各点的偏振信息建立了大气偏振模型。合肥工业大学对混浊大气的偏振模式分布与变化特性进行了分析和预测（褚金奎等，2016）。

在天空偏振模式实验观测研究方面，得益于观测方法和观测设备的发展，已有三类天空偏振模式观测方法。第一类为时序偏振信息测量法，需要观测设备多次改变镜头前偏振片的方向，从而获取多张偏振图像，适用于实时性要求不高的应用场景；第二类为空间匹配偏振信息测量法，需要观测设备通过多个测量通道同时获取得多个偏振方向的图像，具有较高的实时性，但各通道间的硬件差异和多幅图像场景的空间匹配会引入一定的测量误差；第三类为分光式同时偏振信息测量法，需要观测设备通过光的某种属性将其分成若干部分（主要包括分光谱式、分孔径式、分振幅式和分焦平面式等），经过不同方向的偏振片后在CCD上成像，既解决了实时性问题，又避免了多幅图像场景的空间匹配误差（王昕，2017）。

1982年，科研人员采用点源式偏振测量装置，通过对天空偏振光进行旋转扫描测量，实现了对整个天空偏振信息的测量，建立了简化的全天空偏振模式图。1997年，采用鱼眼镜头及相机，搭建了成像式偏振光探测系统，对线偏振光的偏振信息进行了实时探测。2002年，开发了成像式全天空偏振测试仪，可以同时获得天空偏振的3张图片，通过斯托克斯矢量法得到偏振度分布图和偏振角分布图。2009年，大连理工大学搭建了全天空偏振模式图测量系统，该系统由计算机、赤道仪、光纤光谱仪和配备了可旋转偏振片的改进式天文望远镜组成。2013年，搭建了新的全天空偏振测量系统，通过旋转偏振片至0°、45°和90°及偏振信息的处理得到全天空偏振模式图。2014年，清华大学设计搭建了可以连续旋转检偏器的偏振成像探测装置，利用光电传感器对透射过连续旋转检偏器的光强进行积分，得到偏振信息，实现了对运动目标与天空偏振光分布模式的实时、有效探测（褚金奎等，2016）。

在偏振模式分布规律研究方面，1999年，科研人员测试了日出过程中天空光偏振模式的变化，分析了偏振分布模式与太阳位置的关系，并在2004年测试分析了阴天情况下天空偏振分布与传统Rayleigh散射模型的差异。2010年，利用可自动旋转偏振片的鱼眼相机研究了气溶胶、地球表面反照率对偏振度和天空辐照的影响。

3. 偏振光导航传感器

1997年，研究人员模仿沙漠蚂蚁偏振导航机理，采用多个独立并垂直指向天空的偏振光导航传感器，实现了移动机器人的偏振导航（图6-4），验证了仿生偏振导航的可行性。2002年，研究人员在室内人造偏振光环境下，成功进行了移动机器人的路径跟踪实验。2012年，研究人员模仿蜻蜓偏振敏感导航机理，研制了包含3个独立敏感单元的偏振光导航传感器，并采用该传感器成功进行了无人机航向角的测量（图6-5）（褚金奎等，2016）。

图 6-4　仿沙漠蚂蚁的偏振导航传感器（褚金奎等，2016）

图 6-5　仿蜻蜓的偏振光导航传感器（褚金奎等，2016）

国内有多个院校开展了偏振光导航传感器样机的研制工作，大连理工大学在国内率先开发出六通道仿生偏振光传感器样机（图 6-6）。根据昆虫偏振光导航结构和机理，偏振光导航传感器必须包含偏振器、光电探测器以及电路处理模块，以分别负责模仿生物体复眼 DRA 区域小眼中的微绒毛结构、感受光强的光感受器以及负责处理光信号的视神经叶部分。偏振光导航传感器的工作原理如图 6-7 所示。

图 6-6　六通道仿生偏振光传感器样机（褚金奎等，2016）

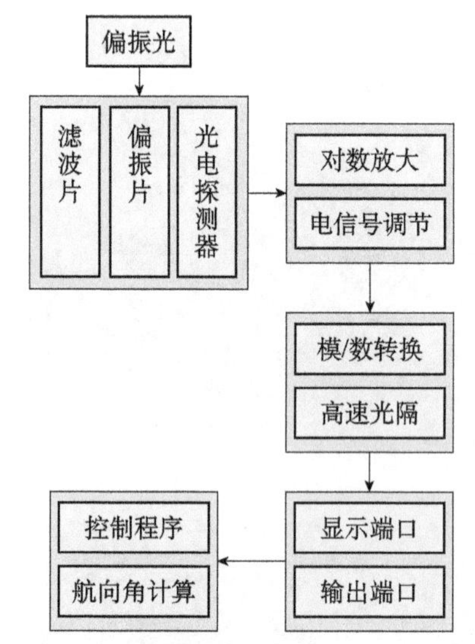

图 6-7　偏振光导航传感器的工作原理（褚金奎等，2016）

合肥工业大学研究了平面四通道大气偏振光检测传感器样机，示意图如图 6-8 所示，其组成包含滤光片、偏振片、光电探测器、对数放大器和模 / 数转换等，与大连理工大学的偏振光导航传感器样机相比减少了两个通道。哈尔滨工业大学搭建了三通道偏振光检测装置，如图 6-9 所示。其组成相对简单，仅包含滤光片、偏振片和光电探测器，光电探测器的信号直接由示波器得到，进而对偏振信息进行处理（褚金奎等，2016）。

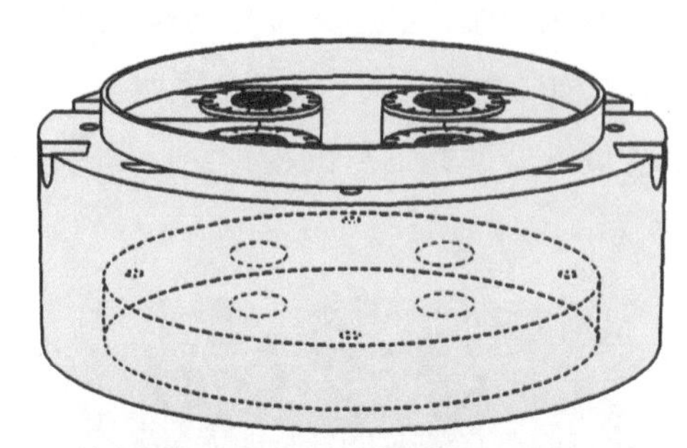

图 6-8　平面四通道大气偏振光检测传感器样机示意图（褚金奎等，2016）

2014 年，大连理工大学基于纳米压印工艺研究了集成器件的制作，基于集成器件搭建了集成偏振光导航传感器，实物图如图 6-10 所示。该传感器由偏振光检测模块、对数放大器、控制处理模块以及电源模块组成，其中偏振光检测模块为基于双层金属纳米光栅的集成器件。在室内对其测角精度进行了测试，得到的补偿前误差在 ±0.8°以内，补偿后误差在 ±0.1°以内（图 6-11），可以较好地满足偏振导航的要求（褚金奎等，2016）。

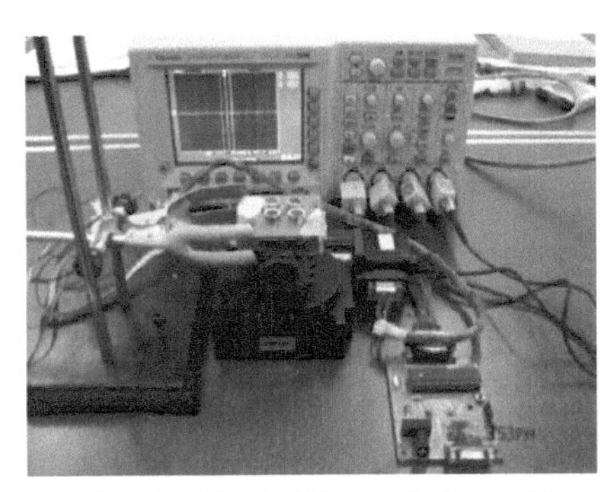

图 6-9　三通道偏振光检测装置（褚金奎等，2016）

图 6-10　集成偏振光导航传感器实物图（褚金奎等，2016）

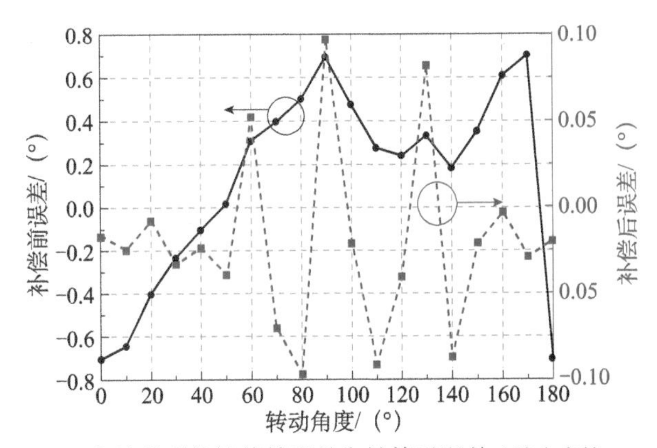

图 6-11　实验得到的补偿前误差和补偿后误差（褚金奎等，2016）

实线：补偿前误差；虚线：补偿后误差

（二）仿生地磁导航

地磁场是地球上非常重要的物理场，包含十分丰富的参数信息。研究表明，很多生物可以利用地磁场进行定位和导航，如信鸽、海龟等能够在地磁场的引导下准确到达目的地。动物对地磁场的利用方式有别于地磁导航方式，它们能够在无先验数据库的条件下实现导航（刘坤，2019）。

针对仿生磁感受机理的研究大多采用假说模型与实验相结合的方式，目前，基于磁铁矿的磁受体模型、化学磁感受模型、电磁感应模型为三个假说模型，被广泛接受（张兵芳，2015；刘坤，2019）。

（1）基于磁铁矿的磁受体模型（Wiltschko et al.，2015）认为：生物体内存在一种在磁场力的作用下能够产生相应形变的磁铁矿颗粒。在非鸟类动物中，一般为单畴磁晶体颗粒，随外部磁场的增强而产生一个与磁场方向一致的力矩：在鸟类动物中为超顺磁晶体颗粒，当外部磁场为零时，呈现无序排列，而当存在外部磁场时，超顺磁晶体颗粒的磁化强度会迅速沿着外部磁场方向排列，与外部磁场方向一致。

（2）化学磁感受模型，以光依赖的自由基对假说为核心，建立在自由基对与外部磁场在特定方向上相互作用的基础上。在通过光诱导的电子转移产生一对自由基后，地磁场就会改变自由基对自旋状态间的跃迁动力学，从而使动物能够迅速感应磁场的变化（刘坤，2019）。

（3）电磁感应模型，以法拉第电磁感应为模型核心，以法拉第电磁感应定律为基础，假设动物体内存在一定结构的闭合环形导电组织，当它们在磁场中运动时，其组织内将产生能够被电敏感细胞接收的电信号。研究认为鳐鱼和鲨鱼头部的孔状壶腹器具备作为电敏感磁感器官的条件，这些组织的内腔充满了可导电的黏稠胶质，且与大脑相应的组织相连接（刘坤，2019）。

作为仿生地磁导航传感器，仿生磁罗盘的基本工作原理有两类：一类是基于自由基对磁敏感机理，设计制造自由基对磁电敏感单元，实现高灵敏度的磁场检测；另一类是基于非晶铁质涂层和链状磁片的磁敏感效应，利用高磁导率材料加工磁性集聚结构进行增敏，实现大量程、高精度的地磁场测量（胡小平等，2020）。前一类的研究基础是信鸽视网膜上的光敏分子易受光的激发，形成单重态和三重态的自由基对，当外部磁场介入时，会影响单重态和三重态分子的转换速率，从而建立了磁场和光信息转换的关系（Ritz et al.，2000）；后一类的研究基础是信鸽上喙及内耳结构中喇叭状的非晶铁质层，能够对微弱的地磁信号进行集聚放大，从而实现对微弱地磁信号的感知（Fleissner et al.，2003）。

目前，对仿生磁罗盘技术的研究主要集中在自由基对及铁磁颗粒团簇地磁敏感机理、量子磁光效应敏感材料制备工艺、磁矢量测量技术、传感器误差机理分析与补偿方法、微小型化集成技术等方面（胡小平等，2020），而动物地磁导航的磁感知机制，还有待进一步研究。

（三）仿生光流导航

仿生光流导航是借鉴生物视觉并通过感知光流进行导航的一种仿生导航技术。例如，当蜜蜂在自然界中飞行时，自身相对于外部物体的运动会在其视网膜上产生图像变化，这种图像变化形成了“光流”信息，蜜蜂根据这种“光流”信息来执行速度测量、着陆、姿态控制等各种导航任务（刘俊等，2019）。

仿生复眼是借鉴昆虫的视觉器官感知光流和环境特征信息的机理，测量载体姿态、速度和位置等导航参数的传感器。作为仿生光流导航传感器，其基本工作原理是：通过多个面向不同方向的孔径，对大视场内的场景进行成像，然后集成到同一探测器上进行图像输出。在此基础上，通过仿生光流和场景识别等算法，获得载体的运动速度及其在环境中的相对位置等信息（胡小平等，2020）。

在仿生光流导航算法方面，2018 年墨西哥天体生物学研究所提出了一种像素 / 窗口并行计算光流的方法。同年，美国科学家针对当前导航系统高度依赖 GPS 的问题，提出了一种基于卡尔曼滤波器的智能光流导航算法；针对传统测量方法计算成本高且速度慢的问题，提出了一种基于人工蜂群的块匹配算法，提高了光流导航算法的实时性与精度。2019 年，美国明尼苏达大学提出了一种自适应光流导航算法，该算法可以在不利条件下（如在黑暗、无纹理地板上飞行时）精确地估计出四旋翼飞行器的水平速度。2019 年，Miller 等通过光流估计了无人机的速度，精确确定了无人机的高度（Miller et al.，2019）。

虽然，目前仿生光流导航技术已经取得了很大进步，但是其在稳定性、再现性和精度等方面还存在很大缺陷（刘俊等，2019），小型化、集成化是仿生光流导航传感器的发展趋势。

（四）仿生类脑导航

仿生类脑导航是人们根据生物（如蚂蚁、蜜蜂、鼠类等）拥有大脑定位功能而开展的一种仿生导航研究。在大脑定位系统中，位置细胞和网格细胞具有决定性作用，前者在脑中形成所处地点的地图，后者形成定位和导航的坐标系统（刘俊等，2019）。头朝向细胞、边界细胞和速度细胞具有辅助导航的作用。其中，头朝向细胞能够辨别生物头部的朝向；边界细胞可以计算生物到达墙壁等边界的距离；速度细胞在生物脑中充当了“速度计”的角色，用于判断生物在某一时刻的移动速度（刘俊等，2019）。

科学家开展了大量仿生类脑导航研究，2019年，科学家发现海马体和内侧内嗅皮质可以在近端环境中绘制出自定位地图，同年，得到了啮齿动物路径整合与位置细胞及其他空间细胞基本属性密切相关的结论，探讨了机器人如何在不熟悉的领域进行地图构建和路径整合。2016年，北京工业大学构建了基于大鼠、海马结构的神经网络模型，并将此模型应用于快速准确地构建认知地图。2019年，中北大学针对卫星信号中断条件下的INS误差累积问题，提出了一种基于海马导航细胞模型的类脑导航方法，其通过类脑导航模型的校正降低了INS的累积误差，提高了导航精度（刘俊等，2019）。

整体来说，仿生类脑导航还处于初级研究阶段，动物的大脑定位机理还没有被人类完全理解，器官感知信息驱动导航细胞活动的具体机制还没有被完全揭示，大脑中各种不同的导航细胞相互作用、协同工作的过程也还有待进一步探究（胡小平等，2020）。

三、关键科学技术问题

（一）仿生感知机理

仿生导航的研究基础是对生物的学习和模仿，其进一步的发展需要从本质上模拟生物感知环境进行导航的机理。目前，无论是相对成熟的仿生偏振光导航，还是基于假说模型的仿生地磁导航，以及仿生光流、仿生类脑等仿生导航技术，都存在需要进一步开展感知机理研究的问题。

（二）仿生传感器研制

仿生传感器是仿生导航的实现手段，现有仿生传感器在信噪比、功耗体积等方面都与动物器官存在较大差距，还需进一步对动物器官的感知机理、传感器结构设计、传感器加工工艺等方面进行深入研究（胡小平等，2020）。

（三）信息提取算法与导航算法

信息提取算法与导航算法是实现仿生导航的重要技术，如何提取导航所需的仿生信息是实现仿生导航的关键，发展与之相适应的数据处理方法及优化算法是获取导航信息的关键技术。研究鲁棒性好、自适应性强、精度高的仿生光罗盘定向算法、仿生光流运动估计算法、光磁复合定向算法等，可为仿生导航系统提供可靠的导航信息（胡小平等，2020）。

四、发展方向

（一）加强仿生学与生物学交叉领域研究

仿生学研究的发展离不开生物学的进步。随着对生物导航机理研究的进一步深入，更加具体和完整地接收、传输、编码及解码导航信息的过程有望被揭示，将为仿生导航提供新的启示和更广的思路。同时，仿生学的发展在某些时候也会指导和促进生物学的相关研究，因此将仿生研究与生物学研究紧密结合，仿生导航才能获得更好的发展。

（二）加强仿生传感器研制及算法研究

现有仿生传感器在信噪比、功耗体积等方面都与动物器官存在较大差距，还需进一步对动物器官的感知机理、传感器结构设计、传感器加工工艺等方面进行深入研究。此外，基于仿生传感器的导航信息提取算法也是研究重点，研究鲁棒性好、自适应性强、精度高的仿生导航算法可为仿生导航系统提供可靠的导航信息（胡小平等，2020）。

第二节　声学导航技术

一、科学意义与战略价值

21世纪以来，世界各国加快了探索海洋资源的步伐，竞相制定海洋科技开发规划、战略计划，优先发展深海高新技术，我国也提出了海洋强国的国家战略，将海洋问题上升为国家战略问题（杨元喜等，2017）。水下声学导航的应用几乎遍布整个海洋开发领域，从海洋工程中的油气开采到大洋调查中的深海矿产探测，从海洋灾害性地质研究到海底光缆管线铺设及维护，从海洋救援到水下考古，无不需要水下声学导航为其提供精确的空间位置。在这种战略需求的巨大牵引下，研究人员抓住时机，掀起了关于声学定位导航技术的新一轮热潮。

水下声学导航定位技术为大洋流、潮汐和环流模式的研究提供了技术平台和重要的理论支撑，在认识海洋动力现象中具有极其重要的科学价值和实用价值，有助于我国海洋灾害成因与机理的研究。我国开展的大陆架调查、大洋科学考察、大洋发现计划、南北极考察等科学活动，也离不开水下声学导航技术（杨元喜等，2020）。

在军事作战领域内，水下声学导航技术在水下作战武器安全自主航行、目标精准探测和打击等方面的重要性不断凸显。常用的惯性导航技术在应用过程中暴露出很多缺点，最大的弊端就是误差会随时间累积，长时间机动后需要浮出水面进行位置标校，大大降低了潜艇的隐蔽性，不满足现代化、信息化战争对战略潜艇提出的高精度和隐蔽性要求。于是，水下声学导航技术逐步成为研究重点，在水下作战武器的导航领域焕发出新的生机，展现出新的前景。另外，作为海上战争“杀手锏”的鱼雷，其导航手段仍单一，为了满足精确导引和高技术海战的要求，鱼雷自导系统对微弱信号探测能力的提升已经迫在眉睫，更多的希望寄托于发展远程低频水下声学导航技术（武汉测绘科技大学天文重力测量教研室，1991）。

二、现状及其形成

19 世纪初期，第一台水声测深仪的出现标志着水声助航设备正式诞生，一直到 20 世纪中叶，水下声学导航技术才逐步应用于船舶与水下载体的位置测定。在此之后，为了满足社会发展、科学研究、国防安全等多方面的需要，水下声学导航技术逐步引起重视并走向成熟，成为水下目标定位跟踪领域的重要技术手段。19 世纪 60 年代，短基线水声定位系统应运而生，并且应用在水下救援中。在美国海军的潜艇事故发生后，政府派出水下潜器进行搜救，采用的就是短基线定位技术。近年来，核潜艇和水下导弹发射技术的快速发展，使得对水下定位技术的精度要求更加严苛。虽然水下定位系统起源于军事用途，但目前来看，其应用已扩展至民用领域，与人们日常生活的联系愈发紧密。特别是近二十年来，得益于硬件技术和信号处理技术的进步，水下声学导航技术蓬勃发展，受到越来越广泛的关注。

根据接收基阵的尺寸或应答器基阵的基线长度，可以将水下声学导航分为长基线（long baseline，LBL）、短基线（short baseline，SBL）和超短基线（ultra short baseline，USBL）三种，基线长度划分如表 6-1 所示（赵建虎，2007）。

表 6-1　水声定位系统分类表

定位系统类型	基线长度 /m
长基线	100～6000
短基线	1～50
超短基线	<1

（一）长基线定位系统

长基线定位系统的基阵长度基本在几百米到几千米，至少需要在海底安放 3 个基元以构成海底定位基线阵（周立，2013），被测目标通常位于基线阵内，通过测量目标与基元之间的距离获得目标位置。根据工作方式，可进一步将其分为声学应答式与电触发式两种（张居成，2014）。长基线定位系统定位原理如图 6-12 所示。

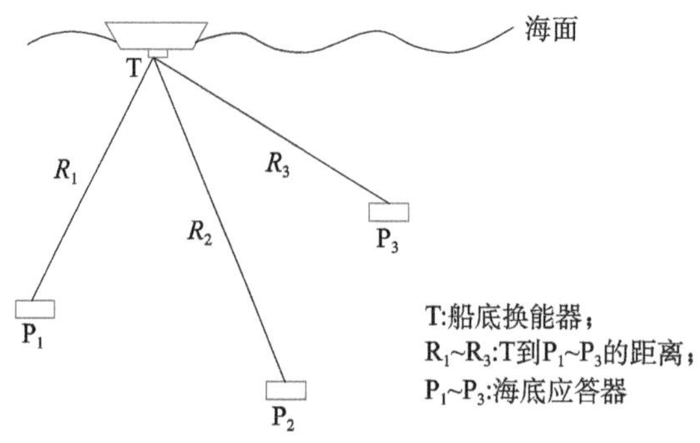

图 6-12　长基线定位系统定位原理

目前，国外已经实现了长基线定位系统的产品化、产业化和系列化。国际上主要的长基线定位系统的生产厂商有法国 iXblue、挪威 Kongsberg、英国 Sonardyne 等公司（表 6-2）（张同伟等，2018）。

表 6-2　典型深海长基线定位系统对比

产品	法国 iXblue RAMSES 6000	挪威 Kongsberg cPAP17	英国 Sonardyne ROVNav 6
工作频带 / kHz	8 ～ 17.5	10 ～ 16	19 ～ 34
测距精度 / m	0.05	0.02	0.015
定位精度 / m	0.10	—	—
作用距离 / m	8000	8000	—
工作深度 / m	6000	7000	7000
电源	12 / 36VDC	15VDC	24 / 48VDC
耐压壳体	钛合金	不锈钢	7075 型铝
信号形式	M-FSK	Cmbal	WideBand
空气质量 / kg	11	11.5	21.5
高度 / mm	126	559	768
直径 / mm	505	85	200

由于传统系统布设和应答器阵列校准需要耗费大量时间，英国 Sonardyne 公司开发了新型系统和适配的智能型应答器，不仅能通过遥控指令来自行测量基线，还配置了温盐深传感器及双轴倾斜仪，以此来适应低频、中频、高频甚至是超高频工作体制。对于长基线定位系统的软件设计，美国较有代表性，主要包括声速修正模块、阵型校准模块、声定位和综合导航模块等。

国内长基线导航研究方面，2004 年中国测绘科学研究院与中国船舶集团有限公司第 710 研究所联合研制了水下差分全球定位系统，能够为水下航行器提供精确的定位和定时；2002 年，哈尔滨工程大学研制完成了国内第一套高帧率、大范围、无线电遥控浮标阵长基线定位系统并交付海军使用，于2004年对系统容量、浮标个数和作用范围等方面进行了优化，并完善了辅助软件。近年来，哈尔滨工程大学将超短基线、长基线定位系统进行了深度融合，研发了深海高精度水声综合定位系统，解决了海洋声速慢、平台运动带来的大时延异步高精度定位难题，为“深海勇士号”载人潜水器首航实验提供了理论支撑（宁津生等，2014）。

（二）短基线定位系统

短基线定位系统的基元一般安置在船底或船舷，受船底安装所限，基线长度一般为1～50 m，具有基阵尺寸小的特点，通常需要先在船底或船舷安置至少三个基元，从而构成基线阵，利用测量声波在目标与各个基元之间的传播时间差来计算目标的方位和距离，从而进一步推导出目标的坐标。短基线定位系统结构简单，易于操作，不需要搭建大规模的水下基线阵，测距精度高，但对基线元安装精度和基线阵几何结构要求较高，并且需要进行大量的校准工作。因此，短基线定位系统更适合母船附近水下机器人的导航、定位与精确操作（李壮，2013）。

短基线定位系统工作原理如图6-13所示，根据空间线段OP与各个坐标系的夹角以及OP的长度，可直接得出P点在船体坐标系中的坐标（x，y，z）。

$$\begin{cases} x = S \cdot \cos\theta_{m_x} \\ y = S \cdot \cos\theta_{m_y} \\ z = S \cdot \cos\theta_{m_z} \end{cases}$$

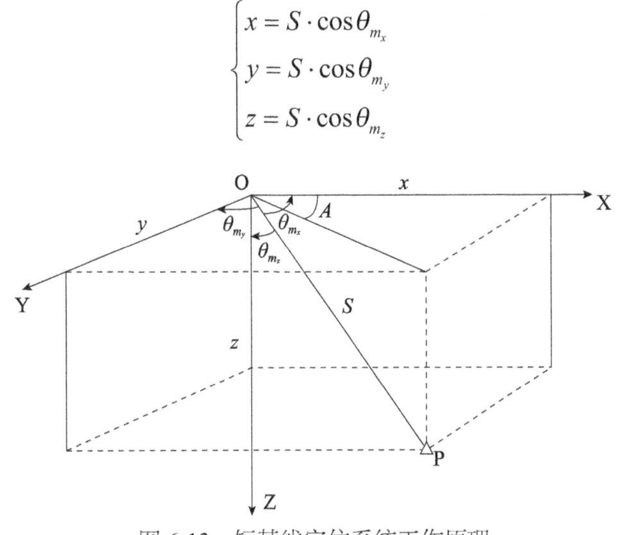

图6-13　短基线定位系统工作原理

军用型短基线定位系统在鱼雷靶场环境下应用广泛。20世纪40年代，美国海军研制了一套基于短基线定位系统的目标测量系统，采用信标模式定位，在一定周期内发送询问信号获得目标距离，进而得到目标位置。该系统工作范围较小，通常采用信号频率为250 kHz的高频信号，且数据更新频率低。

20世纪60年代初期，短基线定位系统开始逐步民用，70年代中期，英国Nautronix公司研制出一种扩频信号的短基线定位系统，基本可以满足复杂条件下的定位精度，因此得到了广泛应用。2000年，美国Desert Star系列的PILOT短基线定位系统设计灵活，在民用产品级别得到了广泛应用，既可应用于岸边码头，又可应用于船舶。该系统设备构成简单，安装方便，对船只没有要求，几分钟内就可完成系统设置，在浅海多路径复杂环境下能达到分米级定位精度，能够绘制出海底地形地貌，并对外部设备实时输出数据。2006年，美国伍兹霍尔海洋研究所运用短基线定位系统JASON对遥控无人潜水器（remote operated vehicle，ROV）进行了定位，相关资料表明定位精度已达到9 cm。

目前，国内对于短基线定位系统的研究较为匮乏。早年哈尔滨工程大学研究了一种短基线定位系统——船载式悬挂固定探测系统“TOSS-I靶”，其原理是利用船载悬挂固定位基线阵，并采用同步信标获得目标位置。近年来，哈尔滨工程大学研究了基于四元伸缩阵的短基线定位系统，定位精度达到0.35%，能够同时跟踪5个定位目标，并且具有三维定位及跟踪高速目标的能力，可进行新型智能鱼雷实战性能的海上检验和评估。另外，东南大学研究了一种纯被动YTM定位系统，中国船舶集团有限公司750试验场区及中国科学院声学研究所东海研究站对靶场测量的短基线定位系统进行了研究。

（三）超短基线定位系统

相对于短基线定位系统而言，超短基线定位系统基线长度更短，一般情况下小于或等于半波长。不同于其他声学定位系统，超短基线定位系统的原理是：通过船底安置的定位基线阵来测量目标与各个基元之间的相位差，利用相位差得到目标方位，通过多方交汇最终得到目标的空间位置。超短基线定位系统（图6-14）的优点是设备安装便捷、操作简单、工作效率高、成本低，但安装精度要求相比短基线定位系统而言要高，且需要进行繁杂的校准工作，定位精度由姿态和位置测量设备决定。

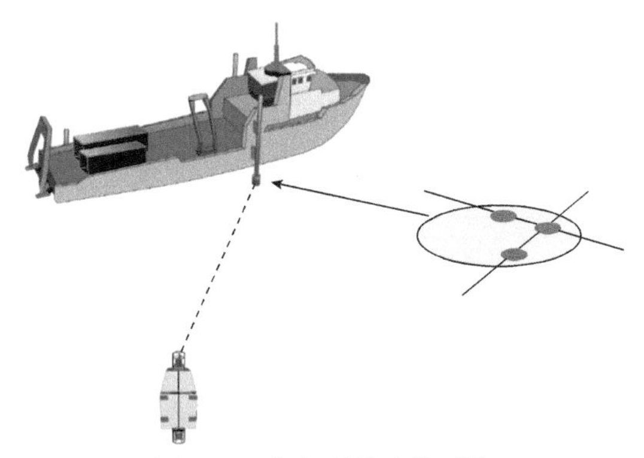

图 6-14　超短基线定位系统

作为短基线定位系统的变种，超短基线定位系统起步较晚，最早研制成功的是 20 世纪 80 年代初期麻省理工学院超短基线定位系统（Vickery，1998）。如今，国外的超短基线定位系统的产品化、产业化、系列化的配套流程均已较为成熟，国际上主要的生产厂商有法国 iXblue、挪威 Kongsberg、英国 Sonardyne、美国 LinkQuest、德国 Evologics 等。表 6-3 给出了国外典型远程超短基线定位系统对比。

表 6-3　国外典型远程超短基线定位系统对比

参数	法国 iXblue POSIDONIA Ⅱ	法国 iXblue GAPS	挪威 Kongsberg HiPAP 102	英国 Sonardyne Ranger 2 pro	美国 LinkQuest TrackLink 10000HA	德国 Evologics S2CR 7/17D
定位精度	0.2% 斜距	0.2% 斜距	0.2% 斜距	0.1% 斜距	—	—
测距精度 /m	—	0.02	0.02	0.015	0.40	0.01
测角精度 /(°)	—	0.09	0.14	—	0.25	0.1
工作深度 /m	7000	—	7000	7000	7000	10000
作用距离 /m	10000	4000	10000	10000	11000	11000
发射频带 /kHz	8～14	21.5～30.5	10～12.5	14～18	7.5～12.5	7～17
接收阵元	4	4	31	—	—	—
接收频带 /kHz	8～14	21.5～30.5	13～15.5	14～18	7.5～12.5	7～17
信号形式	M-FSK	M-FSK	Cymbal	Wideband 2	声学宽带扩频	扫频扩展载波 S2C
覆盖角度 /(°)	120	200	120	180	—	80
同步方式	声学应答 / 同步触发	声学应答 / 同步触发	声学应答 / 同步触发	脉冲堆栈	声学应答	声学应答
罗经	外置	内置	外置	外置	外置	内置

续表

参数	法国 iXblue POSIDONIA Ⅱ	法国 iXblue GAPS	挪威 Kongsberg HiPAP 102	英国 Sonardyne Ranger 2 pro	美国 LinkQuest TrackLink 10000HA	德国 Evologics S2CR 7/17D
标定方式	8 字形	无须标定	4 个方位基点 + 应答器上方 4 个航向角	—	—	—
更新率	与距离有关	与距离有关	与距离有关	1 s	—	—
安装方式	舷侧 / 船底	便携式	船底	船底	船底	—
空气质量 /kg	34	16	—	41	—	13.5
声阵高度 /mm	420	638	—	487	—	434
声阵直径 /mm	580	296	460	600	—	170

自 2001 年起，在国家 863 计划的推动下，哈尔滨工程大学成功研制了远程超短基线定位系统，打破了国外技术长期垄断的格局。该系统自 2012 年起正式装备于我国系列远洋科考船，如“大洋一号”、“科学号”、“向阳红 09”和“探索一号”等，并已经执行了多次科考任务（孙大军等，2019）。

三、关键科学技术问题

（一）水下声场变化规律研究

水下声学导航离不开对水下声场的掌握和了解。作为声信息传输通道的海水介质及其边界十分复杂和多变，使得声波在海水中的传播规律也十分复杂多变，掌握和了解水下声场这种复杂多变的传播规律是水下声学导航的关键性科学问题（刘伯胜等，2010）。

（二）信标信号设计技术

信标信号设计是水下声学导航的基础，声学信号波形带宽越大，相同声源的谱级越低，因此在相同声源级条件下宽带信号的谱级低于单频信号，而且低于海洋环境噪声，不易被监测；此外，声波信号的时间分辨率越高，测距精度也越高。除频率带宽外，信号波形设计还要考虑信号的编码设计，既要确保检测的便利性，也要考虑编码破解的难度，还要兼顾信号的通达性、信号传播特性和时变噪声的影响。

（三）海底基准建设技术

水下测距设备是水下声学导航硬件的重要组成部分，其设计与制造涉及材料、机械、电子、通信等多个学科领域，需要解决海底防拖、防冲淤、防海水与生物腐蚀、深海耐压、能源补给等技术问题（杨元喜等，2020）。

（四）水声导航解算技术

受海洋复杂环境的影响，水下声学信号的传播受未精化的因素影响较大，难以建立精确、有效的改正模型，声速成为影响海底控制点精度的最大误差源。同时，声学测量设备存在硬件延迟，需要从声场时空模型构建、声波传输改正、精密算法研究和标校方案优化等方面进行技术攻关（孙大军等，2019）。

四、发展方向

（一）水下声学定位系统基础设施

水下导航系统是国家综合 PNT 体系建设的重要基础设施（孙大军等，2019）。水下声学定位系统作为 PNT 服务的一个重要信息源，对建设基准统一、覆盖无缝、安全可信、高效便捷的国家综合 PNT 体系具有重要的意义（孙大军等，2019），需要将水下声学定位系统基础设施纳入国家综合 PNT 体系框架进行统筹建设。

（二）水下声学导航设备研制

水下声学导航设备是水下声学导航的关键，其工作环境复杂，研制难度大，在抗压、防腐、防盐等方面要求高，新兴的水下无人航行器集群作业，需要水下网络通信导航设备，因此需要研制国产化的、稳定性强的、灵敏度高的、具备网络导航通信能力的声学导航定位传感器。

（三）水下声学导航理论算法研究

受海洋复杂环境的影响，水下声学导航精度低，对误差模型机理认识不清，缺少精确的导航函数模型和环境自适应的随机模型，因此需要开展水下声学导航理论算法研究，包括海洋环境误差机理研究、海洋三维声速场模型构建、声学导航系统误差补偿技术、主/被动式定位技术、弹性定位理论算法等。

第三节　量子导航技术

一、量子测距导航技术

（一）科学意义与战略价值

随着我国新型航天系统和空间探测技术的发展，对长航时、高精度、高可靠、全自主的导航需求越来越迫切。目前，以超声波测距（颜洪雷，2014）、红外测距（刘施菲，2015）、射频电磁波测距以及激光测距等为主的传统测距技术，测距精度始终受制于标准量子极限或散粒噪声极限。利用激光准直性与单一波长的特点，通过光干涉原理产生相位差的变化进行测距的激光测距技术，测距精度可达微米级，但干涉成立的条件较为苛刻，应用场景十分有限，当距离过长时，测距效果变差且易受干扰，没有区分背景光和信号光的能力。

由于可避免传统测距方式在精度和安全性等方面存在的问题，基于量子力学理论的量子测量技术有望成为新一代高精度测距手段。量子测量技术采用与传统无线电测距相似的结构形式，利用纠缠光子信号取代电磁波，使得作为信号载体的光子脉冲能够以近似相同的速率传播并成束到达，具有强相关性和高密集程度，从而满足了高精度、高安全性要求，为实时精确测量和高精度导航定位提供了信号基础。与传统无线电测距或激光测距相比，量子测量能够突破信号的功率和带宽对测量精度的限制，有较强的抗干扰能力和背景光区分能力，并且可以解决信号传输的安全性问题，具有广阔的应用前景。

（二）现状及其形成

自20世纪初量子力学诞生以来，各国科学家一方面在不断完善相关理论，探索量子领域的未解之谜；另一方面致力于将量子力学理论运用于实际工程应用中。目前，以量子力学与量子信息学为基础的量子通信（Gisin et al.，2002）与量子计算领域相关技术研发走上正轨，诞生出一大批科研与工程成果。同时，量子传感理论与技术脱颖而出，通过搭建以量子力学系统为核心的传感装置，并对电场 / 磁场强度、频率、时间、相位等实际物理量进行参数估计，可以实现超越经典测量极限的测距精度。典型的量子传感是利用微观量子最大纠缠态特性，提升测量的灵敏度或准确度，克服标准量子极限（standard quantum limit，SQL），使测量精度达到海森堡极限。

以量子传感理论为基础，MIT 研究小组于 2001 年提出了量子精密测距方法（Giovannetti et al.，2001）。该方法作为一种异于传统测距的新型测距方法，具备精度高、安全性高、抗干扰能力强的优点，使得其应用范围拓展至引力波探测、量子成像、生物细胞工程和化学分子计算等领域（杨玉，2019）。由于测距问题本质上是时间测量问题，量子精密测距方法也为时间同步新算法提供了思路（Giovannetti et al.，2001）。

突破了标准量子极限的量子精密测距技术可以提供更高的距离分辨率，促进了近些年量子雷达技术的发展。2005 年，Sacchi 提出了可以利用光子纠缠实现两量子态在最小错误概率下的区分（Sacchi，2005）；2007 年，Shapiro 提出了可以作为量子脉冲压缩激光雷达基础的全新光子纠缠测距理论（Shapiro，2007）；2008 年，Lloyd 提出了量子照明的理论概念，证明了光子计数灵敏度的提高可以通过光子纠缠对实现（Lloyd，2008）；2009 年，Smith Ⅲ研究总结了大气衰减对纠缠光子对传输性能的影响，提出了影响修正方法，并表明量子雷达即便受到大气衰减对纠缠光子传输的影响，仍然可以实现对目标的探测（Smith，2009）；2019 年，为了能在探测到目标物的基础上解算出目标物的空间坐标，Maccone 等提出了一种可用于解算非合作目标空间坐标值的量子度量协议（Maccone and Ren，2020）。

目前，常用的量子精密测距方法有脉冲式量子精密测距、量子照明和干涉式量子精密测距。作为未来导航系统的发展方向，量子精密测距是量子定位导航系统的基础。基于量子测量实现定位、导航的方式有多种，较为典型的是量子定位系统和基于星间量子测量的导航星座自主定轨等。量子定位系统（quantum positioning system，QPS）由 Bahder 在 2004 年率先提出

（Bahder，2004）。与GNSS定位原理类似，在QPS中导航卫星的空间位置已知，通过测量用户到导航卫星的量子信号时间延迟即可获得星地距离值，获得三个以上星地距离值可解决用户的三维定位问题，再增加一个测距值即可解决用户的时间同步问题。天基量子定位系统可以基于GNSS等卫星网络实现，根据授权用户的类型选择传统定位服务或量子定位服务，两者的区别主要在于信号源不同。目前，QPS的相关研究仍然处于理论模型阶段，基于Hong-Ou-Mandel干涉仪结构的定位系统的理论定位精度约为1 cm，但未进行地面半物理仿真实验与原理性验证。

基于纠缠光子的空间信息传输是进行量子测量的基础。为了实现量子测距，需要建立长距离量子链路，确保纠缠光子信号在自由空间传输并保持纠缠状态。由于可见光量子在大气通道中具有良好的传输特性，国内外针对可见光量子传输开展了大量实验工作，分析和验证了量子信号的空间传输特性，以尽可能延长纠缠光在空间的传输距离。

1989年，Bennett等在实验室光学平台上完成了第一次量子传输演示实验，光子在自由空间中进行了32 cm的传输，使得空间量子传输从理论阶段扩展到了实验应用阶段（Bennett et al.，1989）；1996年，约翰斯·霍普金斯大学将量子室内传输距离延长至75 m；1998年，美国洛斯·阿拉莫斯国家实验室完成了室外环境下自由空间量子传输实验，传输距离长达205 m，这一纪录在2002年被延长到10 km，且实验系统昼夜均能正常工作。同样在1998年，英国、德国科学家组成的实验小组实现了长达23.4 km的自由空间量子传输实验，实验地点设置在西班牙加那利群岛的两座山峰上；2006年，欧洲的多国联合实验小组完成了143 km的自由空间量子传输，研究成果刊登在*Nature*杂志上；2007年，由意大利、奥地利科学家组成的联合实验小组在地球表面成功探测并识别到经1500 km高度人造卫星反射回的单光子信号，成为太空传输量子信息的重大突破，证明了地球与太空之间可以构建用于全球通信与导航的安全量子通信链路。

国内在基于纠缠光子的空间量子传输方面取得了大量的研究成果。2005年，中国科学技术大学通过纠缠光子两地分发实验首次验证了纠缠光子在穿过13 km大气层时纠缠特性保持不变；2012年，中国科学技术大学，以及中国科学院上海技术物理研究所、光电技术研究所组成联合团队，成功在青海湖上完成了国际首次百公里量级自由空间纠缠光子传输，*Nature* 杂志称这项技术为“远距离量子传输的里程碑”。

科学家试图进行地面与外层空间的纠缠光子传输实验。中国科学院启动了空间科学战略性先导科技专项，并于 2016 年发射了自主研发的世界首颗量子科学实验卫星——墨子号，并已完成一系列具有国际领先水平的科学实验任务。目前，空间量子传输实验正朝着建立星间链路和星地链路的方向迈进，我国预计在 2030 年建成全球化量子通信卫星网络。

（三）关键科学技术问题

1. 纠缠态光子信号测量与处理

量子纠缠态是“绝妙量子脉冲”产生的重要特性，也是决定定位精度的重要因素。研究量子纠缠态对量子力学的基本原理以及纠缠态应用具有极其重要的意义。纠缠态光子信号测量应聚焦具有量子特性的光子脉冲相干特性、光子脉冲周期特性以及 TOA 测量方法，并进行方法的优化及评估，这是实现量子定位的关键。对处于相对运动状态的定位系统而言，捕获的光子能量非常微弱且容易受到多普勒效应等因素的影响。因此，微弱纠缠光子信号处理应重点突破微弱信号捕获和处理技术，建立空间运动体多普勒频移补偿模型研究，从而提升测量的可靠性和精度。

2. 量子定位系统中的检测和滤波技术

量子定位系统中的检测和滤波技术主要涉及利用量子纠缠态特点的量子最优检测问题以及应对背景噪声干扰的镜像滤波技术。

1）量子最优检测技术

信号检测对 TOA 测量和空间光捕获具有重要意义。传统的测量方法基本上是利用电路或者处理器对信号波形或者统计参数进行测量的，而量子测量则是利用相互纠缠的光子对中的一个对另一个进行测量，然后对测量结果进行分析，在量子测量的基础上实现最优检测，需要重新建立模型和方法。

2）退相干条件下的检测和测量性能分析

具有量子纠缠特性的光在传输过程中会削弱其纠缠特性，降低保真度，但该因素在经典量子测量模型中并没有得到充分考虑。在退相干条件下，需要充分考虑量子测量和检测的性能对量子测量的影响。

3）序列符合测量动态窗长和匹配度的联合模型构建

在量子测量时，到达光子序列量子态匹配有两种途径：一种是通过调整两个支路的延迟，使纠缠的两路光子在探测器的敏感面上到达即匹配，通过匹配程度的反馈控制延迟量，使两路光子保持实时匹配；另一种是对每一路光子到达时间进行记录，形成光量子到达时间序列，然后在序列上进行匹配。两种匹配方法都需要在窗长、噪声、检测性能、匹配精度等多个方面进行平衡。这些因素往往互相牵制，导致顾此失彼，甚至相互矛盾。

4）镜像滤波与背景光抑制技术

在包络稳定的情况下，纠缠的光量子之间通常形成互补，例如，偏振纠缠时光子对之间的偏振态往往是正交的，或者说是互为镜像的。以此特性为基础发展镜像滤波技术，能同时对背景噪声和系统噪声进行有效抑制，具有极高的噪声抑制能力。在测量手段上也可实现高选择性，从物理上实现对背景光的抑制。此外，建模和解算方法设计优化也可以实现镜像滤波与背景光抑制。

5）光子失配问题及其解决方法

在利用单个支路照明目标，并利用本地保持的另一路纠缠光子对返回光子进行测量的模式中，必然会碰到的问题是本地光子将全部保持，而返回光子由于传播损失所剩很少，造成测量光子和待测量光子失配。此时，本地失配的光子将作为噪声，会与背景光或本地噪声随机进行匹配，从而增大系统噪声。如何将这种影响模型化并进行消除是研究的重点内容。

3. 环境中的精度稀释问题和恢复技术

通常，光子等量子纠缠态的载体在传输过程中存在强度损失、纠缠度损失以及相对论损失等，需要针对这些问题在具体情况下开展各种损失的本质分析，形成各种影响因素的解决思路，探索损失恢复技术。

1）高精度量子测量精度稀释和要素分析

通常情况下量子测量受载体振动、纠缠退化、测量噪声、落点精度等测量环境的影响，会对测量精度造成不利影响。明确量子测距中的一些基本要素对测量精度的影响，提出相应的改进措施，是最大限度地发挥量子测量的高精度性能需要解决的问题。

2）载体机械运动对机电耦合影响信号的解调制处理

载体机械运动包括姿态抖动、载体振动和相对运动微动，这些运动会对相对位置上的时间测量带来微小变化，对高精度量子测量产生类似的调制作用。因此，会直接导致信号波形延展，降低测量精度，需要通过研究机电耦合的规律和解调处理来解决。

3）部分纠缠对测量性能的影响

量子信息的特性包括叠加和相干等。描述量子态经过信道后的变化，或者说对两个量子态异同的测量，需要用保真度作为测度指标。通常，量子通过信道时其保真度会受到影响，从完全纠缠变成部分纠缠。因此，研究噪声对量子态的影响，对保真度退化过程进行建模，并分析其对量子测量性能的影响，建立相应的改善模型，是精确分析量子测量信道特性的重要内容。

4）量子测量中的噪声理论和模型

将量子噪声视为环境，噪声的影响便是系统与环境的相互作用。由于量子测量工作在自由空间，其噪声理论模型应重点考虑信道传输中的退极化问题、传播过程中信号的相位阻尼和量子态信号的相位阻尼。

5）背景光和本地噪声引起的测量误差

测量背景光和探测器本地噪声都会引起量子测量误差。背景光可以通过镜像滤波等技术进行抑制，但不能完全消除其影响，本地噪声亦然。因此，分析背景光和本地噪声引起的量子测量误差特性，以及测量系统对噪声的耐受能力，是测量误差研究的重要内容。

6）远距离传输中的相对论修正

相对论造成的主要问题是引力引起的传播路径弯曲，有成熟的模型可以应用。相对论修正需要考虑的问题是，哪些天体会在何种条件下带来致命影响，如何建立修正模型恢复精度等。

4. 量子测距定位新体制

量子信号与传统信号在传输光路、测量方法上都有不同，如何利用这些不同形成新理论，开拓新的测量体制、系统结构和实现方法是研究的重要内容。此外，量子定时技术是量子纠缠实现高精度测量的另一个重要方面。定时技术与定位技术通常有很强的相似性，但是如何获得定时信息，并扩展到时间同步以及授时技术是关键所在。

1）测量体制与方法

量子测量体制呈现多样性。当发射端与接收端置于同侧时，可以通过一条支路将纠缠光子向目标发射，同时另一条支路连接接收端，接收目标反射回的光子。也可以将接收端置于目标侧，接收双路同时向目标发射纠缠光子，模拟传统的单向测距，并使用量子测量代替传统的波形相关测量。总体来说，量子测量体制还需要进行详细设计，体现特色。

2）星座结构和基线配置优化

测量方式的不同带来应用形式的改变。基于量子测量的星间基线配置与传统方法存在很大不同，寻找、构建适配于量子测量方式的星座结构和基线配置形式对系统性能的提升有重要作用。

3）多光子纠缠测距理论研究

多光子纠缠测距理论为更高精度量子测量提供了依据和参考，包括对信源生成和测量方法的研究以及对测距精度的理论分析等。在进行多光子纠缠测距时，发射端将 N 组 M 个相互纠缠光子沿 M 条等长路径向目标发射，并由 M 个放置于目标端的光子探测器接收。在接收到的 N 组光子中，一部分光子组受到背景噪声以及解纠缠等因素的影响，导致各组 M 个光子中只有部分光子纠缠，从而影响了测距精度。因此，从理论上对这种现象进行描述与建模，可以提高测距精度，对未来量子测距带来新的启示。

（四）发展方向

1. 量子高精密测量技术应用

量子高精密测量技术虽然在实验室得到了验证，但距离实际应用还有相当一段距离。目前，量子光源的产生、传输、测量以及信号处理能力仍需进一步提高，并重点面向实际应用提升技术水平。

2. 基于量子测量技术的卫星星座自主运行

高精度、高安全性星间量子测量技术为我国编队航天器在轨服务性能和空间攻防能力提升提供了新的技术和思路。在此领域，可进一步开展高精度、高安全性量子测量敏感器在编队卫星或卫星星座自主导航系统中的应用研究，以增强航天器自主生存能力；开展基于量子纠缠特性的亚毫米级甚至更高精度的测量技术研究，提升导航精度和保密性。

3. 微波纠缠量子测量

光量子地面传输中大气损耗比较严重，光信号在部分场景下的高指向性也限制了其应用范围。最新研究表明，微波也存在着纠缠现象，其在地面环境中的传输和应用条件相对更优，因此微波量子纠缠也是未来量子测量的发展方向。

二、量子惯性导航技术

（一）科学意义与战略价值

量子惯性导航技术始于20世纪初，以量子力学和萨尼亚克效应为理论基础，以原子陀螺仪/加速度计、原子重力仪/重力梯度仪为核心组件，将符合薛定谔方程的原子或者其他粒子作为信息敏感体，敏感载体角运动与线运动参量，再通过导航解算得出载体的位置、航向、姿态等信息。量子惯性导航技术基于原子能级的内在绝对标度因数，使其具有异常低的随机游走系数和超稳定的标度因数，可有效降低设备的累积误差。理论上，冷原子干涉陀螺精度比光学干涉仪高出6×10^{10}倍（严吉中等，2015），预计可达到目前高精度、全天时、全自主导航技术的最高水平，是实现潜航器长时间无须外部校准修正的最佳导航设备，对提高远洋航行的隐蔽能力、简化综合导航系统具有重要意义。

（二）现状及其形成

1913年，法国科学家萨尼亚克利用光学环路检测了相对惯性空间的旋转，不再需要包含“转子”类的运动部件，在精度和设备复杂度上体现出显著优势（向丹婷，2013）。目前，主流的原子陀螺仪有原子干涉陀螺仪、原子自旋陀螺仪、核磁共振陀螺仪三类。原子自旋陀螺理论漂移为10^{-8}°/h，体积为立方分米级，适用于有超高精度需求且动态范围较小的平台（蒋军彪等，2016）。核磁共振陀螺理论漂移为10^{-4}°/h，体积为立方厘米级，可满足无人机等武器装备小型化、轻质化等方面的应用需求。原子干涉陀螺理论漂移为10^{-10}°/h，具有大体积和超高精度的特点，主要应用于对精度和带宽要求高、体积不受限制的平台。与传统陀螺相比，原子陀螺仪/加速度计凭借其先进的技术体制、优越的性能潜力和广阔的应用前景，成为惯性导航技术研究的新热点，并被称为超越传统机电式、光学式陀螺的第三类陀螺。

原子陀螺仪/加速度计经历了三个发展阶段（陈福胜，2020；马永龙，2015）。第一阶段为2000年前的理论探索阶段，原子物理学家从物理、数学原理入手，论证了原子陀螺仪/加速度计的可行性；第二阶段为2000～2010年的实验室样机研制阶段，验证了原子陀螺仪/加速度计的相关理论与精度；第三阶为2010年后的工程化实现阶段，结合激光、光学、电子等相关领域的技术，研制了导航级精度水平的干涉式原子惯性器件（包括原子陀螺仪/加速度计、原子重力仪/重力梯度仪等）。

1. 原子干涉陀螺仪/重力仪

美国斯坦福大学Kasevich小组、法国巴黎天文台Landragin小组和德国汉诺威大学Rasel小组在原子干涉陀螺仪/重力仪系统研究方面开展了大量工作，均自主研制了样机产品，如图6-15和图6-16所示（王锴等，2016）。斯坦福大学Kasevich小组是最早开展此类研究的机构，1991年基于拉曼（Raman）脉冲对冷Na原子团的分束与反射实验，成功研制了脉冲式冷原子干涉仪，并在此基础上实现了测量灵敏度为1.3×10^{-7}的绝对重力测量。改进后的重力测量在2000 s积分时间下实现了分辨率3 μGal的精度水平，达到了当时国际上最高精

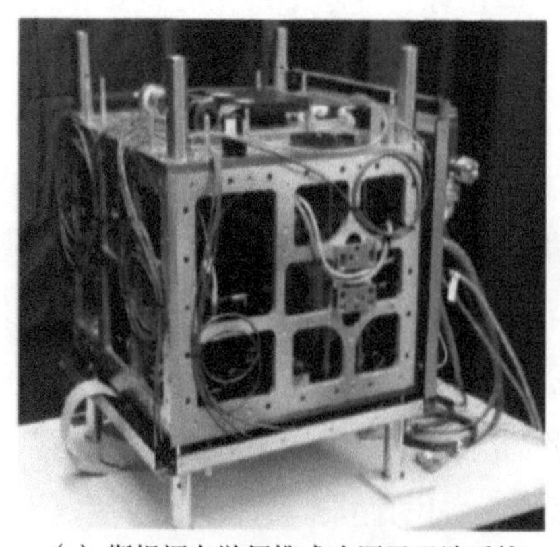

（a）斯坦福大学便携式冷原子干涉系统

（b）巴黎天文台冷原子干涉系统

图6-15　冷原子干涉系统（张国万等，2017）

图 6-16　汉诺威大学冷原子干涉系统（张国万等，2017）

度的激光绝对重力仪精度。由此，冷原子干涉仪引起了世界主要军事大国的重视，成为该领域的研究热点（张国万等，2017）。1996 年，斯坦福大学 Kasevich 小组研制成功了第一台利用拉曼脉冲激发冷原子干涉的量子陀螺仪，其精度水平与光学陀螺仪相当，经与耶鲁大学合作改进后，测量灵敏度达到 1.2×10^{-4} rad/s。此后，斯坦福大学聚焦提升系统长期稳定度，通过对光学系统的集成优化设计，于 2008 年研制成功世界上第一台性能优良的集成化原子干涉陀螺仪（向丹婷，2013）。在重力测量方面，斯坦福大学的冷原子干涉重力仪灵敏度达 4×10^{-9} g/$\sqrt{\text{Hz}}$，后来采用大型 10 m 喷泉将重力测量的灵敏度提高至约 10^{-14} g/$\sqrt{\text{Hz}}$（予菲，2018；张国万等，2017）。

2003 年，DARPA 启动了精确惯性导航系统（precision inertial navigation system，PINS）研究计划（朱常兴等，2009），旨在研究不依靠 GPS 的高精度军用惯性导航系统。在该计划的支持下，美国 AOSense 公司与斯坦福大学 Kasevich 小组共同研制了一款基于拉曼脉冲的冷原子干涉仪，同时集成单轴加速度计、单轴陀螺仪、重力梯度仪，形成可移动的惯性测量系统（张国万等，2017）。该传感设备体积小于 1 m^3，陀螺仪角度随机游走优于 100 μ(°)/$\sqrt{\text{Hz}}$，角速度测量值低于 10°/s，绝对精度优于 100 ppm，在地球自转角速度测量实验中，测量值与理论值的比值为 1.0007±0.0005，在重力实时补偿修正作用下，系统漂移为 5 m/h，比现有的高性能 GPS/INS 提高了约 280 倍（邹鹏飞等，2013）。

2003 年欧洲空间局制定了 HYPER（hyper precision cold atom interferometry in space）计划（朱常兴等，2009），目标是利用原子干涉技术实现空间飞行器

的姿态控制与导航，同时开展精细结构常数测量，用以验证爱因斯坦的广义相对论。HYPER 计划为了保持干涉仪对旋转的高敏感性，实现超高精度测量，设计了基于萨尼亚克结构的原子干涉仪分隔空间，并将垂直于原子运动方向的激光束作用于原子。该原子陀螺仪也可以作为一种高精度的旋磁仪使用（向丹婷，2013）。在该计划中，巴黎天文台设计了六自由度冷原子陀螺仪，为达到提升角速度和加速度测量精度的目的，应用对抛结构差分方法消除环境噪声对相位测量的影响，实现了单方向干涉条纹对比度达 30%，转动测量灵敏度达 2.4×10^{-7}（rad/s）/$\sqrt{\mathrm{Hz}}$ 的精度水平（张国万等，2017）。汉诺威大学采用“π/2-π-π/2”拉曼脉冲序列，构建了 90 cm 长基线左右对抛冷原子干涉装置，并于 2012 年通过对拉曼光路的精准调节，实现了对转动角速度的测量，灵敏度为 6.7×10^{-7}（rad/s）/$\sqrt{\mathrm{Hz}}$，条纹对比度为 18.7%。

法国国家航空航天研究中心（Office National d'Etudes et Recherches Aérospatiales，ONERA）在 2018 年完成了海船平台原子干涉重力仪绝对重力测量实验。在航速 8～11 kn 的直线、环形航行中，测量结果的均方根误差优于 1 mGal。以卫星测高重力模型为评价标准，实验结果的平均偏差为 1.4 mGal，均方差为 2.4 mGal，与重力仪误差和卫星测高误差估计结果相符合，测量精度与商用海洋重力仪（KSS32M）相比提高了 5 倍。2018 年底，法国巴黎天文台研制的四脉冲冷原子干涉陀螺实验室装置短期灵敏度提高到 1.0×10^{-7}（rad/s）/$\sqrt{\mathrm{Hz}}$，长期稳定度达到 6×10^{-5}°/h，是目前世界上长期稳定性最好的冷原子干涉陀螺装置，验证了冷原子陀螺仪的高精度特性（陈福胜，2020）。

此外，德国航天中心空间技术研究所计划在 2022～2024 年发射的时空探测器与量子等效原理太空试验（space time explorer and quantum equivalence space test，STE-QUEST）卫星项目上开展弱等效原理验证搭载实验，计划采用双色差分原子干涉仪。该干涉仪采用 ^{87}Rb 和 ^{85}Rb 原子，预计捕获的冷原子数量为 10^6 个，整体质量为 221 kg，总功耗为 608 W，峰值功耗为 819 W，加速度单次测量精度为 2.07×10^{-12} m/s^2，差分测量精度为 2.92×10^{-12} m/s^2。2014 年，美国圣地亚国家实验室将对抛式冷原子干涉仪放入一个 2 cm × 3 cm × 6 cm 的腔体内，使干涉仪的输出带宽达到 60 Hz，转动测量灵敏度为 1×10^{-6}（rad/s）/$\sqrt{\mathrm{Hz}}$，加速度测量灵敏度为 0.9×10^{-6} g/$\sqrt{\mathrm{Hz}}$。

2. 原子自旋陀螺仪

2002 年，普林斯顿的 Kornack 等首次提出了利用原子自旋效应实现转动测量的构想（蒋军彪等，2016），为原子自旋陀螺仪理论研究及实现研制奠定了基础。2005 年，该研究小组利用自主研制的实验装置，首次验证了基于耦合磁强计的原子自旋陀螺仪效应，经不断探索改进，2013 年成功研制出零偏稳定性达到 $1.7\times10^{-4}°/\sqrt{h}$的原子陀螺仪样机。同年，法国航空航天实验室也开始发展基于 Rb-$^{129}X_e$ 的原子自旋陀螺仪（何双双，2017）。此后，随着微机电加工技术的不断发展（蒋军彪等，2016），以 Honeywell 公司为代表的研究机构在保证高精度不显著降低的前提下，逐渐提升了结构设计及工艺方法，在芯片级原子自旋磁强计样机的基础上，开展并研制出芯片级原子自旋陀螺仪。

3. 核磁共振陀螺仪

核磁共振陀螺仪（nuclear magnetic resonance gyroscope，NMRG）的研究最早开始于 20 世纪 60 年代（程向红等，2006）。美国 Kearfott 公司和 Litton 公司早在 1979 年便成功研制出核磁共振陀螺仪原理样机，并申请了专利。但因为其应用前景与光学陀螺仪相比存在不足，80 年代中期相关研究逐步停止。近年来，随着微加工技术的进步，核磁共振陀螺仪才重新得到了关注（蒋军彪等，2016）。2005 年，Litton 公司被美国诺格公司收购后，开始了以原子自旋极化理论为基础的原子自旋陀螺仪小型化工程研制。2013 年，原子自旋陀螺仪样机体积可达 10 cm^3，敏感单元体积仅为 8 mm^3，零偏稳定性为 $3\times10^{-2}°/\sqrt{h}$，角度随机游走为 $1\times10^{-3}°/\sqrt{h}$，标度因子稳定性小于 5×10^{-6}，最大敏感角速度为 2500°/s，频率带宽大于 300 Hz，标度因数稳定性小于 5×10^{-6}，磁场抑制能力大于 3×10^{9}，成为目前达到导航级精度中体积最小的陀螺仪。此外，根据上述技术指标，该陀螺仪同时具有微机电陀螺仪的体积和光学陀螺仪的精度，而且拥有测量范围大、对加速度不敏感和纯固态等优点，呈现出强有力的竞争优势。除此之外，美国加利福尼亚大学欧文分校和美国国家标准局正在进行芯片级 NMRG 的研制工作。

4. 国内外研究现状对比

与国外同类产品相比，北京航空航天大学、中国航天科技集团公司第九研究院第十三研究所研制的原子自旋陀螺仪处于领先水平，零偏稳定性优于0.01°/h。中国科学院精密测量科学与技术创新研究院、清华大学、中国船舶集团有限公司第717研究所、中国航天科技集团公司第九研究院第十三研究所等单位研制的原子干涉陀螺仪性能与国外相差1个数量级，零偏稳定性为10^{-3}°/h。中国航天科工集团第三研究院第三十三研究所、中国航天科技集团公司第九研究院第十三研究所、北京航空航天大学、国防科技大学、中国航空工业集团618所等单位研制的核磁共振陀螺仪性能相差1个数量级，零偏稳定性为0.01°/h。在量子重力仪方面，华中科技大学研制的微伽级量子重力仪于2020年交付中国地震局，是我国首台开展行业应用的量子重力仪产品。中国科学院精密测量科学与技术创新研究院研制的冷原子重力仪工程样机，静态测量精度达到5 μGal，与国际最高水平精度相当。此外，中国计量院、中国船舶集团有限公司第707研究所、中国船舶集团有限公司第717研究所、中国航天科技集团公司第九研究院第十三研究所、清华大学等单位也有相关工程样机。

（三）关键科学技术问题

1. 量子纠缠理论

量子纠缠和量子相干是量子信息中重要的物理资源。量子纠缠也是最早为人所熟知的量子关联之一。这种超越经典的关联是在1935年，由Einstein、Podolsky和Rosen（EPR）等在质疑量子力学完备性的文章中指出的。同年，Schrödinger在著名的猫态文章中提出纠缠的概念，用以称呼EPR文章中的超强关联。从此，量子纠缠就一直是量子力学中的热点基本问题（祁先飞，2016）。量子纠缠是一种非局域的关联，是量子力学区别于经典力学的一个本质特征。时至今日，量子纠缠仍然存在大量的科学性问题，如判定一个量子态是否处于纠缠（量子态可分准则）、量化一个量子态的纠缠程度（纠缠度量）（常景美，2018）、纠缠的分布以及在各种局域操作下量子态的分类，量子相干与量子纠缠之间的关系等。

2. 量子干涉理论

冷原子干涉理论模型的研究涉及两方面关键技术：一是精化原子经典运

动轨迹，分析原子自由空间演化以及外界环境影响因素，精确求解原子干涉相位，从而优化提升相位模型的精度；二是以激光频率、拉比频率、原子运动状态和原子位置等作为相关影响因素，以拉曼脉冲作用算子作为表现形式，综合反映拉曼脉冲对原子的作用，分析原子干涉过程，更为精确、简便地计算干涉输出信号，分析精确模型下可能会产生的测量误差，并探索利用拉曼光频率调制补偿多普勒频移的可行性（邹鹏飞等，2013）。

3. 大通量冷原子源制备技术

冷原子干涉仪输出信噪比以及稳定度与原子装载速度、重复率成正比。为了降低原子之间的碰撞频率，使冷原子干涉仪具有良好的准确度性能，要求单位体积内的原子数目（原子密度）尽量低。因此，既要保证准确度性能，又要制备出大通量的冷原子源是一项富有挑战又非常重要和必需的研究内容。由于室温下原子的德布罗意波波长较短，波动不明显，而与热原子相比，经过冷却的慢速冷原子具有更小的速度和速度分布，在小型化和原子的相干性方面更具优势（陈霞等，2013）。目前，与塞曼减速器制造慢速原子束相比，磁光阱（magneto-optical trap，MOT） 是获取冷原子最简单有效的装置。在此基础上还需要研究激光冷却原子中多普勒冷却和偏振梯度冷却机制的原理，MOT 中激光和磁场对原子的作用力等（樊鹏格，2016）。

4. 冷原子操控技术

激光冷原子操纵技术包括原子束的准直、偏转、合束、分束、反射、衍射、干涉、沟道化等操作，像波动光学那样分析原子物质波的特性，探索出原子物理中各种精细结构，开发出原子衍射、原子光栅、原子全息、原子印刷以及纳米级的微细加工工艺，制作的原子干涉仪具有极其重要的基础科学研究意义和实际应用前景，可精确测量重力加速度等基本物理常数，也可应用于地质结构的探测、地震预测以及矿产定位等实际工程中（樊鹏格，2016）。

5. 量子惯性导航工程化技术

量子惯性导航工程化技术从实验室走入实际应用还需要大量的工程化设计实现和关键技术突破（陈霞等，2013）。首先，原子物质波的传播速度慢，在提高测量精度的同时会限制陀螺的带宽。通常陀螺中的原子冷却囚禁时间要求为百毫秒量级，而原子干涉的越渡时间为 1～100 ms，共同限制原子干涉陀螺的数据输出率多处于 0.1～10 Hz，难以提高。降低死区时间、提升原子干涉陀螺的数据输出率、逐步实现动态测量，是研制面向惯性导航的原子干涉陀螺仪的关键。其次，设备小型化是量子惯性导航工程化应用必须解决的问题。目前，无论是激光系统、电子仪器、供电系统等单部件设备，还是美国 PINS 计划中宣称的实现小型化设计并申请专利的集成化原子陀螺仪，体积、重量与实际应用需求仍有差距，需要进一步优化集成设计，提升运行稳定性，降低功耗。最后，如何降低测量噪声是量子惯性导航精度提升的关键。限制测量信噪比的因素包括振动噪声、磁场噪声、拉曼光相位噪声等，抑制这些噪声的主要途径包括隔振、磁屏蔽等。最终的限制因素是量子投影噪声，改进量子投影噪声的常规方法是提高参与干涉的原子数目。制备压缩态的原子也为突破量子投影噪声的极限提供了新的途径（邵哲明等，2017）。

（四）发展方向

作为下一代惯性导航系统的核心传感器，冷原子陀螺仪早已被美国军方列为优先发展的核心技术之一。美国在 2006 年国防部“发展中的科学技术清单”、2009 年国防部“军事关键技术清单”、2010 年美军“技术地平线：美国空军 2010—2030 科技愿景”、2013 年美军“全球地平线：美国空军全球科技愿景”、2013 年国防科学委员会“2030 年保持优势的技术与创新”等多项发展规划中明确强调了冷原子陀螺仪发展的重要性，并在 30 项潜在能力领域中，将冷原子陀螺仪列入具有最高优先权的 12 项之一，成为美国空军在 2010～2030 年规划中无 GPS 辅助精密惯性导航系统引入的唯一惯性传感器。冷原子 PNT 已成为提升下一代军事装备核心能力，并能够在 2030 年前投入使用的新兴技术，是在后续发展中具有技术引领作用的核心研发领域。即使在美军军费预算削减的条件下，美国仍将冷原子导航技术作为国防部重点发展的 13 项关键技术之一，称为“应对全球机会均等时代的关键投资机遇”（严吉中等，2015）。

冷原子惯性技术虽然取得了长足的发展，但小型化的系统集成设计、高动态范围和采样率提升仍然是其面临的主要困难和急需突破的发展方向。

1. 小型化系统集成

自2000年左右起，冷原子陀螺仪逐渐向小型化方向发展。激光光路及配套的激光光源、器件和真空腔体及配套的真空泵等是制约原子陀螺小型化、提高适装性的难点。可行的优化方式是对激光光路进行全固态集成设计，优选真空腔材料，突破腔体制作工艺，取代体积庞大的金属真空腔；利用微光学器件或基于光纤的器件替代现有光电子器件等。随着小型化进程的发展产生的问题是如何在小体积条件下保持并逐步提高冷原子陀螺仪的精度水平。从目前各类文献来看，小型化集成后的冷原子陀螺仪精度尚未达到2000年的精度。因此，在开展各类新技术研究、新方案设计的同时实现了小体积和高精度，从而凸显出其重要性。从技术角度可以尝试的研究方向包括：使用高阶布拉格衍射增加横向动量传输，从而增大干涉面积，或使用无损量子检测技术提高探测精度等。从方案和工程实现角度可以尝试的改进包括：微型光学平台，小型、高效和高质量的半导体激光器，高度集成化的控制电路，高加速环境下光路（主要是反射镜）的稳定性，超高真空的维持，冲击和振动环境下系统的对准等。基于原子芯片的原子激光陀螺仪可能成为冷原子陀螺仪发展的最终方向（严吉中等，2015；李攀等，2013）。

2. 采样率

目前，冷原子陀螺仪多采用脉冲式冷原子源设计，采样率仅为几十赫兹，尚不能完全满足应用需求。这主要受限于连续式冷原子源技术的成熟度不足，急需改善冷原子陀螺仪的采样率的成果。可行的改进方式是：①借鉴美国斯坦福大学提出的两台陀螺仪交替工作方案，规避陀螺仪脉冲工作时存在的非工作区域（缺点是会增大体积）；②综合利用常规陀螺仪的高数据率和原子干涉陀螺仪高精度与长期稳定性，实现两类陀螺仪的融合应用，但目前的技术水平还未达到高精度惯性导航的实际应用需求；③在系统传感器的灵敏度与系统尺寸之间进行折中，以牺牲系统灵敏度来换取数据输出率的提高；④研发新型冷原子装载再回收技术，采用缩短周期时间的方式保证数据输出率；⑤持续发展连续式冷原子源技术，在技术成熟后，通过连续信号采集消除死区时间。此外，连续的冷原子束也有助于减少互调制效应和碰撞频移引起的噪声（许德新，2017）。

3. 应用方向拓展

目前，冷原子陀螺仪的首要应用方向是高价值的大型武器平台，特别是冷原子陀螺仪可能会用于外太空环境、太阳系内的行星际飞行等。在大型武器平台应用后，冷原子导航系统会向快速飞行器平台扩展，包括战机和导弹等，但目前典型的原子干涉陀螺仪的动态测量范围仅能达到 5° /s，动态环境下的应用能力不足。提升冷原子干涉陀螺仪的动态测量范围，需要将干涉仪的脉冲间隔减小至毫秒量级，而由此使得激光脉宽变得不能忽略，冷原子团的制备速率也跟不上，国内外对此还缺乏较为系统的研究。此外，应探索其在 GNSS 拒止环境下的惯性导航、稳瞄及精确姿态确定等应用（许德新，2017）。

本章参考文献

常景美 .2018. 量子态的可分性与纠缠性判断 . 海口 : 海南师范大学硕士学位论文 .

陈福胜 .2020. 冷原子干涉仪发展现状与应用分析 . 导航与控制 , 19（1）: 1-9.

陈霞 , 郑孝天 .2013. 原子干涉陀螺仪关键技术与研究进展 . 光学与光电技术 , 11（5）: 65-70.

程向红 , 陈红梅 , 周雨青 , 等 .2006. 核磁共振陀螺仪分析及发展方向 . 中国惯性技术学报 , 14（6）: 86-90.

褚金奎 , 张然 , 王志文 , 等 . 2016. 仿生偏振光导航传感器研究进展 . 科学通报 , 61: 2568-2577 .

樊鹏格 .2016. 原子干涉仪中大通量冷原子源制备技术的研究 . 北京 : 中国科学院大学硕士学位论文 .

范晨 , 胡小平 , 何晓峰 , 等 .2015. 仿生偏振光导航研究综述 . 中国惯性技术学会第七届学术年会 , 武汉 .

范之国 .2011. 仿生偏振光导航方法与关键技术研究 . 合肥 : 合肥工业大学博士学位论文 .

何双双 .2017. 基于 SERF 原子自旋陀螺仪的误差机理分析和数据处理 . 南京 : 东南大学硕士学位论文 .

胡小平 , 毛军 , 范晨 , 等 . 2020. 仿生导航技术综述 . 导航定位与授时 , 7（4）: 1-10.

蒋军彪，王晓章，谭鹏立 .2016. 原子陀螺及其在智能弹药中的应用前景分析 . 弹箭与制导学报，36（6）: 44-48.

李攀，李俊，刘元正，等 .2013. 基于冷原子技术的导航传感器现状与发展 . 激光与光电子学进展，50（11）: 39-47.

李壮 . 2013. 短基线定位关键技术研究 . 哈尔滨：哈尔滨工程大学博士学位论文 .

刘伯胜，雷家煜 . 2010. 水声学原理 . 哈尔滨：哈尔滨工程大学出版社 .

刘俊，赵菁，赵慧俊，等 . 2019. 仿生光磁导航技术发展研究综述 . 飞控与探测，2（4）: 14-25.

刘坤 . 2019. 基于磁趋性搜索的远程地磁仿生导航研究 . 西安：西北工业大学博士学位论文 .

刘施菲 . 2015. 激光雷达辅助的惯性导航组合系统技术研究 . 哈尔滨：哈尔滨工程大学博士学位论文 .

马永龙 .2015. 原子陀螺的研究进展 . 光学与光电技术，13（3）: 89-92.

宁津生，吴永亭，孙大军 . 2014. 长基线声学定位系统发展现状及其应用 . 海洋测绘，34（1）: 72-75.

祁先飞 .2016. 基于 concurrence 度量研究量子相干和量子纠缠 . 海口：海南师范大学博士学位论文 .

任建斌 .2015. 仿生偏振光导航中信息获取及姿态解算方法研究 . 太原：中北大学博士学位论文 .

邵哲明，尹业宏 .2017. 原子干涉技术在惯性导航领域的进展 . 光学与光电技术，15（4）: 90-94.

孙大军，郑翠娥，张居成，等 . 2019. 水声定位导航技术的发展与展望 . 中国科学院院刊，34（3）: 331-338.

王锴，姚战伟，鲁思滨，等 .2016. 新一代惯性测量仪器：拉曼型原子干涉陀螺 . 量子电子学报，33（5）: 513-523.

王昕 .2017. 基于生物偏振视觉的导航定向方法研究 . 合肥：合肥工业大学博士学位论文 .

武汉测绘科技大学天文重力测量教研室 . 1991. 海洋大地测量学 . 北京：测绘出版社 .

向丹婷 .2013. 原子干涉陀螺仪的相移及灵敏度分析 . 杭州：浙江大学硕士学位论文 .

许德新 .2017. 动载体姿态检测与控制技术 . 哈尔滨：哈尔滨工业大学出版社 .

严吉中，李攀，刘元正 .2015. 原子陀螺基本概念及发展趋势分析 . 压电与声光，37（5）: 810-816.

颜洪雷 . 2014. 红外与激光复合探测关键技术研究 . 上海：中国科学院上海技术物理研究所

博士学位论文 .

杨玉 . 2019. 基于 HOM 干涉仪的量子精密测距方法研究 . 西安 : 西安电子科技大学博士学位论文 .

杨元喜, 刘焱雄, 孙大军, 等 .2020. 海底大地基准网建设及其关键技术 . 中国科学 : 地球科学, 50(7): 936-945.

杨元喜 , 徐天河 , 薛树强 .2017. 我国海洋大地测量基准与海洋导航技术研究进展与展望 . 测绘学报 ,(1) : 1-8.

予菲 .2018. 小型化原子干涉仪的研究及其在精密测量中的应用 . 杭州 : 浙江大学博士学位论文 .

张兵芳，田兰香 . 2015. 动物地磁导航机制研究进展 . 动物学杂志，50(5): 801-819.

张国万 , 李嘉华 .2017. 冷原子干涉技术原理及其在深空探测中的应用展望 . 深空探测学报 , 4（1）: 14-19.

张居成 . 2014. 深水长基线定位导航技术研究 . 哈尔滨 : 哈尔滨工程大学博士学位论文 .

张同伟 , 秦升杰 , 唐嘉陵 , 等 .2018. 深海长基线定位系统现状及展望 . 测绘通报 ,（10）: 75-78, 106.

赵建虎 . 2007. 现代海洋测绘（上册）. 武汉 : 武汉大学出版社 .

周军 , 刘莹莹 .2009. 基于自然偏振光的自主导航新方法研究进展 . 宇航学报 , 30（2）: 409-414.

周立 . 2013. 海洋测量学 . 北京 : 科学出版社 .

朱常兴, 冯焱颖, 周兆英, 等 .2009. 原子惯性技术在航天航空领域的应用 . 宇航学报, 30（1）: 18-24.

邹鹏飞 , 颜树华 , 林存宝 , 等 .2013. 冷原子干涉陀螺仪在惯性导航领域的研究现状及展望 . 现代导航 , 4: 263-269.

Bahder T B. 2004.Quantum positioning system. Proceedings of the 36th Annual Precise Time and Time Interval Systems and Applications Meeting, Washington D C.

Bennett C H, Brassard G. 1989. Experimental quantum cryptography: The dawn of a new era for quantum cryptography: The experimental prototype is working. Sigact News , 20(4): 78-80.

Fleissner G , Holtkamp - Rtzler E, Hanzlik M , et al.2003. Ultrastructural analysis of a putative magnetoreceptor in the beak of homing pigeons. Journal of Comparative Neurology, 458(4): 350-360.

Giovannetti V, Lloyd S, Maccone L. 2001.Quantum-enhanced positioning and clock synchronization. Nature, 412（6845）: 417-419.

Gisin N, Ribordy G, Tittel W , et al. 2002.Quantum cryptography. Reviews of Modern Physics, 74（1）: 145-195.

Lloyd S. 2008. Enhanced sensitivity of photodetection via quantum illumination. Science, 321(5895): 1463-1465.

Maccone L, Ren C. 2020.Quantum radar. Physical Review Letters, 124(20): 200503.

Miller B, Miller A, Popoo A, et al. 2019. UAV Landing based on the optical flow video navigation. Sensors, 19(6): 1351.

Ritz T，Adem S，Schulten K. 2000.A model for photoreceptor-based magnetoreception in birds. Biophysical Journal, 78(2): 707-718.

Sacchi M F . 2005.Optimal discrimination of quantum operations. Physical Review A , 71(6): 362-368.

Shapiro J H. 2007. Quantum pulse compression laser radar. Proceedings of SPIE -Noise and Fluctuations in Photonics, Quantum Optics, and Communications, 6603. DOI: 10.1117/12.725025.

Smith J F Ⅲ . 2009.Quantum entangled radar theory and a correction method for the effects of the atmosphere on entanglement. Proceedings of SPIE - The International Society for Optical Engineering, 7342.DOI:10.1117/12.819918.

Vickery K. 1998.Acoustic positioning systems: a practical overview of current systems. Proceedings of the 1998 Workshop on Autonomous Underwater Vehicles, Cambridge.

Wiltschko R，Thalau P，Gehring D，et al. 2015.Magnetoreception in birds: the effect of radio-frequency fields. Journal of the Royal Society Interface, 12(103): 20141103.

第七章

时间频率技术

时间是人类认识客观世界的基本工具，是构成人类意识和思维的基础信息。时间频率是交通、通信、金融等国民经济核心设施正常运行的前提，也是信息化条件下联合作战的基础。时间频率技术广泛应用于国防建设、经济建设、科学研究和社会生活的各个领域，其综合水平关乎国家安全和社会发展，体现国家核心竞争力。

第一节 守 时 技 术

一、科学意义与战略价值

时间是最基本的物理量，是国际单位制中七个基本物理量单位之一，也是测量精度最高的物理量。时间在科学、技术、国防、文化、民生及其他领域中扮演着十分重要的角色，是信息时代必不可少的信息要素。广义上看，时间总是与物质运动密切联系的，时间是物质运动的一种度量形式，时间反映了物质运动的持续性、顺序性和稳定性。对时间频率技术的研究横跨了天文学、物理学、电子学、通信、自动控制等多个学科，人类对时间的认知程度和测量水平反映了人类的科技水平，可以说人类文明是在时钟的“嘀嗒”声中不断进步的。时间计量技术的发展与其他学科的发展互为促进，相辅相成。一方面，时间系统的发展是其他学科研究与进步的基础，时间基准保持（守时）的精度往往决定了这些学科所能达到的水平；另一方面，相关领域的技术进步以及人类认识事物能力的提高也能够促进时间基准精度的提高。

随着天文卫星、空间望远镜和甚长基线干涉测量、卫星激光测距、月球激光测距、全球卫星导航系统等测量技术，以及原子钟和频标技术的快速发展，人类的精密时空观测范围不断扩大，测量精度不断提高。时空观测范围达几十亿光年，空间测量不确定度达 10^{-12} 量级，时间测量不确定度达到 10^{-16} 以上（韩春好，2017）。测量水平的提高对守时技术提出了更高要求，高精度时间基准是空间科学、卫星导航等大尺度时空精密测量工程和技术的理论基础。

二、现状及其形成

（一）天文时间技术

在人类历史上，天文计时一直是最主要的测时手段。天文计时最直观地反映了时间流逝规律，契合人类作息的生活习惯，因此直到今天仍然在人们的工作生活中产生着深刻的影响。以太阳为观测对象，太阳的周日视运动（东升西落）和周年视运动（季节变化）自古就是人类时间计量的基准，日晷就是一种以太阳的周日视运动为基准的计时工具。随着天文学和物理学的发展，人们逐渐发现太阳时不仅与地理位置有关，而且存在明显的不均匀性。于是，科学家提出了平太阳时（mean solar time or universal time, UT），并形成了世界时和区时的概念。石英钟出现以后，人们发现平太阳时也不是足够均匀的，因此在 20 世纪 60 年代前后天文学家又引入了以地球公转为参考的历书时（ephemeris time, ET）。与平太阳时相比，历书时在理论上更为均匀，其测量不确定度由平太阳时的 10^{-8} 提高到 10^{-9} 量级。

天文计时主要是通过对三类天体运动的观测来实现的：①地球的自转运

动；②地球绕太阳的公转运动；③月球绕地球轨道的运动。

1. 太阳时

以太阳的周日视运动为基准确立的天文时称为太阳时。太阳时是指以太阳日为标准计算的时间，可以分为真太阳时和平太阳时（漆贯荣，2006）。

以真太阳视圆面中心作为参考点，由它的周日视运动确定的时间称为真太阳时。真太阳视圆面中心连续两次过上中天的时间间隔称为真太阳日，一个真太阳日的1/86 400为一个真太阳时秒。真太阳的视运动是地球自转及公转的共同反映。由于地球公转轨道是椭圆，又受到月球及行星的摄动作用，它的公转速度并不均匀，同时黄道和赤道存在交角，这两个原因导致真太阳日的长度不是一个固定量。由观测发现最长和最短真太阳日相差达51 s（韩春好，2017）。

为解决这一问题，1820年法国科学院特设科学家委员会将秒长定义为：全年中所有真太阳日平均长度的1/86 400为1 s。全年真太阳日加起来再除以365，得到平均日长，也就是平太阳日。

19世纪末，美国天文学家纽康（Newcomb）引入一个假想的参考点，即平太阳，提出用一个假想的太阳代替真太阳，作为测定日长的参考点，具体定义如下。

（1）在黄道上引进第1个辅助点。它在黄道上均匀运动，其速度等于真太阳的平均速度，并与真太阳同时过近地点和远地点。

（2）在赤道上引进第2个辅助点。它在赤道上均匀运动，其速度等于第1个辅助点的速度，并与第1个辅助点同时过春分点。第2个辅助点就称为假想平太阳，简称平太阳。

（3）定义平太阳连续两次下中天的时间间隔为1个平太阳日。1个平太阳日的1/86 400为1个平太阳时秒。

纽康提出的方法巧妙地将平太阳日的长度与地球自转联系在一起。1886年，在法国巴黎召开的国际讨论会上，同意用纽康的方法定义平太阳日，从而产生了真正科学意义上的平太阳时秒长。

平太阳时简称为平时，1960年前国际单位制的时间单位秒定义为平太阳秒，即一个平太阳日的1/86 400。

太阳日依据太阳两次经过观测地子午线的时间间隔测定，我国古代的日晷和圭表就是最早用于测定太阳日的仪器，古埃及、古罗马和中国古代都有使用日晷和圭表的历史记录。

2. 世界时

世界时亦称格林尼治时间，是英国格林尼治天文台所对应的平太阳时间，即以本初子午线的平子夜起算的平太阳时，世界时是以地球自转运动为基础定义的时间计量系统。过去人们认为地球自转是均匀的，因此世界时是以地球自转周期为基准测定的，然而长期以来的连续观测表明地球自转速度并不均匀。随着石英钟等新型计时手段的出现，计时观测的精度不断提高，已经可以对地球自转速度的长期缓慢变化、季节性变化以及不规则变化进行连续的观测分析。其中，长期缓慢变化主要指，受日月引力作用产生的海洋潮汐摩擦和固体潮的影响，地球自转速度逐渐变慢；季节性变化是地球对大气层中的气团随着季节而移动，使地球自转速度产生的周期性变化；不规则变化是由地球内部物质移动、地幔与地核之间的角动量交换或海平面的变化等因素引起的。

为了消除某些因素对地球自转速度的影响，1955 年国际天文学联合会决定在世界时中加入不同的改正，并把世界时分为以下三个系统。

（1）UT0 系统：它是天文台根据天文观测结果直接计算得到的世界时，UT0 以观测瞬间的瞬时子午圈直接测定。长期观测结果表明，UT0 系统的不均匀性主要源自两个方面：地球自转速度不均匀的影响和地极移动的影响。

（2）UT1 系统：地球表面和内部的物质运动导致了地球自转轴的位置变化，从而使得地极在地球表面的位置发生移动，包括地球子午圈和地面点的经纬度位置都发生了移动。因此，需要在 UT0 系统中考虑极移因素的影响，进行极移改正，以削弱极移的影响，这就是 UT1 系统。

（3）UT2 系统：在 UT1 系统中加入地球自转速度季节性变化的改正，得到世界时 UT2 系统。

UT2 系统虽然消除了季节性变化的影响，但仍存在着长期变化、不规则变化等的影响。极移造成的精度变化改正和地球自转速度季节性变化改正由 BIPM 计算并通告各国。

3. 历书时

历书时是以太阳系内天体公转运动规律为基础定义的时间系统，又称为牛顿时，历书时是建立在地球公转运动基础上的。

地球自转的不均匀性，使得世界时已经不能满足越来越高的时间精度要求。1952 年，国际天文学联合会在第八次会议上做出决定：自 1960 年起，各国在编算天文年历并计算太阳、月球和行星等视位置时，采用以地球公转周期为基准的历书时代替世界时。1958 年，国际天文学联合会第十届会议给出了历书时的官方定义：历书时是从公历 1900 年初附近，太阳几何平黄经为 279° 41′ 48.04″ 的瞬间起算，这一瞬间定为历书时 1900 年 1 月 1 日 00 时整。历书时秒长为历书时 1900 年 1 月 1 日 00 时瞬间的回归年长度的 1/31 556 925.9747。1960～1968 年，历书时秒被采用为国际上通用的时间基本单位，国际单位制秒的定义由平太阳秒改为历书时秒（夏一飞等，1993）。

历书时的定义是基于纽康提出的地球绕日运动理论，由太阳历表来确定的。自 1960 年以来，太阳系天体历表开始以历书时为准，作为均匀变化的时间自变量。所以，某一瞬间的历书时可以根据该瞬间测定太阳位置的观测结果与太阳历表给出该瞬间的数值比较而得到。历书时在理论上虽然是一种均匀时，但实现难度大，需要长时间的天文观测。连续几年的天文观测能把历书时的精度确定到 1×10^{-9} 量级，相当于 1 s 产生 1 ns 的误差。

随着科技的进步，历书时的测量精度已不能满足要求，且测量周期漫长，受制于外界条件，难以适应新技术的需求，尤其是在天文动力学、地球物理和空间技术等领域，迫切需要新的计时技术。历书时已经在 1967 年经国际天文学联合会决定由地球力学时（terrestrial dynamical time，TDT）与质心力学时（barycentric dynamical time，TDB）取代，在 1991 年 TDT 更名为地球时（terrestrial time，TT）。

（二）机械时间技术

天文时的测定受到观测条件、场地和仪器等条件的制约，同时其测量精度也受到地球自转不均匀性的限制，于是人们开始探索利用机械运动的周期性进行时间测量。其中，主要的计时工具包括：漏刻、五轮沙漏、水运仪象台以及摆钟。

漏刻是中国古代科学家发明的计时工具，它的主要结构包括一个带孔的壶（漏）以及一支附有刻度的浮箭（刻），根据工作原理的不同可分为泄水型和受水型，漏刻计量时间主要是通过计算容器中流出的水量来实现的。最早的漏刻名为"沉箭漏"，使用时，首先在漏壶中插入标杆，称为箭。箭下以一只箭舟相托，浮于水面。随着水的流出，漏壶内的箭杆下沉，通过观察壶口处箭上的刻度就可以得到时间。我国古代发明的通过称重水来进行计时的称漏，以及通过称重沙来进行计时的沙漏在计时原理和计时结构上都与漏刻有异曲同工之妙。

1360 年，我国元朝的书法家詹希原进一步改进了计时器结构，加入机械装置创制了五轮沙漏。五轮沙漏增加了机械齿轮组，用流沙的动力推动齿轮组转动，刻盘上刻有十二时辰，刻盘的样式非常接近现代时钟的钟面，随着机械齿轮的转动带动指针在时刻盘上指示时刻，整体结构更加复杂，控制也更为精细。同时，他还通过增加机械传动装置来控制五轮沙漏上的两个小木人，这两个小木人可以在整点进行击鼓报时。

1090 年，中国北宋宰相苏颂主持建造了一台水运仪象台，综合运用了天文观测、机械结构设计等元素，是集天文观测、天文演示和报时系统为一体的大型自动化计时仪器，通过使用复杂的齿轮传动系统，将机械运动周期作为计时标准，开启了近代钟表擒纵器的先河。这座巨大的天文钟高约 10 m，是利用水轮作为原动力带动一起运转的自动化钟。它具有比较复杂的齿轮传动机构，能报时打钟，而且有擒纵器，其结构已近似于现代机械钟表，且每天的误差仅有 1 s，可谓是机械钟的鼻祖。最上层的设置是用来观测天体运动的仪器——浑仪。"象"是中层密室内放置的铜制浑象，用来演示天体运动。水运仪象台下层为司辰，用来自动报时。目前，国内有多家科普场馆和博物馆都复原了不同比例的水运仪象台。开封博物馆和苏颂公园都有 1∶1 原尺寸复原的水运仪象台。

1656 年，荷兰物理学家惠更斯通过大量的理论研究与实践，应用伽利略的"单摆等时性"理论制造出了人类历史上第一个摆钟。惠更斯不断地对摆钟进行改进，致力于形成小型化的摆钟系统。1675 年，他采用发条作为动力、采用游丝进行调速，实现了小型化的摆钟系统。在 1726 年，英国人乔治•葛雷姆发明了较为完善的工字轮擒纵结构，使得钟表机芯变薄。到了 1757 年左右，英国人汤马士•穆治发明了叉式擒纵结构，这种结构可以提高钟表计时的精确度。到了19世纪，机械钟表的小型化取得了巨大进步，携带方便的袋表和手表开始出现在人们的日常生活中。机械钟的出现使人们摆脱了天文时间测量受天气影响的弊端，使得时间测量真正成为独立系统，也使得人们能够更加准确地规划日常生活，更加准确地测定物体运动状态。机械钟的测量精度可达秒级甚至更高，可满足人们对低速运动物体连续变化状态测量的要求，极大地促进了18～19世纪工业技术的发展，尤其是摆钟，成为20世纪以前主要的计时仪器。

（三）石英钟技术

20世纪初，随着航空、航天等高速运动载体的出现，传统的机械钟测时精度已经不能满足毫秒级甚至更高精度的时间测量要求。飞机飞行、导弹和火箭发射、远程无线电测量等技术要求时间具有较高的准确度和优良的稳定度，由此催生了石英钟等高精度计时技术的发展，时间测量逐步进入微秒乃至纳秒级时代。

1921年，华持•加迪制造了世界上第一个石英晶体振荡器，简称石英晶振。沃伦•马里森和霍顿于1927年在加拿大的贝尔实验室根据石英晶体的正反压电效应发明了石英钟。首台石英钟的体积很大，差不多有两个衣柜那么大，每天差约0.1 s。1967年，瑞士人根据同样的原理制作了第一块石英表。

在很短的时间内，石英钟的计时精度得到了快速提高。从20世纪40年代石英钟每天差百分之几秒到50年代石英钟每天差万分之一秒左右。石英片既小又薄，使得石英钟体积小、轻便实用、价格便宜，足以满足人们的日常需要，避免了机械表每天上弦的麻烦，因此石英钟一经发明就大受欢迎，至今我们手腕上戴的手表和家里的挂钟仍以石英钟为主。但是，石英片很容易受温度变化影响，产生误差，因此人们仍然在探索新的更高精度的计时仪器。

（四）传统原子钟技术

为了寻求均匀性更高、稳定性更好的计时系统，科学家把对计时标准的选择逐渐由宏观世界的地球、月球等天体运动周期转向微观世界原子内部的电子运动周期。人们在实验中发现原子核内部的能级跃迁所发射或吸收的电磁波的频率比地球自转的稳定性高出 10 万倍以上。原子的结构是：中心有一原子核（带正电），核外有一些带负电的电子沿着一定的轨道绕原子核旋转。通常电子在满足量子条件的椭圆轨道上绕原子核旋转，此时原子处于热平衡状态而不向周围辐射能量，称为基态。当原子受到外界（如电磁场）作用时，各层电子会骤然从一个轨道跃迁到另一个轨道；在这种跃迁中原子从一个能级跃迁至另一个能级，此时原子可以辐射或吸收某一频率非常稳定的电磁波。当低能级跃迁至高能级时，吸收某一频率的辐射电磁波；当从高能级跃迁至低能级时，辐射统一频率的电磁波，并且该电磁波的频率值非常恒定。以原子这种跃迁所产生的振荡频率为基准建立的一种均匀计时设备即为原子钟（atomic clock）。原子能级跃迁如图 7-1 所示。

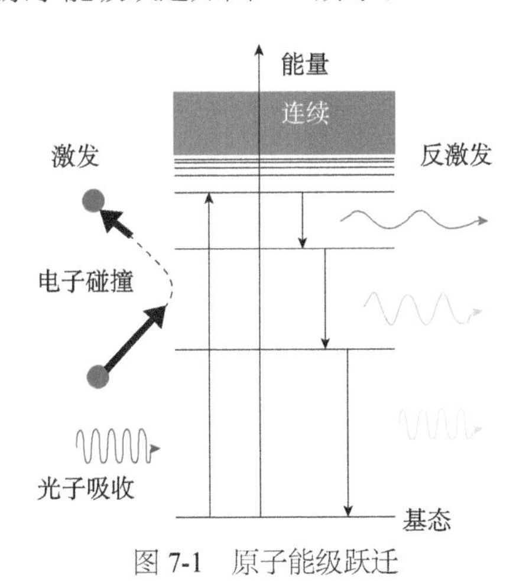

图 7-1　原子能级跃迁

1949 年，世界上第一台原子钟（氨分子钟）在美国国家度量衡标准实验室诞生。1955 年，英国皇家物理实验室 Essen 和 Parry 研制成功的世界上第一台有效运转的原子钟对于时间频率领域具有划时代的意义，原子钟以原子跃迁振荡为基准，在测量模式和测量精度上实现了巨大的跨越。此后，原子钟的精度指标保持了每 5～10 年一个数量级的指数增长势头。

1967 年，第十三届国际计量大会通过了基于原子运动的秒的定义：铯 133 原子基态的两个超精细能级间在海平面、零磁场下跃迁辐射 9 192 631 770 周所持续的时间为原子时秒，并把它规定为国际单位制时间单位。该定义的铯原子必须满足在绝对零度时是静止的，且所在环境为零磁场，在这一前提下的原子秒定义与历书时秒长具有最佳的一致性。原子时起始时刻定义在1958年1月1日0时0分0秒（世界时），这一时刻的世界时和原子时相差0.0039 s。原子钟示意图如图7-2所示。

图7-2　原子钟示意图

原子钟的结构主要包括微波和电路两部分。微波部分是一个真空密封装置，其主要作用是完成原子或分子的选态、跃迁和检测，确定原子或分子的实际跃迁频率值；电路部分则通过建立锁相环路，调整和控制晶振频率，使晶振的频率与原子或分子的实际跃迁频率具有同样的准确度，以供外界使用。

原子钟微波部分的各类分子在射频电场作用下电离为原子，在高真空室形成原子束，原子束进入选态磁铁后进行选态，并在谐振腔内利用原子（或离子）的超精细能级跃迁产生电磁波信号，原子钟的锁相系统接收信号，并把10 MHz晶体振荡器输出信号的相位锁定到信号输出相位上，从而得到所需输出的电平与频率。同时，原子钟内还包含了腔体自动调谐系统、恒温控制系统、流量控制系统等，通过各个环节的精密控制保证输出信号达到很高的频率准确度和频率稳定度。

原子钟不但是现代时间基准建立的基础，也是现代导航卫星的基础，星载原子钟的性能优劣直接影响星上载荷运行、钟差预报、导航定位服务精度。原子钟计时主要以各类原子跃迁振荡周期为基准，根据实现跃迁原理的不同，原子钟可分为主动型和被动型两种。主动型原子钟直接产生跃迁信号，主要包括铯原子钟、铊原子钟和氧化钡分子钟等；被动型原子钟是在外界信号的激励下产生跃迁信号，主要包括氨分子钟、氢原子钟和铷气泡原子钟等。

目前，在高精度守时、卫星导航、精密测量及行业定时等领域中广泛采用氢原子钟、铯原子钟和铷原子钟。氢原子钟的优点是短期稳定度比较高，天稳定度可优于 1×10^{-14}，缺点是体积和重量比较大。铯原子钟的主要特点是准确度高、长期稳定性好，如商业铯原子钟 5071 A 的频率准确度达到 5×10^{-13}，5 d 频率稳定度可达 1×10^{-14}。铷原子钟的优点是体积小、重量轻、便宜，缺点是稳定度不高，秒稳定度一般在 1×10^{-12} 以内。各类典型原子钟及其特性详见表 7-1（童宝润，2004；黄秉英等，1996）。

表 7-1　各类典型原子钟及其特性

特性	商品铯原子钟		商品氢原子钟		商品铷原子钟
	标准型	优质型	主动型	被动型	
频率 / 天稳定度	7×10^{-14}	4×10^{-14}	5×10^{-15}	1×10^{-14}	3×10^{-12}
频率 / 准确度	3×10^{-12}	1.5×10^{-12}	3×10^{-13}	5×10^{-13}	10^{-11}
频率 / 日漂移	1×10^{-15}	1×10^{-15}	1×10^{-15}	1×10^{-15}	10^{-11}（月）
寿命 / 年	5	3	5～9	5～9	3～4
质量 /kg	26～34	40	44～200	23～100	14～18

1. 氢原子钟

氢原子钟依据其工作原理可分为两种：主动型氢原子钟（有源型或称原子振荡器型）和被动型氢原子钟（无源型或称原子鉴频器型）（翟造成，2009）。主动型氢原子钟的精度高，因此各守时实验室、测控站等一般采用主动型氢原子钟，以下以主动型氢原子钟为例介绍氢原子钟的基本结构。

氢原子钟的基本结构主要包括以下部分。

一是氢微波激射器（氢脉泽）。氢微波激射器是由原子束源、态选择器、储存泡、谐振腔、C 场线圈和磁屏蔽等主要部件构成的（翟造成，2009），氢原子的制备、选态、储存和振荡过程均在此完成。氢微波激射器结构示意图如图 7-3 所示。

二是氢原子钟频标伺服部分。该部分主要包括晶振、混频器、倍频器、锁相环等，主动型氢原子钟（氢原子钟）一般不将氢脉泽（振荡频率为

1.42 GHz）直接作为一个频率源，而是让氢脉泽通过一个锁相环来控制伺服的晶体振荡器，以输出需要的频率信号（何克亮等，2017）。氢原子钟频标伺服部分结构示意图如图 7-4 所示。

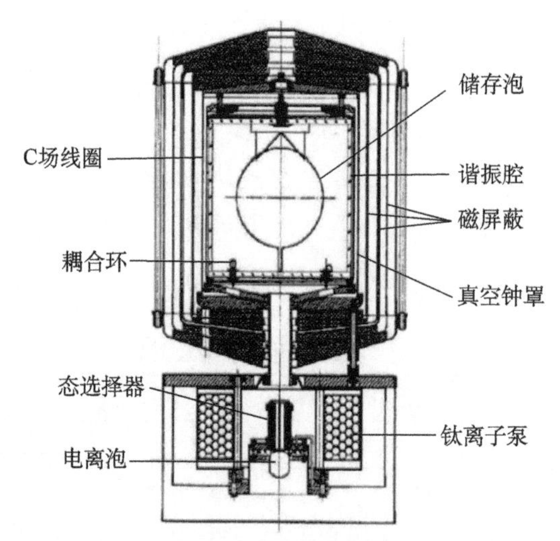

图 7-3 氢微波激射器结构示意图（何克亮等，2017）

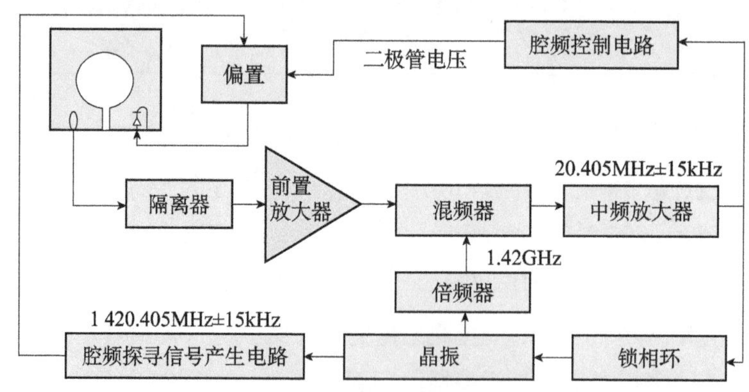

图 7-4 氢原子钟频标伺服部分结构示意图（何克亮等，2017）

2. 铯原子钟

铯原子钟相较于氢原子钟，具有频率准确度高、频率漂移率低的突出优点。从原理上讲，铯原子钟可分为磁选态与激光抽运两种，二者的主要差别在于铯原子的选态技术路线不同。

铯原子钟的关键器件是铯束管，铯束管调节晶体振荡器的本振频率信号，实现晶体振荡器频率向铯原子本征跃迁频率的锁定，最终输出高性能的频率信号。铯原子束产生、能态制备、能级跃迁、发生跃迁的铯原子探测这一过程均在铯束管内完成。从选态方式上说：磁选态铯束管使用高梯度磁场来对铯原子进行选态，从运动路径上将所需要的原子分离出来，目前工程应用较为成熟，美国 5071 A 铯原子钟采用的便是磁选态技术路线。受限于原子利用率低的缺点，磁选态铯束管在技术指标上已经很难提升。采用激光抽运方法进行能态制备，不仅可以免去高场强的选态磁铁，消除引起 Majorana 跃迁的因素，而且可以利用激光进行原子检测，解决铯离化丝、电子倍增器等麻烦，铯束管工艺大大简化，可有效提升铯原子的利用率。目前，国内的相关研制单位开展了激光抽运铯原子钟的研发工作（陈海军等，2016；翟造成，2009），图 7-5 为激光抽运铯束管结构图。

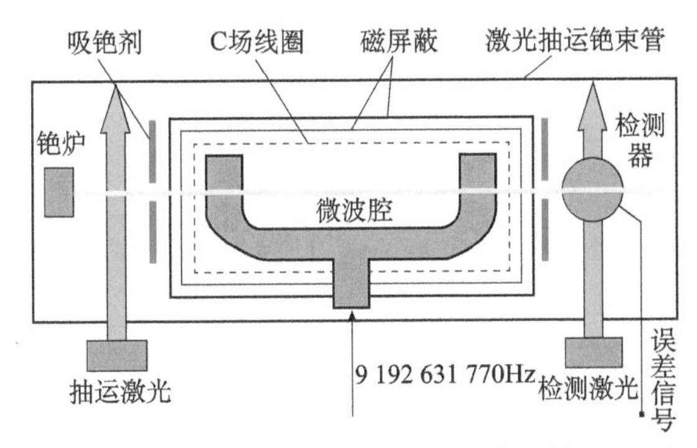

图 7-5　激光抽运铯束管结构图（陈海军等，2016）

3. 铷原子钟

铷原子钟的体积和功耗较小，同时具有非常好的环境适应性，因此在各类定时终端、用时系统中得到大量应用。

铷原子钟一般采用光抽运方法进行铷原子的制备。不同于铯原子钟，铷原子钟采用光谱灯（图 7-6）作为光源。光谱灯发出的谱线具有较大的线宽，可以灵活地选择能级，并利用铷原子两种同位素光谱的特性，巧妙地发挥光谱灯简便易行和稳定的优点，因此常规的铷原子钟得到了广泛应用（王义遒，2012）。

影响传统铷原子钟稳定度的主要因素有光频移、微波腔牵引频移和光电

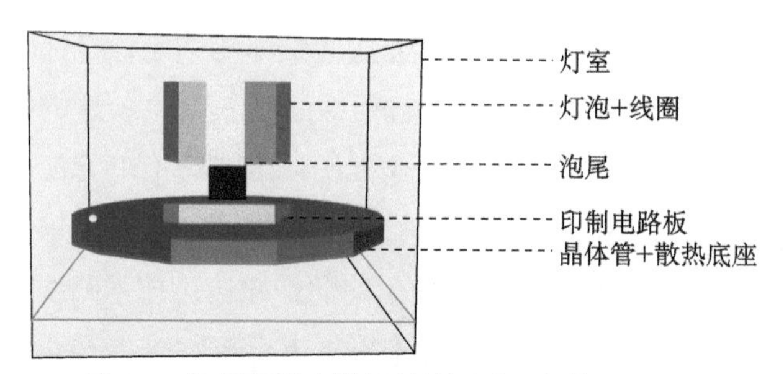

图 7-6 铷原子钟光谱灯结构图（汤超等，2015）

探测噪声。光抽运铷原子钟的光频移为 1×10^{-10} 量级，被认为是目前限制光抽运铷原子钟稳定度最主要的因素。针对这一问题，研究人员提出了脉冲激光抽运、微波分立场共振和自由感应微波辐射或者光吸收检测方案，以消除光频移，有效地减小腔牵引频移，从而提高了铷原子钟的稳定度（杜志静等，2011）。

在卫星导航系统中，星载原子钟重量小，可靠性高，短期、中期、长期稳定性好（含天稳定度）。GPS 的 Block Ⅰ、Block Ⅱ / Ⅱ A、Block Ⅱ R/Ⅱ R-M 卫星配置星载铷原子钟，该星载铷原子钟由美国 PerkinElmer 公司制造。其中，最好的星载铷原子钟频率稳定度达到（1～21）$\times10^{-14}$/a，较差的铷原子钟的稳定度为（3～8）$\times10^{-14}$/a。Block Ⅱ F 每颗卫星配置 2 台铷原子钟和 1 台铯原子钟，第一颗 Block Ⅱ F 铯原子钟在 2010 年 6～7 月的测试中频率稳定度达到 5×10^{-14}/d。

俄罗斯 GLONASS 系统于 1976 年开始建设，目前在轨卫星 21 颗，俄罗斯 GLONASS Block-2A、GLONASS Block-2B、GLONASS Block-2C 及 GLONASS-M、GLONASS-K 都搭载了磁选态铯原子钟（陈江等，2016），后期导航卫星将配置原子钟为铷原子钟和氢原子钟。

Galileo 星载原子钟有铷原子钟、被动型氢原子钟，Galileo 铷原子钟由瑞士 Spectra Time 公司研制。欧洲时频委员会在意大利计量院研制脉冲光抽运星载铷原子钟，其性能指标接近被动型氢原子钟的水平，而功耗和体积与星载铷原子钟相当。Galileo 被动型氢原子钟频率稳定度达到 7×10^{-15}/d。

我国以实施北斗卫星导航系统等国防工程为契机，统筹规划了以研制星载原子钟为核心的时间频率系统建设，安排了各类实用原子频标的研制，大大加快了我国时间频率事业发展的速度。北斗二号卫星配置的星载铷原子钟，具有体积小、价格低、预热快、功耗小等特点。北斗三号卫星进一步实现了星载铷原子钟和氢原子钟的搭载配置。在轨测试结果表明，星载原子钟运行稳定性良好，星载铷原子钟的频率稳定度达到了 1×10^{-14}/d 量级，星载氢原子钟的频率稳定度达到了 1×10^{-15}/d 量级，达到了国际先进水平。

任何原子钟在确定起始历元后，都可以提供原子时。原子钟的起始点各不相同，即使选择了同一起点，由于位置、磁场和温度等环境差异，原子钟的准确度和稳定度都会产生差异，长期累积误差特性也会相差很大。为此，除了采用共同的原子时起始点定义之外，还要用多台钟组数据融合方法得出平均原子时，使其尽可能准确。

目前，国际上原子时系统遵循“统一定义，集中保持，自主实现”的原则。统一定义是由国际计量局给出原子时秒长统一的尺度定义，集中保持是指由国际计量局统筹全球守时资源进行国际原子时保持的工作。目前，国际原子时是由国际计量局根据世界上 50 多个国家 70 多个实验室的原子钟组提供的数据处理得出的“国际时间标准”。为了保持国际原子时，国际计量局组织分布在世界各地时间频率实验室的原子钟进行连续的内部时间比对和远程时间比对，将数据汇集到国际计量局，国际计量局通过原子钟比对数据的综合处理，得到自由原子时，自由原子时具有最优的频率稳定性，但秒基准的频率准确度上缺少约束，因此需要再根据频率基准装置对自由原子时进行频率驾驭，最终得到国际原子时。目前，约有 12 台频率基准装置对自由原子时进行频率驾驭，其中有 9 台为铯基准，分别由法国、德国、意大利、日本、美国维持。国际原子时的综合原子时处理方法采用国际原子时 / 协调世界时的计算方法。

国际原子时是一种连续性时标，是一个纸面时系统，没有实际输出的物理信号。各国为了实现自主可靠的物理时间尺度，在国际计量局的体系框架下，分别建立了高精度原子钟自主保持的原子时系统进行自主实现，这一系统称为地方原子时。目前，世界上约有 30 个国家分别建立了各自独立的地方原子时。

（五）新型原子钟技术

1. 冷原子喷泉钟

国际单位制秒定义在铯原子基态能级跃迁频率的基础上，为了进一步提高测量精度，研究人员提出了冷原子喷泉钟的设计，利用激光对原子进行冷却降速，并且对谐振腔进行结构优化，腔相位频移和一阶多普勒频移都大大降低。目前，国际上的冷原子钟主要包括铯原子喷泉钟和铷原子喷泉钟两种。中国计量科学研究院NIM5铯原子喷泉钟是国家秒长计量基准，自2014年起开始向国际计量局报数，参与驾驭产生国际原子时，铯原子喷泉钟具有极高的频率不确定度，对于建立自主、精确的时间基准具有重要的意义。NIM5铯原子喷泉钟的物理结构如图7-7所示。

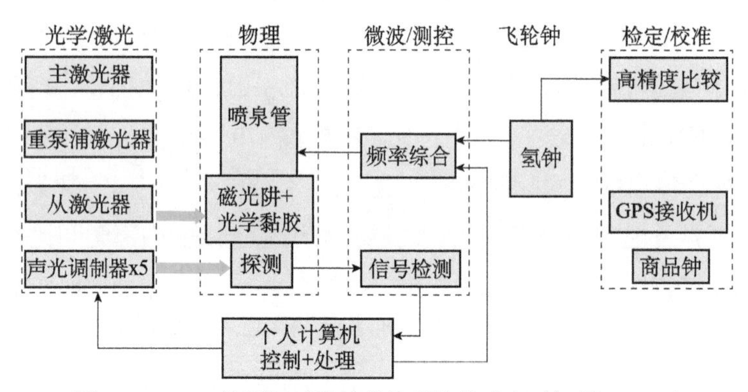

图7-7 NIM5铯原子喷泉钟的物理结构（李天初等，2011）

2. 空间冷原子钟

空间冷原子钟是将激光冷却技术和空间微重力环境相结合而实现的原子钟。在微重力环境下，冷原子团可以做超慢速的匀速直线运动，基于对这种运动的精细测量可以获得更加精密的原子谱线信息，从而获得更高精度的原子钟信号，并可获得在地面上无法实现的性能，有望将人类在太空中的计时精度提高1～2个数量级。这是原子钟和时间基准发展历史上的新突破。中国科学院上海光学精密机械研究所研制的空间冷原子钟于2016年9月搭载“天宫二号”发射升空，成为国际上首台在轨运行并开展科学实验的空间冷原子钟，在国内外引起了强烈反响。高精度空间冷原子钟样机示意图和空间冷原子钟工作原理示意图分别如图7-8和图7-9所示。

图 7-8　高精度空间冷原子钟样机示意图（Ren et al.，2020）

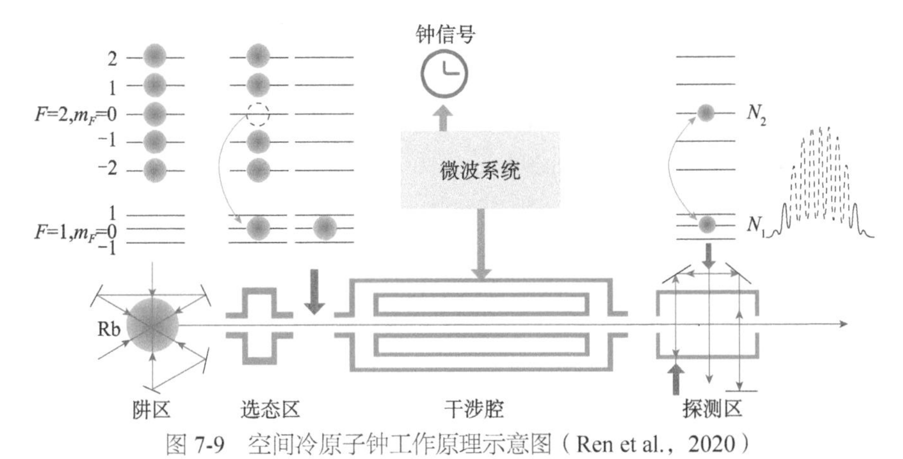

图 7-9　空间冷原子钟工作原理示意图（Ren et al.，2020）

F：原子超精细能级；m_F：超精细磁能级；N_1、N_2：两个基态上原子布局数

3. 新型积分球冷原子钟

积分球冷原子钟是一种基于漫反射激光冷却原子、利用分离场振荡技术来获得高稳定度钟信号的小型化原子钟。相比于基于磁光阱和光学黏团技术的原子钟，积分球冷原子钟具有光路简单可靠、不需要磁场控制和全光冷却的优点（刘鹏等，2015）。“十三五”期间，中国科学院上海光学精密机械研究所成功研制了新型高精度积分球冷原子钟的原理样机和工程样机，突破了积分球微波腔一体化、冷原子团密度操控、低噪声微波频率综合器等多项关键技术，短期稳定度优于 5×10^{-13}，长期稳定度优于 2×10^{-15}。积分球冷原子钟地面工程样机和积分球冷原子钟光学系统分别如图 7-10 和图 7-11 所示。

图 7-10　积分球冷原子钟地面工程样机（Yu et al., 2019）

图 7-11　积分球冷原子钟光学系统（Yu et al., 2019）

4. 光钟

与传统原子钟采用晶振作为本机振荡器不同，光钟采用稳频激光器作为本机振荡器，将光频率锁定到原子振荡跃迁频率上，其标准频率经过光梳转变成微波频率形成光钟。光钟比微波钟具有更高的稳定度和准确度，守时精度比传统原子钟提升了 100～1000 倍。随着光钟技术的不断成熟，未来时间基准的建立和秒定义的变更很可能以光钟为参考。

目前，我国对光钟的研究主要包括镱原子光钟、锶原子光钟、离子光钟和钙原子束光钟几种技术路线。华东师范大学利用冷镱原子在三维晶格囚禁的方式，成功研制出两套可用于镱原子光钟的真空系统。中国科学院国家授时中心和中国计量科学研究院在锶原子荧光谱和吸收谱研究、蓝光磁光阱设计等方面取得了显著的研究成果。2015 年，中国计量科学研究院团队经过 10 年的研究取得了第一个锶原子光钟的评估和测量结果，在国际计量局计算锶原子光钟频率国际推荐值时被采纳为源数据。2015 年 7 月，该团队顺利完成了锶原子光钟的第一次系统频移评定和绝对频率测量工作，准确度达到 2.3×10^{-16}，相当于 1.38 亿年不差 1 s。

中国科学院武汉物理与数学研究所在钙离子光钟领域进行了长期跟踪研究，在单个钙离子的有效冷却、稳定囚禁和敏感探测方向、高细度高稳定的跃迁激光锁定方向等方面突破了系列关键技术，成功研制出我国首台基于单个囚禁钙离子的光钟。北京大学量子电子学研究所开展了小型钙原子束光钟、小型铷原子光钟的研究工作，建立了钙原子束光学 Ramsey 光谱实验装置。

（六）国际原子时保持

以原子时秒长为基础定义的时间系统称为原子时，原子时是由原子钟装置进行保持的。考虑到单一原子钟的可靠性有限，为了保持稳定可靠的原子时，一般采用多台原子钟组成原子钟组的模式，这样产生的时间称为综合原子时。目前，国际上综合原子时的保持工作由 BIPM 来实施。

全世界 70 多个实验室的 500 多台原子钟参与 TAI 计算工作，它们的数据以共同约定的 GNSS共视时间比对及卫星双向时间比对等方法和规定的数据格式，定期向 BIPM 提供每台钟的资料，经 BIPM 计算处理后得到 TAI，并以月报和年报的形式提供给参加合作的时间频率基准实验室。各时间频率基准实验室也可向 BIPM 提供数据或者从 BIPM 得到数据。国际协调世界时的计算流程如图 7-12 所示。

全世界参与 TAI 加权计算的守时实验室之间建有卫星双向时间频率传递、基于 GNSS 的时间比对和光纤比对等高精度的时间比对链路，实现精密的时间频率比对和数据交换。

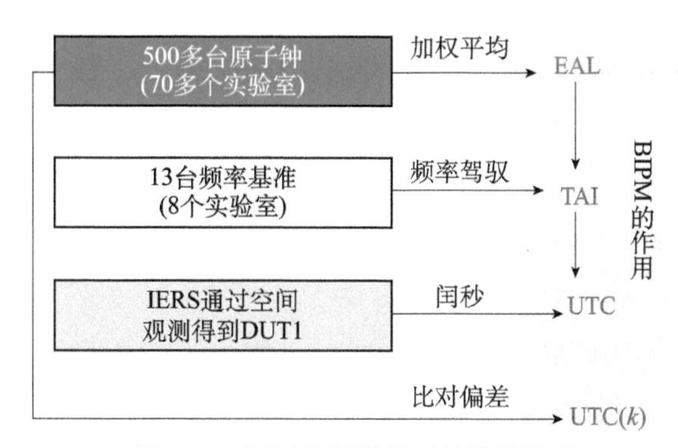

图 7-12 国际协调世界时的计算流程

IERS：国际地球自转服务组织；DUT1：世界时改正参数；EAL：自由原子时

根据 2020 年 BIPM 公布的月报统计整个年度全球重点守时实验室原子钟组的权重，对 TAI 的贡献较大的守时实验室及其贡献如下。美国海军天文台（USNO）为 25.7%，俄罗斯时间与空间计量研究院（SU）为 11.2%，中国科学院国家授时中心（NTSC）为 7.0%，中国计量科学研究院（NIM）为 6.5%，日本情报通信研究机构（National Institute of Information and Communications Technology，NICT）为 5.2%，瑞典国家测试研究机构（Research Institute of

Sweden，SP）为6.0%，德国物理技术研究所（PTB）为3.6%，法国时间装置（Observatoire de Paris，OP）为4.8%。其他守时实验室如APL、意大利国家计量研究院（Istituto Nazionale di Ricerca Metrologica，INRiM）等，合计约为30%。（数据来源BIPM）。2020年主要守时实验室对TAI的贡献图如图7-13所示。

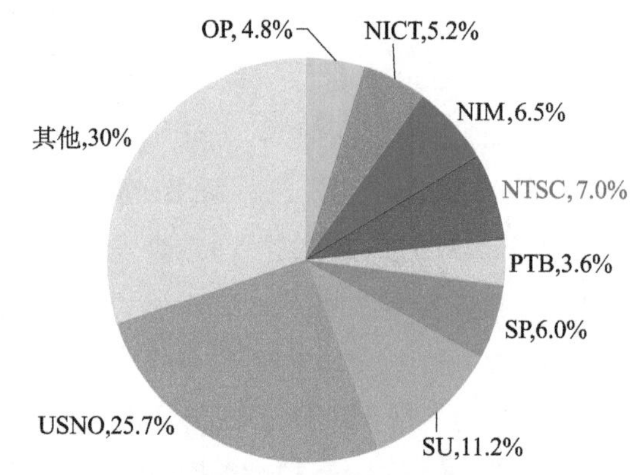

图7-13　2020年主要守时实验室对国际原子时的贡献图

（七）协调世界时

原子时是以原子跃迁振荡运动为基础建立的，而世界时是以地球运转为基础建立的，是可以真实感受到的，如昼夜交替现象等。TAI与世界时的误差可达每日数毫秒，由于地球自转速度变慢，按照现在的自转速度，5000年差1 h，30000年后24:00太阳就升起来了。针对这种情况，1972年一种折中时标面世，称为协调世界时，简称UTC（从英文“coordinated universal time”或法文“temps universel cordonné”而来）。

UTC的基础是原子运动周期，但要在时刻上与世界时（UT1）协调。当前全世界通用的时间尺度就是UTC，世界上授时台播发的时间信号大部分是UTC时间信号。UTC采用原子时的秒长，但为了在时刻上与世界时保持一致，规定UTC的时刻与世界时的时刻差保持在 ±0.9 s以内，每当二者的时刻差将要超过0.9 s时，就通过闰秒的方式加以改正。闰秒就是在UTC中减去1 s或加上1 s，闰秒调整由国际地球自转服务组织定期向全球发布公告。

UTC的“协调”方案明确：UTC与TAI保持相同的基本速率，UTC与TAI之间只相差整数秒，UTC与UT1的差值范围最大为 ±0.9 s。闰秒通常安排在6月30日或12月31日的最后1 min，必要时也可安排在3月31日或9月30日的最后1 min。1975年以后，按照新修订的方案，作为候补日期，如果有必要，每个月末最后1 s都可实施闰秒。目前，最后一次的闰秒时间为2016年12月31日。历年闰秒实施列表如表7-2所示，闰秒时间如图7-14所示。

表7-2　历年闰秒实施列表

实施年份	6月30日 23:59:60	12月31日 23:59:60
1972	+1 s	+1 s
1973	—	+1 s
1974	—	+1 s
1975	—	+1 s
1976	—	+1 s
1977	—	+1 s
1978	—	+1 s
1979	—	+1 s
1981	+1 s	—
1982	+1 s	—
1983	+1 s	—
1985	+1 s	—
1987	—	+1 s
1989	—	+1 s
1990	—	+1 s
1992	+1 s	—
1993	+1 s	—
1994	+1 s	—
1995	—	+1 s
1997	+1 s	—
1998	—	+1 s
2005年	—	+1 s
2008年	—	+1 s
2012年	+1 s	—
2015年	+1 s	—
2016年	—	+1 s

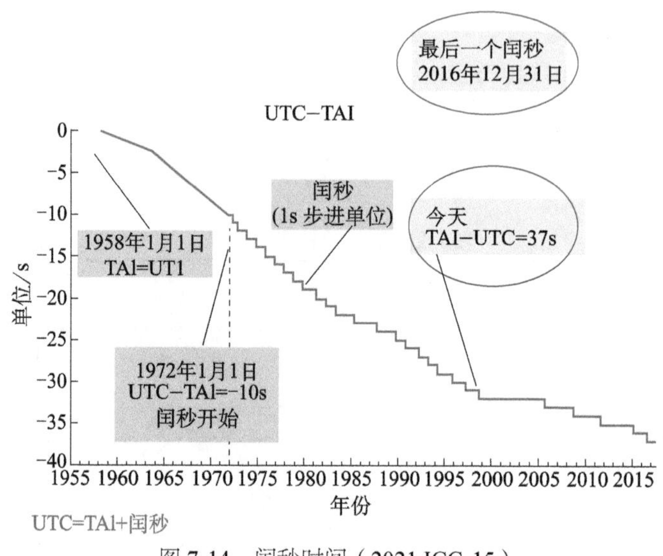

图 7-14　闰秒时间（2021 ICG-15）

然而，现代科技对数字系统和时间同步的依赖迅速增强，实施闰秒所产生的问题、事件和各类隐患也引起人们广泛的关注和思考。由于闰秒的引入带来时间系统的不连续问题，如果电子系统、控制软件在相应的处理策略上没有进行针对性设计，就会引入应用的巨大风险。2009 年新年前夜，全球有数千部微软 Zune 播放器的时间显示出现混乱，该情况与 2000 年“千年虫”问题类似。Zune 播放器问题出现后不久，甲骨文的 CRS（cluster ready services）软件也被披露因闰秒出现软件重启现象。据报道，UTC 时间 2012 年 6 月 30 日 23:59:59 全球同步进行闰秒调整造成了芬兰航空管理系统瘫痪。由于频繁出现由引入闰秒带来的风险，2001 年国际电信联盟正式提出了“UTC 时标的未来”（即闰秒问题）并开始组织论证。

（八）国际单位制秒定义

随着新型原子钟技术尤其是光钟技术的不断发展，在性能上，频率不确定度比传统的商品铯原子钟有数量级的提高，人类已经经历了从世界时秒长到历书时秒长、从历书时秒长到原子时秒长定义的变迁，2018 年第 26 届国际计量大会对秒定义的描述进行了修改，即当铯 133 原子无扰动基态超精细跃迁的频率以单位 Hz 即 s^{-1} 表示时，取其固定数值为 9 192 631 770 来定义秒，这个描述体现了以基本物理常数为基础的基本单位定义原则。同时，2018 年第 26 届国际计量大会表决通过了关于修订国际单位制（SI）的 1 号决议，决定自 2019 年 5 月 20 日起实行新的国际单位制，首次将国际计量单位全部建立在不变的常数上，用“量子基准”取代了“实物基准”，脱离了对具体的人造物体的依赖，具有放之宇宙而皆准的普适意义，同时发展出了极高精度的技术方法来复现这些单位（杨利民等，2019）。根据新的定义，7 个基本物理量单位分别由下面的常数定义。

秒—— 铯 133 原子无扰动基态超精细跃迁的频率 f 为 9 192 631 770 Hz；

米—— 真空中的光速 c 为 299 792 458 m / s；

千克—— 普朗克常数 h 为 $6.626\ 070\ 15 \times 10^{-34}$ J / s；

安培—— 基本电荷 e 为 $1.602\ 176\ 634 \times 10^{-19}$ C；

开尔文—— 玻尔兹曼常数 K 为 $1.380\ 649 \times 10^{-23}$ J / K；

摩尔—— Avogadro 常数 N_A 为 $6.022\ 140\ 76 \times 10^{23}$ mol^{-1}；

坎德拉—— 频率 540×10^{12} Hz的单色辐射，cd的发光效率为 683 lm / W。其中，$Hz = s^{-1}$；$J = (kg \cdot m^2) / s^2$；C = A / s；$lm = (cd \cdot m^2)\ m^2 = cd / sr$；$W = (kg \cdot m^2) / s^3$。可见，新国际单位制的主要变化在于其 7 个基本物理量单位用一个或多个定义的基本常数推导得出，长度单位“米”取决于时间单位“秒”，质量单位“千克”取决于长度单位“米”和时间单位“秒”等，时间单位“秒”成为其他单位定义的基础。国际单位制 7 个基本物理量的相互关系如图 7-15 所示。

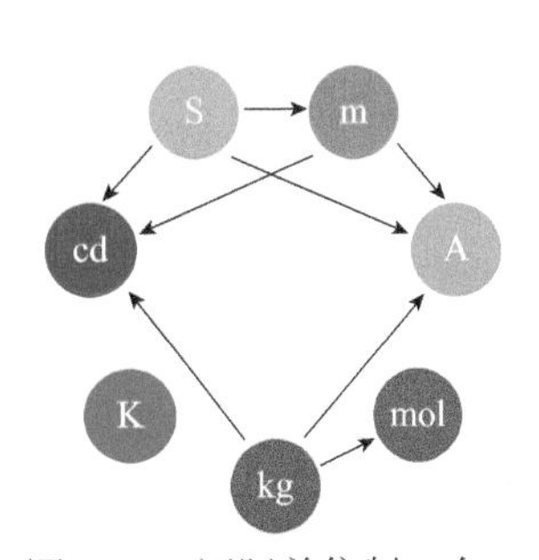

图 7-15　国际单位制 7 个基本物理量单位的相互关系

三、关键科学技术问题

高精度时间基准是关系国计民生和国防建设的关键性基础设施，对于国家经济发展和国防安全起着至关重要的作用。要建立高精度的自主时间基准，必须解决以下关键科学技术问题。

（一）原子钟频移效应分析

原子钟输出频率的不确定度受到各种物理因素的影响，存在频移效应，这些频移效应包括：①腔相位差频移。谐振腔两壁的相互作用区域上微波场的相位差别，引起了原子辐射场的频移。②多普勒频移。由原子相对于辐射场的运动引起的频移。③C场频移。原子与辐射场的相互作用区域处在恒定磁场（C场）中，C场的不均匀性、不稳定性带来频移效应。④引力红移效应。原子频率跃迁所处的引力场将对原子运动速度产生影响，原子钟的径向越短，引力场越强，原子钟越慢。此外，还包括Majorana效应、微波功率频移效应等，对于这些频移效应的准确评估，将有力支撑原子频标向更高性能水平演进。

（二）综合原子时算法

开展综合原子时算法的研究，包括原子钟时差测量数据预处理与预报技术、原子钟钟组加权评估技术、原子钟异常处理技术以及综合原子时间频率驾驭技术等。

（三）新型频标支持下的守时机制

越来越多的新型频标加入守时系统，将极大地提升系统性能。研究新型守时技术体制和方法，重点在于如何综合运用商品化原子钟、喷泉频率基准装置和新型原子频标进行高精度的时间保持，尤其是发挥新型频标在频率不确定度、长期稳定度方面的性能优势，提升综合时间基准性能。

四、发展方向

（一）高精度原子钟的自主化研制

研究商品化原子钟（氢原子钟、铯原子钟和铷原子钟）的性能优化技术、喷泉频率基准装置、各类新型原子频标（包括空间冷原子钟、光钟等）技术等，是解决时间体系自主可控的关键问题。

（二）天地一体、分布式时间基准的建立与保持

着眼解决国家时间基准的可靠性、安全性问题，综合利用地面、星上钟组系统以及星地、星间、站间的时间比对链路，建立有效的天地一体时间系

统联合运行机制，形成互为备份的守时能力，解决分布式守时关键技术与算法、主备协同运行机制等关键问题，形成泛中心化的天地一体、分布式时间基准保持能力，提高时间基准的可靠性和自主生存能力。

（三）基于光钟的秒定义实现

基于离子阱囚禁离子或者光晶格囚禁原子的光学频标（光钟）得到快速发展，评估不确定度指标比现有最好的铯原子喷泉钟高 2 个数量级。2015 年，国际时间频率咨询委员会给出了修改秒定义的路线图，预计在 2026 年左右考虑基于光钟对秒定义进行修改，如何利用光钟实现更高精度的秒定义将是未来一段时间的重点研究方向（管桦等，2019）。

第二节　授时技术

一、科学意义与战略价值

为使本地时间与标准时间（如 UTC）实现统一，需要将标准时间通过一定方式传送出去。本书把产生、保持某种时间尺度，并通过一定方式将包含这种时间尺度的信息传送出去，传送时间信息的工作称为授时，国外常称其为时间服务。授时系统在信号和协议的设计方面既要考虑时间传播精度的需求，又要方便用户接收。从本质意义上来说，授时的关键在于时标的标记与测量，因此授时系统的信号设计必须保证时标明确、稳定、可测。授时系统的传播时延可以精确改正，而用户接收的授时信号受到传播介质、传播设备等因素的影响，存在时延误差，对时延误差的修正精度决定了授时系统精度，授时系统精度与可靠性对于国家关键基础设施的安全性具有重要意义。2013 年 2 月 13 日美国白宫发布的第 21 号总统令（PPD-21）《关键基础设施的安全性与弹性》（Critical Infrastructure Security and Resilience）中提出了强化并维护安全、功能完备且富有弹性的关键性基础设施，里面列举了16个对于公众信心和国家安全具有至关重要作用的基础设施，其中有11个基础设施依赖精确授时，在民用领域，使用精确授时的行业包括通信、移动电话、电力、金融和信息技术，在军用领域，依赖精确授时的领域包括传感技术、传感器融合、数据链、安全通信、电子战、网络作战以及指挥和控制。尤其是智能电网技术、5G和物联网技术的不断发展，对授时系统的要求越来越高。

二、现状及其形成

目前，主要的授时方式有卫星授时、长波授时、短波授时、低频时码授时、电视授时、网络授时和电话授时等。综合考虑，卫星授时在覆盖范围、授时精度、便利性等方面具备无可比拟的优越性，已经成为绝大多数时间用户的第一选择。长短波授时、网络授时各有特点，可以作为卫星授时的重要补充手段。表7-3是我国主要的授时技术及其精度指标（杨俊等，2013；谭述森，2010；Kaplan，2010）。

表7-3　我国主要的授时技术及其精度指标

名称	授时精度	覆盖范围	工作时间
北斗卫星授时	单向：20 ns	全球覆盖	全天
	双向：10 ns	区域覆盖	全天
长波授时	地波：1 μs	播发台站周边1000 km	全天
	天波：50 μs	播发台站周边3000 km	全天
短波授时	1 ms	播发台站周边3000 km	全天
低频时码授时	0.5 ms	播发台站周边1800 km	全天
网络授时	NTP：100 ms	网络覆盖地区	全天
	PTP：100 ns	网络覆盖地区	全天
电话授时	1 ms	电话接入地区	全天

注：NTP为网络时间协议（network time protocol）；PTP为精密时间协议（precision time protocol）

（一）卫星授时技术

卫星授时是指利用卫星信号作为中介传递标准时间的过程。目前，全球范围内提供卫星授时服务的主要是四大全球卫星导航系统，包括中国北斗卫星导航系统、美国 GPS、俄罗斯 GLONASS 和欧盟 Galileo 系统。其中，GPS 建成时间最早，应用也最为广泛，GPS 播发的时间是美国国防部标准时间——美国海军天文台维持的 UTC（USNO）。GPS 时间向 UTC（USNO）溯源，其时间差异限制在 100 ns 以内，GPS 时间的整秒差以及秒以下的差异通过时间服务部门定期公布。GPS 用户可以通过导航电文来获得 GPST 和 TAI 之间的差异。同时，美国海军天文台对授时情况进行监测分析，并反馈监测信息至 GPS 主控站进行控制调整。

GNSS 向全球范围内播发信号，提供导航、定位和授时功能，理论上在全球任意地点的 GNSS 用户都可以通过接收机接收卫星信号获取准确的位置信息和时间信息。

GNSS 在地面建立了守时原子钟组，在卫星上搭载了星载原子钟。通过星地时间同步手段实现与地面系统的时间同步，并通过导航电文向全球播发星载原子钟的钟差模型参数。

GNSS 卫星授时实施流程为：卫星在 t_1 时刻产生的测距码在 t_2 时刻到达接收机，传播时间为 Δt。对 Δt 的测量主要通过接收机内部信号的相关来实现，$\Delta t \cdot c$ 即为卫星到接收机的理论距离，而考虑到传播过程中受到系统钟差、用户钟差、传播路径延迟误差等因素的影响，这一距离值是不精确的，也称其为伪距。基于多颗卫星的并行观测伪距建立观测方程，同时对伪距进行系统时延修正、传播路径修正、天线相位中心修正等各类误差修正，最终得到用户时钟相对于 GNSS 的时间差。为了求解用户的三维坐标和用户时间，一般至少需要观测 4 颗卫星，目前 GNSS 卫星授时的精度约为 20 ns。卫星授时示意图如图 7-16 所示，其中 p_i（i=1，2，3，4）为卫星到用户的距离观测值。

卫星授时的主要误差源包含与系统相关的误差、与信号传播相关的误差、与用户相关的误差和其他误差。其中，与系统相关的误差主要包括卫星钟误差、卫星星历误差、系统时延误差等；与信号传播相关的误差主要包括电离层传播误差、对流层传播误差、多路径效应误差等；与用户相关的误差主要包括天线相位中心误差、用户时延误差等；其他误差主要包括相对论效应、地球自转效应、固体潮效应等

2020年7月31日，我国向全世界宣布北斗三号全球卫星导航系统（BDS-3）

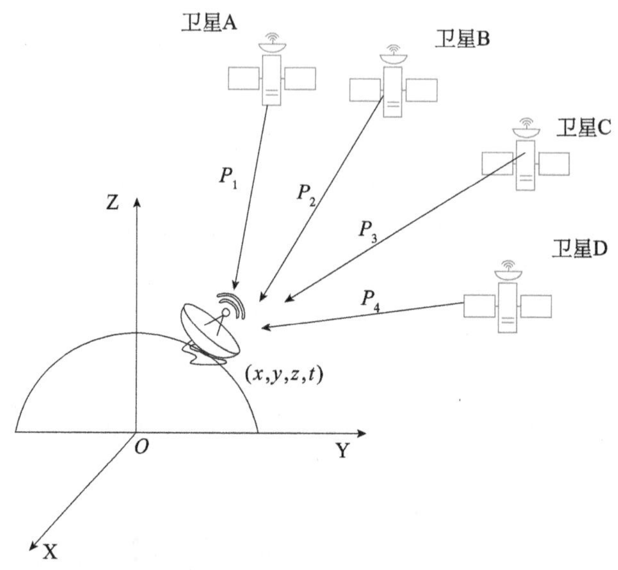

图 7-16　卫星授时示意图（陈伟，2017）

正式开通，面向全球用户提供导航、定位、授时等服务。与北斗二号卫星导航系统（BDS-2）相比，BDS-3 卫星之间建立了星间链路，采用了新信号体制（增加了 B1C、B2a 等频点）、新的调制方式和信道编码，BDS-3 服务规划见表 7-4。星载原子钟提高了 1 个数量级，星地、星间和站间时间同步、卫星钟差 2 h 的预报等精度显著提高（云影，2019）。北斗卫星导航系统由地面主控站、监测站的高精度原子钟以及在轨卫星的星载原子钟共同建立和维持统一的时间基准，并基于统一的时间基准完成载波、伪距、广播电文生成，用户通过接收解调卫星信号并进行定时模型参数改正，可获得高精度的标准时间。

表 7-4　BDS-3 服务规划

服务范围	服务类型	信号 / 频段	播发手段
全球范围	定位导航授时	B1I、B3I	3GEO+3IGSO+24MEO
		B1C、B2a、B2b	3IGSO+24MEO
	全球短报文通信	上行：L 下行：GSMC-B2b	上行：14MEO 下行：3IGSO+24MEO
	国际搜救	上行：UHF 下行：SAR-B2b	上行：6MEO 下行：3IGSO+24MEO
	星基增强	BDSBAS-B1C、 BDSBAS-B2a	3GEO

续表

服务范围	服务类型	信号 / 频段	播发手段
全球范围	地基增强	2G、3G、4G、5G	移动通信网络 互联网络
中国及周边地区	精密单点定位	PPP-B2b	3GEO
	区域短报文通信	上行：L 下行：S	3GEO
	双向授时	上行：L 下行：S	3GEO

注：中国及周边地区即 75 °～135 ° E，10 °～55 ° N

北斗卫星导航系统兼具卫星无线电导航业务和卫星无线电测定业务两种体制，因此除了导航、定位、授时功能，还具备特有的短报文通信能力，对授时而言，RDSS 体制下用户具备了基于信号收发的双向定时功能，通过信号的双向传递可实现更高精度的定时。北斗 RDSS 双向授时示意图如图 7-17 所示。

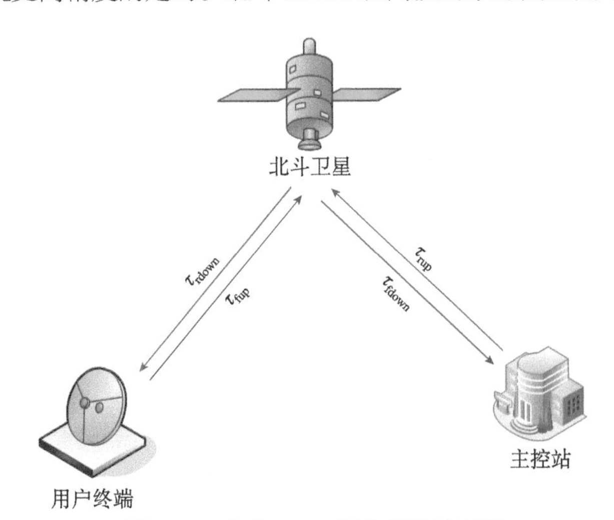

图 7-17　北斗 RDSS 双向授时示意图

τ_{rup}: 接收链路上行时延；τ_{rdown}: 接收链路下行时延；

τ_{fup}: 发射链路上行时延；τ_{fdown}: 发射链路下行时延

目前，北斗卫星导航系统的 RNSS 授时服务精度优于 20 ns（95%）；北斗卫星导航系统全球短报文通信（regional short message communication，RSMC）双向授时服务精度优于 10 ns（95%）。

随着现代科技的不断发展和时间频率技术的不断进步，对时间比对的精度要求越来越高，尤其在导航定位、深空探测、航空航天测控等领域，依赖传统的卫星授时手段无法满足需求，基于卫星的精密时间比对越来越受到关注。与普通授时的区别在于：一是精密时间比对并不严格追求在时刻上的绝对同步，而是首先追求彼此间精确的相对同步；二是授时往往采用广域播发式服务，而精密时间比对往往局限于特定范围内实施，甚至经常采用点对点的服务模式。也正是基于这些特点，目前基于卫星的精密时间比对指标已经可以达到亚纳秒量级，远高于普通卫星授时服务精度。

1. 卫星双向时间比对

人造地球卫星上天后，人类开始探索基于卫星收发信号的时间比对技术。1960 年，美国海军天文台利用“回声一号”（ECHO1）进行了单向时间比对实验。1962 年，海军天文台与英国皇家物理实验室利用第一颗主动式通信卫星 TELSTAR 进行了横跨大西洋的时间比对实验。到了 20 世纪 70 年代，卫星双向时间比对技术的精度达到了 1 ns。1999 年，经国际电信联盟推荐，卫星双向时间比对结果正式加入国际计量局的 TAI 计算，目前全球已经建设了几十条卫星双向时间比对链路（刘利等，2004；李志刚等，2002）。

卫星双向时间比对技术的基本原理是：设两个地面时钟 A 和 B，分别在钟面时刻 T_A 和 T_B 发送信号，经通信卫星转发后到达对方。A 至 B 的时延和 B 至 A 的时延分别为 τ_{AB} 和 τ_{BA}，两地分别将各自的收发时刻和时延传送给对方，则可以解算出 A 和 B 地面时钟的精确时差。A 和 B 的信号收发基本同时实施，传递链路具有良好的对称性，因此二者的传播时延误差可以相互抵消，从而大大降低了因卫星误差、空间信号传播误差所引起的精度损失，提高了测量精度。卫星双向时间比对示意图如图 7-18 所示，该技术的主要误差源如表 7-5 所示。

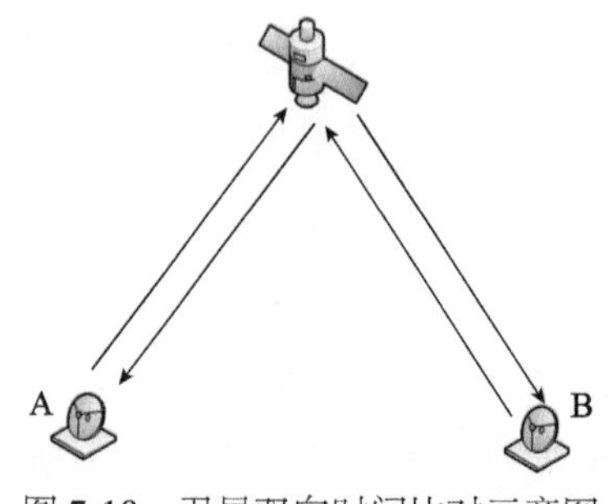

图 7-18　卫星双向时间比对示意图

表 7-5　卫星双向时间比对技术的主要误差源（刘利等，2004）

误差名称	主要来源	影响量级 /ps
设备时延误差	调制解调器	30～100
	计数器	100
路径延迟误差	地面发射和接收设备	200～500
	电离层延迟	40
卫星和地面站运动误差	卫星位置误差	50
	站星距离	30

2.GNSS 共视时间比对

20 世纪 90年代，美国国家标准与技术研究院开发出 GNSS 共视技术，由于其测量实施方便，成本较低，很快成为国际计量局进行时间比对的主要手段。

GNSS 卫星共视就是两个位于不同地点的观测者，用 GNSS 授时接收机在同一时刻观测同一颗卫星，实现两地间的时间比对，如图 7-19 所示。

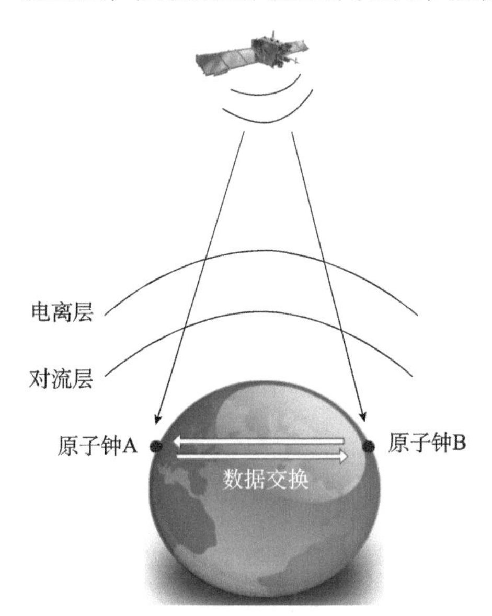

图 7-19　GNSS 共视原理示意图

假设两个共视接收机分别安装在观测站 A 和 B，两个观测站的坐标需要精确测定。A、B 两个观测站的接收机分别输出两个观测站各自的钟与 GNSS 时间的比对结果 $T_A(t)$ -GNSST 和 $T_B(t)$ -GNSST，通过数据交换，可以消除对于两个观测站而言相同的卫星钟的误差，得到两个观测站钟的时间差 $\Delta T_{AB}(t) = T_A(t) - T_B(t)$。

卫星共视技术有以下优点。

（1）消除了星载原子钟误差的影响（前提是严格共视）。

（2）消除了卫星位置误差（这是因为卫星到两个观测站的路径不同，而在不同方向上，卫星的星历误差是不同的）。

（3）消除了对流层和电离层的附加时延误差。

在卫星共视时间比对的基础上，进一步发展出了GNSS全视时间比对技术、GNSS PPP时间比对技术，在测量时间比对的精度上不断提高，目前GNSS共视时间比对的精度优于5 ns。北斗卫星导航系统卫星共视服务参数已被纳入国际通用时间比对标准（CGGTTS-V2E），可为全球时间用户提供标准共视时间比对服务。近年来，国内外学者开展了基于北斗卫星导航系统的时间传递等相关研究，BDS-3零基线共视时间比对标准差可达到优于1 ns的水平，频率稳定度达到1×10^{-14}/d量级。

（二）地基无线电授时技术

在卫星授时技术出现之前，人们普遍采用地基无线电方法进行授时，包括长波授时、短波授时等方式。长短波授时是利用特定波长的无线电信号播发标准时间和标准频率信号的技术手段，其授时的基本方法是将定时信息和信号调制到载波上，由无线电台播发时间信号，用户用无线电接收机接收该信号并进行解调、同步，完成本地对时。

1. 长波授时

长波授时主要是利用频率在30～300 kHz的无线电信号，通过地表或者电离层进行授时，地波信号的覆盖范围约为1000 km，授时精度优于1 μs，经附加二次相位因子修正可达到亚微秒量级，天波信号的覆盖范围约为2500 km，授时精度优于50 μs，校频精度为1×10^{-12}量级。

长波授时的关键是对长波信号传播时延的测定，长波信号传播时延指的是定时标记点——信号载频第三周正向过零点的传播时间，这个时间具体定义为从发射天线上信号电流波形出现第三个正向过零点瞬间算起，至接收磁天线上产生这个第三个正向过零点瞬间为止所经历的时间，称为定时标记点传播时间，简称长波信号传播时延。信号传播时延的测定受到多项误差的影响，主要包括播发控制误差、接收机时延误差、传播路径误差等（李云等，2019）。

长波授时最典型的是罗兰 C 系统，该系统是低频脉冲无线电双曲线导航系统，最初用于海上航行的船只和舰艇的导航、定位、授时。我国在 20 世纪 70 年代开始建设专门用于时间频率传递的罗兰 C 体制长波授时台，呼号为长波授时台（图 7-20），信号覆盖范围是以授时台为圆心 800～1500 km 的区域，授时精度在微秒量级。

图 7-20 我国长波授时台

在卫星授时出现以后，长波授时在授时精度、成本、便利性等各方面都不具备优势，因此受到了极大的冲击，美国一度关闭了其境内的罗兰 C 系统。但是 GNSS 卫星授时播发的信号为弱信号，很容易遭受有意或无意的干扰欺骗，造成授时错误，有可能带来严重后果，因此与 GNSS 频点具有显著差异且信号功率更强的长波授时系统仍有其存在和发展的必要性。美国颁布的《2018 年国家定时安全与弹性法案》中也提出了，将通过建立一个可靠的 GPS 替代与备份授时系统来强化并保护美国经济。罗兰 C 系统仍然将作为一种 GNSS 授时的备份手段长期存在。

2. 短波授时

短波授时是最早利用短波无线电信号播发标准时间和标准频率信号的授时手段，其授时的基本方法是由无线电台播发时间信号，用户利用无线电接收机接收时间信号，然后进行本地对时。很多国家的授时工作是从短波入手的，短波授时主要是利用频率在 3～30 MHz 的无线电波，传输的方式与短波通信方式相同，主要为近距离地波传输、远距离天波传输两种方式。短波授时的校频精度约为 1×10^{-9} 量级，授时精度为 500～1000 μs（黄秉英等，1996）。自 20 世纪初开始无线电授时以来，短波时间信号一直有着广泛应用。

由于其覆盖面广、发送简单、价格低、使用方便而受到广大时间频率用户的欢迎。

我国自1970年开始提供短波授时系统授时，目前UTC播发准确度优于50 μs，标准频率载频的播发准确度优于1×10^{-12}。从播发准确度来说，短波授时精度较高，但从授时原理分析，其播发方式存在明显缺陷（梁益丰等，2018）。美国NIST短波授时台如图7-21所示。

图7-21　美国NIST短波授时台

（三）网络授时技术

随着互联网技术的发展，如何实现基于网络的高精度授时逐渐受到人们的关注，网络授时技术应运而生。它通过服务器/客户机的交互方式，对计算机内置时间系统进行校准，为网络内所有终端设备的时钟同步提供参考信号。目前，网络授时常采用网络时间协议和精密时间协议。

以太网在1985年成为IEEE 802.3标准后，基于以太网的数据传输速度逐渐提升到100 Mbit/s的水平，对以太网内时间同步提出了很高要求。为了解决以太网定时同步能力不足的问题，业界开发出了一种基于软件协议方式实现时间同步的方法，这一协议可以有效提高各网络设备之间的定时同步能力。该协议最早是由美国特拉华大学米尔斯（Mills）教授设计的，属于应用层协议，主要通过对网络时延的精确测定将网络中的客户端计算机时间同步到服务器时间。网络时间协议（network time protocol，NTP）可以为局域网提供高精度的时间校准，精度为百毫秒量级。在2000年左右，由于测量和控制应用对于分布网络的定时同步提出了更高精度需求，NTP毫秒量级的精度已经无法满足，由信息技术、自动控制、人工智能、测试测量领域的工程技术人员组成的网络精密时钟同步委员会起草了“网络测量和控制系统的精密时钟同步协议标准”。该规范在 2002 年底获得美国电气和电子工程师协会标准委员会的通过并作为 IEEE 1588 标准，成为正式协议（张涛允，2011；欧阳家淦等，2008）。

NTP 主要采用三种时间同步模式：一是服务器 / 客户机模式，二是主动 / 被动对称模式，三是广播模式（张妍等，2005；Mills，1991）。在服务器 / 客户机模式下，首先由客户机向服务器发送一个 NTP 数据包，同时发送该数据包离开客户机的时间戳信息，当服务器接收到该数据包时，服务器将填入该数据包到达服务器时的时间戳信息和数据包离开服务器时的时间戳信息，并填入实施交换数据包的源地址和目的地址，该数据包将会被立刻返回给客户机。客户机在接收到相应数据包时，将记录并填入数据包返回时的时间戳。客户机利用这些时间参数，通过对称性收发时延的解算和修正，就能够计算出数据包交换的网络时延，从而获得客户机与服务器的时间偏差。

主动 / 被动对称模式的工作原理与服务器 / 客户机模式类似，主要区别是该模式下的客户端和服务器双方可以通过即时发出同步请求获得对方同步，而究竟由谁作为时间源主要取决于双方谁先发出申请：若客户机先发出申请建立连接，则客户机工作在主动模式下，服务器工作在被动模式下；若服务器先发出申请建立连接，则服务器工作在主动模式下，客户机工作在被动模式下。

广播模式与上述两种模式存在显著差异，服务器将主动发出时间信息，客户机接收到时间信息后将根据此信息调整内部时钟，这种方式没有考虑网络时延的影响，因此精度相对略低，基本为秒量级水平。

NTP 发布的时钟同步报文是基于 IP（internet protocol）协议和用户数据报协议（user datagram protocol，UDP）的应用层协议，报文主要内容如表 7-6 所示。

表 7-6 NTP 时钟同步报文主要内容

序号	名称	含义
1	LI	闰秒提示（leap indicator）
2	VN	版本号（version number）
3	Mode	当前 NTP 工作模式
4	Stratum	系统时钟的层数

续表

序号	名称	含义
5	Poll	代表轮询时间
6	Precision	系统时钟的精度
7	Root Delay	本地到主参考时钟源的往返时延
8	Root Dispersion	系统时钟相对于主参考时钟的最大误差
9	Reference Identifier	参考时钟源的标识
10	Reference Timestamp	系统时钟最后一次被设定或更新的时间
11	Originate Timestamp	NTP 请求报文离开发送端时发送端的本地时间
12	Receiver Timestamp	NTP 请求报文到达接收端时接收端的本地时间
13	Transmit Timestamp	应答报文离开应答者的本地时间
14	Authenticator	验证信息

网络 PTP 授时主要基于美国电气和电子工程师协会 IEEE 1588 标准，即“网络测量和控制系统的精密时钟同步协议标准”。该协议标准的基本构想是，通过硬件和软件将网络设备（客户机）内的时钟与主控机的主时钟实现同步，提供同步建立时间小于 10 μs（最高可达百纳秒）的运用，与未执行 IEEE 1588 标准的以太网延迟时间毫秒量级相比，整个网络的授时同步指标得到显著改善。网络授时的主从应答机制原理如图 7-22 所示。

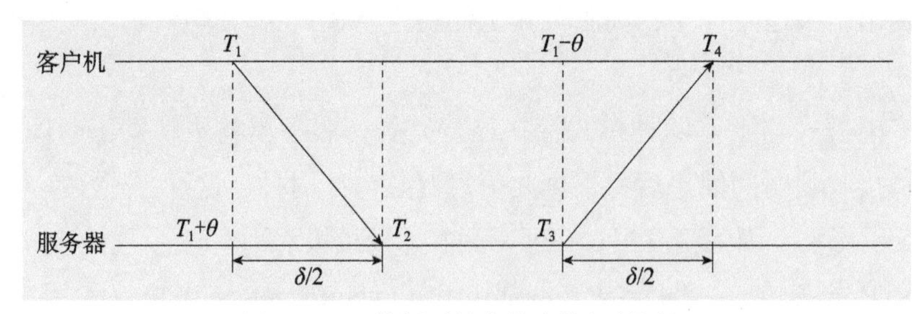

图 7-22　网络授时的主从应答机制原理

T_1：客户发出询问信号时刻；T_2：服务器接收信号时刻；T_3：服务器发出应答信号时刻；T_4：客户接收到应答信号时刻；θ：客户与服务器时间偏差；δ：网络传输时延

（四）低频时码授时

在低频无线授时应用中，以脉冲相位编码的系统为代表，它具有较高的授时精度，但由于技术复杂，普及性不高。在低频领域中，还存在另一种授时系统，即低频连续波系统。这种系统采用调幅调制技术来模拟秒脉冲，并且利用脉宽调制包含时间信息，也称为低频时码系统。低频时码授时的优势在于：①信号的覆盖范围广；②相位稳定；③信号包含模拟载频和数字基带，便于数字化设备的应用；④接收装置简单，有利于产业化、规模化。鉴于这些优势，低频时码授时技术一直得到国际电信联盟的支持与鼓励。

（五）电话授时

电话授时是基于公共电话交换网络传递标准时间信息的一种有线授时手段。它采用用户询问方式向用户提供标准时间信号，基本流程为：用户通过调制解调器拨打授时系统的电话，授时系统主机在收到用户机的请求后通过调制解调器将标准时间信息（时码）发送给用户，完成授时服务。电话授时系统可在不同的电话汇接局之间完成准确度优于 5 ms 的授时服务，在同一端电话汇接局内部完成准确度优于 3.5 ms 的授时服务，电话授时系统若要实现毫秒量级的授时精度，需要配置专门的调制解调设备，其优点在于可以充分利用现有全国范围内的公用通信网络资源，尤其是对于卫星、长短波等信号难以覆盖的区域。相较于其他授时系统，电话授时系统的建设投资少、见效快、易实现。同时，电话授时采用了实时的双向电路交换方式进行通信，并且其传输信息只限一对专用用户接收，提高了安全保密性（李晓东，2017）。

（六）电视授时

电视授时基本有两种方法，即无源时间频率传输法和有源时间频率传输法。在不干扰正常电视广播的情况下，无源时间频率传输法利用电视信号中的同步脉冲进行时间比对。这种方法始于 1976 年，许多国家都将它作为一种简单且较为准确的钟的比对方法。1970 年之后，有些电视网配备了铯原子钟，利用垂直消隐间隔的 1 MHz 正弦波群或稳定的彩色正弦波信号传输标准频率，在垂直消隐间隔中插入由铯原子钟提供的时间信息，人们称为有源电视授时。目前，我国是中央电视台将这样的授时信息插入电视信号中，开展有源电视授时。我国已独立发射同步卫星进行通信和转发电视节目。利用现有的卫星电视系统在电视信号场消隐期间的某行同步脉冲之间，插入标准时间频率信号、时间编码、卫星星历及其他信息，随电视节目一起，经卫星转发给全国用户，用户在接收电视节目的同时，利用特制提取器，从电视信号中提取时码，以显示接收时刻的“时、分、秒”，提取卫星星历，计算标准秒脉冲从发射点经过卫星到达接收点的传播时延，用它修正接收的标准秒脉冲，从而获得标准时刻。现有的卫星系统增加了高精度卫星授时功能（曹婷，2010）。

三、关键科学技术问题

（一）基于北斗卫星导航系统的精密授时技术

卫星授时从轨道来看，授时卫星有低轨、中轨、高轨和同步轨道4种。高度越高，信号的覆盖范围越大。当卫星达到同步轨道高度时，其信号差不多可覆盖全球。然而，信号强度随高度的升高而减弱。若要求卫星保持精确轨道并相对于地球处于固定方位，信号又要有足够强的辐射能力，则必然增加系统总体方面的其他要求。主要探索基于北斗卫星授时的技术体制的多样化，共视、全视、精密单点定位等技术的发展将进一步提升授时比对的精度。同时，包括对北斗RDSS、RNSS等各类业务在授时中可能的融合应用进行研究。

（二）基于光信号实现精密授时

基于光信号进行时间频率信号传输的方案最初由美国喷气推进实验室提出，并很快受到各国研究人员的关注。欧洲学者在连接两个城市长达680 km的双向光纤链路上成功构建了基于光纤的频率传输系统，该频率传输系统最终实现了5.4×10^{-16}/s的短期传输稳定度和3×10^{-20}/d的长期传输稳定度。国内近年来对基于光纤的时间频率传输技术的研究也在飞速发展中。目前，基于光信号的时间频率传递主要有以下几种技术体制：典型光频传输技术、主动光程补偿方法和光梳信号传输方法等，其主要优势在于光信号传输具有极小的信号损耗，且不易受到电磁干扰。未来对于光纤色散效应、折射率变化、温度效应的影响将是研究的重点。

（三）授时服务监测评估

精密授时服务于国计民生的各个行业，授时信号的稳定性、服务精度对于用户至关重要。通过构建广域分布的授时监测系统，对国内的各类授时服务（北斗卫星授时、地基长波授时和网络授时等）进行全天候连续监测，同时对国内许多用户采用的GPS、GLONASS等国外授时信号进行监测，对各类授时信号的服务精度、可用性进行评估和分析，对授时异常状态及时给出判定和告警，为用户提供信息支持。

四、发展方向

（一）新一代星基授时技术体制

基于卫星的授时技术无疑是目前应用最为成功的高精度授时技术体制，这得益于卫星信号的大范围、高精度、全天候传播。发展到今天，星基授时正越来越接近其技术体制上的瓶颈，受制于无线电信号的传播与测量精度、误差模型修正精度及其固有的不确定度，制约着其测量不确定度的进一步提升，难以匹配新型原子频标 1×10^{-18} 甚至更高量级的测量比对需求。星基授时技术进一步提升了测量不确定度：一是考虑北斗卫星导航系统、低轨卫星系统、空间站等多系统的融合应用，与星间链路技术、星基增强技术、量子通信技术等进行融合，通过技术方法的融合寻求测量水平上的提升；二是对现有测量理论、测量模型的改进，包括对时间比对中的相对论效应、传播延迟等误差的精确修正。

（二）多源综合授时服务技术

卫星授时虽然具有精度高、覆盖范围广、使用便捷等突出优点，但是电磁信号具有天然的脆弱性，难以到达室内、地下、水下等区域。为提高授时体系的整体性能，应逐步以北斗卫星授时系统为主，以地基长波授时系统、地面网络授时系统等为辅，构建具备统一可靠时间基准、丰富性能层次、多样播发方式的授时网，兼顾不同层次的用户需求，充分满足室内、室外、地上、地下各种用户的需求，对于重点区域实现多重覆盖，以实现综合性的多源授时能力。

第三节 定时技术

一、科学意义与战略价值

对时间用户而言，要获取外界的授时服务，必须使用特定的终端设备。一般把接收授时信号，为用户提供标准时间频率服务的过程称为定时，定时所采用的用户端设备一般称为定时终端。

目前，定时终端的类型多样，包括了卫星定时接收机、长波定时接收机、网络定时接收机等，定时精度从纳秒量级到毫秒量级不等。定时终端广泛应用于国防、通信系统、电力系统等各个方面，这对于定时终端的高可靠性和安全性提出了越来越高的要求。在相当长的时期内，国内各个行业广泛采用GPS定时接收机作为时间源，而在我国北斗卫星导航系统建成后，北斗定时接收机开始投入市场并得到广泛应用，为国防建设和国民经济发展做出了巨大贡献。时间频率的行业应用需求如表7-7所示。

表7-7　时间频率的行业应用需求

类型	精度需求	行业
时间需求	秒	公路运输、航海、地震救助及应急指挥、个人应用
	毫秒	电力运行调度、公共治安管理、交通管理、警用航空管理
时间需求	微秒	电力通信及故障定位、移动通信基站
	纳秒	高速光纤通信网、新一代智能电网、空间探测、科学研究
频率需求	1×10^{-15}～1×10^{-8}	移动通信、互联网、电力、空间探测、科学研究

二、现状及其形成

现代授时技术极大地受益于无线电技术的快速发展，从短波授时、长波授时到现在的卫星授时，精度不断提升，应用范围越来越广，极大地促进了定时终端的技术演进。

20世纪初，美国发明了利用短波信号进行时间传递的技术，从而使得远距离授时成为可能。我国短波授时可追溯到1966年，经国家科学技术委员会批准，筹建短波授时台，1970年短波授时台试播，1981年经国务院批准正式播发标准时间和频率信号。人们在长达五十余年的时间内主要利用短波定时终端进行定时，短波定时终端的定时精度只能达到毫秒量级。从20世纪50年代末期开始，基于长波信号的导航授时系统得到了应用。美国建立的罗兰C系统、我国建立的长波授时台都投入应用，长波定时终端的精度可达到微秒量级。自从人造地球卫星升空后，人们开始探索利用卫星进行授时。1960

年，美国第一次尝试利用卫星进行授时实验，并开始论证利用卫星系统进行全球覆盖的高精度导航授时。1993 年，美国 GPS 达到了初试运行能力，两年后达到了全运行能力。俄罗斯 GLONASS、我国北斗卫星导航系统和欧盟 Galileo 系统也先后投入运行，卫星定时终端可满足用户纳秒量级甚至亚纳秒量级的定时精度需求，且可全天候使用、成本低，是目前用户定时的首要选择（崔弘珂，2012）。

以卫星定时终端为例，通用的定时终端一般由信号接收设备、信号前端放大电路、信号处理模块、频率综合分配放大模块、自守时模块（小型化铷原子钟或高稳晶振等）、数显电路和电池模块等组成。信号处理模块一般包含模 / 数转换器、FPGA+DSP 和相应的配置芯片。其基本工作原理为：定时终端接收授时系统播发的授时信号后，根据接收到的信号以及各类信息计算出路径时延，完成与授时系统标准时间的同步，并输出标准的时间信号。其中，涉及多项关键技术，包括高速数字信号处理技术、定时解算算法、误差处理算法以及时钟驾驭技术等。国际上常用的 Septentrio、Trimble 和 u-blox 公司定时终端和模块标称精度可达 10 ns。国内定时终端技术发展也很迅速，基于北斗的高精度定时接收机在定时精度上可以达到与进口设备相当的水平，并已在行业中得到了广泛应用。

三、关键科学技术问题

（一）精密定时技术

卫星授时的误差源主要包括卫星钟误差、卫星轨道误差、传播路径时延修正误差等，为了提高卫星授时精度，可通过精密星历和精密钟差产品支持，利用卫星伪距和载波相位观测值进行 PPP 精密解算，计算结果可达亚纳秒量级，但这一计算结果受制于精密星历，时效性不强。北斗卫星导航系统提供了新体制 B2b 信号，定时终端通过接收卫星信号和配套的精密星历，可实现实时亚纳秒量级的定时精度。未来还可引入低轨卫星信号或地面光纤授时信号，不断提高定时精度。

（二）芯片级原子钟技术

基于激光与原子相干布局囚禁理论的芯片级原子钟是未来定时终端的核心器件，决定了定时终端的自主时间保持水平和小型化水平。该原子钟代表了小型化原子钟未来的发展方向，近年来在设计技术、制造工艺以及物理机制方面都取得了较大进展。2002～2011 年，美国 DARPA 启动了 CSAC 项目，目标是开发出体积小于 1 cm^3、功耗小于 30 mW 且精度优于 $1\times10^{-11}/\sqrt{\tau}$（$\tau$ 为每次测量的取样时间）的原子时间频率基准装置（王淑华，2016）。CPT 的设计和制作面临诸多技术挑战，除了需要考虑 CPT 的整体结构布局外，还需要考虑物理系统中蒸气腔的设计、制作、密封性等问题，物理系统中垂直腔面发射激光器的设计与制作、垂直腔面发射激光器与其他光学器件的集成以及振荡器与频率合成技术等。

四、发展方向

（一）弹性定时终端技术

卫星导航系统授时信号微弱，易被干扰和欺骗，地基增强和星基增强无线电信号也容易被干扰，而且所有无线电信号的穿透性能均较差，不能为地下、水下及其他被遮蔽区域提供授时服务。于是，多源 PNT 信息源的集成与融合应用将成为未来 PNT 服务的方向。弹性定时技术，即以综合多系统授时信息为基础，以多源传感器优化集成为平台，以函数模型弹性调整和随机模型弹性优化为手段，融合生成适应多种复杂环境的时间信息，使其具备高可用性、高连续性和高可靠性（杨元喜，2018）。重点研究构建以高精度小型化原子频标（芯片级原子钟）为核心，以卫星授时、地基授时多手段多源融合支撑的定时终端技术体制，形成弹性化定时和高精度、高可靠的时间输出能力。

（二）抗干扰、防欺骗定时技术

定时终端一般以卫星定时为主要手段，有可能遭受到外界干扰的影响，包括各类压制式干扰、生成式欺骗或者转发式欺骗等。为了应对定时终端可能遭受的干扰、欺骗等影响，抗干扰、防欺骗定时将是一个重要的课题。抗干扰、防欺骗定时技术可从两个层面开展研究：一是从硬件设计层面，通过采用抗干扰天线、天线阵列、自动增益控制等针对性设计提高对干扰欺骗信号的防御和识别探测能力（朱祥维等，2015）；二是从软件处理方面，基于各类观测量进行干扰处理分析，包括利用自动发电控制电平监测、时钟偏差监测、载噪比监测等方法对干扰进行判断处理。通过综合运用各类方法，提高定时终端的抗干扰、防欺骗性能。

本章参考文献

曹婷 . 2010. 基于数字电视广播信号的授时技术研究 . 西安 : 西安科技大学硕士学位论文 .

陈海军 , 肖顺禄 , 杨剑青 , 等 .2016. 一种工程化光抽运铯束管 . 真空电子技术 ,（ 3 ）: 8-10.

陈江 , 李得天 , 王骥 , 等 .2016. 导航铯原子钟的发展现状及趋势 . 国际太空 ,（ 4 ）: 20-24.

陈伟 .2017. 基于卫星授时的高精度时间同步方法研究 . 西安 : 西安工业大学硕士学位论文 .

崔弘珂 .2012. 高精度授时接收机关键技术研究与实现 . 西安 : 西安电子科技大学硕士学位论文 .

杜志静 , 赵文宇 , 刘杰 , 等 .2011. 脉冲激光抽运铷原子钟研究 . 武大学报（信息科学版）, 36（ 10 ）: 1236-1240.

管桦 , 黄垚 , 高克林 .2019. 光钟的发展和应用 . 现代物理知识 , 31（ 3 ）: 63-69.

韩春好 .2017. 时空测量原理 . 北京 : 科学出版社 .

何克亮 , 张为群 , 翟造成 .2017. 主动型氢原子钟的研究进展 . 天文学进展 , 35（ 3 ）: 345-366.

黄秉英等 .1996. 计量测试技术手册（时间频率卷）. 北京 : 中国计量出版社 .

李天初 , 方占军 .2011. 从长度米到时间秒 : 稳频激光 – 铯喷泉钟 – 飞秒光梳 – 锶光晶格钟 . 科学通报 , 56（ 10 ）: 709-716.

李晓东 .2017. 我国授时服务体系发展现状分析 . 中国设备工程 ,（ 17 ）: 197-198.

李云 , 华宇 , 燕保荣 , 等 .2019.BPL 长波授时信号传输时延的时间变化分析 . 宇航计测技术 , 39（ 1 ）: 12-16.

李志刚 , 李焕信 , 张虹 .2002. 卫星双向法时间比对的归算 . 天文学报 , 43（ 4 ）: 422-431.

梁益丰 , 许江宁 , 吴苗 , 等 .2018. 高精度授时技术发展现状分析 . 现代导航 , 9(5): 331-334, 347.

刘利，韩春好.2004. 卫星双向时间比对及其误差分析. 天文学进展，22（3）：219-226.
刘鹏，成华东，孟艳玲，等.2015. 积分球冷原子钟相位调制Ramsey条纹研究. 中国激光，43（11）：258-262.
欧阳家淦，岑宗浩，周健. 2008.PTP时钟同步协议分析及应用探讨. 华东电力，36（8）：62-65.
漆贯荣.2006. 时间科学基础. 北京：高等教育出版社.
谭述森.2010. 卫星导航定位工程. 北京：国防工业出版社.
汤超，黄剑龙，秦蕾，等.2015. 铷钟光谱灯热结构设计. 时间频率学报，38（1）：8-12.
童宝润.2004. 时间统一技术. 北京：国防工业出版社.
王淑华.2016. 国外CPT CSAC技术发展现状. 微纳电子技术，53（3）：137-145.
王义遒. 2012. 原子钟与时间频率系统. 北京：国防工业出版社.
夏一飞，黄天衣.1993. 球面天文学. 南京：南京大学出版社.
杨俊，单庆晓.2013. 卫星授时原理与应用. 北京：国防工业出版社.
杨利民，刘中雨，梁艳.2019.SI手册第9版系列介绍之一：SI基本单位在量子化演进中是如何定义的. 中国计量，（12）：14-17.
杨元喜.2018. 弹性PNT基本框架. 测绘学报，47（7）：893-898.
云影.2019. 北斗卫星导航系统发展报告. 4.0版. 南京：中国卫星导航系统管理办公室.
翟造成.2009. 原子钟基本原理与时频测量技术. 上海：上海科学技术文献出版社.
张涛允. 2011. 基于IEEE1588标准交换机的研究和设计. 北京：华北电力大学.
张妍，孙鹤旭，林涛，等. 2005.IEEE 1588在实时工业以太网中的应用. 微计算机信息，（15）：19-21.
朱祥维，伍贻威，龚航，等.2015. 复杂干扰环境下的卫星授时接收机加固技术. 国防科技大学学报，37（3）：1-9.
Kaplan E D.2010.GPS原理与应用. 北京：电子工业出版社.
Mills D L.1991.Internet time synchronization: the network time protocol. IEEE Transactions on Communications, 39（10）: 1482-1493.
Ren W, Li T, Qu Q, et al.2020.Development of a space cold atom clock. National Science Review，7（12）: 1828-1836.
Yu M, Meng Y, Ye M, et al.2019.Development of the integrated integrating sphere cold atom clock. Chinese Physics B,（7）: 188-191.

第八章

PNT 技术展望

第一节　综合 PNT

一、科学意义与战略价值

任何基于单一物理原理的 PNT 手段都存在服务的局限性。惯性导航技术不可避免地存在误差累积的问题，很难用于长航时导航定位；地基无线电导航系统繁多，但是仅能服务于局部区域，定位、定时精度较差。GNSS 是目前功能最强大、服务领域最广、服务性能最优、使用最方便的 PNT 服务平台。GNSS 技术的出现改变了 PNT 服务模式和人们的生活，而且改变了城市的运行，真正使 PNT 走进千家万户，应用于社会的方方面面。GNSS 逐渐成为人们日常出行必不可少的工具，各行各业对 GNSS 的依赖也更加凸显。即使 GNSS的 PNT 服务功能强大，其应用也存在一定的局限性和不稳定性，空间段、用户段和地面段都存在天然的脆弱性。空间段卫星的安全稳定运行存在隐患，卫星本身和卫星的重要载荷可能出现故障，卫星星座的瘫痪肯定会终止相应 GNSS 的 PNT 服务；GNSS 空间段信号非常微弱、穿透能力差、极易受到干扰和欺骗；地面运行控制系统是 GNSS 服务的“大脑”，负责 GNSS 星座的维护、卫星星座监测、星历生成与上注，一旦地面运行控制系统瘫痪，相应的卫星星座的 PNT 服务能力将大打折扣，而且高精度 PNT 服务将不可持续。同时，GNSS的 PNT 服务不能惠及地下、水下和室内，在高楼林立的大城市和森林密集的特殊地区，GNSS 信息易受遮挡，无法保证 PNT 服务的可用性、连续性和可靠性。尤其是海湾战争以来，战场电磁环境越来越复杂，GNSS 易受干扰、易被欺骗的问题也越来越突出，要确保战场 PNT 信息的主导权，确保战场指挥、单兵、各类武器平台、载体使用 PNT 的安全性、连续性和稳定性，就必须降低对 GNSS 的依赖。此外，PNT 还是国家重大基础设施稳定运行的重要基础信息，要保持国家重大基础设施的安全稳定运行，也必须降低对单一 GNSS 信号的依赖，构建技术优势互补、性能增强的综合 PNT 手段。

综合 PNT 至今并无统一定义，专家认为，综合 PNT 应该分为如下层次（杨元喜，2016）：一是多物理原理信息源的 PNT；二是非中心化运行控制（云平台控制体系）的 PNT；三是多传感器组件深度集成的 PNT；四是多组件多源信息在不同用户终端深度融合的 PNT。

所以，综合 PNT 最终体现在用户 PNT 服务性能的提升上。换言之，综合 PNT 必须包含几个核心性能要素，即必须满足可用性、完好性、连续性、可靠性和稳健性。如此，可给出如下综合 PNT 的定义：基于不同原理的多种 PNT 信息源，经过云平台控制、多传感器的高度集成和多信息源的数据融合，生成时空基准统一的，而且具有抗干扰、防欺骗、稳健、可用、连续、可靠的 PNT 服务信息（杨元喜，2016）。

建设综合 PNT 基础设施，就是为了降低对单一 GNSS 的依赖，也降低了对其他 PNT 服务传感器的依赖。综合 PNT 旨在建设更加泛在、更加融合、更加智能的综合时空体系，为国家重大基础设施、国防安全、经济社会稳定运行提供更加坚韧、更加连续、更加可靠、更加稳健的 PNT 体系。

二、现状及其形成

早在 2010 年，美国运输部和国防部就开始谋划美国国家 PNT 架构

（Greenspan，1996），拟在 2025 年前构建国家 PNT 新体系，提供能力更强、效率更高的 PNT 服务。不少专家学者也提出了新的概念，目的就是增强 GNSS，发展以 GNSS 为核心，包含其他信息源的 PNT 服务体系。

Parkinson 2014 年提出了 PTA 概念（Parkinson，2014），即保护（protect）、坚韧（toughen）和增强（augment），其核心是保护 GPS 的 PNT 信号不受攻击，具有坚韧性，并提出采用星基增强和地基增强方法提升 GNSS 的 PNT 服务能力，提高可用性和完好性。在 PNT 应用的关键基础设施方面，Parkinson 建议国家天基 PNT 协调办公室牵头开展 PNT 威胁模型研究。研究内容包括：判断不同类型的 PNT 威胁，评估影响并提出对策，并分别监测 GPS 和其他 GNSS 信号的完好性（Parkinson，2015）。

美国还有一些学者则强调：发展以 GPS 为核心、包容其他手段的 PNT 体系，如微型定位、导航和定时（micro PNT）技术，量子感知 PNT 技术以及其他有望提升物理场感知灵敏度和精度的传感器技术等，并结合高稳定性和高可靠性原子时钟技术等（Mcneff，2010）。

实际上，综合 PNT 具有“混合”和“自主”的属性，有学者称之为混合自主 PNT 系统（hybrid and autonomous PNT system，HAPS）（Petovello，2003）。混合 PNT 也强调基于不同原理的多类 PNT 信息源、多种技术和多种功能的 PNT 传感器集成、多类信息的融合服务。此外，混合 PNT 强调协同、组合、集成、融合，使多系统组合提供的 PNT 服务比单一系统的 PNT 服务更具有可用性、连续性和可靠性，如多类 GNSS 融合导航、GNSS ／无线电通信组合、GNSS ／重力匹配／ INS 组合等都属于这类综合 PNT 服务体系。自主 PNT 包含两个含义：一是某单一 PNT 系统无须其他外部系统支持，可自主提供或维持 PNT 服务，如基于星间链路的卫星自主定轨、测时所维持的 GNSS PNT 服务、惯性导航提供的 PNT 服务等；二是某一系统与其他功能组件进行紧密组合实现体系的自主 PNT 服务，以补充单一系统 PNT 服务的保真性（fidelity）和稳健性（robustness）（Petovello，2003）。通常采用的 GNSS/INS 紧密组合导航即属于这类自主 PNT。

综合 PNT 的难点在于搭建国家综合 PNT 体系和搭建综合 PNT 服务平台。首先，不同用户对 PNT 服务的需求不同，如高安全用户需要抗干扰、防欺骗，并要求具有水下、地下 PNT 服务功能；普通用户要求具有室内外一体化 PNT

服务能力；交通运输用户要求具有高动态、连续且不受障碍遮挡影响的PNT服务；特殊群体还需要PNT服务可穿戴、小型化、低功耗、智能化等。综合PNT体系构建必然涉及服务终端的高度集成化、小型化甚至微型化（如芯片集成），而且综合PNT体系还涉及弹性化、智能化的信息融合。综合PNT体系概念框图见图8-1。

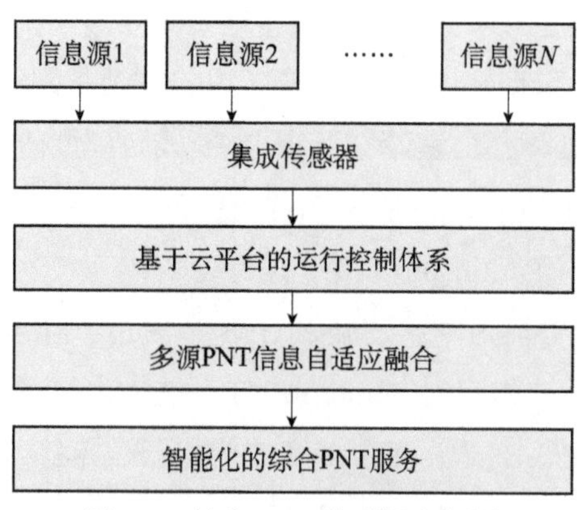

图8-1　综合PNT体系概念框图

三、综合PNT信息源

综合PNT信息源包括银河系外的X射线脉冲星、日月系之间的拉格朗日点导航星座、中高轨GNSS星座、低轨通信导航一体化星座、地基增强网络、地基无线电信息源、地基通信基站、海底声呐信标、天然地球物理场信息源等。

脉冲星星座可以作为深空载体优先选择的PNT基础信息源。在脉冲星导航的基础上，载体可辅以惯性导航以及自身携载的原子钟进行组合PNT应用。此外，脉冲星射电信号具有良好的周期稳定性，可以作为深空载体时差测定和相对定位的重要信息源。

拉格朗日点布设的导航星座可以作为连接深空和近低空域PNT服务的重要中转星座。该类星座一方面可以实现与北斗卫星星座的PNT时空基准的统一；另一方面可以直接播发北斗卫星导航信号，为深空和近低空用户提供PNT服务。

低轨导航星座可以作为北斗 PNT 服务的增强星座，也可以单独提供 PNT 服务。低轨卫星导航信号的落地电平一般较大，具有较强的抗干扰防欺骗能力。低轨导航星座的加入可以提高 PNT 服务的可用性，也会极大地提高用户 PNT 服务的可靠性。

地基无线电 PNT 是北斗 PNT 的极好补充，其工程实现需要建设多个播发大功率低频信号的台站，各台站间保持时间同步。用户可利用多台站信号时延测定用户到各台站的距离，实现定位、测向、测速、定时等。

地基 5G 通信本身就可作为一种 PNT 服务手段，如果各信号基站都使用统一的北斗卫星导航系统时空基准，则可实现与北斗卫星导航系统兼容、互操作以及可互换的 PNT 服务。

海底 PNT 信标网络是构建海底 PNT 服务的有效手段，其建设涉及海底信标方舱、海底信标网络设计、海底信标网络工作模式等，涉及系列关键技术。

天然地球物理场是极好的导航参考基准，物理场与地理位置的关联度极高，只要精确感知物理场信息，并与具有地理坐标的物理参数匹配，就可实现匹配导航。地球物理场的感知传感器包括惯性导航传感器、量子感知传感器、重力传感器、磁力传感器等，只要将地球物理场的感知传感器与时间传感器集成，就可实现用户自主 PNT 服务。综合 PNT 基础设施如图 8-2 所示。

四、关键科学技术问题

（1）时空基准统一。不同的 PNT 体系往往基于不同的时空基准。综合 PNT 体系首要条件是构建统一的时空基准，实现各类 PNT 信息集成和融合处理。对于高速运动的载体的 PNT 服务，统一时间基准尤为重要。

（2）国家 PNT 体系架构设计。在充分分析现行我国 PNT 体系需求与差距的基础上，前瞻未来综合 PNT 发展趋势，重构国家 PNT 体系架构也是必须解决的顶层设计问题。

（3）不同物理原理的 PNT 信息传递与融合尽管有不少研究成果，但是如何弹性化集成多类传感器，最优化地融合各类物理原理 PNT 信息仍然存在很多理论与技术问题。

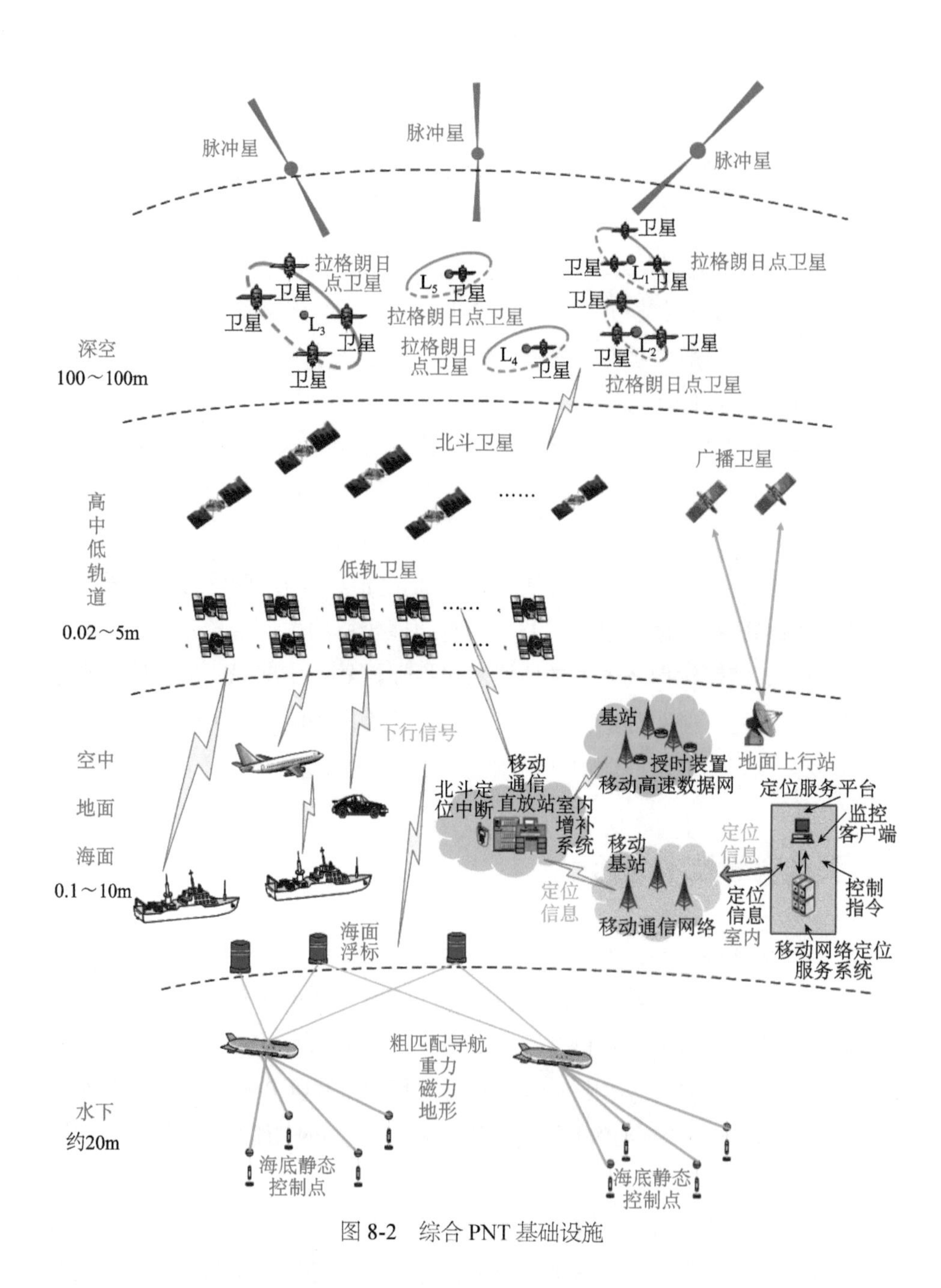

图 8-2　综合 PNT 基础设施

五、发展方向

（1）海底定位信标体系建设是综合PNT建设的重点方向之一。海底信标设计要考虑海底信标方舱放得久、用得久，还必须放得稳、用得稳。海底信标网的优化设计、声呐信号的调制、声呐信号的观测模型优化等都需要更加深入地进行研究。

（2）低轨增强卫星星座功能设计、星座构型设计、低轨卫星信号设计、星间链路设计与应用、低轨卫星与高轨卫星的协同PNT服务等研究的积累较少，需要深入开展模拟实验与仿真研究。

（3）目前脉冲星PNT服务模式还存在较大不确定性。首先，脉冲星射电源距离太阳系用户遥远，几何构型较差，信号传递模型不精确，接收终端研制也存在较大困难，要实现高精度脉冲星PNT服务还有很长的路要走。

（4）拉格朗日星座PNT服务用户少，需求不够迫切，研究成果较少。如何实现拉格朗日星座与北斗卫星星座的联合PNT服务，不仅需要解决信号的兼容与互操作问题，还需解决时空基准的传递问题。

第二节　微PNT

一、科学意义与战略价值

各类高稳定性、高连续性需求的基础设施以及高动态载体都需要集成多类PNT信息源，基于多种物理原理的PNT服务必然需要多物理原理PNT集成传感器。信息源越多，PNT集成传感器越复杂，体积也会越大，功耗也自然越大，待机时间会越短。为了充分利用多物理原理PNT信息源，微型化集成各类PNT传感器是综合PNT应用的基础，也是国家PNT应用发展的必然要求（杨元喜等，2017）。否则，面对众多PNT信息源，捆绑式传感器集成将成为小型载体PNT应用的极大负担。

二、现状及其形成

在微PNT体系发展方面，美国先后启动了9个大型集智攻关研究计划。在时钟方面，启动了芯片级原子钟和集成微型主原子钟技术；在定位方面，启动了导航级集成微陀螺仪、微惯性导航技术、信息链微自动旋式平台（IT-MARS）、微尺度速率集成陀螺（MRIG）等的研究；在时间与定位组合方面，启动了芯片级微时钟和微惯性导航组件（TIMU）、主动和自动标校技术（PASCAL）、惯性导航和守时数据采集、记录和分析平台（PALADIN & T）等研究与攻关。这些研究计划将形成美军微PNT体系的技术框架。2011年*GPS WORLD*刊载文章认为“微技术时代已经到来”（邓自立，2003）。

（一）微时钟技术

早在2002年DARPA就发动了10多个科研团队对芯片级原子钟进行了攻关，起初的目标是新研制的微原子钟应该是当时原子钟的1/200以下，功耗减少为1/300，即体积从当时的230 cm^3减小到1 cm^3，功耗从10 W减小为30 mW，稳定度指标为1μs/d。直到2012年，美国才在太空站测试了芯片级原子钟技术，当时的CSAC体积为15 cm^3。尽管有多家公司研发的CSAC原型样机已实现体积为1 cm^3的目标，并具备交付测试的能力，但离实际应用还存在相当大的差距。在微型原子钟技术方面，必须攻克固态电子和原子振荡等关键技术（肖潜，2005）。微时钟系统的质量取决于各组件的时间同步、时钟与其他测量装置的时间同步，以及内部时间传递精度。一般对于中低动态载体导航，内部时间精度应达到1×10^{-12}，对于以时间为参考的测量，则要求达到1×10^{-13}的精度，并要求低功率的时钟和振荡器的长期稳定度要优于1×10^{-11}/m，功耗为1 W（肖潜，2005）。

在集成型主原子钟技术方面，已实现了功率低于250 mW、时间误差小于160 ns/d的性能指标。由于主原子钟一般用于提供绝对时标，所以其精度和可靠性需比芯片级原子钟高2个数量级。未来，可望实现尺寸5 cm^3、功耗50 mW、频率精度1×10^{-13}/h（Allen方差）、稳定度优于5 ns/d的芯片级原子钟。超小型低功耗的绝对时标主要用于微纳卫星系统和微小卫星系统，也可用于无人水下潜器等。如果将超小型低功耗的绝对时标装置嵌入GNSS接收机，则可提高 GNSS 接收机的抗干扰、防欺骗能力，干扰和欺骗信号主要在时钟方面施加随机误差，导致无线电测距误差增大，引起导航定位的系统偏差。此外，微小时钟在高速信号捕获、通信、监视、导航、导弹引导、敌我识别及电子战中都有重要的用武之地。

（二）微陀螺技术

微陀螺技术是微 PNT 的主攻方向之一。早在 1970 年就有关于原子陀螺仪的演示，只是当时的原子陀螺仪非常笨重且昂贵。由于 MEMS 技术的成熟和批量生产，原子陀螺仪的小型化成为主攻方向。大多数光学陀螺仪都是基于 Sagnac 效应研制的，如光纤陀螺仪和环状激光陀螺仪。最初有研究人员设计了硅微电子机械系统，该系统具有体积小、成本低等优点（付梦印等，2003）。但是这类装置不能测定小的旋转速率，而惯性梯度测量需要测定 0.001°/h 的微小速率。幸运的是，原子陀螺仪具有小型化的潜力。原子陀螺仪可分为原子干涉陀螺仪和原子自旋陀螺仪（Ding et al.，2007）。2011 年就有利用微原子核磁共振进行陀螺仪研究的报道（Kyger et al.，1998）。其实，自从 1938 年 Rai 发现核磁共振开始，不少科学家即开始尝试利用 NMR 技术研制陀螺仪。从美国诺格公司已经封装的微原子核磁共振陀螺仪的测试结果来看，该型微陀螺仪体积小、稳定性好，性能几乎优于市场上其他所有微机械陀螺仪。半导体光源的利用促进了核磁共振陀螺仪的小型化。由于核磁共振陀螺仪不需要机械运动部件，所以其对振动或振荡不敏感，具有高分辨率和高稳定性等特点。可以利用多个具有不同特性的核磁共振组件进行集成，只是在目前的技术状态下，很难实现小型化。2013 年，美国诺格公司演示了一款新型的微原子核磁共振螺旋仪（micro-NMRG）的原理样机，利用原子核自旋功能探测和测量载体的旋转。该装置几乎具有现有光纤陀螺仪的定向性能，而且该陀螺仪被封装在 10 cm^3 的盒子里（Hide et al.，2004）。该螺旋仪的另一个特点是，配备活动部件，对载体的振动和加速度不敏感。

（三）微惯性导航定位技术

在惯性导航定位技术研究方面，DARPA 开启了 7 个研究计划。2005 年，美国启动了导航级集成微陀螺技术研究，目标是尺寸仅为 1 cm^3、功耗小于

5 mW、定向随机游走小于 0.001° /$\sqrt{h}$、偏差漂移小于 0.01° /h、尺度因子稳定度优于 50 ppm、测程大于 500° /s、带宽 300 Hz（邓自立，2003）。导航级集成微陀螺技术主要用于小型作战平台。2008 年，美国启动微惯性导航技术的研究，旨在开发微型、低功耗导航传感器，具备数小时到数天的自主导航能力。微惯性导航技术的目标也是体积达到 1 cm^3（能用于步行导航，如嵌入鞋体），功耗不高于 5 mW，要求步行 36 h 后精度仍能保持 1 m，每步速度偏差为 10 μm/s。微惯性导航组件直接测量中间惯性变量（速度和距离），如此可以减小加速度计和陀螺仪集成后计算速度和位置带来的累积误差（肖潜，2005）。2009 年，美国启动信息链微自动旋转平台计划，该计划的目的是实施和验证多 MEM 组合的旋转平台性能，为 MEM 组合传感器提供一个旋转自由度（微结构、微传感器本身无旋转）。其目标仍然是研制出体积 1 cm^3、功耗 5 mW、角度绝对精度优于 0.001°、满足最大摆动 10 μrad、旋转速率 360° /s 测程范围的 IT-MARS。2010 年，MRIG、TIMU、PASCAL 和 PALADIN&T 同时启动（邓自立，2003）。MRIG 的主要目标是提升惯性传感器的动态测程，以便适应动态载体的大范围机动，动态测程扩大到 15000° /s，角度相关的可重复度为 0.1° /h，与偏差相关的漂移可重复度达 0.01° /$\sqrt{h}$，工作温度拓展至 −55～85℃，定向随机游走 0.001° /$\sqrt{h}$。TIMU 的主要目标是发展超小型定位和守时综合装置，设计要求该装置体积 10 cm^3、功耗 200 mW、圆概率误差 1 nmi/h，并且有自主导航能力。PASCAL 的主要目标是减小时钟和惯性传感器的长期漂移，以便在无 GNSS 支持的情况下，实现长时间自主导航。于是，该装置的自检校功能是研究重点。因为只有当微 PNT 传感器具有自检校功能时，才能弱化惯性导航和时钟的长期项偏差和系统漂移等累积误差。PASCAL 的偏差稳定度要求提升至 1×10^{-6}，比现有的微惯性导航系统（200×10^{-6}）高 2 个数量级。PALADIN&T 将发展具有普适性的柔性测试平台。先发展原理型平台，然后发展飞行便携的简化的统一评估方法，并提供早期的野外技术验证。2012 年，DARPA 启动芯片级组合原子导航（chip-scale combinatorial atomic navigation，C-SCAN）计划，即寻求将不同物理特性的惯性传感器集成到单一的微尺度惯性测量单元，其目的是构建自主的、不依赖 GPS 的芯片级微 PNT 系统，能适用于不同军用平台、不同作战环境的载体精密引导，并能适用于中远程导弹的引导（肖潜，2005）。

C-SCAN 计划的核心是将具有不同物理特性的 PNT 组件集成到单一的微系统，不同组件具有互补性。其主要目标可以概况为：①将不同高性能固态惯性传感器进行综合，发展综合集成技术，将不同物理原理的各组件集成为一个整体，并实现小型化；②发展相应的数据融合处理算法。C-SCAN 的首要任务是集成一个多陀螺和多加速度计的单一惯性测量单元。精度指标达到 10^{-4}°/h，偏差稳定度达到 10^{-6} g，角度随机游走达到 5×10^{-4}°/$\sqrt{h}$，速度随机游走达到 5×10^{-4}(m/s)/$\sqrt{h}$，尺度偏差达到 1×10^{-6}，动态测程达到 1000 g。C-SCAN 组件具有 3 个旋转轴和 3 个加速度传感器，在恶劣环境下可为军用载体提供定位导航服务。

三、关键科学技术问题

微 PNT 要求各类微器件的输出信息能自适应地进行融合（Wang et al., 1999）。不同的组件可能具有不同的物理特性，各组件虽有分工，但互为补充，不同的物理特性可能产生不同的系统误差和有色噪声（Sage et al., 1969），因此顾及各类系统误差补偿和有色噪声补偿的自适应融合算法就显得十分重要（Fagin，1964；夏启军等，1990）。

（1）微 PNT 函数模型建立。微 PNT 数据融合的第一要素是构建可以互操作的函数模型，该函数模型必须以相同的位置向量（position）、相同的速度参数向量（velocity）和各类传感器特有的参数向量共同表示，即每一类观测均 PNT 表示成共同的参数模型和特有的参数模型的叠加。

（2）微 PNT 输出信息的自主标校。如果在自适应数据融合过程中能实施对各微 PNT 组件的在线标校，则可减少各类观测量的特有模型参数，提高 PNT 融合输出结果的可靠性。

（3）微 PNT 材料与工艺。精细的微尺度制造技术只是微 PNT 的核心技术之一，而与精细优化的整体集成技术和智能数据处理技术配合，才能构成完整的微 PNT 技术体系，其中芯片级陀螺仪和芯片级原子钟是其核心中的核心。①“微”要体现优化的设计原理。优化合理的设计，才有可能得到精细的制造；优化合理的设计，还涉及后续的体系架构；顶层设计的优化是微尺度制造、微尺度集成的基础。②“微”还要体现精细的制造技术。微尺度制造首先要解决特殊的材料问题，因为“微”很容易造成“不稳”，正常的材料要同时解决“微”与“稳”，必须攻克材料和制造工艺方面的问题；材料要满足环境稳定性和适应性，再辅以特殊的制造工艺才能制造出先进可靠的微 PNT 传感器。③“微”还必须具备不同原理微器件的深度集成技术。深度集成应该体现在能共用的单元就应该共用。例如，多微型时钟组件与多微惯性导航组件，就应该设计在同一芯片上，真正实现芯片级 PNT 微组件，PNT 装置微型化才能便于与其他不同载体的集成或嵌入。④“微”就必须要求各计量器件具备自主标校能力，包括主动标校能力和被动标校能力。在微器件状态下，各组件的系统误差应该能自动探测、自动标校，尤其能自适应地进行系统误差拟合和纠正，确保多传感器集成后的 PNT 组件处于高稳定可靠的工作状态。

芯片化的 GNSS 组件也是微 PNT 的核心组件，卫星 GNSS 芯片可以与微时钟、微陀螺和微惯性导航组件深度集成，并为其他微 PNT 组件提供统一的时空基准。

四、发展方向

（1）微型组件设计与加工。微 PNT 不仅体现在“微”，即小型化的 PNT，同时需要“精”、需要“稳”、需要“可靠”。于是，各种随机接入的 PNT 组件的微型化、低功耗需要下大力气进行研究与探索，这里不仅涉及微型组件的材料、设计，还涉及该类组件的加工工艺（杨元喜等，2017）。

（2）微 PNT 组件的模型误差识别与标校技术。与大型装备相比，微 PNT 组件的稳定性一般较差，于是各类组件的自主标校能力或互标校技术就显得十分重要。如何实现各组件的误差识别和自动标校，甚至实现各类组件观测模型的自补偿、自修正等都是急需解决的关键技术问题（杨元喜等，2017）。

（3）微 PNT 的弹性集成和弹性融合理论与方法。微 PNT 传感器深度集成必须满足高可用、抗干扰、便携、稳定、低功耗的目标，因此组件的弹性集成、数据弹性融合、弹性数据处理是发展方向。

第三节　弹性 PNT

一、科学意义与战略价值

综合 PNT 服务体系（Zhang，2006；Greenspan，1996）的核心问题是多源 PNT 信息共同提供 PNT 服务，于是多源传感器集成是综合 PNT 服务的必然需求。多源传感器集成首先必须解决传感器集成的小型化和低功耗问题，于是微 PNT 将是综合 PNT 和弹性 PNT 的必由之路（Yang，2008；董绪荣等，1998）。随着未来综合 PNT 体系的建设以及微 PNT 核心技术的突破，多源 PNT 组件的弹性集成、多源 PNT 函数模型的弹性调整和随机模型的弹性优化，即弹性 PNT 服务体系建设将成为研究热点。

二、现状及其形成

弹性 PNT（resilient PNT, RPNT）体系是相对于固定 PNT 体系来说的。弹性 PNT 至今没有明确的定义，而且相关学术论文也不多。基于综合 PNT 体系的应用模式，给出弹性 PNT 的如下定义：以综合 PNT 信息为基础，以多源 PNT 传感器优化集成为平台，以函数模型弹性调整和随机模型弹性优化为手段，融合生成适应多种复杂环境的 PNT 信息，使其具备高可用性、高连续性和高可靠性。

弹性 PNT 是近几年提出的 PNT 服务模式。一般侧重讨论舰船多传感器的弹性集成应用，以增强 PNT 服务的可用性和可靠性。已有公司开发出 GNSS 与 AIS 弹性集成的传感器，可主要用于舰船 PNT 的初步产品，目前在航海导航领域讨论较多。Gregory 等（2014）探讨了将多 GNSS 差分信息与自动识别系统（automatic identification system，AIS）信息以及 eLoran 信息集成，构建测距模式的（ranging-mode 或 R-Mode）PNT 服务系统。

弹性PNT首先必须有冗余信息，否则不可能有“弹性”选择。弹性PNT的基本出发点是，任何一种单一的PNT信息源都可能存在风险。凡涉及人身安全、体系安全、国防安全的PNT服务，必须确保安全可靠。于是，其他手段的冗余PNT信息源的利用就显得十分重要。

弹性PNT是一种新型的PNT聚合，通过聚合冗余PNT信息源，改进陆、海、空、天动态载体导航定位的可靠性、安全性和稳健性。RPNT、Parkinson（邓自立，2003）和美国国防部提出的“安全的PNT”（assured PNT，AsPNT）及美国国家航空航天局提出的“可选择的PNT”（alternative PNT，AlPNT）（Ding et al.，2007；付梦印等，2003）意义相近；与“柔性PNT”（flexible PNT，FPNT）或自适应导航定位理论（Yang et al.，2001a；Mohamed et al.，1999；Kyger et al.，1998），简称自适应PNT（adaptive PNT，AdPNT）表达的实际含义相近。

应倡导的弹性PNT是指，利用一切可利用的PNT信息源，生成连续、可用、可靠、稳健的PNT应用信息，其中连续、稳健和可靠的PNT信息生成是弹性PNT的核心。于是，弹性PNT必须包含硬件的弹性优化集成、函数模型的弹性优化改进、随机模型的弹性实时估计，以及多源PNT信息的弹性融合。弹性技术方法已经广泛应用于风险管理与控制，其方法与智能学习和优化控制方法关系密切。

三、关键科学技术问题

（一）弹性PNT传感器集成

在复杂环境下，单一PNT服务体系可能存在不连续、不可用或不可靠风险，甚至完全失去服务能力。充分利用多传感器获取多源PNT信息是合理的选择。在PNT信息源显著增加后，多传感器的有效集成将是技术难题。

多传感器弹性集成指的是，多传感器分享共性组件，弹性优化集成满足兼容性的传感器组件，形成适应多种复杂环境的多功能PNT服务终端。多传感器弹性集成强调：在优化集成的基础上，特殊场景采用特殊组合模式（即弹性组合），确保复杂环境下的PNT适应性。所有能接收到GNSS信号的地域或空域，都应该首先选用多源GNSS进行优化组合，并采取防欺骗、防干扰措施。其他复杂区域则应该采用不同的传感器集成方式。例如，室内 PNT 可采用惯性传感器、磁力传感器以及室内无线电信标接收组件等进行优化组合；水下 PNT 尤其是深海 PNT，可采用高精度惯性传感器、水下声呐信标接收传感器（Wang et al.，1999）和重力磁力匹配传感器、微型原子钟传感器等进行优化组合；深空 PNT 可采用脉冲星信号接收传感器、深空拉格朗日星座 PNT 信号、GNSS 旁瓣信号接收设备、惯性传感器、星敏感器等进行综合集成。

首先，无论何种应用场景，多种不同物理原理的 PNT 都不能简单地进行捆绑集成。简单捆绑集成的终端必然存在互相干扰、终端体积大、功耗高、可携带性低、实用性差等问题。为了实现多源传感器的“弹性集成”，各类传感器的集成必须进行一体化设计，如伺服组件和数据处理单元等能共用的组件必须共用；凡不能共用的，要确保互相兼容；各传感器相位中心的几何关系和物理关系应尽量保持固化，并具有精确的标校参数，以便实现归一化处理；其次，各传感器的功能组合应该具备智能化，具备在特定场景根据 PNT 的感知能力进行优选组合，确保复杂场景 PNT 服务的连续性；最后，弹性 PNT 终端的各类组件及其接口必须标准化，便于组件弹性组合和弹性替换。非标准化 PNT 传感器组件容易造成连通难、替换难，且容易造成各类传感器的硬性捆绑，不利于集成后传感器的小型化，且不利于集成传感器的低功耗。

（二）弹性函数模型

观测函数模型及动态载体的动力学模型是多源 PNT 传感器信息融合的基础。通常情况下，观测函数模型及动力学模型在数据融合之前即已确定，在数据融合过程中一般不进行调整。实际上，大多数观测函数模型和动力学模型都是某种意义上的近似，如观测函数模型一般是非线性函数模型的一阶近似；载体运动模型常采用简化的常速度模型或常加速度模型。载体偏离假设模型的任何变化都视为扰动，凡此种种，都会造成函数模型本身的误差。一般情况下，函数模型误差与观测误差同等看待，即在最小二乘准则下进行误差补偿，求得待估计参数的最优估计值。为了补偿函数模型误差，尤其是非线性模型线性化带来的误差，有学者采用粒子滤波、无迹滤波（Sage et al.，1969）改善观测函数模型输出结果的精度，减弱模型误差的影响；也有通过自适应滤波法（Yang et al.，2006a；Yang et al.，2001b；Mohamed et al.，1999；Kyger et al.，1998）降低误差较大的观测函数模型在参数估计中的贡献，进而削弱其对状态参数估计的影响。本节所讨论的观测函数模型的弹性修正或弹性补偿，强调的是在对观测函数模型误差充分识别的基础上，建立观测函数模型误差的拟合补偿项，并实时或准实时地修改原有的观测函数模型，使其适应相应场景和相应传感器；观测函数模型的弹性处理还包含观测函数模型的弹性选择，即在特殊时期、特殊场景选择备份好的特殊模型，使得模型的适应性最佳化。

观测函数模型弹性修正的概念模型如下：

$$L_i(t_k)=A_i\widehat{X}(t_k)+F_i(\Delta_{t_{k-m}:t_k})+e_i \tag{8-1}$$

式中，$L_i(t_k)$为t_k时刻第i个传感器的输出向量；$\widehat{X}(t_k)$为t_k时刻状态参数向量；A_i为第i个传感器的观测设计矩阵；$F_i(\Delta_{t_{k-m}:t_k})$为观测函数模型修正函数，其中$\Delta_{t_{k-m}:t_k}$表示模型从$t_{k-m}$时刻到$t_k$时刻的误差序列，很多情况下，$F_i(\Delta_{t_{k-m}:t_k})$可以直接表示成$L_i(t_k)$的修正向量$\Delta L_i(t_k)$；$e_i$为观测随机误差向量。如果采用卡尔曼滤波，则动力学函数模型也可以附加弹性修正项：

$$X_k=\Phi_{k,k-1}\widehat{X}_{k-1}+G_k\left(\Delta_{\bar{x}_{t_{k-m}:t_k}}\right)+W_k \tag{8-2}$$

式中，X_k为t_k时刻动力学模型预报参数向量；$\widehat{X}_{k-1}$为t_{k-1}时刻状态参数估计值向量；$G_k\left(\Delta_{\bar{x}_{t_{k-m}:t_k}}\right)$为动力学模型误差修正函数，其中$\Delta_{\bar{x}_{t_{k-m}:t_k}}$代表动力学模型从$t_{k-m}$时刻到$t_k$时刻的误差序列，$G_k\left(\Delta_{\bar{x}_{t_{k-m}:t_k}}\right)$也可直接表示成动力学模型误差的修正向量$\Delta_{\bar{x}_{t_k}}$，$\Delta_{\bar{x}_{t_k}}$也可以由$G_k\left(\Delta_{\bar{x}_{t_{k-m}:t_k}}\right)$计算出来；$W_k$为$t_k$时刻动力学模型随机误差向量。当进行状态参数估计时，如果观测条件许可，则修正函数$\Delta L_i(t_k)$和$\Delta_{\bar{x}_{t_k}}$中的未知参数可以采用增广参数向量的方法，与状态向量$\widehat{X}_k$并行估计（Kyger et al.，1998），实现对观测函数模型和动力学模型误差的补偿；如果观测条件不具备，则采用伴随学习、识别、建模、预报的方式，直接得出观测时刻函数模型的修正量，并直接纠正函数模型。其中，边学习、边拟合、边修正函数模型的方法，实际为事后修正法。也曾有学者做过类似的研究和尝试，如利用伴随移动窗口拟合系统误差，并补偿函数模型误差（Fagin，1964）。但是，利用移动窗口拟合函数模型系统误差并进行模型误差补偿，容易造成窗口内的函数模型误差的平均，丢失其他周期性误差，造成模型误差的弹性调整不充分。

利用附加待估计参数来补偿模型误差计算相对简单，可以与状态参数并行计算。但是，附加参数估计法通常只估计单历元的模型误差，不具备模型误差预报校正功能。尤其在没有外部高精度参考 PNT 信息的条件下，这种单历元估计的模型补偿参数，不具备多历元模型误差校正的能力。

（三）弹性随机模型

随机模型表示的是随机变量之间的不确定性及其相互关系，一般以统计值给出，如随机变量的期望、方差、协方差、误差分布等。在参数估计领域，随机模型一般作为先验信息给出，在参数估计过程中一般不再变动。弹性随机模型指的是，各 PNT 传感器的随机模型在状态参数估计过程中不是固定不变的，而是随着观测信息不确定度的变化而弹性变化的。在数据融合领域，随机模型的弹性调整已经有很丰富的研究成果，如基于方差分量估计的参数估计（Yang et al.，2001b；夏启军等，1990），基于方差分量估计的融合导航（杨元喜等，2003；Yang et al.，2001a，2001b）和基于抗差估计准则的多传感器 PNT 数据融合（杨元喜等，2001）等都属于弹性随机模型范畴。如果将观测函数模型和动力学模型写成误差方程：

$$V_j(t_k)=A_i\widehat{X}(t_k)+F_i\left(\Delta_{t_{k-m}:t_k}\right)-L_i(t_k) \tag{8-3}$$

权阵 $$P_j=\sigma_0^2\Sigma_j^{-1}$$

$$V_{\bar{X}_k}=\widehat{X}_k-\bar{X}_k \tag{8-4}$$

权阵 $$P_{\bar{X}_k}=\sigma_0^2\Sigma_{\bar{X}_k}^{-1}$$

式中，观测向量 L_i 的协方差矩阵为 Σ_i，由于考虑了函数模型的弹性调整部分，则 L_i 的协方差矩阵为

$$\Sigma_j=\Sigma_{\Delta L_j}+\Sigma_{e_j} \tag{8-5}$$

式中，Σ_{e_j} 为观测随机噪声的协方差矩阵；$\Sigma\Delta_{L_i}$ 为弹性函数模型误差修正向量的协方差矩阵。动力学模型预报的状态向量为 $\widehat{X}_k$，相应协方差矩阵为 $\Sigma_{\bar{x}_j}$，相应表达式分别为

$$\bar{X}_k=\Phi_{k,k-1}\widehat{X}_{k-1}-\Delta\bar{X}_k(t_k) \tag{8-6}$$

$$\Sigma_{\bar{X}_k}=\Phi_{k,k-1}\Sigma_{\widehat{X}_{k-1}}+\Sigma_{\Delta_{\bar{X}_k}}+\Sigma_{W_k} \tag{8-7}$$

式中，$\Sigma_{\Delta_{\bar{X}_k}}$ 为动力学模型的弹性调整向量的协方差矩阵，Σ_{W_k} 为动力学模型本身的随机误差协方差矩阵。为了使不同观测在状态参数估计中对应合理的

贡献，往往采用方差分量估计或方差-协方差分量估计（Yang et al.，2007；杨元喜等，2001），重新调整观测的权重，即随机模型弹性化调整。如果有 r 个传感器输出观测信息 L_j（$j=1, 2, \cdots, r$），假设各传感器输出信息统计不相关，先验权矩阵为 P_j，若认定先验协方差矩阵能可靠反映观测向量或状态预报向量的不确定度，则基于最小二乘准则，可获得状态向量的最小二乘估计式为

$$\widehat{X}_k=(P_{\bar{X}_k}+A_1^{\mathrm{T}}P_1A_1+\cdots+A_r^{\mathrm{T}}P_rA_r)^{-1}\cdot(P_{\bar{X}_k}\bar{X}_k+A_1^{\mathrm{T}}P_1L_1+\cdots+A_r^{\mathrm{T}}P_rL_r)^{-1} \tag{8-8}$$

上式给出的状态参数估计为非弹性估计向量，如果各协方差矩阵不能可靠地表征相应随机向量的不确定度，则可以利用各随机向量的残差向量及方差分量估计方法重新求得相应的方差因子 $\sigma_{0_j}^2$（包括 $\sigma_{\bar{X}_k}^2$），并重新求得相应协方差矩阵。假设经过 N 次迭代计算，各随机向量的方差因子趋于一致，都约等于 σ_0^2，再重新确定各随机向量的权矩阵（Yang et al.，2001a），迭代模型如下：

$$P_j^N=P_j^{N-1}/(\widehat{\sigma}_{0_j}^N)^2 \tag{8-9}$$

$$\widehat{X}_k^N=(P_{\bar{X}_k}^N+A_1^{\mathrm{T}}P_1^NA_1+\cdots+A_r^{\mathrm{T}}P_r^NL_r)^{-1}\cdot(P_{\bar{X}_k}^N\bar{X}_k+A_1^{\mathrm{T}}P_1^NL_1+A_r^{\mathrm{T}}P_r^NL_r)^{-1} \tag{8-10}$$

为了控制异常误差对随机模型估计的影响，也可在进行方差分量估计时，采用抗差估计准则（Yang et al.，2001b），使得随机模型的弹性调整不受个别异常误差的影响。抗差估计本身也属于弹性随机模型优化的参数估计。抗差估计采用观测残差重新确定观测等价权（高为广等，2006；杨元喜等，2003），残差大的相应观测方差弹性增大，或相应观测权弹性减小。相应参数估计式为

$$\widehat{X}_k=(\bar{P}_{\bar{X}_k}+A_1^{\mathrm{T}}\bar{P}_1^NA_1+\cdots+A_r^{\mathrm{T}}\bar{P}_r^NL_r)^{-1}\cdot(\bar{P}_{\bar{X}_k}\bar{X}_k+A_1^{\mathrm{T}}\bar{P}_1^NL_1+A_r^{\mathrm{T}}\bar{P}_r^NL_r)^{-1} \tag{8-11}$$

式中，$\bar{P}_{\bar{X}_k}$ 和 $\bar{P}_j$ 分别为状态预报向量及观测随机向量 L_j 的等价权矩阵。所有等价权矩阵都是基于残差确定的，其中第 j 组观测 L_j 的第 i 个观测元素 l_i 的权元素为 $\bar{P}_{j_i}$，可以采用 IGG Ⅲ权函数（Yang et al.，2003），也可以采用其他成熟的等价权函数。若考虑动力学模型存在异常扰动，同时考虑观测信息存在异常误差，则可采用自适应抗差估计法进行多传感器 PNT 的弹性融合（肖潜，2005；Mohamed et al.，1999）。

弹性 PNT 是 PNT 集成应用的变革性技术，涉及的基础理论包括：PNT 传感器弹性化集成、弹性化函数模型和随机模型建立、弹性化数据融合理论与方法（Yang et al.，2021）。弹性 PNT 的研究才刚刚起步，理论、算法、模式都需要深入研究。

第四节　智能 PNT

一、科学意义与战略价值

国家综合 PNT体系（杨元喜，2016）为用户的 PNT 信息选择与应用提供基础，弹性 PNT 体系（杨元喜，2018）为综合 PNT 信息的弹性化应用提供理论与算法，PNT 信息的智能融合和应用是弹性 PNT 的具体体现，也是安全 PNT 体系及应用的重要基础。智能 PNT 侧重将人工智能应用于 PNT 服务领域，有望实现 PNT 应用环境感知、PNT 信息智能选择与组合、函数模型和随机模型智能优化，最终实现 PNT 信息的智能融合、智能服务与智能应用。智能 PNT 将是当前和今后一段时间 PNT 传感器集成、融合算法与应用领域的研究重点和发展方向，是实现弹性 PNT 的重要途径。

人工智能（artificial intelligence，AI）源于计算机科学，是计算机科学的一个十分活跃的分支。自 20 世纪 50 年代人工智能理论被提出，已经渗透到各行各业，促进了各学科尤其是信息处理与应用学科的进步，已经形成较丰富的理论成果和算法体系（Zhang，2006）。人工智能的核心是将专家知识、经验变成机器智能，实现机器代替人或部分代替人的行为和操作。主要分支领域包括机器人、图像识别、语言识别、自然语言处理和专家系统（Zhang，2006；Godha，2006）。

人工智能的发展也极大地促进了测绘科学与技术的智能化发展。在信息交互高度发达的今天，基于互联网、物联网和其他通信手段促成的信息交互，极大地促进了泛在测绘手段的发展。但是要满足智能化测绘与服务需求，互联网、物联网的信息交互必须向具有精准时空位置感知能力的时空信息演进，具有时空标签的信息将越来越丰富；在综合对地观测日臻完善的大背景下，各类地理空间信息将日益丰富。于是，未来实现用户 PNT、影像及地理信息的实时智能感知与智能服务不仅成为可能，而且将会成为趋势（Yang，2008）；特别是，在空天地集成化传感网和感知网的支持下，实现城市的智能感知、智能决策，即智慧城市将是智能测绘发展的重点（孙红星，2004）。

二、现状及其形成

在 PNT 领域，人工智能具有许多新的研究热点，也有广泛的应用前景（邓自立，2003，2000）。在导航定位领域，智能化研究往往侧重 PNT 观测模型智能优化，如附加系统误差补偿参数的观测模型优化（付梦印等，2003），附加周期误差补偿函数的水下声呐定位观测模型（Yang et al.，2021）等；也有侧重于观测随机模型的智能调整，如基于方差分量估计的随机模型调整法（Ding et al.，2007；Yang et al.，2003；Kyger et al.，1998）等；在动态导航方面，自适应卡尔曼滤波也采用了智能调整动力学模型贡献的方法，降低了异常动力模型对动态导航的影响（肖潜，2005；Yang et al.，2001b；Mohamed et al.，1999）。

PNT 本身没有智能，而应用 PNT 或 PNT 服务需要智能。PNT 体系及其算法与人工智能相结合，实现 PNT 应用场景的智能感知、智能识别、PNT 信息的智能集成、智能建模和智能融合，可实现智能 PNT 应用。于是，可以把人工智能在 PNT 领域的应用简称为智能 PNT 服务。

但是，无论是智能 PNT 体系，还是智能 PNT 服务或智能 PNT 应用，都需要体现“智能”，必须把人工智能与 PNT 服务技术相结合，解决智能 PNT 应用与服务问题。因此，需要构建 PNT 应用与服务的专家系统或知识库，构建 PNT 服务的知识图谱，并将 PNT 服务的经验与知识模型化，便于 PNT 服务系统的智能化学习。

智能 PNT 服务可定义为：将 PNT 专家的思想、经验、知识和用户的需求相结合，并实现算法优化，建立适应用户需求的专家系统，再将 PNT 专家系统转化为机器可识别的知识图谱或模型，最后实现 PNT 智能保障和智能服务的全过程（Yang et al.，2021）。

智能 PNT 服务不追求个性化的 PNT 专家知识，而是融合大多数 PNT 专家的理论成果和应用领域专家的经验，形成共性化的知识，即专家“共识”，再以多学科专家的“共识”生成专家知识库（Wang et al.，1999），各类 PNT 计算模型、融合模型、融合方法等都属于专家知识库的内容。当 PNT 专家的“知”、“识”和经验转化为“智”，即实现了“PNT 智能服务”的第一步。

PNT 专家系统生成的“智”要转化成“能”还必须解决 PNT 感知与服务的逻辑推理问题，即将 PNT 专家系统转化为“PNT 脑”，使其具备感知、分析、识别、推理和决策的能力。因此，需要将 PNT 专家的知识转化为“规则”，进而表示成计算机可理解的语言（即专家知识表示），也就是用计算机符号表示 PNT 专家大脑中的知识，并通过符号之间的运算模拟 PNT 专家大脑的推理过程，实现 PNT 专家或工程师的知识和经验以及 PNT 用户需求的“可读、可写、可视、可分析、可推理”，即用逻辑支撑语义，生成“知识图谱”。PNT 知识图谱与计算机网络和图形图像的知识图谱不同，PNT 知识图谱一般可以直接模型化或符号化，所以 PNT 应用的知识图谱往往把专家的知识和经验模型化，便于计算及识别。计算机网络的知识图谱则是知识和经验的可视化和知识映射的结构化（Godha，2006；Sage et al.，1969）。没有 PNT 知识图谱的生成能力，不可能实现专家知识、经验与智能应用的转换，专家知识可能永远停留在书本上和论文里。只有将 PNT 专家的知识逻辑化、模型化，计算机才能模仿人脑描述知识、分析规律、挖掘知识间的联系，真正把专家的“知”转换为“识”，并由“共识”提炼成“规则”，才能为 PNT 智能应用提供真正的“能”。

基于 PNT 专家知识和经验生成的知识图谱要转化成 PNT 服务智能，还必须实时感知 PNT 用户的实际需求和实际 PNT 应用环境。于是，各类 PNT 信息的“可用性感知”和 PNT 信息的“可靠性判断”也是智能 PNT 应用的先决条件。这种感知 PNT 的应用环境和判断 PNT 信息的可用性、可靠性和精确性等属于机器学习范畴。理解用户需求是一种“学习”，判断 PNT 信息的可用性、可靠性和连续性等也是“学习”。实时或准实时“学习”是了解 PNT 环境、获取新的知识或技能的重要途径，也是重新优化已有 PNT 模型和知识结构的重要内容。

基于“实时学习”才能不断改善PNT各类模型，进而改善PNT信息融合能力。在动态PNT数据处理和智能应用中，监督学习、半监督学习、强监督学习和无监督学习都有特定的应用场景。

监督学习通过对有标签（参考模型或参考标签）的数据进行训练，以某种误差最小准则构建模型误差与参考模型误差之间的函数关系，从而在更广泛的应用中对模型误差进行修正，实现机器智能。例如，神经网络学习（Fagin，1964）就属于监督学习，已有不少学者利用神经网络学习进行了动力学模型改进的研究（夏启军等，1990）。

半监督学习与监督学习的区别在于，参考模型（标签）不足以作为模型优化的参考，特征较少，一般是综合利用具有部分参考标签的有限样本进行学习，获得标签数据和特征参数之间较为精确的函数关系。半监督学习已经在室内定位方面开展过尝试。

强监督学习与监督学习和半监督学习不同，尽管也是利用未标签的数据进行学习，但是不需要事先对数据进行标记，而是以马尔可夫决策过程进行学习和训练，通过不断地“试错”进行积累或通过误差反馈信息进行学习，最终得到全局最优解。导航定位领域，已经有学者将监督学习应用在GNSS多路径识别中，结果显示通过足够的训练数据，可在静态观测中有效识别多径信息（Yang et al.，2001a）。在组合导航系统中，利用误差信息进行动力学模型协方差矩阵自适应调整也是一种强监督学习法，但是过程过于复杂，而且大多数情形下，基于强监督学习的自适应滤波并不比不确定度简单统计的自适应卡尔曼滤波效果好（肖潜，2005；Mohamed et al.，1999）。

无监督学习不需要足够的先验知识或者参考信息，一般利用训练样本解决类别未知（没有被标记）的模式识别问题。无监督学习的典型例子是聚类学习（杨元喜等，2001），聚类学习的目的是将相似的内容聚在一起，计算相似度；此外，还有分割聚类算法，如K-means算法、K-medoids算法和K近邻学习等（Yang et al.，2007）。无监督学习可以用于导航卫星信号非视线传输的检测问题。

所有上述智能学习都有前提，即观测类型和数量必须具备几何冗余或物理原理冗余，因此综合PNT（杨元喜，2016）是智能PNT的基础，否则不可能实现PNT信息可用性感知和可靠性判断，也就不能实现PNT信息处理的智能。首先，在 PNT 信息多源、物理原理多源的条件下，用户才能根据实际 PNT 应用环境判断各类 PNT 信息的可用性，在此基础上实现可用 PNT 信息的弹性集成（杨元喜，2018）；在弹性 PNT 物理原理的支持下，专家系统才能根据环境聚类学习、模型误差不确定度学习，智能调整各类 PNT 函数模型和随机模型；在优化的函数模型和随机模型支持下，才能实现 PNT 信息智能融合以及 PNT 智能服务（Yang et al.，2021）。

如果没有冗余 PNT 信息，即使有专家知识，也不能生成智能，也谈不上用户 PNT 服务的智能决策和智能服务。因为要将 PNT 科学家的“知”“识”“智”转换成 PNT 用户的“能”，需要足够的感知信息、冗余信息，如果还有标签信息及外部参考信息，则更能支持机器学习（监督学习），实现 PNT 应用的“智”与“能”。图 8-3 给出了智能 PNT 信息生成的基本框架。

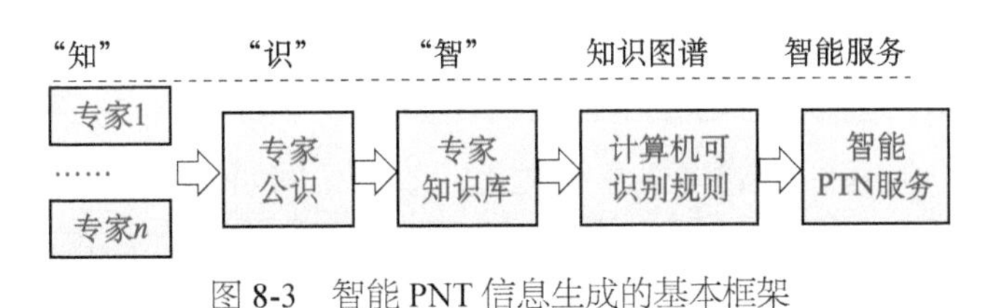

图 8-3　智能 PNT 信息生成的基本框架

三、关键科学技术问题

PNT 智能服务的核心是用最适合的 PNT 服务模式服务于最适合的用户。这里涉及若干关键环节，每个环节都应该遵循特定的准则。

（1）用户需求的智能感知与集成可用性准则。PNT 智能服务于各类用户，有静态用户，有动态用户，有地下、水下和非暴露空间活动的用户，还有被各类电磁环境干扰的用户，各类用户所处的环境千差万别。要实现 PNT 智能服务，首先要感知用户所处环境及其 PNT 传感器信息的可用性。例如，水下、地下和室内用户，基于无线电原理（包括 GNSS）提供的 PNT 信息一般不可用；在强磁干扰环境下，磁强计提供的导航信息一般不可用；无地面通信基站的环境下，通信信号提供的 PNT 信息一般不可用等。于是，多源 PNT 协同感知技术及其 PNT 信息可用性感知是智能 PNT 服务与应用的前提条件，也是关键技术之一。在用户需求感知和 PNT 信息可用性判断的基础上，各类 PNT

信息集成与融合才有意义，进而才有可能生成用户最可靠的 PNT 服务信息。因此，PNT 信息的智能感知和应用环境的智能感知是智能 PNT 服务的研究方向之一。

（2）PNT 信息的智能函数模型优化必须遵循可靠性准则。函数模型智能化的基础是模型的可靠性。模型的可靠性侧重反映模型的系统误差建模精度，而不是模型的随机误差。因为随机误差一般不能通过函数模型进行补偿。要实现函数模型实时智能优化，则必须具备模型系统误差识别能力和模型误差变化规律学习能力，否则函数模型的智能优化将失去基础。

不同环境下，即使同一类 PNT 感知信息，受各类环境的影响，观测误差特性也会存在差别。于是，相应的观测模型所包含的误差参数的特性和变化规律也存在差别。通常认为，智能函数模型一般是基于机器学习拟合模型误差规律，进而优化观测模型的（邓自立，2003），其中神经网络学习法（Fagin，1964）是机器学习使用最为广泛的智能学习方法。其实，有时很简单的学习法也能起到函数模型智能优化的效果。例如，开窗拟合法可以拟合模型系统误差趋势（类似于简单回归分析建模），并补偿到观测模型中，用以改进函数模型（Yang et al.，2005；付梦印等，2003），属于函数模型智能优化的一种；如果在函数模型中附加待定误差补偿参数项，如周期函数、指数函数、多项式等，使函数模型更适应实际观测或实际运动学特征，也属于函数模型智能化方法之一；弹性函数模型（杨元喜，2018）实质上也是函数模型智能化方法之一。

常用的函数模型优化大多数不是监督学习，而是半监督学习（即依据部分高精度参考信息实施模型误差识别与智能优化）或自监督学习（即根据模型参数估计后的观测残差，没有任何外部参考信息帮助的条件下，重新拟合模型系统误差，并进行模型优化）。

（3）PNT 信息的智能随机模型调整必须遵循不确定性准则。多源 PNT 信息具有完全不同的不确定性，即使相同类型的 PNT 观测信息或者相同类载体运动信息，在不同环境下，相应的不确定度也可能不同。要真正实现 PNT 信息随机模型的智能化调整，需要实时确定各种环境下各类观测信息的不确定度，并且基于观测信息的不确定度确定观测的合理随机模型。通常采用的方差分量估计确定各类随机量的方差或者权重（Yang et al.，2003）属于随机模型智能化方法之一；也有学者采用遗传算法自适应调整随机量的方差或权重（Yang et al.，2006b）；对于个别异常PNT感知信息，采用抗差估计和相应的等价权法（Yang et al.，2006），智能调整异常观测随机模型，也可以归属于智能随机模型调整。

（4）PNT信息的智能融合必须遵循精确性准则。在智能PNT环境感知的基础上，根据不同PNT信息的智能函数模型和智能随机模型，最优化地融合各类PNT观测信息，确定用户最终PNT参数，实现用户智能PNT应用，这属于智能PNT融合范畴。正如前面所述，智能函数模型强调的是系统误差拟合，智能随机模型强调的是观测随机误差特性的拟合，两者均反映在"精确性"概念中。于是，PNT信息智能融合是基于智能函数模型（可靠的函数模型）和智能随机模型（根据不确定性调整的随机模型）进行的多源信息融合。

早期建立的自适应卡尔曼滤波理论（Yang et al.，2006；Yang et al.，2001b），将动力学模型信息与实时PNT感知信息进行自适应融合，即根据动力学模型信息与观测模型信息的偏差，确定动力学模型信息和观测信息在PNT融合结果中的贡献，这是简单的智能融合；之后建立的多源导航传感器自适应融合模型（高为广等，2006）也属于PNT信息的智能数据融合。当然，智能PNT数据融合存在复杂的环境适应性判断，需要实时感知各类PNT观测信息的不确定性和观测模型的可靠性。

（5）PNT服务信息的智能推送必须遵循高效性准则。对高动态、高安全用户还必须遵循连续性和完好性准则：个性化PNT服务是智能PNT服务的核心，而用户需求感知、需求识别与需求挖掘，是实施PNT精准服务的重要前提。最终目的是确保将最合适的PNT信息推送给最需要的PNT用户，由最可靠的PNT融合模型生成最可靠的PNT信息。

我们强调的精准服务是PNT服务的高效率和高精度，以及高安全用户的完好性和高连续性。于是，需要将用户日常PNT使用场景、环境和使用习惯进行分析聚类，基于聚类的PNT用户需求，再实施适应性服务和特色服务。用户PNT使用习惯和使用需求挖掘属于PNT用户大数据挖掘技术。基于大数据挖掘的PNT智能推送或智能推荐是PNT智能服务的重要手段，也是重要研究方向。尤其是在多GNSS信息以及其他物理原理提供的PNT信息共同服务的情况下，用户的环境影响各不相同，智能PNT服务可以为用户推荐最实用的、最精确的、最可靠的 PNT 信息。上述智能 PNT 服务流程及遵循的准则见图 8-4。

图 8-4　智能 PNT 服务流程及遵循的准则

特别强调，如果同时存在显著的函数模型误差，也存在随机模型误差，则需要同时优化函数模型和随机模型，这类混合智能模型优化不仅是理论难题，也是实践难题，值得深入研究。

本章参考文献

邓自立 . 2000. 最优滤波理论及其应用——现代时间序列分析方法 . 哈尔滨：哈尔滨工业大学出版社 .

邓自立 . 2003. 自校正滤波理论及其应用——现代时间序列分析方法 . 哈尔滨：哈尔滨工业大学出版社 .

董绪荣，张守信，华仲春 . 1998.GPS/INS 组合导航定位及其应用 . 长沙：国防科技大学出版社 .

付梦印、邓志红、张继伟 .2003.Kalman 滤波理论及其在导航系统中的应用 . 北京：科学出版社 .

高为广，杨元喜，崔先强，等 . 2006.IMU/GPS 组合导航系统自适应 Kalman 滤波算法 . 武大学报信息科学版，31（5）：466-469.

孙红星 . 2004. 差分 GPS/INS 组合定位定姿及其在 MMS 中的应用 . 武汉：武汉大学博士学位论文 .

夏启军，孙优贤，周春晖 .1990. 渐消卡尔曼滤波器的最佳自适应算法及其应用 . 自动化学报，16（3）：210-216.

肖潜 . 2005. 多传感器组合导航系统信息融合技术研究 . 哈尔滨：哈尔滨工程大学博士学位论文 .

杨元喜 .2016. 综合 PNT 体系及其关键技术 . 测绘学报，45（5）：505-510.

杨元喜 .2018. 弹性 PNT 基本框架 . 测绘学报，47（7）：893-898.

杨元喜，李晓燕 .2017. 微 PNT 与综合 PNT. 测绘学报，46（10）: 1249-1254.

杨元喜，徐天河 . 2003 基于移动开窗法协方差估计和方差分量估计的自适应滤波 . 武汉大学学报信息科学版，28（6）: 714-718.

杨元喜，何海波，徐天河 .2001. 论动态自适应滤波 . 测绘学报，30（4）: 293-298.

Ding W, Wang J, Rizos C. 2007.Improving adaptive Kalman estimation in GPS/INS integration . The Journal of Navigation, 60: 517-529.

Fagin S L. 1964.Recursive linear regression theory, optimal filter theory and error analysis of optimal system. IEEE International Convention Record Part, 12: 216-240.

Godha S. 2006.Performance evaluation of low cost MEMS-based IMU integrated with GPS for land vehicle navigation application. Canada : University of Calgary.

Greenspan R L. 1996.GPS and inertial integration. Global Positioning System. Theory and Applications, Ⅱ: 187-220.

Gregory J, Swaszek P, Alberding J, et al. 2014. The feasibility of r-mode to meet resilient PNT requirements for E-navigation. Proceedings of the 27th International Technical Meeting of the Satellite Division of the Institute of Navigation, Tampa.

Hide C, Moore T, Smith M. 2004.Multiple model Klman filtering for GPS and low-cost INS integration. ION GNSS 17th International Technical Meeting of the Satellite Division, Long Beach: 1096-1103.

Kyger D W, Maybeck P S. 1998.Reducing lags in virtual displays using multiple model adaptive estimation . IEEE Transaction on Aerospace and Electronic Systems, 34（4）: 1237-1248.

Mcneff J. 2010.Changing the game changer: the way ahead for military PNT. Inside GNSS, 5 (8) : 44 -45 .

Mohamed A H, Schwarz K P. 1999.Adaptive Kalman filtering for INS/GPS. Journal of Geodesy, 73: 193-203.

Parkinson B. 2014.Assured PNT for our future: PAT action necessary to reduce vulnerability and ensure availability. The 25th Anniversary GNSS History Special Supplement , Boulder.

Parkinson B.2015.A PAT program and specific challenges to PNT.10th the International Committee on GNSS, Boulder.

Petovello M G. 2003.Real-time integration of a tactical-grade IMU and GPS for high-accuracy positioning and navigation. Calgary: University of Calgary.

Sage A P, Husa G W. 1969.Adaptive filtering with unknown prior statistics. Joint American

Control Conference , Washington D C.

Wang J, Stewart M , Tsakiri M. 1999.Online stochastic modelling for INS/GPS integration . ION GPS '99, Nashville.

Yang Y. 2008.Tightly coupled MEMS INS/GPS integration with INS aided receiver tracking loops . Calgary: University of Calgary.

Yang Y, Cui X. 2008.Adaptively robust filter with multi-adaptive factors . Survey Review, 40 (309): 260-270.

Yang Y, Gao W. 2006a. A new learning statistic for adaptive filter based on predicted residuals. Progress in Natural Science, 16（8）: 833-837.

Yang Y, Gao W. 2006b. An optimal adaptive Kalman filter . Journal of Geodesy, 80: 177-183.

Yang Y, Gao W. 2007. Comparison of two fading filters and adaptively robust filter . Geo-Spatial Information Science, 10（3）: 200-203.

Yang Y, Qin X .2021. Resilient observation models for seafloor geodetic positioning. Journal of Geodesy,(95): 79.

Yang Y, Xu T. 2003.An adaptive Kalman filter based on sage windowing weights and variance components . The Journal of Navigation, 56（2）: 231-240.

Yang Y，Zhang S, 2005. Adaptive fitting of systematic errors in navigation. Journal of Geodesy, 79: 43-49.

Yang Y, He H, Xu G. 2001a. Adaptively robust filtering for kinematic geodetic positioning. Journal of Geodesy, 75（2）: 109-116.

Yang Y, Xu T, He H. 2001b. On adaptively kinematic filtering. Selected Papers for English of Acta Geodetica et Cartographica Sinica, 25-32.

Zhang H. 2006.Performance comparison of Kinematic GPS integrated with different tactical grade IMUs. Calgary: University of Calgary.

关键词索引

D

地磁场匹配导航　185, 220, 221, 225, 226, 227, 228
地磁场匹配算法　227, 228
定时终端　301, 328, 329, 330, 331
仿生导航　249, 259, 260, 261, 286, 287

G

惯性导航　9, 11, 12, 20, 21, 22, 23, 24, 25, 28, 50, 54, 55, 57, 62, 66, 67, 71, 86, 95, 107, 161, 162, 164, 165, 166, 168, 169, 170, 171, 172, 173, 174, 176, 177, 180, 181, 182, 183, 184, 202, 203, 207, 211, 215, 218, 220, 240, 241, 262, 277, 278, 279, 283, 284, 285, 286, 287, 288, 333, 335, 336, 337, 340, 341, 342, 344
国际原子时　33, 38, 39, 303, 304, 307, 308

J

激光雷达　185, 197, 199, 229, 230, 231, 232, 234, 236, 237, 238, 271, 287
加速度计　21, 22, 27, 161, 162, 164, 169, 174, 176, 177, 178, 179, 180, 181, 197, 215, 277, 278, 279, 342, 343

L

量子定位　26, 58, 62, 71, 271, 272, 273

M

脉冲星导航　9, 29, 30, 42, 54, 60, 62, 67, 71, 86, 87, 88, 89, 91, 92, 93, 94, 95, 96, 336

P

平动点 148, 149, 150, 151, 152, 153, 154, 155, 156, 157
PNT 体系 2, 3, 4, 9, 31, 40, 41, 42, 43, 46, 55, 56, 57, 58, 59, 61, 62, 63, 64, 66, 67, 68, 69, 71, 88, 99, 107, 269, 334, 335, 336, 337, 340, 345, 351, 352, 358

Q

全能经纬仪 81

S

甚低频定位系统 104
时间基准 29, 40, 50, 54, 56, 60, 104, 124, 136, 291, 298, 304, 306, 311, 312, 313, 316, 327, 337
时间频率 5, 6, 7, 11, 19, 29, 31, 33, 34, 37, 38, 39, 40, 51, 57, 60, 62, 63, 64, 69, 70, 71, 88, 99, 136, 290, 291, 297, 302, 303, 307, 312, 313, 317, 321, 322, 325, 326, 327, 328, 330, 331, 332
时间同步 3, 28, 33, 103, 104, 105, 129, 130, 131, 132, 134, 136, 137, 144, 155, 271, 272, 276, 310, 315, 316, 322, 323, 331, 337, 340
时空参考系 56
视觉导航系统 186, 198, 201, 202
视觉同步定位与地图构建 197, 198
守时系统 32, 37, 39, 60, 312
授时系统 37, 41, 45, 54, 60, 102, 104, 105, 313, 314, 321, 322, 324, 325, 327, 328, 329
水下声学导航 262, 263, 268, 269

T

陀螺仪 10, 21, 22, 28, 55, 161, 162, 163, 164, 165, 166, 167, 168, 169, 170, 171, 172, 173, 174, 175, 176, 179, 180, 181, 182, 183, 184, 277, 278, 279, 280, 281, 282, 284, 285, 286, 287, 288, 340, 341, 342, 343

W

卫星导航 1, 2, 3, 4, 9, 10, 11, 12, 13, 14, 16, 21, 24, 25, 27, 30, 31, 37, 39, 42, 43, 44, 46, 47, 48, 49, 50, 51, 53, 60, 61, 62, 64, 66, 67, 68, 69, 70, 71, 72, 86, 88, 96, 98, 99, 103, 105, 107, 110, 113, 118, 119, 120, 121, 122, 123, 124, 126, 127, 128, 129, 131, 133, 134, 135, 136, 138, 139, 140, 142, 143, 145, 146, 148, 152, 154, 155, 156, 157, 202, 220, 291, 299, 302, 314, 315, 316, 317, 320, 326, 327, 328, 329, 330, 332, 336, 337

X

协调世界时　17, 303, 307, 308
星光导航　76, 77, 78, 79, 80, 81, 85, 86, 87
星基增强技术　327
星间链路　53, 120, 121, 124, 125, 128, 131, 132, 133, 134, 136, 137, 144, 146, 155, 273, 316, 327, 335, 339

Y

原子时　88, 298, 303, 307, 308, 310

Z

重力场匹配导航　185, 210, 211, 212, 217, 218, 219
重力匹配算法　219, 240
自主时空基准维持　129, 136
综合原子时　303, 307, 312